本书由国家自然科学基金面上项目“《至大论》注释及其与汉代天文学的比较研究”
（项目编号11773006）资助

天学数原

邓可卉／著

科学出版社

北　京

内 容 简 介

本书主要探讨了古代中西方数理天文学的产生与发展。书中从古希腊托勒密《至大论》比较研究的视野，分别对中国古代尤其是明清时期的天文学进行了新的研究。有别于以往的天文学史书籍，本书指出数学是上述三个时期天文学的共同源头，这与古代和中世纪天文学的特点相一致，所以由此出发探究中西方万物之数的科学传统及其在第一次全球化时代中西方天文学的大碰撞。

本书适合大中专院校历史学、科学技术史和科学技术哲学专业的广大师生阅读，同时也适合从事或爱好科学普及、科学教育和博物馆学的专业人士和广大读者阅读。

图书在版编目（CIP）数据

天学数原 / 邓可卉著. -- 北京：科学出版社，2025.5.
ISBN 978-7-03-081883-6

Ⅰ . P1；O1

中国国家版本馆 CIP 数据核字第 20253GJ845 号

责任编辑：邹　聪　刘　琦　刘巧巧 / 责任校对：贾伟娟
责任印制：师艳茹 / 封面设计：有道文化

科　学　出　版　社　出版
北京东黄城根北街 16 号
邮政编码：100717
http://www.sciencep.com
北京富资园科技发展有限公司印刷
科学出版社发行　各地新华书店经销
*
2025 年 5 月第 一 版　开本：720×1000　1/16
2025 年 5 月第一次印刷　印张：25
字数：432 000
定价：188.00 元
（如有印装质量问题，我社负责调换）

序　言

　　在各种古代文明中，数学与天文学都是最先受到重视的两个学科。古希腊如此，古代中国也是如此。如果不理解古希腊的数理科学传统，就不可能理解哥白尼革命与牛顿革命究竟是因何而发生的。如果对中国古代的数学与天文学一无所知，自然哲学思想便根本无从谈起。

　　中国学者对中国古代科学史着力颇多，较少有人对古希腊自然哲学的原始文献深读精研。邓可卉教授自进入天文学史研究领域以来，不仅专注于中国古代数学与天文学的学习，同时也开展了古希腊数理天文学的研究。她的博士学位论文的选题就是"托勒密的《至大论》研究"。

　　古希腊自然哲学的核心是数理天文学，托勒密的《至大论》（约公元150年）是古希腊数理天文学的集大成之作。邓可卉借鉴中国数学史界古证复原的研究范式，在解读原始文献的基础上，阐发了《至大论》中日月、五星、交食、恒星等的几何模型理论，比较了《至大论》弦表（chord table）与《授时历》中弧矢割圆术的黄赤道坐标变换的构造思想，澄清了《崇祯历书》中的一些来自《至大论》的天文学概念、理论和方法。这些观点和结论都是新颖的、有趣的、富有创见的。

　　本书收录了邓可卉教授近10年来在《至大论》研究基础上获得的新的研究成果。邓可卉硕士阶段深受著名数学史家李迪先生的影响，她的天文学史研究常常兼顾到当时的数学背景。本书取名《天学数原》，表达了她的科学史观和研究特点，体现了她在研究过程中对中西方古代天文学体系认识的深化。

　　本书分为"古希腊篇"、"古代中国篇"和"近代（明清）篇"。

　　"古希腊篇"从西方古代两种不同的科学传统出发，首次对托勒密《至大论》"序言"中反映出的写作背景尤其是他的数学知识论进行了详细分析，作为托勒密几何模型研究案例，重点比较了托勒密与哥白尼在构建各自宇宙模型中对偏心等速点的修正和考量，探讨了他们的传承。首次讨论了与

"数"有关的古代原型观念、托勒密和谐思想以及数学的天文学测量理论。此外，从数学角度来看，欧几里得《几何原本》对《至大论》影响至深，它在中世纪的西方和明末的中国被重新认识，邓可卉在本篇中对基于《几何原本》的"度数之学"思想进行了历史的梳理和哲学的追问，这是她在科学思想史方面的一项非常新颖的研究。

"古代中国篇"中基于对东方科学传统的分析，关注了古代历法构建的星占学基础。以《周髀算经》中的数学思想为入手点，从盖天说模型建构、日月运行、太阳数据如晷影和方位、历法基本要素等层面澄清古代数学天文学的传统。马王堆汉墓帛书《五星占》行星行度、汉代以来的九道术以及从数理角度对司马迁盖天家身份的确证等都是中国古代历算学中具有显著代表性的问题。对浑天说数理模型构建的实证研究、对祖冲之《驳议》中《大明历》造术原理和数学方法进行了探讨，都获得了令人耳目一新的结果。

"近代（明清）篇"在第一次西学东渐和明末实学思潮兴起、知识内化需求的背景下，分析了明末耶稣会传教士传教策略的改变和传入的西方科学知识，把地圆说提到西方天文学立足点的高度，梳理了地圆说的传播和接受史。对《崇祯历书》中重要天算内容所涉及的"度数之学"思想进行了细致分析，富有新意。对传教士译介的《表度说》《测量全义》《日躔历指》《五纬历指》《度算释例》《历学会通》中的西方天文学的天体模型、理论与方法做了系统的讨论。

我们知道，古希腊自然哲学是建立在"万物皆数"的信念之上的。在北大秦简"鲁久次问数于陈起"中，有这样一段对话：久次曰："天下之物，孰不用数？"陈起对之曰："天下之物，无不用数者。"这段对话与毕达哥拉斯的口号遥相呼应，如出一辙。在"万物皆数"思想的指导下，中国古代发展了一种把数理方法用于占卜的学问，即术数学。中国历法一直保持以数起律、以律起历的传统，探求日月五星的运行及其数理规律。战国至西汉时期盛行数字神秘主义，人们把天作为一种自然物，尝试利用传统数学中的理论和方法来定量描述宇宙和制订历法。

本书从东方和西方的科学传统入手，分别论述了两种不同传统下的天文学的起源与发展，为中国学者开展西方天文学史的研究，做出了具有榜样意义的示范，是数理科学史研究的一项重要成果。希望它的出版，可以带动中国的青年学者，对西方科学史开展原创性的研究。

谨以此序，祝贺《天学数原》的出版。

曲安京

2024 年 8 月 26 日

目　录

近代（明清）篇

古希腊篇

古代西方的科学传统

一、自然哲学传统

斯蒂芬·F. 梅森说："铁和字母文字的采用，为人类社会提供了新的机会。"[1]古希腊文化即遇上了这两大人类的机会。西亚的"新月形地带"孕育并诞生了古老的铁器文明与腓尼基字母。公元前 9—前 6 世纪，西亚的冶铁术传到了古希腊，古希腊青铜时代趋于结束，同时希腊字母也迅速发展起来。古希腊人从一开始就是以从事航海业——而不是农业为主的族群，这决定了古希腊人对空间具有很强的几何感，以及具有能够从每一种文化和传统中吸取真正有价值东西的能力。

在泰勒斯（Thalēs，约公元前 624—约前 547）和其他爱奥尼亚人眼中，自然界不再像青铜时代那样是人格化的东西，泰勒斯说他没想把神从自然界中去掉，而是更趋向于物质化。米利都学派哲学家用来解释世界结构和变化的方式源于自然。例如，泰勒斯曾经提出水是组成世界的主要基质。他所说的水不是我们现代自然科学中所理解的水，也不是指万物的基本物质成分是水，而是指万物的起源是水。泰勒斯认为："宇宙的心灵便是神，万物是活的，而且充满了精灵；正是通过基础性的水，宇宙的运动贯注着神圣的力量。"[2]后来，阿那克西米尼（Anaximenes，约公元前 588—前 525）将事物的本原归结为"无规定的气"。亚里士多德（Aristotle，公元前 384—前 322）又将水和气发展为水、气、土、火，他用这四种基质解释自然万物的存在和变化。这是在自然界中寻找物质实在，进而创立的基本元素学说。

毕达哥拉斯（Pythagoras，约公元前 582—前 500）学派和原子论学派则

---

① 斯蒂芬·F. 梅森. 自然科学史. 周煦良, 全增嘏, 傅季重, 等译. 上海：上海译文出版社, 1980: 15.

② 肖显静. 古希腊自然哲学中的科学思想成份探究. 科学技术与辩证法, 2008, 25（4）：72-81.

侧重于强调自然的量的特征。他们认为数的单位或者分子的微粒是宇宙的基础，就像铸币的定量单位为商业提供基础一样。毕达哥拉斯学派更进一步认为数为宇宙提供了一个概念模型，数量和形状决定了一切自然物体的形式。他们开始认为数是由单位点形成的几何、物体或算术实体，由此形成三角形数、平方数等[①]。但是，由毕达哥拉斯定理计算出来的斜边长度 $\sqrt{2}$ 无法用单位点表示，这动摇了基本实体的存在可以用有理数表达的观念。于是，历史上采用两种方式解决这个问题：一是用数学方法解决，主要是放弃算术方法，而用几何方法，即用一条固定的长度表达；二是用物理方式解决，就是原子论学派放弃了单位点的数学性质，而关注它们的物理性质。原子论学派把他们的自然观更推进了一步，从生物界扩大到整个世界。他们相信宇宙间万物都是由原子组成的，而原子是不可分的物质。主张这个观点的学者是米利都学派的留基伯（Leucippus，约公元前 500—约前 440）和原子论学派的德谟克里特（Democritus，约公元前 460—约前 370）。毕达哥拉斯学派还提出"和谐宇宙"[②]的概念，认为天体、地球和整个宇宙是一个球体，而宇宙中的各个天体都做匀速圆周运动。这个假设被柏拉图和亚里士多德接受，成为直到16 世纪仍在天文学领域中起作用的基本观念。

二、几何演绎传统

亚里士多德认为演绎推理的价值高于归纳推理，是因为古希腊精神最成功的产物就是几何学这门演绎科学。重视几何学的传统始于埃及尼罗河土地测量的实际需要，这一点可以从 geometry（几何学）这个词语来源于"地"的词根 geo- 与"测量"的词根 metric 得到验证。geometry 最初的意思是"测地学"。这种经验规则影响了古希腊的自然哲学，泰勒斯曾试图建立一门关于空间的理想科学，他是最早根据土地测量的经验规则创立演绎几何学的人。毕达哥拉斯学派在几何学传统的建立中起了决定性作用，除了上面提到的天体是球体以及它们做匀速圆周运动的思想外，他们还研究了天体运动的周期与方向，符合远近、贵贱、快慢的等级规则。毕达哥拉斯等强调理性原则，这一点被柏拉图（Plato，公元前 427—前 347）加以发挥，在柏拉图看来，几何研究是理性的，而非实践性的，"几何学的对象乃是永恒事物，而

---

① 斯蒂芬·F. 梅森. 自然科学史. 周煦良, 全增嘏, 傅季重, 等译. 上海: 上海译文出版社, 1980: 19.

② 可以用 cosmos 表达，cosmos 源自希腊文 kosmos，毕达哥拉斯首次用它来表示由多个部分构成但又和谐有序的体系。

不是某种有时产生和灭亡的事物"①。因此，柏拉图学园的门口用希腊文写着"不懂几何者不得入内"的铭文，以学派的信念来警示世人。毕达哥拉斯学派对《几何原本》做出的贡献，不仅证明了一些新的几何定理，包括毕达哥拉斯定理，而且还按照某种逻辑顺序把已知的定理排列起来，表现在《几何原本》的第 1 卷和第 2 卷中。

在欧几里得（Euclid，其盛年约当公元前 300 年）的《几何原本》完成之前，公元前 320 年罗德斯的欧德莫斯（Eudemus of Rhodes）写了一部关于几何学史的书，这部著作的残篇至今仍然存在，后人可以从中看出几何学命题是如何逐渐增加的。还有两个重要人物——欧多克斯（Eudoxus，公元前 408—前 355）和泰阿泰德（Theaetetus，公元前 417—前 369）为几何学做出了贡献。欧几里得的工作是搜集已有的知识，并将其系统化②。按照亚里士多德所言，《几何原本》正是从定义和公理开始的，按照逻辑顺序，推演出一系列奇妙的命题，即公设和公理。除了部分公理外，欧几里得还对多数命题进行了数学逻辑的证明，证明过程用到了归谬法。

《几何原本》及其几何学内容是观察和实验科学中非常重要的演绎步骤，这些规则和实验既源于埃及的土地测量，也包括古希腊自然哲学的几何意义。从埃及土地测量的经验及古希腊天文学的观测中得到了一些公理和假设，这些公理和假设似乎是不证自明的，但事实上，它们是关于空间性质的假设，是根据观察到的现象，通过想象和归纳的过程得出的，这些推论符合当时的自然观察与实验。直到牛顿接受了欧几里得空间后，才进一步把这些假说精确化了。从这个层面来看，欧几里得几何学与古希腊的数理天文学建立了联系，并且几何学在数理天文学的建立和推演过程中发挥了重要作用。

从演绎几何学的发展历史来看，它非常适合于古希腊精神与气质，它是古希腊人对世界科学文化遗产最重要的贡献，标志着知识的一次永久性进步。它与近代实验科学具有同等的地位③。

三、托勒密天文学的重要观点与方法

托勒密（Claudius Ptolemaeus，约 90—168，又译托勒玫）是古罗马时代著名的数学家、天文学家。托勒密长期居住在亚历山大城，亚历山大是埃及

---

① 柏拉图. 理想国. 郭斌和, 张竹明译. 北京: 商务印书馆, 1997: 291.
② W. C. 丹皮尔. 科学史及其与哲学和宗教的关系. 李珩译. 桂林: 广西师范大学出版社, 2001: 40.
③ W. C. 丹皮尔. 科学史及其与哲学和宗教的关系. 李珩译. 桂林: 广西师范大学出版社, 2001: 41.

的主要城市，有著名的亚历山大图书馆。托勒密一生有许多著作，完整的和不完整的著作共有 10 种，主要涉及天文学、星占学、地理学、光学和数学等方面。《至大论》是他的著作中比较早的，也是最著名的一本。托勒密天文学代表了古希腊天文学的高峰，他是用科学方法描述古代科学的主要代表人物之一。正如当代著名科学史家奥托·诺伊格鲍尔（Otto Neugebauer，1899—1990）说的："没有对于《至大论》中知识的彻底了解，就连哥白尼或者开普勒著作中的一章也不可能读懂。"①

托勒密《至大论》的功绩包括：首先，他进一步发展了前人的平面和球面三角学，突出表现在他围绕"弦表"（chord table）的一系列工作和大量球面天文计算中，并且利用了古巴比伦的六十进制，不仅用来表示包括角在内的所有的量，而且涉及六十进制的计算。其次，托勒密对古代天文观测特别是美索不达米亚日月食的观测进行了明智的选择和利用。最后，古代只是发展了太阳、月球运动的几何动力学模型，而关于月球，在古代只是发展了它的第一模型，可以用它们成功地描述观测到的现象，并且可以预报日月食的发生。但是古代的行星理论并不令人满意。托勒密对所有已有力学模型（匀速圆周运动）的基本原理进行了天才般的修正，使得五个行星的理论借助实际观测得到的有参数的几何模型而建立起来。此外，他对月球模型进行了重要改进，这两点是他对天文学的原创性贡献。

（一）历史上对地心说的批判

众所周知，托勒密的地心说体系继承了亚里士多德的形而上学宇宙论思想，但是这两种学说在历史上存在巨大的差别。首先，亚里士多德的地心说宇宙论是根据欧多克斯的同心球理论，按照自己的物理学原理构建起来的，其主要源于古希腊的自然哲学传统。托勒密的地心说思想更多地强调和侧重于欧多克斯的几何模型理论，但是，他显然走得更远，他进一步发展了几何模型方法，他的地心说凭借这一古希腊的数理天文学方法得以完善，因为数理天文学是古希腊的另一种科学传统。也就是说，托勒密继承了亚里士多德《论天》中的宇宙论观点，并将其作为《至大论》的宇宙论前提，然而他在论证这套地心说的宇宙体系时，第一次系统、全面、定量、完整地对宇宙进行了数学描述。

西方世界对地心说的批判分为两个层次。一是地心说是不正确的，所以托勒密连同其地心说体理应丢进历史的"垃圾桶"。这方面的代表人物是

① Neugebauer O. The Exact Sciences in Antiquity. 2nd ed. New York: Dover Publications, 1969: 3-4.

19 世纪非常著名的学者德拉姆(Jean-Baptiste-Joseph Delambre，1749—1822)，他在 1817 年译出了一部不太令人满意的英文译本《古代天文学史》(*Histoire de l'Astronomie Ancienne*)，《至大论》在其中受到许多诟病与批判，这些诟病与批判既包括地心说理论本身，也包括纯粹技术的原因。法国学者哈尔玛（ Nicolas Halma，1756—1828 ）率先做出了努力。他认真研究了《至大论》的流传情况并为其正名。哈尔玛熟悉《至大论》的诸多版本与手稿，并且成功说服德拉姆为其新版本提供了大量注解。他在 19 世纪初构思了一个宏伟的计划——打算出版托勒密所有著作的希腊文本及其法译本，但这一计划最终未完成，但是他在 1813—1816 年间出版了《至大论》法译本，以及关于西翁注释《数学汇编》的一个法译本。其工作直到今天仍然具有很高的学术价值。二是地心说论述了一种过时的宇宙论，虽然《至大论》的数理天文学方法在今人看来是科学的，这种观点目前在国内外学术界已经成为主流，但是这种说法也存在问题，既然是一个不正确的宇宙论，那么它的方法如何是科学的呢？尤其在普通民众眼里，这种观点难以令人信服。当代许多《至大论》研究成果，以孜孜矻矻地追求解读《至大论》的一系列数学、天文学的技术处理为能事，似乎忽略了一个最致命的根本问题，就是《至大论》中的地心说在其数理天文学传统背景下，不过是一个假说；如果这个命题能够成立，不仅能够解释发生在《至大论》前后的许多自然哲学现象，而且也可为哥白尼科学革命的产生提供一个充分的理由。

（二）地心说符合古希腊由观测建立模型的科学方法论

《至大论》卷 1 论证了托勒密地心说的主要内容、思想，以及为下面各卷进一步论证了各天体运动理论而展开的球面天文学与三角学方面的基础知识。托勒密地心说的主要内容包括"天像一个球""地球也是球形的""地球在天空中央""地球与天相比是一个点""地球没有任何位移"五点。

在托勒密的《至大论》中，观测和假设占据了重要位置。我们从托勒密的原文中能够感觉到他反复利用了归纳和反证等逻辑推理方法。他认为，首先必须要搞清楚地球作为一个整体和天作为一个整体的关系。他的证明围绕以下几个主要论点展开：天是球形的，并整体作为一个球运动；地球从整体考虑也是球形的，它处于天的中央，在大小与距离方面和固定恒星球存在一定的比例，在天的背景下，它没有任何位移。在整个论证过程中，托勒密将上述五点的每一论点都当作一个独立的假设。

事实上，在托勒密之前的学者就已经从观测现象中得出了这些有关地心说的结论，托勒密进一步验证了观测与逻辑的联系，他的工作的重要性在于建立了观测现象与提出的观点之间的联系。

托勒密的论证及其对现象的考察方式是多元的。例如，对于天是球形的这个观点，他认为，如果有人想提出球形天以外的任何运动，那么天体在每日运动中的大小和相对距离都会改变，但是我们看不到这些变化。对于天体在地平线附近明显变大的现象，他认为这不是由于它们更接近我们引起的，而是由于观测点到天之间充斥在地球附近的湿气发散造成的。正如物体放在水中看起来比它本身大一样①。但是他在后来的《光学》中把这些现象解释为是心理作用。他提出的太阳和月亮在地平线附近变大的现象及其解释，是对一种不属于球形天范围内的现象的进一步考察②。

其解释的多元性还包括，他认为，除了球形天的概念外，其他任何假设都不能很好地解释日晷结构如何产生许多正确的结果。另外，天的球形概念保证了天体的运动是最畅通无阻和最自由的。对于边界相同的不同形状来说，圆是所有平面图形中表面积最大的，球是所有立体图形中体积最大的。

"以太"是亚里士多德提出来的，又被称为"第五元素"。然而，托勒密在论证中也提到了它。从物理角度考虑，空间的"以太"能最好并且最接近真实地描述天体之间彼此相符的成分——只有各种球体的表面能保持彼此相似。而在平面、球面和其他三维表面中，彼此相似的表面只有圆。既然以太不是平面的，而是三维的，那么它就应当是球形的。

总之，托勒密的五个论题均通过先假设结论（或结论的反面）是正确的，然后以该假设为源，通过推理得出与假设相同（或矛盾）的结果，说明假设成立（或不成立），从而总结出原命题结论正确（或错误），保证了证明思路的严密性。

（三）古希腊的理性精神

托勒密与亚里士多德在论证宇宙论时的最大区别就是，亚里士多德是从常识出发，通过逻辑推理构造他的世界体系，而托勒密是从观测现象出发，运用数学计算与证明构造他的宇宙论。他坚持并发展了一条原则：在解释现象的时候，采用一种能够把各种事实统一起来的最简单的假设，乃是一条正路。

---

① Ptolemy C. Ptolemy's *Almagest*. Toomer G J(trans.). London: Gerald Duckworth & Co. Ltd., 1984: 38-39.

② 邓可卉. 希腊数理天文学溯源——托勒玫《至大论》比较研究. 济南: 山东教育出版社, 2009: 23.

　　欧多克斯是柏拉图学园的一名学生，他在天文学史上最重要的贡献是，不仅依据对天体的观察，建立了同心球模型，而且第一次把几何学（数学）和天文学结合起来。根据古巴比伦人已经观测发现的行星若干运动周期，他提出了以地球为中心的宇宙模型，在这个几何模型中，日月和五大行星及恒星分别附着在一些透明的同心球壳层上，围绕地球匀速旋转。他只简单地用了一对同心圆，就可以解释行星的逆行。这是对行星运动问题数学解的尝试，这等于描述天体是如何运动的。他的同时代人卡利普斯（Callippus）给出了一个通过增加天球数目来获得更大适应性的系统，从而进一步提高了描述精确度。

　　喜帕恰斯（Hipparchus，约公元前190—前125）在处理观测数据中显示了令人敬畏的技巧，他提出了偏心圆模型，很好地解释了太阳运动的不均匀性；他还根据在古巴比伦天文表中发现的交食记录，计算出了月亮运动模型的一些参数。可惜关于以上两位古代天文学家的工作没有其他任何资料留存。喜帕恰斯的著作几乎全部佚失，他的工作被托勒密在他的《至大论》中大量引用才得以流传于世。

　　托勒密一心要把他的工作建立在"算术和几何学的无可争论的方法之上"。在模型方面，托勒密进一步提出了"对点"（equant）概念，假定地球在离偏心圆的圆心有一定距离的点上，那么"对点"位于地球的镜面对称位置，他考虑的是，圆周上的点不是以匀速运动，而是以变速运动，速度变化的规律是，让一个在"对点"上的观测者看来是匀速的。他在行星运动理论中引入的"对点（圆）"的含义也类似。

　　古希腊的理性精神决定了古代自然哲学家始终把追求知识，而不是神或者别的什么信仰，作为终极目标，这极大地提高了他们对知识的思辨性与洞察力。理性精神是古希腊文明的重要特征，也是古希腊文明的重要成果，更是古希腊对欧洲乃至世界文明的重要贡献。

（四）托勒密数理天文学是对亚里士多德宇宙论的数学化

　　托勒密的数理天文学决定了它必定是对自然假说数学化的过程。他在《至大论》中说："在尊贵而严格的布局下去努力，并且把我的大部分时间用于智力的事情，即试图得到如此多而优美，特别是那些运用了'数学'的理论。"[①] 在托勒密看来，研究天体的方法包括物理学、数学和神学，但它们分属不同的研究领域。托勒密坚信数学是探究宇宙世界唯一可靠的方法，只有数学能

---

① Ptolemy C. Ptolemy's *Almagest*. Toomer G J（trans.）. London: Gerald Duckworth & Co. Ltd., 1984: 35.

够实现描述自然和对自然假说进行修正和证明的目的。

例如，为了解释太阳的不均匀运动，托勒密认为必须引入更精练的几何模型。在《至大论》中，托勒密常常用"假设"（hypotheses）这个词来解释他的本轮均轮模型和偏心圆模型，这里"假设"的最初含义是用来说明天体运动的几何设计或模型，它代表了一种科学方法。他为了完整地论证太阳运动理论，不仅给出了这两种几何模型存在的数学证明，并用相当的篇幅证明了它们在数学上是等价的。

在解释太阳的视非匀速运动之前，托勒密首先给出了关于匀速圆周运动的假设，即想象天体或它们的圆被（和圆心相连的）直线拉着，在每种情形下，这一直线在相等的时间里在它运动的中心画出相等的圆。托勒密进一步认为，它们的视非匀速运动是由那些承载天体运动圆的位置和次序的不同而造成的。他认为，实质上，就现实中存在的无序现象来说，视非匀速运动并不违背它们的永恒特征。他提出，视非匀速运动的原因可以由两个最基本和简单的假设解释：其一，每一个天体匀速运动的圆不与宇宙同心；其二，即使它们有这样一个同心圆，但是它们的匀速运动不在这个圆上，而在另外一个叫作"本轮"的圆上，它被第一个圆承载。这两个假设的任何一个将显示太阳运动在相等时间里在与宇宙同心的黄道上走过不相等的弧。

在托勒密看来，所谓太阳只有一种非匀速运动，是一种理想假设。这种理想假设是托勒密剔除了一切与太阳运动有关的其他运动现象后得到的一种必要假设，如此操作可以数学化地解决问题。太阳运动最自然的定义是太阳在这个过程中从一个分点（或至点）或者黄道上的任何一点出发，又回到相同点上。托勒密说："它是最简单的和可能的假设，通过这个假设能很好地解释现象。"[①]在此假设的基础上，托勒密得出回归年是一个常数。

历史上，虽然喜帕恰斯已经首次给出比较精确的太阳年年长值，但是太阳理论中关于年长的一系列合理而系统的论证却是由托勒密完成的[②]。

《几何原本》的公理化体系对《至大论》产生了深刻的影响，托勒密天体运动模型建立在一套严密的数学化、公理化体系的基础上，从而奠定了托勒密天文学从古代以来漫长时间内在科学史上的地位。托勒密在《至大论》中经常混用 model（模型）和 hypotheses（假设）这两个词，这说明在托勒密

---

① Ptolemy C. Ptolemy's *Almagest*. Toomer G J(trans.). London: Gerald Duckworth & Co. Ltd., 1984: 131-132.

② 邓可卉. 古代中国与古希腊回归年长度测算中若干问题的比较研究. 内蒙古师范大学学报（自然科学汉文版），2006，35（1）：117-122.

看来，这两个词是等同的。托勒密天文学给出了一种最典型的科学方法——模型和假设的方法。

（五）《至大论》对哥白尼日心说的影响

1543 年，哥白尼（Nicolaus Copernicus，1473—1543）的《天体运行论》正式出版，是人类探索宇宙进入一个新阶段的里程碑。但是许多人忽略了一个历史事实，在《天体运行论》刚出版的年代，许多天文学家之所以被它吸引，不过是想了解另外一种能给出宇宙预测的途径而已。正如德国耶稣会士兼天文学家、数学家克里斯托弗·克拉维斯（Christopher Clavius，1538—1612）说过的，哥白尼只是说明了托勒密的行星布局并不是唯一的方法[①]。

哥白尼在《天体运行论》中对旧的宇宙模型进行了较大幅度的修改，主要原因包括以下几点：如果把太阳放在宇宙的中心，所有行星模型的设计会变得简单，这一点遵从了古希腊毕达哥拉斯学派的简单、优美、和谐的原则；哥白尼在《天体运行论》的前几章为他的宇宙蓝图提供论证的最重要依据是：论证基于简单、和谐与优美的原则。地心说及其所蕴含的数理天文学方法论基础，使得哥白尼具有在此基础上提出新假设的可能性。

在哥白尼的《天体运行论》出版后，欧洲学术界曾经为其中一个版本中的"就本书中的假设致读者"中的声明发生过激烈的争论，争论的焦点是哥白尼日心说到底是一个假设，还是一个物理真实[②]。显然，哥白尼及其前人包括托勒密天文学努力的一个目标就是只要计算与观测相符合就足够了。

基于此，我们更应该正确看待托勒密地心体系的历史地位，以及它的长期不可替代性。历史中的所谓哥白尼日心说托勒密的地心说体系，是古希腊理性科学传统下不同历史时期的两种不同假说，反映了人类认识宇宙和对宇宙进行数学化进程中的必不可少的两个阶段。如此看来，也许托勒密地心说体系的创建更为重要，因为它是科学史上第一次对宇宙完整、定量和系统的描述。

哥白尼日心说在理性层面看是合理的，有科学传统和科学证明为依据。但是在常识方面，它迟迟不能为世人所接受。哥白尼日心说从提出到被接受

[①] 欧文·金格里奇. 无人读过的书——哥白尼《天体运行论》追寻记. 王今，徐国强译. 北京：生活·读书·新知三联书店，2008：63.

[②] 欧文·金格里奇. 无人读过的书——哥白尼《天体运行论》追寻记. 王今，徐国强译. 北京：生活·读书·新知三联书店，2008：83.

经历了很长的时间，所谓"哥白尼革命"也是现代学者库恩提出来的。当今人们普遍认为地心说是不对的，而日心说是正确的是一个严重的历史误解，是片面和主观的。总之，我们主张哥白尼修正地心说的一个前提就是，地心说是一个假说。

需要说明的是，哥白尼与第谷·布拉赫（Tycho Brahe，1546—1601）的天文学方法继承了托勒密天文学，只是他们出于新的考虑，分别提出了更加优美而简洁的日心说体系与适用性更加广泛的地-日心说体系①，虽然工作的前提假设发生了改变，但是工作的动机与内容并没有发生变化。

四、古希腊对宇宙结构的理性探索

古希腊人的自然哲学提出了许多重要的科学问题以及解决方法。它的产生与古希腊人生活的自然社会环境有关，也与他们的宗教信仰有关，其多方的原因不是我们在此探讨的主要话题。我们关心的是为什么古希腊在众多的自然哲学传统中成就了托勒密的地心说体系，使之统治欧洲天文学长达 14 个世纪。

20 世纪英国著名的科学史家丹皮尔（W. C. Dampier）认为，公元前 4 世纪时，地理发现就已经有了很大的进展。汉诺（Hanno）绕过赫拉克列斯柱（Pillars of Hercules），航行到非洲西岸；毕特阿斯（Pytheas）绕过不列颠，驶向北冰洋，了解到月相与潮汐的关系，当时已经知道地球是一个球体，对它的大小也有了一些了解②。公元 5 世纪中叶，菲洛劳斯（Philolaus）的著作是我们了解有关内容的主要材料。在书中，他承认地球是一个球体，并且进一步提出了地球绕空间一个固定点移动，与"对地星"相平衡；因此，地球要把有人类居住的表面顺次呈现于周围天空的每一部分面前，它简单而完美地解释了天体的视运动。在各个固定的点上有一团"中央火"，这正是毕达哥拉斯学派倡导的宇宙理论。但是无疑，地理发展增进的知识对于后人相信菲洛劳斯著作中对地星和中央火的说法不利，所以"中央火"的概念逐渐淡出了人们的视野。

毕达哥拉斯学派的最后一位学者埃克番达斯（Ecphantus）从昼夜长短随纬度而不同的事实形成了一个更简单的观念：地球在空间的中央绕自己的轴自转。公元前 500 年左右，赫拉克利特（Heraclides，约公元前 540—约前 480 至前 470 之间）也宣扬过这个说法，他认为太阳和大行星绕着地球旋转，金星和水星则绕着太阳运转。

---

① 邓可卉.《五纬历指》中的宇宙理论. 自然辩证法通讯，2011，33（1）：36-43，122-123，126-127.
② W. C. 丹皮尔. 科学史及其与哲学和宗教的关系. 李珩译. 桂林：广西师范大学出版社，2001：43.

　　萨摩斯的阿里斯塔克（Arisitarchus of Samos，约公元前 310—约前 230）在他流传下来的著作《关于太阳和月亮的大小和距离》中，运用几何学原理，得出太阳与地球的直径比约为 7∶1。他提出一个假设，恒星与太阳是不动的，地球沿着一个圆周绕太阳运动，太阳在轨道的中心（就是中央）。为了解释在地球运动时恒星看起来不动，他正确地指出，这是恒星到地球的距离同地球的轨道直径比起来巨大的缘故。

　　据普卢塔克（Prutarch）说，除了阿里斯塔克，公元前 2 世纪时古巴比伦人塞鲁克斯（Seleucus）也持有这个信念，并力求找到新的证据为它辩护。但是这种看法远远走在时代的前面，很难得到一般人的认可。当时多数的人，就连哲学家也认为无论地球是动还是不动的固体，它都是宇宙的中心。

　　托勒密几何模型方法具有古希腊数理天文学的基因，并在其基础上发展起来。首先，柏拉图借鉴了毕达哥拉斯学派的思想，相信宇宙的数学结构。几何模型方法最早源于古希腊的欧多克斯。在柏拉图看来，数学即几何，几何模型方法反映了柏拉图的数学化思想。欧多克斯为了解释太阳、月亮和行星的视运动，提出了一个同心球模型的假说，即太阳、月亮和行星都在一些以地球为中心的透明球体上运行。这个说法助长了后世天文学家关于地球中心说的发展。公元前 130 年左右，喜帕恰斯发展了这个学说，形成了一个体系。这个体系在公元 127—151 年经托勒密加以阐述后，独霸天文学界，直到 16 世纪为止。

　　喜帕恰斯在自己的体系中利用古巴比伦人的观测记录发明了许多天文仪器。他第一次把仪器上的圆周分为 360 度；第一次发现了岁差，并给出了岁差量值，认识到月球与地球的大小比例；首次运用了全弦函数表，计算了平面和球面三角数值。喜帕恰斯在天体演化学说方面的假定基本上是错误的，但在解释和说明现象方面却十分成功。托勒密继承喜帕恰斯的学术体系，假设地球是宇宙的中心，通过观测数据确定本轮均轮模型的参量，利用建立的几何模型解释观测现象，他在《至大论》中制定了一系列数表，依据它们可以计算并预测任一时刻日、月、行星的位置，以及日、月食的发生时间。这种通过观测建立宇宙几何模型，再用观测检验模型的方法，在相当长的时间内能够顺利解释天文现象，指导了哥白尼和第谷等许多重要天文学家的工作。

　　（本文第三部分引自：邓可卉. 托勒玫地心说的历史地位. 科学，2016，68（3）：1-4。）

托勒密的理论哲学思想及数学知识论

《至大论》卷 1.1 的内容是探讨托勒密理论哲学思想的重要源泉。托勒密生活于古希腊哲学的折中主义时期，这时恩培多克勒、柏拉图、亚里士多德等的学说被人们自由地传播与吸收。在《至大论》卷 1.1 中，托勒密对理论哲学的三个分支（神学、物理学和数学）按照自己的方式进行了定义，做出了本体论和认识论价值上的区分。本文围绕《至大论》卷 1.1 序言重点论述了四个问题，并对每一个问题的来龙去脉以及托勒密本人的阐释进行了历史的和学术的分析。本文认为，托勒密在这篇序言中所表达他本人的理论哲学思想是完整和成熟的，他折中而又突破了前人的思想。他的数学知识论不仅开辟了一条新的理论哲学道路，而且是合理解释《至大论》几何模型方法的根基；托勒密天文学重视观测，并且是数学的一部分，具有科学的属性。

《至大论》是具有高度技巧且对数理天文学进行极其合理解释的一部书。从写作风格来看，全书很少披露作者的个性及其哲学观点。国外对托勒密哲学的最早研究是 19 世纪的文献学家费朗兹·波尔（Franz Boll）做的，他认为《至大论》卷 1.1 来源于亚里士多德的《形而上学》[①]。利巴·陶布（Liba Taub）的《托勒密的宇宙》一书回应波尔，指出托勒密的语言词汇并不是亚里士多德主义的，托勒密关于天文学在伦理道德上的好处的论述是柏拉图主义的[②]。但是，他的观点遭到学术界的质疑，理由是《至大论》卷 1.1 的内容只是一

---

① Boll F. Studien über Claudius Ptolemäus: Ein Beitrag zur Geschichte der Griechischen Philosophie und Astrologie. Jahrbücher für Classische Philologie, 1894, S21: 78.

② Taub L. Ptolemy's Universe: The Natural Philosophical and Ethical Foundations of Ptolemy's Astronomy. Chicago: Open Court Publishing Company, 1993: 32, 26-29.

个可接受性的引言，并不能完整地呈现托勒密的理论哲学思想①。最近 10 年一个新的研究由杰奎琳·菲克（Jacqueline Feke）完成，她没有回答前面的问题，而是结合托勒密的其他著作来分析他的哲学观点②。可见到目前为止，国外对单纯的《至大论》卷 1.1 表述的内容并没有达成共识。国内关于《至大论》研究长期以来没有受到重视。

　　本文以《至大论》卷 1.1 序言为着眼点，认为它简短而完整地陈述了托勒密的理论哲学思想，序言就 4 个问题展开，并且每一个问题的涵盖范围越来越小，主题也越来越聚焦，最后，重点落在数学及数学的分支天文学上，笔者认为这是考察《至大论》写作根源的重要依据。毫无疑问，托勒密的理论哲学受到了古希腊有关思想的影响，但是，这些影响在多大程度上反映了托勒密自己思考的结果？而这些思考及观点是如何表达出来的？这是本文要解决的问题。此外，通过本文也可以了解托勒密的知识论（认识论）、知识的等级、数学研究的人文价值等方面的思想。

一、关于实践哲学与理论哲学的关系问题

　　纵观《至大论》卷 1.1 可以看出托勒密主要论述了以下四个方面的内容。首先是关于实践哲学与理论哲学的关系。托勒密在《至大论》卷 1.1 序言中说："塞勒斯，我认为真正的哲学家能完全正确地把哲学中的理论部分和实践部分区分开。因为实践哲学在成为实践哲学之前原本是理论的。但人们还是能够看出二者之间存在巨大的不同：首先，许多人即使不用教导就可能拥有一些美德，但如果要对宇宙进行理论性的理解，没有教导是不可能的；此外，人们在第一种情况下[实践哲学]获取的最大利益来自实际事务中持续不断的实践，而在另一个[理论哲学]中获取的最大利益来自理论的进步。"③这里有三层意思：首先，理论哲学很重要，它的重要性体现在既在实践哲学之前就有，又在知识的形式方面高于实践哲学；其次，虽然人们的一些美德是先天的，但是对宇宙的学习与理解依赖于理论的进步；最后，理论哲学中最

　　① Bowen A C. Ptolemy's universe: the natural philosophical and ethical foundations of Ptolemy's astronomy. Liba Chaia Taub. Isis, 1994, 85（1）: 140-141.

　　② Feke J. Ptolemy in philosophical context: a study of the relationships between physics, mathematics, and theology. Doctoral Dissertation of University of Toronto, 2009; Feke J. Ptolemy's Philosophy: Mathematics as a Way of Life. Princeton: Princeton University Press, 2018.

　　③ Ptolemy C. Ptolemy's *Almagest*. Toomer G J（trans.）. London: Gerald Duckworth & Co. Ltd., 1984: 35-37.

重要的事情就是理论的进步和知识的增长。

从这一段话中可以看出，托勒密调和了柏拉图与亚里士多德的学说，因为在他看来，理论哲学与实践哲学是相互联系的，这继承了柏拉图的思想。

在《理想国》中，柏拉图认为区分实践哲学和理论哲学是不必要的。他说："如果有某种必然性迫使他（工匠）把在彼岸所看到的原型实际施加到国家和个人两个方面的人性素质上去，塑造他们（不仅塑造他自己），你认为他会表现出自己是塑造节制、正义以及一切公民美德的一个蹩脚的工匠吗？（绝不会的。）但是，如果群众知道了我们关于哲学家所说的话都是真的，他们还会粗暴地对待哲学家，还会不相信我们的话：无论哪一个城邦如果不是经过艺术家按照神圣的原型加以描画，它是永远不可能幸福的？"[①]柏拉图在这里用艺术家画画比喻哲学家治国。这里的意思是说，哲学家按照原型管理城市，使它变成最幸福与公正的状态；对神思考后，哲学家能以最好的方式管理城市。显然，这里的实践哲学是依赖于理论哲学的。

又如在《理想国》中："看见了善本身的时候，他们得用它作为原型，管理好国家、公民个人和他们自己。在剩下的岁月里他们得用大部分时间来研究哲学；但是在轮到值班时，他们每个人要不辞辛苦管理烦冗的政治事务，为了城邦而走上统治者的岗位——不是为了光荣而是考虑到必要。"[②]这也表现出实践哲学依赖于理论哲学的倾向。

但是，托勒密认为真正的哲学家能够正确地把理论哲学从实践哲学中区分出来也是必要的。事实上，亚里士多德就做了这些工作。

亚里士多德是最早将知识进行系统分类的哲人。古希腊早期科学属于自然哲学，以本体论为主。由"实质"和"基体"统一为"实体"，"实体"是亚里士多德形而上学即本体论体系中的一个重要范畴。在《形而上学》第六卷中，亚里士多德把所有科学都称为广义的哲学，哲学被分类为理论知识（思辨的、证明的），包括物理学（研究作为运动的"是"）、数学（研究作为数的"是"）和形而上学（研究作为是的"是"的本体论）；实践科学，包括伦理学、政治学、经济学；诗的科学（制造的）。就理论知识而言，物理学研究那些运动的却不能和质料分离的本体（即具体事物），数学研究那些不运动的却又是在质料之中不和质料分离的本体（即数），而形而上学却研究那些自身并不运动而又可以和质料分离的（就是抽象的）本体。亚里士

① 柏拉图. 理想国. 郭斌和，张竹明译. 北京:商务印书馆，1986: 253.

② 柏拉图. 理想国. 郭斌和，张竹明译. 北京:商务印书馆，1986: 309.

多德对神学、物理学和数学的定义是从本体论角度完成的，他说："既然每一门科学都必然是对是什么有所认识，并把它当作本原，所以就必须注意自然哲学家是怎样下定义的，怎样把握实体原理的。"①

但是，托勒密在序言中关于"二者存在大不同"下的两个观点表达了他本人的主张。他首先认为，许多人即使不用教就可能拥有一些美德，但如果要对宇宙进行理论性的理解，没有教导是不可能的。这与柏拉图和亚里士多德的思想都有所不同。这句话的含义是，一些美德是先天的，不用教；美德具有行为学特征②，它可以视作隐藏在实践背后的存在，但是宇宙理论知识的增长必须依靠教导。其次，托勒密在序言中已经把亚里士多德的实践知识和理论知识上升到了实践哲学和理论哲学的层面，并且认为理论哲学得益于理论的进步，同样，实践哲学得益于持续不断的实践。可见，托勒密认为理论哲学是一个持续不断的进步过程，他关注知识（理论的和实践的）的进步与增长。托勒密已经把二者彻底区分开。从下文的论述中可以进一步看到，托勒密本人的理论哲学动机和系统是独立而成熟的。

二、对理论哲学三个分支的定义及其依据

接下来，托勒密分析了亚里士多德的理论知识，他说："亚里士多德也非常恰当地把理论哲学分为三大主要分支，即物理学、数学和神学。"③托勒密在这里用一个"也"字既说明他的理论的继承性，也强烈暗示与其有所不同。托勒密对三分知识的观点是完全独立于亚里士多德的。

首先，亚里士多德定义的"第一哲学"——神学主要是研究"第一推动者"（the first mover），而托勒密认为神学是关于宇宙"第一运动的第一因"（the first cause of the first motion）的研究，可以推测托勒密的"第一因"等同于亚里士多德在《物理学》卷八和《形而上学》卷十二中的"第一推动者"，但被他表述为"第一动因"，而不是"第一推动者"。我们从《至大论》的原文中发现，在托勒密天文学中，宇宙的第一运动是恒星天的周日运动④。

---

① 亚里士多德. 形而上学. 苗力田译. 北京：中国人民大学出版社，2003：227.

② 马永翔. 德性是否可教?——兼解柏拉图的《美诺篇》. 道德与文明，2007，(5)：21-26.

③ Ptolemy C. Ptolemy's *Almagest*. Toomer G J (trans.). London: Gerald Duckworth & Co. Ltd., 1984: 35.

④ Ptolemy C. Ptolemy's *Almagest*. Toomer G J (trans.). London: Gerald Duckworth & Co. Ltd., 1984: 45-46.

我们从接下来的序言中了解到托勒密考虑神学对象时主要关注它的两个特点，即不可感知的和不动的。他说："如果人们只是认为宇宙的第一运动的第一因是由看不见的和静止的神性所操纵的，那么涉及调查这个的理论哲学分支被称为'神学'。由于这种活动到达宇宙最高处上面的某处，只能被加以想象，且完全是和可知的现实分离的。"[①] 托勒密沿袭了亚里士多德"关于神学对象是不动的"思想，但是与其不同的是，他认为神学的对象是可分离的，即使它们位置很远，在天空的最高处。他不认为它们能有绝对独立的存在，只是认为它们与可感知物体分离。托勒密除了论述第一运动的不动性（"静止的"），还论述了它的不可感知性（"看不见的"）。

亚里士多德说："物理学所研究的是在自身内具有运动本原的东西，思辨的数学则是一种研究恒久对象的科学，但不研究分离的东西。所以，和这两门科学不同，有一门科学以分离的、存在而不运动的东西为对象。如若真有这样的实体，我说的是分离和不运动的实体，让我们尝试着加以证明。如若存在物中果然有这样的本性，这里必定是在某处的神圣事物，它必定是最初的，高于一切的本原。现在说明了，思辨科学有三种，物理学、数学和神学。"[②] 众所周知，亚里士多德区分三门思辨科学的核心是分离的和不可分离的、运动的和不动的，而托勒密没有按照这两对基本矛盾定义它们。

托勒密处理了和数学与物理学对象有关的运动，但没有讨论它们是否可分离。他认为，物理学对象具有"永久运动"的特征，可用月下天的可感知性区分它们，他说："理论哲学的第二个分支研究物质的和永动的特性，以及关于自身的'白'、'热'、'甜'、'软'等性质的，人们可称之为'物理学'，这样的秩序大部分位于可朽的物体之中和月下领域。"[③] 托勒密概括了物理学对象主要是月下天。物理学对象的可感知特点如白、热、甜、软等，它们都具有永久变化的特征，对月下天的物理学对象而言，这个变化也包括可朽性。

同时，托勒密也定义了数学对象："理论哲学的第三个分支（数学）决定了包括形式和各处运动的性质，研究诸如形状、数量、大小、位置、时间之类的，人们可以定义为'数学'。"[④] 各处运动是数学研究的对象[⑤]，但是

① Ptolemy C. Ptolemy's *Almagest*. Toomer G J (trans.). London: Gerald Duckworth & Co. Ltd., 1984: 47.

② 亚里士多德. 形而上学. 苗力田译. 北京：中国人民大学出版社，2003: 228.

③ Ptolemy C. Ptolemy's *Almagest*. Toomer G J (trans.). London: Gerald Duckworth & Co. Ltd., 1984: 36.

④ Ptolemy C. Ptolemy's *Almagest*. Toomer G J (trans.). London: Gerald Duckworth & Co. Ltd., 1984: 36.

⑤ 在下文中可以看到托勒密讨论了地球上各处运动的物质（《至大论》卷 1.7）。

对托勒密而言，一般来说，数学对象既有可能是动的，也有可能是不动的。也就是说，动和不动不是托勒密考虑数学区别于神学和物理学对象的要素。

托勒密接下来说："我们由此得到，理论哲学的前两个分支理应被称作'推测'而不是'知识'：对于神学来说是因为它的完全不可见和不好把握的性质，对于物理学来说则是由于物质不稳定和不清楚的性质；因此不要对哲学家对两者达成共识抱有希望；如果人们以严谨的方式获取知识，只有数学能为它的献身者提供确信、不动摇的知识。因为它的证明是由不可辩驳的方法即算术和几何推演得到的。"①

托勒密从认识论和本体论两个角度判断究竟是产生知识还是只停留在猜测上，上述引文中关于物体的可感知性和清晰性是认识论的特点，而它的稳定性是本体论的特点。亚里士多德在《论灵魂》中曾经探讨过物体的可感知性②。对托勒密来说，就第一标准——可感觉的而言，神学的对象"第一推动者"是不可感知的。第一推动者没有感觉可言，因此神学不能产生知识。神学的对象完全不好把握，因此神学是猜测性的；而物理学和数学对象是可感知的。托勒密物理学对象的例子是特殊感知——只能由一种感官感知到，而他的数学对象的例子是"共同感知"——由不止一种感官感知③。

接下来，托勒密考虑了物理学和数学对象的可感知性，它们是否稳定和清晰将分别决定在研究它们时是否产生知识或猜测。数学对象既是稳定的，又是清晰的。因为对象的特性决定了人们理解它的特点，即对这些稳定而清晰的物体的研究本身就是稳定和清晰的。这种稳定而清晰的研究产生了知识。而物理学对象不稳定和不清晰的性质使得对它的研究只能是猜测。这里有两个方面的含义。

其一，对象的性质决定了研究它的学科的性质。对永久而不变物体的研究本身也是永久不变的，并且这种永久而不变的理解就是知识；就像永恒不变的物体一样，知识既不是不清晰的，也不是无序的。在这一段中，托勒密提出数学产生知识，知识是永久的，正如我们前面说过永久运动是数学的研究对象一样。

其二，对托勒密来说，稳定性和清晰性并行共存，稳定的对象也是清晰的，甚或一个物体的稳定性使它对人类感知产生清晰的表象。

---

① Ptolemy C. Ptolemy's *Almagest*. Toomer G J (trans.). London: Gerald Duckworth & Co. Ltd., 1984: 36.

② Aristotle. De Anima. Hamlyn D W (trans.). Oxford: Clarendon Press, 1968: 17-18.

③ Feke J. Ptolemy in philosophical context: a study of the relationships between physics, mathematics, and theology. Doctoral Dissertation of University of Toronto, 2009.

上文说明，托勒密把物理学对象和月下天相联系，认为"特殊感知"形成了月下世界；月下天经历了五花八门的变化，包括可朽的。所以，人类对物理对象的感知是不稳定和不清晰的，于是妨碍了对它们的理智分析。如果理智不能清晰地考察感觉，那它就限制了认识可感物质，对它们的判断就停留在猜测而不是知识层面上。

那么，应该如何理解托勒密关于神学对象的不可见和不好把握呢？不可见说明神学对象是不可感知的，而不好把握是相对于天文学而言的：虽然神学与天文学面对的是共同的研究对象，但是对托勒密来说，能通过数学手段进行完整清晰描述的就是天文学，反之，即使运用数学手段也只能合理猜测的就是神学。

概括来说，亚里士多德从本体论的角度对神学、物理学和数学进行了严格的等级分类。神学是研究分离的不动的事物；物理学是研究可分离的运动的事物；数学是研究不分离的且不运动的事物。按照这样的标准区分，神学是最不可辩驳的，比物理学和数学的等级地位都高。而托勒密从本体论和认识论的双重角度重新考虑了三门科学的等级。在他看来，神学是不可知的，物理学和数学是可感知的；虽然它们都可感知，但是物理学对象是不稳定和不清晰的，数学对象是稳定的和清晰的；所以神学和物理学只能被猜测，只有数学能产生知识。

柏拉图在讨论数学的三个重要特征时认为数学具有清晰性和稳定性，同时也认为数学对象是分离的、无形的和不可感知的[1]。他曾经说过："数学家如果在几何学里从可能性与相似性来进行推导，那他就一文不值。"[2]但是他在数学对象的不可感知性方面与托勒密的可感知性有所不同。而亚里士多德认为数学对象确实可感知，但是在研究它们的时候把它们当作是不可感知的，因为他说："几何学也是这样。尽管其对象在偶性上是可感觉的，但是并不能把它们作为可感觉的东西，那么，这样的数学也不是研究可感事物的科学，当然也不是在此之外分离存在的东西的科学。"[3]托勒密对知识三分的定义中涉及了可感知性、清晰性和稳定性，显然他的认识论层次更高，是调和并突破了柏拉图和亚里士多德的本体论和认识论观点得到的。

---

① 欧文·埃尔加·米勒. 柏拉图哲学中的数学. 覃方明译. 杭州：浙江大学出版社，2017: 5-7.
② 柏拉图. 泰阿泰德. 詹文杰译. 北京：商务印书馆，2015: 162.
③ 亚里士多德. 形而上学. 苗力田译. 北京：中国人民大学出版社，2003: 268.

三、托勒密对数学的看法

按照托勒密对数学的看法，数学的研究对象介于物理学和神学之间，关于这个顺序他有一个陈述："当数学位于其他两门学科之间时，其研究的主题就被减弱了。首先它在有或没有感觉帮助的情况下，都能被看作是两门学科。其次，它毫不例外地具有所有物质的属性，不管是可朽的还是不朽的，因为那些永恒不变的事物在它们不可分离的形式中①，与它们一起发生变化，尽管对于有着'以太'性质的永恒事物②，它也保持着它们不变的形式永远不变。"③这里有几层意思：首先，神学对象不可感知，物理学对象可感知，数学对象虽然可感知，但有或没有感官的辅助都能被感知到，那么如何理解这句话？也许托勒密认为观测数学对象是可能的；只有当人们也观测物理学对象的时候，观测数学对象才是可能的，是参考对它们的感觉印象来思考它们的；这也可能是独立于感觉的思考，这时可以认为数学是不可感知的，类似于神学对象。

其次，数学的对象具有所有存在物的属性，包括可朽的与不朽的。前者具有物理学对象的特点，因为它只能被独立的感官思考；后者具有神学对象的特点，如以太天体。数学的这个特点为托勒密在下面论述数学对神学和物理学的贡献打下了基础。

托勒密认为，数学对其他两门科学起作用，他说："再进一步来说，它（数学）可以在[理论哲学的]另外两个分支的领域中起作用，其效果一点也不逊色于那两个领域。这是有助于神学研究的最好的科学。它是唯一能够对那些不动的和分离的活动性质做出合理猜测的科学。[它（数学）能做到这一点]是因为它熟悉天体的属性，而这种属性一方面是可感知的动和被动的，另一方面是永恒不变的，[我指的属性是]和运动及运动的设计有关。对于物理学，数学能做出一个重要的贡献，几乎每个物质的独特属性由于它各处运动的独特性而变得明显了。"④

在托勒密看来，人们虽然不能获得关于神学与物理学的知识，但是至少

① 从这里可以看出，托勒密在前面没有把"可分离的"作为区分知识的一个标准成为他论述数学可以为神学服务的一个论据。

② 在亚里士多德物理学中，"以太"有精确的意义：在月球上面的一切构成"较远的"物质，不同于任何地球上很稀疏且做圆周运动的物质。这种物质的另一个名称是"第五元素"。

③ Ptolemy C. Ptolemy's *Almagest*. Toomer G J（trans.）. London: Gerald Duckworth & Co. Ltd., 1984: 35-37.

④ Ptolemy C. Ptolemy's *Almagest*. Toomer G J（trans.）. London: Gerald Duckworth & Co. Ltd., 1984: 36.

可以进行合理的猜测，这只能通过数学来实现。数学使它对神学和物理学的认识能力达到极大。借助对数学的应用，人们可以对神学和物理学的特性做出合理的猜测。

首先，关于神学，它是数学的对象，更是天文学的对象。利巴·陶布认为，天体的运动和位形与通过数学对它的特性加以合理猜测的第一推动者具有共同特征①。这可以看作是托勒密建立其理论哲学的一个前提。另外，当托勒密声称他热爱数学特别是天文学研究时，他把天文学对象描述为神圣的、永久的和不变的。而以太天体是最恒久不变的，因为它们所做的唯一变化就是到处运动，所以，天文学对象——天体的运动是绝对不变的。这里的绝对不变实际上是相对的，因为尽管天体就它们的运动和位形而言不是绝对完美的，是不严密的，但是和可见世界的其他成分相比是完美的。因此，当一个人走近严密的数学时，他就会熟练地考察清晰的数学对象，如天体的运动和位形从而就产生知识。

上述引文中"和运动及运动的设计有关"的特点，看似难以理解，但是如果熟悉《至大论》的内容，从它散落在其他卷的内容中可以找到合理解释。例如，《至大论》卷 13.2 最后一部分说："我们可以从地球上建立的模型看到，即使这些元素适当组合，以代表不同的天体运动，也是一件费力的事情，而且在天空中无论以何种方式组合都是没有阻碍的，达到运动互不阻碍也是困难的。相反，我们最好不要因为事情在地球上看起来简单，就判断天的运动的'简单性'，尤其是当同样的事物在所有情况下并非同等简单的情况下。因为如果我们按照同样的标准去断定，天上所发生的一切都不简单，即使第一运动其永恒不变的性质也不简单。因为天体运动这一亘古不变性对于人类所从事的活动来说，不仅仅是很难做到的，根本就是完全不可能做到的事情。相反，我们应该从天上事物性质的不变性以及它们的运动来断定其简单性。这样，所有的运动都将变得简单了，比我们在地球上所认为的更为简单。"②

这里的意思是说，即使将这些元素适当地组合起来，以便在地球模型中再现各种天体运动，这也是一件费力的事情。进一步地，如果以地球上的标准（即上文中运动和运动的设计标准）来判定，天上所发生的一切都不简单；但是，如果以天上事物性质的不变性以及它们的运动（即上文中天的永恒不

---

① Taub L. Ptolemy's universe: the natural philosophical and ethical foundations of Ptolemy's astronomy. Chicago: Open Court Publishing Company, 1993: 26-29.

② Ptolemy C. Ptolemy's *Almagest*. Toomer G J(trans.). London: Gerald Duckworth & Co. Ltd., 1984: 600-601.

变标准）来断定，天上所有的运动将变得简单了。

托勒密关于天文学对神学的贡献是柏拉图主义的[①]。在《理想国》卷 7 中有相似的论述："这些天体装饰着天空，虽然我们把它们视为可见事物中最美最准确者是对的，但由于它们是可见者，所以远不及真实者，亦即具有真实的数和一切真实图形的，真正的快者和慢者的既相关着又托载着的运动的。真实者是仅能被理性和思考所把握，用眼睛是看不见的。"[②]

上面一段话的意思是，天体是可见事物中最美和严密的。它们比其他任何可见世界中的其他组成更完美地模仿形式，所以，它们更具有成为形式的属性。所以，《理想国》又说："因此，我们必须把天空的图画只用作帮助我们学习其实在的说明图。"[③] 天体的运动和位形可以被视为形式的概念（抽象）模型，从而有助于更好地认识和猜测神学。

其次，天和地球一样都具有物质特征。托勒密在序言的开始就谈到，理论哲学三大分支所讨论的所有存在都是由物质、形式和运动合成的，是为了揭示引起现象的原因，这与当代自然科学的目的相吻合。这个内容最初由柏拉图关于宇宙论体系的三大要素（形式、物质和作用者）发展而来，柏拉图的主要动机是揭示理性在宇宙中的运作。亚里士多德由此进一步提出质料因、形式因、动力因，以及他增加的目的因，这四种原因同时作用于所有物体，产生一系列不同的永久效应。古希腊早期就已经开始探讨物质的运动形式，其基础是原子论和"四根说"，后来又发展了以太说。托勒密很好地吸收了先人的思想，将《至大论》卷 1.1 所关心的物体的特殊的、个别的、单一感觉等物理学特征，转化为具有物质属性的，并且包含了所有元素的基本特性——月上天和月下天。然后进一步说明，数学几乎对认识每种物质的独特性都有贡献，这里的物质包含了古希腊以来不断发展起来的元素理论（element theory，包括四元素说、原子论和以太学说）中的所有物质。

这个转化的焦点没有否定托勒密早期把特殊感觉作为物理学对象的定义[④]，相反，他扩大了局限于物理学范畴的对象范围。这是因为特殊感觉

---

① Feke J. Ptolemy's Philosophy: Mathematics as a Way of Life. Princeton: Princeton University Press, 2018.

② 柏拉图. 理想国. 郭斌和、张竹明译. 北京: 商务印书馆, 1986: 294.

③ 柏拉图. 理想国. 郭斌和、张竹明译. 北京: 商务印书馆, 1986: 295.

④ 在托勒密的另外一部不为人熟悉的著作 On the Kritêrion and Hêgemonikon（这是一部关于心理学的著作，笔者在此把该书名初步译为《灵魂知识与标准》）中，他阐述了他的特殊感知与共同感知理论。在这部书里，托勒密从特殊感觉出发定义物理学对象。

和所有物质的基本特性对物质属性而言都是独特的，因此，它们都是物理学研究的对象。托勒密重视对物体运动的观测所反映的基本特征："人们能通过它是否做直线或圆运动，从不朽的中区分出可朽的，从轻的中区分出重的，并且通过它的运动是否朝向中心或远离中心，从主动的中区分出被动的。"①这就是说，一个物体是做直线还是做圆周运动，显示了它的元素是可朽的还是不朽的；而如果它做直线运动，它的运动是朝向还是远离宇宙的中心又决定了组成它的元素是重的还是轻的、被动的还是主动的。

托勒密在《至大论》卷 1.7 中为了叙述在球形宇宙中自然的直线运动，将几何学术语运用到物体运动的理论中，他说："对于地球而言，宇宙并无上下之分，正如球面无上下之分一样。至于宇宙中的混合物，则根据其特性和固有运动，轻盈细微的东西向外飘散，并且向上飞，重而粗糙的东西向地心运动，并且向下落，我们把头上向宇宙去的方向称为'上'，而从我们脚下向地球中心去的方向称为'下'。"②这也是数学对物理学有贡献的例子。

总之，数学对第一推动者的性质具有合理的推断，对了解物理对象的性质有帮助。托勒密不仅提升了数学的价值，而且把传统的由哲学家从事的研究领域转为数学家的任务。因为他说："这种做法我们要贯穿始终，不管是在平常的事务中去努力获取一个高贵而有教养的性情，还是教授那些数量众多且漂亮的理论，在知识学问方面花大量的时间，尤其是那些具体地应用了'数学'尊号的理论。"③托勒密对具有"数学"尊号的理论所具有的严格而非经验、理性而非神秘的特点具有足够充分的阐述，这也表现在他的《至大论》中一以贯之的数学化方法中④。他又说："至于实际行为与性格中的德行，这门科学（数学）最重要的是，可以让人从与神性有关的恒久、有序、对称和平静之中看得更清楚，它使它的追随者们成为这种神圣之美的爱好者，使他们适应并改造他们的本性，以达到相似的精神状态。"⑤他论证了数学不仅是理论哲学中唯一能产生知识的一种类型，而且是理论哲学中唯一能完善道德的一种方式。

---

① Ptolemy C. Ptolemy's *Almagest*. Toomer G J（trans.）. London: Gerald Duckworth & Co. Ltd., 1984: 36-37.

② Ptolemy C. Ptolemy's *Almagest*. Toomer G J（trans.）. London: Gerald Duckworth & Co. Ltd., 1984: 44-45.

③ Ptolemy C. Ptolemy's *Almagest*. Toomer G J（trans.）. London: Gerald Duckworth & Co. Ltd., 1984: 35.

④ 邓可卉. 希腊数理天文学溯源——托勒玫《至大论》比较研究. 济南: 山东教育出版社, 2009.

⑤ Ptolemy C. Ptolemy's *Almagest*. Toomer G J（trans.）. London: Gerald Duckworth & Co. Ltd., 1984: 35.

四、托勒密对天文学的认识

在托勒密看来，天文学属于数学的一个分支。托勒密在《至大论》卷1.1的序言中列举了数学能为它的献身者提供确信、不动摇的知识，他明确地说："我们专注于研究理论哲学的这部分，并且一直研究到它的全部，特别是那些包含了神性和天上事物的理论。只有它（指数学）致力于对永恒不变的研究，故这一理论哲学（它具有知识的属性）也可以是永恒不变的，它在自身的领域里既是清晰的，也是有序的。"[①]

托勒密的"专注于研究理论哲学的这部分，并且一直研究到它的全部，特别是那些包含了神性和天上事物的理论"说明，数学这门科学能够考察天体的运动和位形，这两者属于数学的一部分——天文学。另外，这一句话也指出，天文学是数学的范例。天体的运动和位形是永久不变的，因此它们是稳定的，而人们对它们的感知是清晰的。因此，当一个人走近严密的数学时，他就会熟练地考察数学对象的清晰感受，如天体的运动和位形，从而产生知识。托勒密与亚里士多德关于天文学应该属于物理学还是属于天文学产生了分歧。分歧的焦点主要在于——天体与地上物体具有不同的属性，他们对物质的定义不同。

亚里士多德在他的《物理学》中说："数学家与自然哲学家有什么区别。因为自然物体都具有面、体、线和点，数学家也正好要研究这些问题。此外，还要考察天文学是与自然哲学不同的另一学科呢，还是只为它的一个部分……他们（数学家）是把它们分离出来考察的……而自然物是不能像数学对象那样被分离的……这一点可以从那些明显地是自然学科而不是数学分支的学科如光学、声学和天文学中得到说明。"[②]可见，他认为天文学比数学更接近物理学，可以与光学、声学平行。但是，亚里士多德在后来也表现出在这个问题上摇摆不定的特点。在他的《形而上学》中，他认为天文学似乎更接近于数学科学。

托勒密的论述不仅考察了数学家与自然哲学家之间的区别而且通过自然物体的研究反映了他对天文学科的认识，同时也表达了他的一般科学观。他认为，天文学坚持探索世界"永恒不变的事物"中"清晰而有序"的东西，这几个术语概括了天文学科的特点，而这就是科学的属性。对于托勒密来说，

---

① Ptolemy C. Ptolemy's *Almagest*. Toomer G J (trans.). London: Gerald Duckworth & Co. Ltd., 1984: 37.

② 苗力田. 亚里士多德全集. 第二卷. 北京: 中国人民大学出版社, 1991: 34-35.

永恒真理的陈述只能是关于永远不变的物质的[1]。托勒密在《至大论》一书中重点研究了数学以及建立在数学基础上的天文学，这个事实呼应了他开篇就指出的，如果要对宇宙进行理论性的理解，没有教导是不可能的。这代表了托勒密本人的以及他最擅长的领域的观点。

首先，关于天文学是属于物理学领域还是属于数学领域的区别主要在于：天体与地上物体的不同属性。托勒密很清楚天文学研究的对象是天上的物质，虽然它们都具有物质特征，但是它们是不沾染模糊与不确定的物理学属性的，它只与天体有关。而关于物理学的研究对象，托勒密认为它们的"生物秩序大部分位于可朽的物体之中和月下天"。人们研究变化的和可朽的物质世界产生了物理科学，而对不变和永恒天体的研究属于数学科学。即使前者具有数学的形式，但也不足以把它们从变化和可朽的物质世界中区分出来。

由此可见，当考察数学对物理学的贡献时，托勒密更加强调了天空和地球都具有物质特性，他将古代的元素理论视为一个共同的物质形式；但是，当考察天文学到底属于数学学科还是亚里士多德主张的物理学学科时，他又把元素理论中的元素分开来看待，认为天上的物质以太具有永恒不变的特点，而月下天具有可朽和变化的特点。

其次，物理学与天文学关注的物质定义不同。物理学对象的物质具有"不稳定和不清楚的"性质，因此不能希望哲学家们对它取得一致的意见。而天文学是"那些包含了神性和天上事物的理论"，"是致力于对永恒不变的研究"。所以，天文学作为数学的一个分支也具有知识的属性，是永恒不变的。

天文学作为数学的一部分说明了一个非常显著的事实，《至大论》是完全独立于星占学的。众所周知，托勒密在古代是一位著名的星占大师，他在《至大论》之后完成的《四卷书》就是一部星占学著作，在中世纪非常畅销，其影响程度甚至超过了《至大论》。所谓星占学，就是指天上物体强加于地面物体的影响，并且星的影响也与它们的物理性质有关。在《四卷书》中，托勒密相信天体对人间事物有真实的、"物质上的"（physical）影响[2]，这意味着星占学属于物理学的一部分，尽管它也利用了数学计算。

在《至大论》卷1.1序言结尾一段中，托勒密阐述了他的理论哲学动机："这正是我们不断地努力达到的对那永恒不变的沉思之热爱，我们研究这些

---

[1] Pedersen O. A Survey of the *Almagest*. Odense: Odense Universitetsforlag, 1974: 29.

[2] Ptolemy C. Tetrabiblos. Ashmand J M (trans.). London: Davis and Dickson, 1822.

科学（sciences）的部分理论，这种科学已被那些真正有探索精神并精通它们的前人所掌握，也被我们自己所掌握。我们试图通过这些人和我们之间的额外时间来促进这种进步。我们将试图记录一切我们认为至今已经发现的东西；我们将尽可能简明地做这件事情，并继续以一种已被那些在此领域取得进步的人长期所遵循的方式去做。考虑到论述的完整性，我们将以适当的顺序为天体理论提出一切有用的方法，同时为了避免冗长，我们将只是重新计算已经由前人充分建立起来的理论。然而，对于那些我们的先人们还完全没有处理的话题，或者是没有用的话题，我们将会尽力详尽地去讨论。"①

　　第一句中"永恒不变的沉思"可以理解为知识，它与第二句中"通过……的额外时间来促进这种进步"涉及科学进步的话题。这与《至大论》后记（卷13.11）中托勒密的"直至我们的时代"的工作首尾呼应。在后记中有"塞勒斯，我们现在完成了这些附加论题并展示了处理几乎所有论题的方法，至少在我看来，这些是为了这部书的目的而理应涉及的理论，无论如何，直至我们的时代，这归功于我们的发现和对更早发现的修正的较高精度。根据备忘录的建议，这本书针对科学无用而写，绝不是卖弄学识。所以我们的讨论也在适当的地方以一个合适的篇幅就此打住"②。由此可见，托勒密的《至大论》最终又落笔在通过"直至我们的时代"的许多人努力所取得的理论进步上。

　　不仅如此，在《至大论》卷7中，至少有两个地方反映了托勒密的这个思想。在谈到喜帕恰斯对黄道附近的固定恒星观测与他的观测相比较时，他说，我们通过比较当前和那个时代的现象，得到了相同的结论。这个相同的结论就是，固定恒星相互之间总是保持相同的距离。在《至大论》卷7.3论证关于"固定恒星球围绕黄道极向后的运动"的话题中，托勒密又一次引证了他的前辈喜帕恰斯的观测与他自己的观测进行比较。以上是托勒密关于从古代到他那个时代之间通过已掌握的方法促进天文学知识增长与理论进步的两个例子。

　　另外，托勒密天文学正面回应了柏拉图提出的观测天文学是无用的观点。柏拉图在他的《理想国》中，在前人讨论"有用的"和"无用的"学问的基础上，区分了具体的观测天文学与抽象的数理天文学，他认为观测天文学"白白花了许多辛苦"，是无用的。而托勒密天文学很好地将观测与理论

---

① Ptolemy C. Ptolemy's *Almagest*. Toomer G J（trans.）. London: Gerald Duckworth & Co. Ltd., 1984: 37.

② Ptolemy C. Ptolemy's *Almagest*. Toomer G J（trans.）. London: Gerald Duckworth & Co. Ltd., 1984: 647.

结合起来。可见不仅托勒密本人，而且《至大论》全文都表现出了对观测的重视。托勒密天文学已经极大地超越了他的前辈，站在近代天文学的队伍中。

《至大论》的写作原则是"尽可能简明地做"，它是指《至大论》的每一卷都围绕一个主题展开，并论证每个主题的逻辑结构和基本内容是一致的。站在作者的立场看，现有的内容没有一个是多余的，但再增加一些内容又是不必要的。按照"长期所遵循的方式去做"保证了取得理论进步所必须具有的连贯性。"论述的完整性"说明，《至大论》除了卷 1、2 的基础知识和基本观点以外，其他各卷依次按照太阳、月球、日月距离及日月食、恒星、行星等理论展开论述，就古代太阳系宇宙理论而言具有完整性。这些内容也在《至大论》后记中得到了呼应。

需要说明的是，托勒密这种数学倾向的思考方式并不是一贯的。在他的《行星假说》（*Planetary Hypotheses*）中，他改变了一味追求行星的几何证明方法，而致力于行星"物理的"运动模式。他的《四卷书》也反映了追求"物理的"模式的风格。

五、结论与余论

本文主要围绕《至大论》卷 1.1 序言展开。托勒密首先宣称真正的哲学家能够完全正确地把哲学中的理论部分从实践部分中区分出来，这是对柏拉图和亚里士多德等先哲们既有继承又有突破的表态；他为了理论进步和知识增长，使得他的理论哲学思想从古代先哲们的藩篱下解放出来。

托勒密对知识的分类与亚里士多德依赖的基础不同。后者通过物质是否运动和是否可分离定义神学、物理学、数学的界限，按照这样的标准区分，神学是最不可辩驳的，比物理学和数学等级地位都高。并且因为物理学以它们的物质形式研究自然的物体，所以他不得不把任何自然科学放在物理学中，即使它是借助数学描述的。而托勒密从本体论和认识论的双重角度，即物质对象的可感知性、清晰性和稳定性作为分类的基础，重新考虑了三门科学的等级。托勒密的认识论已经上升到更高的层面，他认为，神学对象的"第一推动者"是不可感知的。第一推动者没有感觉可言，因此神学不能产生知识。物理学和数学对象是可感知的，但是物理学对象是不稳定和不清晰的，数学对象是稳定的和清晰的，所以神学和物理学只能被猜测，而只有数学能产生知识。

数学是托勒密《至大论》卷 1.1 序言关注的重点。首先，他认为数学的对象介于神学与物理学之间；其次，数学的对象具有所有存在物的属性，这决定了数学能够帮助神学和物理学进行合理的猜测。托勒密心目中的数学是一种非常普遍的科学，因为它有或没有感觉的辅助都能被掌握；所有物质，包括可朽的和不可朽的、一般物质和永久不变的以太天体都有数学的影响。另外，数学引领了绝对确定的真理，它一旦建立，便永不遭怀疑。这是因为数学真理通过算术和几何的逻辑证明得到。托勒密的论证内容非常丰富，既基于他那个时代的几乎所有已建立的古代哲学思想，又对数学知识论有深切的体察和认识，为他《至大论》中的几何模型构建的合理性做了铺垫。此外，托勒密认为数学不仅是理论哲学中唯一能产生知识的一种类型，而且是理论哲学中唯一能完善道德的一种方式。

托勒密讨论了天文学。他认为天文学是数学的一部分，是数学研究的一个范例。他认为天文学"致力于对永恒不变的研究"，所以它"也可以是永恒不变的，它在自身的领域里既是清晰的，也是有序的"。托勒密对天文学科的认识表达了他的一般科学观。他的认知奠定了《至大论》在古代的科学地位。另外，托勒密将天文学从物理学王国中提出来，并将其放入数学领域，这表明《至大论》完全独立于星占学。他在《至大论》中的实操很好地诠释了他的理论哲学思想。

（本文原发表于邓可卉. 托勒密的数学知识论. 科学，2021，73（4）：35-39. 编入本书时对题目做了改动，扩充了第三部分内容，并新增了第四部分"托勒密对天文学的认识"和第五部分"结论与余论"等内容。）

论宇宙原型概念从托勒密到开普勒的演变

　　托勒密（Claudius Ptolemaeus，约 90—168）继承亚里士多德（Aristotle，公元前 384—前 322）的形而上学宇宙观，在其《至大论》中第一次系统、完整、定量地描述了宇宙体系，托勒密本人坚持神学、数学和物理学相分离的自然哲学。本文从人类认识宇宙世界最基本的原型概念出发，探讨从亚里士多德的两球宇宙模型，到托勒密的亚里士多德式原型观，再到哥白尼（Nicolaus Copernicus，1473—1543）的原型观和宇宙论革命，以及开普勒（Johannes Kepler，1571—1630）的既有非科学和神秘特点，又有理性特点原型观的演变，论述不同历史时期原型观的含义及其差异和相似性，从而厘清西方天文学从形而上学脱胎、演化到近代天文学的一个路径。

　　在科学史中，对于宇宙世界的认识经历了漫长的过程。古希腊时期，人类对宇宙的认识常常局限于神学的理念与框架下，他们强调数学在认识和描述宇宙世界中的作用，受柏拉图（Plato，公元前 427—前 347）数学宇宙观的影响，认为一种关于世界的天文体系只是数学上的方便措施，而不代表真实的物质世界。本文从原始文献出发，详细分析了亚里士多德和托勒密的神学宇宙观和原型观。哥白尼天文学革命的特点是，他抛弃了前人的天体贵贱观，而主张新的天体贵贱观，但他仍然是要恢复经典，他的方法仍然属于数学天文学。开普勒首次把物理学引入天文学，他的天文学著作深入阐述了他的原型宇宙观，即把神、几何与物质世界联系起来的宇宙和谐观点。本文不仅分析了西方天文学史上托勒密、哥白尼和开普勒等人的原型宇宙观，而且比较了它们的异同，有助于全面了解宇宙论建立的神学背景和科学逐渐摆脱神学影响的过程。

一、亚里士多德的两球宇宙模型

　　古希腊传统科学反映了古希腊天文学形成的特点。第一位宇宙学家来自繁荣的古希腊殖民地爱奥尼亚，他就是泰勒斯（Thalēs，约公元前 624—前 547），他主张自然界有一个基质。阿那克西曼德（Anaximander，约公元前 610—前 546）有一个关于世界如何不断地从无穷向存在变化的解释。他的理论之后有一个重要的变化：先前的神话被代之以一个自然，在这个自然中有一个非个人的法则在起作用。

在南意大利的古希腊殖民地中，一个宗教教派的成员们也主张自然结构背后有统一性。毕达哥拉斯（Pythagoras，公元前 580 至前 570 之间—约前 500）为教派的创立者，他提出了"万物皆数"和"和谐宇宙"①的重要观点，后者成为文艺复兴时期天文学发展的强大驱动力。毕达哥拉斯学派的哲学家认识到地球是球形的。毕达哥拉斯认为不能狭义地去拟合观测，他认为符合理性比符合经验更重要，由此，思辨方法产生了，这种对理性的追求被称为"古希腊人的奇迹"，它影响并导致了西方天文学乃至整个科学的发展。

雅典三大哲学家之一的柏拉图是用这种方法建立天文学的一个重要代表，他除了赞成"和谐宇宙"的观点外，还将注意力集中在基于数学推理的确定性上，因此他相信所有天体都在做匀速圆周运动。在解释各种不同类质的相似性时，柏拉图以为有一个原型，各个个体都同这个原型有几分符合或接近②。

大约从公元前 4 世纪开始，大多数古希腊哲学家和天文学家认为，地球静止在恒星天球的中心，宇宙是一个同心固体天球体系，天界是球状的，必然有多层天球，每个天层都应参加宗动与自动两种运动，天球之外没有什么了，这样一个宇宙框架结构就是所谓的"两球宇宙模型"，最早由亚里士多德提出③。另外，他提出宇宙是一个有贵贱秩序的整体，强调天界（即月上界）贵于月下界，强调天体运动对月下界物体运动变化的控制和影响。他在《论天》中说："整个天既不生成，也不可能被消灭，而是像有些人所说的那样，是单一和永恒的，它的整个时期既无开端也无终结，在自身中包含着无限的时间。……因此，我们可以很好地确信那些古代信条，尤其是我们自己的传统理论的真实性。按照这种理论，存在着某种不朽的和神圣的东西，它有运动，但这种运动没有其限界，相反它是其他运动的限界。

---

① 梯利. 西方哲学史. 葛力译. 北京：商务印书馆，2005: 18-19.
② W. C. 丹皮尔. 科学史及其与哲学和宗教的关系. 李珩译. 桂林：广西师范大学出版社，2001: 14-29.
③ 吴国盛. 宇宙论的历史与哲学. 自然辩证法通讯，1990，12（6）: 1-8.

因为限界就是包容者。"①

亚里士多德认为："神的现实性就是它的不朽性，即永恒的生命。所以永恒的运动必然属于神圣的东西。天体具有这种性质（因为它是个神圣的物体），也正因为如此，它才是个圆形物体，且在本性上永远以圆形方式运动。""天体的形状必定是球形。因为这最适合它的本质，而且在本性上也是最初的。"②

据研究，亚里士多德根据质料与形式所占比重不同将实体分为三类：第一类是可消亡的运动实体，也就是我们经验中的具体事物；第二类是永恒的运动实体，即各种天体，他坚持柏拉图的天体运动是永恒的匀速圆周运动原则；第三类是永恒的、不动的实体，亚里士多德称之为神。在这里，神实际上成为亚里士多德形而上学的最高原则和一切原因。亚里士多德的神并不是我们通常所理解的宗教意义上的人格神，而只是一种为了解释宇宙的最终动因而进行的一个合理设定，是形而上学。亚里士多德将神学归于形而上学，为后来宗教与形而上学的结合留下了空间③。

二、托勒密的原型观

古希腊人提出了理论的价值标准是普遍性，普遍的理论比个别的现象更加可信，如果有少数现象违背了这一点，应该"拯救现象"。古希腊人相信和谐宇宙的秘密就是匀速圆周运动，所以他们需要引入更好的模型，并且参考古巴比伦观测或者由此计算得到的参数去发展他们的宇宙理论。此间，阿波罗尼奥斯（Apollonius，约公元前262—前190）提出的本轮均轮模型，喜帕恰斯提出的偏心圆模型，很好地解释了太阳运动的不均匀性④，可惜关于以上两位天文学家的研究成果没有其他任何资料留存，喜帕恰斯的著作几乎全部佚失，他的工作是被托勒密在他的《至大论》中引用才得以流传于世的。

托勒密继承了亚里士多德的原型观，坚持亚里士多德的理论哲学划分为物理学、数学和神学的自然哲学。他主张物理是研究月下天的事物，神学是研究月上天的天体，而数学研究的对象既可以是月上天，也可以是月下天的事物。

---

① 亚里士多德. 论天. 徐开来译//苗力田. 亚里士多德全集. 第二卷. 北京：中国人民大学出版社，1991：312.

② 亚里士多德. 论天. 徐开来译//苗力田. 亚里士多德全集. 第二卷. 北京：中国人民大学出版社，1991：318，320.

③ 刘红琳，陆杰荣. 怀特海与亚里士多德的宇宙论比较研究. 世界哲学，2012，(6)：120-131.

④ Berry A. A Short History of Astronomy. New York: Dover Publications, Inc., 1898: 41-46.

托勒密在其《至大论》卷 1 开篇就认为：

> 塞勒斯，我认为真正的哲学家能完全正确地把哲学中的理论部分和实践部分区分开。因为实践哲学在成为实践哲学之前原本是理论的。但人们还是能够看出二者之间存在巨大的不同：首先，许多人即使不用教导就可能拥有一些美德，但如果要对宇宙进行理论性的理解，没有教导是不可能的；此外，人们在第一种情况下[实践哲学]获取的最大利益来自实际事务中持续不断的实践，而在另一个[理论哲学]中获取的最大利益来自理论的进步。
>
> 亚里士多德非常恰当地把理论哲学分为三大主要分支，即物理学、神学和数学。因为所有的存在都是质料、形式和运动合成的，人类不能在其本身的基体下观察它们[这三者]，离开了另外两个，它们只能为人类所想象。如果人们只是认为宇宙的第一运动的第一因是由看不见的和静止的神性所操纵的，那么涉及调查这个的理论哲学分支被称为"神学"。由于这种活动到达宇宙最高处上面的某处，只能被加以想象……这门科学（数学），最重要的是，可以让人从与神性有关的恒久、有序、对称和平静之中看得更清楚，它使它的追随者们成为这种神圣之美的爱好者，使他们适应并改造他们的本性，以达到相似的精神状态。①

亚里士多德与托勒密关于神学的一致性是，神学就是从最普遍探寻中得到的科学结果。图默认为，在对上述另外两个哲学分支的数学升华中，托勒密与亚里士多德不同。对亚里士多德而言，神学是人类最高贵的追求，等同于形而上学，并且他确信形而上学能够以一个具有绝对真实特征的关系，分析现实存在的全部领域②。但是对于托勒密而言，神学是借助一个超出了人类理解力的上帝概念定义的。很明显，在这方面托勒密相比亚里士多德更是一个不可知论者③。所以，托勒密研究天体的方法包括物理学、数学和神学，但它们分属于不同的研究领域，而托勒密坚信数学是探究宇宙世界的唯一可靠的方法。

---

① Ptolemy C. Ptolemy's *Almagest*. Toomer G J (trans.). London: Gerald Duckworth & Co. Ltd., 1984: 35-36.

② 亚里士多德. 论天. 徐开来译//苗力田. 亚里士多德全集. 第二卷. 北京: 中国人民大学出版社, 1991: 312-320.

③ Pedersen O. A Survey of the *Almagest*. Odense: Odense Universitetsforlag, 1974: 9.

托勒密进一步发展了古代数理天文学，他的《至大论》成为古代数理天文学集大成的经典之作。在模型方面，托勒密引进了"对点"（equant）概念——圆周上的点不是以匀速运动，而是以变速运动，速度变化的规律是，让一个在"对点"上的观测者看来是匀速的。他在行星运动理论中引入的"对点（圆）"的含义也类似。在解释太阳的视非匀速运动之前，托勒密首先给出关于匀速圆周运动的假设。其一，每个天体匀速运动的圆不与宇宙同心；其二，即使它们有这样一个同心圆，它们的匀速运动也不在这个圆上，而在另外一个被叫做"本轮"的圆上，它被第一个圆承载。由此看出，托勒密的宇宙体系中的参考点基本上是数学意义的[①]。托勒密数学意义的点还包括，太阳平运动轨道中心"平太阳"就是一个假想的太阳，一个数学意义的点；另外，每个天体匀速运动的圆心、被携带的本轮中心和携带的偏心圆中心也是。

在《至大论》卷 13 中，托勒密驳斥了一些哲学家认为天文学家只应构建简单理论的观点。他提醒我们，首先，哲学家不同意"简单"的说法，其次，对上帝而言简单的东西，对人来说更简单。我们理应由天空和它们运动的不变性判断"简单性"。由此方法，所有运动看上去是简单的，甚至比它原本在地球上的"简单"更简单，因为人们可以不费力气就得知它们的周期运动[②]。

三、哥白尼的原型观与古典传统

哥白尼在学习《至大论》后发现，托勒密体系中每个行星都有一日一周、一年一周和相当于岁差的三种共同周期运动。如果把这三者都归于地球运动，那么托勒密体系的许多复杂性都能被消除。

哥白尼的日心说为古希腊人用匀速圆周运动解释天体表观运动问题提供了最简单的答案，即让地球转动起来，所以他的体系变得"简单而优美"。

他与他的前人的主要区别是，他认为匀速圆周运动是完美几何球体的自发和天然的属性，他既不接受亚里士多德的运动理论，也不接受冲力的运动理论，因为他认为推动者和冲力都是不自然的和人为的。他在《天体运行论》中说：

> 我个人相信，重力不是别的，而是神圣的造物主在各个部分中

---

① 邓可卉. 希腊数理天文学溯源——托勒玫《至大论》比较研究. 济南: 山东教育出版社, 2009: 65-67.

② Ptolemy C. Ptolemy's *Almagest*. Toomer G J (trans.). London: Gerald Duckworth & Co. Ltd., 1984: 600.

所注入的一种自然意志，要使它们结合成统一的球体。我们可以假定，太阳、月亮和其他明亮的行星都有这种动力，而在其作用下它们都保持球形。[①]

哥白尼提倡一种新的天体贵贱观，在他的体系里，地球和别的行星一样围绕太阳运动，他承认星层是界限，每一个行星层都依照自然指定做匀速圆周运动，哥白尼写道：

> 静居在宇宙中心处的是太阳。在这个最美丽的殿堂里，它能同时照耀一切。难道还有谁能把这盏明灯放到另一个、更好的位置上吗？……于是，太阳似乎是坐在王位上管辖着绕它运转的行星家族。……与此同时，地球与太阳交媾，地球受孕，每年分娩一次。
>
> 因此，我们从这种排列中发现宇宙具有令人惊异的对称性以及天球的运动和大小的已经确定的和谐联系，而这是用其他方法办不到的。[②]

哥白尼这种新的天体贵贱观主张太阳是宇宙的中心，而地球和其他五大行星处于同等地位。这与古希腊人主张天与地存在质的差别的先入之见不同，由此哥白尼得到了一个简单得多的宇宙体系。也正因为如此，在他完全可能走向第谷·布拉赫的地-日心说体系方向时，他坚持了他的日心说体系。事实上，第谷和哥白尼体系的设计在数学上没有什么区别[③]，而第谷宇宙体系的设计大部分保持了旧的天体贵贱观。

哥白尼新的天体贵贱观和宇宙体系虽然是新奇的，但是他在方法上却是保守的。他一生始终坚持古希腊人的天体匀速圆周运动观念，这使得他的体系无法跳出古典天文学传统。他的方法承袭了托勒密的数学天文学方法，支持哥白尼学说，但仍然属于数学性质，哥白尼预测行星位置的精度也并没有提高。

另外，哥白尼体系还存在着严重的物理学困难。其中之一就是，宇宙中心并不完全处于太阳的位置，而在绕日轨道的中心，他这样做主要是为了解

---

① 哥白尼. 天体运行论. 叶式辉译. 北京: 北京大学出版社, 2006: 12.

② 哥白尼. 天体运行论. 叶式辉译. 北京: 北京大学出版社, 2006: 15-16.

③ 邓可卉. 历史中的《天体运行论》——《无人读过的书——哥白尼〈天体运行论〉追踪记》评介. 自然科学史研究, 2009, 28(2): 251-258.

释四季长短的不同。他的宇宙中心离太阳还有一段距离，仍然是一个几何性质的中心。这与亚里士多德学派的观点是一致的，即宇宙中心在他们的体系里并不一定就是地球中心。

哥白尼还回答道，如果地球转动，将会导致如空气流动的现象，以及由于离心力作用而导致的分崩离析的现象等。梅森认为，他的解释仍然属于中世纪性质[①]。所谓中世纪性质的答复，是指哥白尼利用了空气微粒、阻力、自身重量等概念。

当时一些哲学家要求宇宙运转的中心应当是真实的物体，但是人们也普遍承认，为了适应"简单而优美"的原则，一个几何性质的中心就够了，他们的依据就是，本轮本身的设计就是这样的，况且亚里士多德学派就是这样做的。

四、开普勒的原型观及其天体力学三定律

"原型"这一术语早在斐洛·犹大乌斯（Philo Judaeus，约公元前 20—45 年）时代便出现了，在希腊文中是 archetypes，可以解释为"最初的模型"，意指人身上的上帝形象。在古希腊，上帝被称作"原型之光"，古希腊著作中出现了"非物质原型"和"原型石"等术语。圣·奥古斯丁（St. Augustinus，354—430）在著述中认为，它们并非自发形成的……而是容身于神知之中。"原型"是对柏拉图理念的解释性释义。神话学家们在帮助自己摆脱困境时，始终求助于关涉太阳、月亮、气象、植物的思想及种种其他思想，即所谓的"原型思想"（archetypal ideas）。此间的原型是一种具有假设性质的、无法描述的模式[②]。

分析开普勒的原型观，仍然要从哥白尼和第谷开始。开普勒认为，在太阳是行星系统的中心这一点上，哥白尼和第谷是一致的。所以，"和谐理论即便在第谷的假设中，也占有一席之地"。他说："我只能简单地用哥白尼宇宙理论代替托勒玫假设，如果办得到的话，我还要使所有的人都相信这一理论是真理。"[③]

---

① 斯蒂芬·F. 梅森. 自然科学史. 周煦良，全增嘏，傅季重，等译. 上海：上海译文出版社，1980：121-122，126.

② 荣格. 关于无意识的根源. 徐德林译//卡尔·古斯塔夫·荣格. 原型与集体无意识——荣格文集. 第五卷. 北京：国际文化出版公司，2011：265.

③ 开普勒. 宇宙的和谐//宣焕灿，萧耐园，刘炎. 科学名著赏析·天文卷. 太原：山西科学技术出版社，2006：63.

　　他认为早期毕达哥拉斯学派以及亚里士多德《论天》中的一些观点承认太阳的尊贵位置，这就说明太阳具有物理的或形而上学的适宜性，此外没有别的天体更适合作为中心。因此，开普勒接受了哥白尼的新的天体贵贱观，认为太阳是宇宙的统治者。但是他在这方面走得更远，他把许多其他古希腊的先入之见都丢掉，从而找到了最简单的世界体系。

　　王国强认为，开普勒所认为的上帝形象和宇宙的原型都是球形，由中心、球面和中间三部分组成。这样就形成了太阳对圣父、恒星天球对圣子、中间部分的行星系统对圣灵的对应关系。显然这种"三位一体"的原型结构呈现的是几何特点，体现了简洁性、对称性和统一性等几何上的美感[①]。可见，宇宙的原型就是上帝的计划。整个宇宙就是"三位一体"的形象和模式。圣父是中心，圣子是环绕中心的星球，而圣灵则是宇宙间的那些复杂的关系。

　　开普勒的原型宇宙观把神、几何和物质世界联系起来，认为上帝按照数学的和谐创造了这个世界。例如，开普勒在用真太阳代替平太阳时，既遵循了传统的几何模型，也遵循了数学与物理相统一的原则。开普勒同意柏拉图的原型观，他说："这正如柏拉图所说，造物主这个真正的几何学源头永恒地行使几何学而不逾越他的原型。"[②]开普勒重新考虑了托勒密的"对点"模型，并同意"对点"模型存在的数学意义，他认为，偏心圆能够很好地反映行星运动的实际情况，"对点"的存在符合经验观测，而且"对点"模型适合用动力学观点解释行星运动的不均匀性。

　　在 1619 年出版的《宇宙的和谐》中，他引用了他的《火星评述》中的内容来论述和谐性得以确立的运动原因，即随着与运动之源太阳的距离不同，经过偏心圆上相等弧的时间也彼此不同。这显然涉及开普勒第二定律，但是，他在此仍然使用了"偏心圆"这个术语，只提到了一次"椭圆"[③]。可见，开普勒由偏心等速点模型向宇宙的真实镜像的转变是一个艰难的过程，但他最终提出了行星运动实际上是沿椭圆轨道的观点。王国强认为，原型观引导开普勒去努力发现行星运动的物理机制背后的和谐数学关系。

　　另外，开普勒又为它寻找了一种物理机制，既利于定性地分析距离与速度的关系，又能进一步定量地研究行星的物理运动。他认为行星不能绕一个

---

　　① 王国强. 新天文学的起源——开普勒物理天文学研究. 北京: 中国科学技术出版社, 2010: 109.

　　② 开普勒. 宇宙的和谐//宣焕灿, 萧耐园, 刘炎. 科学名著赏析·天文卷. 太原: 山西科学技术出版社, 2006: 67.

　　③ 开普勒. 宇宙的和谐//宣焕灿, 萧耐园, 刘炎. 科学名著赏析·天文卷. 太原: 山西科学技术出版社, 2006: 67-68.

假设的几何点运动，而应该找到它与物质世界的对应物，这样才能体现物理世界的一致性。

又如，开普勒的《宇宙的和谐》作为一本哲学书，系统论证了开普勒第三定律，预示了一种新的自然哲学[①]。开普勒本人也遵循了和谐的原型计划，在《宇宙的和谐》一书中，他重提 22 年前出版的《神秘的宇宙》，指出，"全智的造物主从五种立体图形推演出了围绕太阳旋转的行星或轨道的数目"[②]。他试图为哥白尼体系寻找一种数学的和谐，他认为，这些数字、这种比例绝不是偶然的，而是上帝的安排。在《宇宙的和谐》中，他又说："为了确定轨道的半径和偏心率，除了关于五种规则立体的这条原则之外，还需要有另外一些原则与之结合。""我在 22 年前由于尚未洞悉方法而暂时搁置的《宇宙的神秘》的一部分，必须重新完成并在此引述。因为在黑暗中进行了长期探索之后，借助第谷的观测，我先是发现了轨道的真实距离，然后终于豁然开朗，发现了轨道周期之间的真实关系。"[③]开普勒对同一个问题在不同时期的处理，显示了他的原型观由上帝原型到数学原型和物理原型的演变。

上述两个例子很好地反映了开普勒把原型观与数学和物理相统一的思想。在开普勒看来，原型问题就是人们按照上帝的旨意寻求宇宙间存在的美好数学关系，但同时又要追求物理世界的一致性。开普勒的探讨表明，物理世界与原型有着数学上的一致性，物理世界的机械运动规律就是数学上的和谐。

开普勒研究专家、翻译兼评论者尼古拉斯·贾丁（Nicholas Jardine）认为，开普勒的工作是科学史和科学哲学的开端，他深入探究天文学假设的内涵和其间取舍的根据，揭示了天文学家要寻求的假设，必须不仅要准确地预测现象，而且要看起来符合自然规律，在物理学上站得住脚才行。

开普勒对于他不能完全解释清楚原因的事物，也用原型观来解释。在 1609 年的《新天文学》中，开普勒发表了两条行星运动定律，道出了对于力的性质的困惑。他认为，太阳发出的东西是原型物质，具有某种神性，这种

---

① 邓可卉. 有关开普勒科学贡献的几点补充. 内蒙古师范大学学报（自然科学汉文版），1995（1）：77-80.

② 开普勒. 宇宙的和谐//宣焕灿，萧耐园，刘炎. 科学名著赏析·天文卷. 太原：山西科学技术出版社，2006：65.

③ 开普勒. 宇宙的和谐//宣焕灿，萧耐园，刘炎. 科学名著赏析·天文卷. 太原：山西科学技术出版社，2006：67，69.

力与磁力是类似的。在开普勒稍晚的《宇宙的和谐》与《哥白尼天文学概要》中，他阐述了由于物质世界的复杂性，只有复杂的原型体系才能提供对行星运动的充分的和终极形式的解释。他说："除非已经受到其他某种必然性定律的支配，否则上帝所创立的任何事物都不可能不具有几何学上的美，所以我们立即可以推出，凭借某种预先存在于原型中的东西，周期已经得到了最合适的长度，运动物体也已经得到了最合适的体积。"①这是对开普勒第三定律所基于原型概念的解释。

梅森说到开普勒时认为："如果他的假说能容纳在一种形而上学的体系里，那当然很好，如果容纳不了，那就得把这种形而上学体系抛弃掉。刻卜勒说，假说的唯一限制是这些假说必须是合理的，而一条假说的主要目的是'说明现象，及其在日常生活中的用途'。"②

由此，开普勒打开了一扇通往近代科学的大门，他根据机械力的动力平衡原理，澄清了太阳系的空间位形，即太阳位于行星椭圆轨道的焦点之一上，太阳是宇宙真正的中心；并借助第谷的观测发现了行星轨道的半径，提出由于行星与太阳的距离不同，它们经过偏心圆上相等弧的时间也不同；开普勒第三定律描述了行星运动周期与其轨道的数量关系，这条定律的重要性在于，它暗示了太阳系的引力问题，70年后，成为牛顿万有引力定律的始点。所有这些在前人工作基础上取得的"新天文学"理论，与他的原型观引导是密不可分的。开普勒第三定律的原因以及行星运动力的性质的解释，也从另一个角度很好地反映了开普勒的原型观。最终，开普勒不但抛弃了所有古希腊哲人的先入之见，而且注重寻找一种宇宙真实的物理机制及隐藏在其背后的数学关系，他将数学、物理学和天文学进行了统一。黑格尔（Georg Wilhelm Friedrich Hegel，1770—1831）说过，开普勒是现代天体力学的奠基人。

（本文原发表于邓可卉. 论宇宙原型概念从托勒密到开普勒的演变. 自然辩证法通讯，2014，36（6）：32-37，126。）

---

① 开普勒. 世界的和谐. 张卜天译. 北京：北京大学出版社，2011：31. 请读者注意，这里对同一书名的译名与前文所引《宇宙的和谐》不同。

② 斯蒂芬・F. 梅森. 自然科学史. 周煦良，全增嘏，傅季重，等译. 上海：上海译文出版社，1980：121-122，126. 刻卜勒，即开普勒。

托勒密偏心等速点（圆）的模型构建及相关思想

托勒密在《至大论》中为了解释天体的非匀速运动现象，同时又为了不违背所有天体的匀速运动的特征，引入偏心等速点（圆）概念。这是托勒密几何模型方法的重要理论，被他广泛运用于行星理论模型中。本文从《至大论》相关论述出发，仔细分析托勒密提出这个几何模型概念的初衷、过程以及具体内容，指出托勒密在天文学中构造了这样一个偏心等速点，本质上是一个数学概念的点，这是毋庸讳言的。但是，托勒密的偏心等速点的引进受到了他的继任者哥白尼和开普勒等人的讨论，而且他们二人对待偏心等速点的态度大相径庭，这说明了什么？在偏心等速点被提出和接受的历史中到底有哪些学术内幕和观点？哪些问题是我们今天必须思考和面对的？这些问题是本文将要论述的。

一、托勒密关于模型假设的简单性讨论

托勒密在《至大论》中反复强调"简单性"这个词语，在卷 1.1 中有"宇宙的第一运动的第一因是它的简单性，也可以看作是无形和静止的神性"。

在《至大论》卷 3.1 太阳理论中有"我们也得出，对圆周运动的最自然定义是太阳在黄道上从分点或至点出发，又回到相同点。一般地，我们认为这是用最简单的假设解释现象的一个好的原则[1]，至少在观测数据中没有发现有值得注意的反例"[2]。

---

[1] 图默认为这是一个简单性假设的意愿。

[2] Ptolemy C. Ptolemy's *Almagest*. Toomer G J(trans.). London: Gerald Duckworth & Co. Ltd., 1984: 136.

还有"现在它能被上述两个假设的任意一个表示，尽管在本轮假设下太阳在本轮弧上的远地点的运动将必须是事先的。但是如果把它和偏心圆假设联系起来似乎更合理，因为这较简洁，并且是借助一种运动，而不是两种"①。

在月球理论中有"下面将证明月球的非匀速运动类型和大小，我们暂时把它视作简单和不变的"②。

在《至大论》卷 13.2 中有："首先，哲学家不同意'简单'的说法，其次，对上帝而言简单的东西，对人来说更简单。我们理应由天空和它们运动的不变性判断'简单性'。由此方法，所有运动看上去是简单的，甚至比它原本在地球上的'简单'更简单，因为人们可以不费力气就得到它们的周期运动。"③

托勒密在《至大论》中反复强调的"简单性"，符合无形和静止的神性，也是神学的基本假定。在一般情况下，他在建立太阳、月球和行星的模型时首先考虑的是各种模型的简单性问题，在这个原则下建立的模型通常都是它们的第一模型。但是，由于月球和行星运动现象的复杂性，为了解释这些相应的现象，需要进一步建立第二模型，那么这里首先要考虑的是如何通过模型解释天体的第二非均匀运动问题。这里很重要的一个问题就是偏心等速点的模型构建。为了解释复杂的运动现象，偏心等速点的引进是必要的。托勒密尽可能从原理和方法两个方面对它的引进进行了严密的逻辑论证，他的所有努力都是数学上的，与他的数学知识论观念相吻合。但是在他的后人哥白尼看来，偏心等速点是有瑕疵的。值得特别强调的是，哥白尼做出这一判断的依据仍然是传统的天球运行原则。

二、托勒密在太阳理论中论证了偏心圆模型的必要性和等价性

在《至大论》卷 3.3 "关于匀速圆周运动的假设"中，托勒密说：

---

① Ptolemy C. Ptolemy's *Almagest*. Toomer G J(trans.). London: Gerald Duckworth & Co. Ltd., 1984: 153.

② Ptolemy C. Ptolemy's *Almagest*. Toomer G J(trans.). London: Gerald Duckworth & Co. Ltd., 1984: 180.

③ Ptolemy C. Ptolemy's *Almagest*. Toomer G J(trans.). London: Gerald Duckworth & Co. Ltd., 1984: 600.

我们下面的任务是证明太阳的视非匀速运动。首先，我们总体认为行星相对天的向后位移，就好像天向前做匀速圆周运动一样。也就是说，如果我们想象天体或承载它们运动的圆被直线拉着，这种直线绝对会在相等的时间里运动经过相等的角①。而天体的视不规则运动（非匀速运动）是它们每个所在的球层中承载它们运动的圆的位置和次序的结果，实质上，所谓"无序"是被假设而存在的现象，并没有与永恒特征相违背。

视不规则运动可以由以下两个假设得到解释，它们是最基本和简单的。我们想象与它们运动相关的圆是在黄道面上，而这个圆的中心就是宇宙的中心（也可以认为它就是我们观测者），于是我们可以设想，一方面每个天体的匀速运动所绕转的圆的中心不与宇宙同心②；另一方面，它们有这样一个同心圆，但是事实上它们的匀速运动不是在这个圆上，而是在另外一个叫做"本轮"的圆上③。下面两个假设的任何一个都说明，我们看到了行星在相等时间里通过的与宇宙同心的黄道弧将不相等。④

我们对托勒密这里所说的两个假设分别解释如下。在偏心圆假设中，如图 1 所示⑤，在偏心圆 $ABCD$ 中，E 是圆心，天体围绕 E 作匀速运动，作直径 AED，F 是上面一点，代表地球上的观测者，这样，A 是远地点，D 是近地点。截相等的两个弧 AB 和 DC，然后连接 BE、BF、CE 和 CF。立刻得到天体在相等时间里走过相等的弧 AB 和弧 CD，但是在圆心为 F 的圆上走过的弧却不等。因为 $\angle BEA = \angle CED$，但是 $\angle BFA < \angle BEA$，$\angle CFD > \angle CED$。

在本轮假设中，如图 2 所示，圆 $ABCD$ 是和黄道同心的圆，圆心是 E，直径是 AEC，本轮是被它携带的圆，天体在本轮 $FHIK$ 上运动，圆心是 A。这里很明显，当天体匀速运动经过圆 $ABCD$，从 A 点到 B 点，当天体匀速运动经过本轮时，天体在 F 点和 I 点，它看上去和本轮的圆心 A 重合，但是在其他点上就不会有这种情况。例如，当它在 H 点时，它的运动表现为弧 AH，比本轮的匀速运动快，同样地，当它在 K 点时，它的运动表现为弧 AK，比

---

① 这个天体力学的定则将被推广到《至大论》卷 5 的月球和卷 9、卷 10 的其他五大行星中。

② 这种情况指偏心圆模型。

③ 这种情况指本轮均轮模型。

④ Ptolemy C. Ptolemy's *Almagest*. Toomer G J(trans.). London: Gerald Duckworth & Co. Ltd., 1984: 141.

⑤ 本文插图除了特别标出作者作图以外，其余均来源于所引的《至大论》和《天体运行论》英译本。

本轮的匀速运动慢。这就解释了行星的非匀速运动。

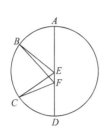
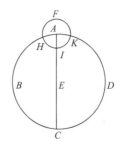

图 1　托勒密太阳偏心圆模型　　　图 2　托勒密太阳本轮模型

　　在这种偏心圆假设中，最小速度总是发生在远地点，最大速度总是发生在近地点。在本轮均轮①模型中天体在本轮上运动，为了实现最小速度总是发生在远地点，要考虑本轮上天体的运动方向，在太阳理论中，规定了它是沿着与均轮上的本轮中心运动相反的方向：均轮上的运动是与天空运动方向相反，即向后，而在本轮远地点时太阳运动的方向是向前。

　　哥白尼在《天体运行论》中关于太阳非匀速运动的论证采用了与上述托勒密的相同的两个偏心圆模型和本轮均轮模型。但是关于模型中各点的解释，哥白尼指出："然而，太阳的运动可以论证为非均匀的，因为地心在周年运转中并不正好绕太阳中心运动，这自然可以用两个方法加以解释。或者用一个偏心圆，即中心与太阳中心不相合的圆；或者用一个同心圆上的本轮[同心圆的中心与太阳中心相合，它起到均轮的作用]②。"③

　　在哥白尼给出的偏心圆中，中心是 E，而太阳或宇宙的中心是 F。也如图 1，哥白尼解释和证明太阳的不均匀性时与托勒密稍有不同，他利用了《几何原本》卷 3.7 中的定理和光学中的同样大小的物体在近处比在远处看起来要大这两条定理，证明了 AF、BF 比 CF、DF 长，这里不仅说明太阳线速度的不均匀，而且证明太阳近大远小。有一个信息值得注意，下面一条旁注不知什么原因被删去了，但是被编者恢复，如下："如果地球在 F 点静止不动而太阳在圆周 ABC 上运动，则证明完全相同，托勒密和其他学者的著作都如此论述。"同样在这一条前面有一段"删节本"的话："然而它的不均匀性可用两个方法加以解释。或许是地心的圆形轨道与太阳并非同心，或

　　① 托勒密在《至大论》中没有这个固定术语，一直以"与黄道同心的圆"或"负载本轮的同心圆"代表"均轮"。"均轮"这个词实际上是在阿拉伯世界开始广泛使用的。

　　② 方括号中的解释为原中译本中的内容。

　　③ 哥白尼. 天体运行论. 叶式辉译. 北京: 北京大学出版社, 2006: 108.

许是宇宙……"①由此初步可见，哥白尼考虑了太阳运动的线速度问题及其物理表现。

托勒密又说："我们下面必须额外附加一个前提，对具有双非匀速运动的天体，上面两种假设需要结合使用。我们将证明，在我们讨论的相关天体中，对于具有单一不变的非匀速运动天体，采用以上假设的任意一种就足够了；在这种情形中，只要两种假设都保持相同的比率，它们呈现的所有现象将不会有任何差别。"②

这里前半句话是针对月球和五大行星的模型中出现两种非匀速运动的情况时，偏心圆模型和本轮均轮模型需要结合使用，这个在《至大论》后面的内容中会看到，而后半句话才是太阳理论模型的情况。

托勒密紧接着继续说："我所指的比率，是在偏心圆假设中，观测者中心到偏心圆中心的距离和偏心圆半径之间的比率，必须等于在本轮假设中，本轮半径和负载本轮的圆③的半径的比率。另外，天体穿过不动的偏心向后运动的时间，必须等于本轮向后运动穿过以观测者为中心的均轮所用的时间，同时这个天体关于本轮是等角速度运动的，而它在本轮的远地点的运动是向前的。"④托勒密证实了如果这些条件都被满足，如图 3 所示，两个假设将导致同样的现象。

下面托勒密证明了"匀速运动和视非匀速运动之间"最大中心差发生的位置：仅当到远地点的视距离是 90°时。如图 4 所示，古希腊人通常没有天体在一个已知点的速度概念，而托勒密以经典方法解决了在临界点位置的速度问题。因为∠BDA 是在偏心圆的中心，而∠BEA 是在黄道的中心，托勒密得到太阳非匀速运动的最大中心差（改正）是 2;23°，这相当于他没有从数学角度分析和推算，就非常漂亮地确定了极大值发生的位置。这就是说，最大中心差发生在离远地点 92;23°的位置，即当太阳从远地点出发沿着偏心圆以匀速运动经过 92;23°，或沿着黄道以非匀速运动经过 90°时的位置。在相反的半圆上，匀速运动和非匀速运动的最大中心差（改正）将发生在黄道上真实运动到 270°，在偏心圆中是发生在匀速运动到 267;37°的位置。

---

① 哥白尼. 天体运行论. 叶式辉译. 北京: 北京大学出版社, 2006: 107-108. 下面的内容中译本省略了。

② Ptolemy C. Ptolemy's *Almagest*. Toomer G J (trans.). London: Gerald Duckworth & Co. Ltd., 1984: 145.

③ 这个负载本轮的圆通常称为"均轮"。

④ Ptolemy C. Ptolemy's *Almagest*. Toomer G J (trans.). London: Gerald Duckworth & Co. Ltd., 1984: 145.

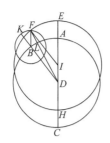
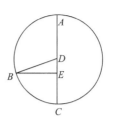

图 3　托勒密模型等价性证明　　　图 4　托勒密模型最大中心差位置

开普勒采纳了托勒密的偏心等速点模型，原因是：①它有利于定性地分析距离与速度的关系；②能进一步定量研究行星的物理运动，计算近点角的差（即中心差）。

三、托勒密在月球理论中进一步建立了偏心等速点模型

《至大论》详细地论证了月球存在两种非匀速运动，第一种非匀速运动与月球的近点回归周期有关，托勒密的许多前辈对此多有论述。但是月球还有第二种非匀速运动，与到太阳的距离有关①，这是托勒密独立的贡献。这种第二非匀速运动在两次四分之一（即上弦和下弦时）时达到最大，每月两次通过它的返回周期，在朔和望时恰好为零。这里的月球关于太阳的第二非匀速运动，先于五大行星关于太阳的运动。后面我们将看到行星除了它自身的非匀速运动以外，也有关于太阳的非匀速运动。

月球的第一非匀速运动是第二非匀速运动的基础，所以托勒密在《至大论》卷 4.6 先论证第一非匀速运动。它的本轮假设如下：

> 在月球上想象一个与黄道同心且与黄道在同一个平面上的圆。另一个圆倾斜于它，倾斜角对应于纬度方向的最大偏离，并且相对于黄道中心以匀速事先运动，其速度等于经度和纬度运动之差。在这个倾斜圆上，我们假设有一个圆称为本轮，以匀速相对于天空向后运动，与纬度运动对应（显然这个运动代表和黄道相关的经度平运动）。月球在本轮上运动，在靠近远地点时，它相对天空的事先运动，以对应近点回归周期的速度运动。但是在实际论证中，我们

---

① 塔里艾菲尔罗（R. C. Taliaferro）在这里评注认为，在托勒密的地心假设中，不可避免地出现日心说的现象，那么古希腊人已经有了日心说的理论就不足为奇了。哥白尼理论的预言无论如何都不是很离奇的，只是他研究了托勒密而已。

忽略了纬度运动和月球轨道倾斜，因为它的倾斜度非常小，对经度位置没有明显影响，也不会影响最终结果。[①]

图 5 是对上述内容简化了的模型，所谓简化，就是为了计算月球的经度运动量，暂时不考虑同心圆倾斜于黄道和本轮相对于同心圆的倾斜，托勒密意识到需要证明如果忽略这两个倾斜，所产生的误差非常小。

把两种假设分别画在两幅图上，如图 5 所示，与黄道同心的圆 *ABC* 以 *D* 为圆心，*AD* 是半径，本轮 *EF* 以 *C* 为圆心，月球位于 *F* 点。如图 6 所示，偏心圆 *HIK* 以 *L* 为圆心，*ILM* 线是直径，黄道中心在 *M* 点。月球在 *K* 点。在图 5 中连接 *DCE*、*CF*、*DF*，在图 6 中连接 *HM*、*KM*、*KL*。

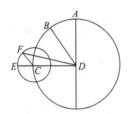 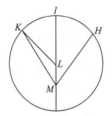

图 5 托勒密月球本轮模型　　　图 6 托勒密月球偏心圆模型

假设在两图中 *DC*：*CE*=*IL*：*LM*，设想在相同的时间里，本轮经过 ∠*ADC*，月球经过 ∠*ECF*；偏心圆将通过 ∠*HMI*，月球再次经过 ∠*ILK*。假设两种运动相关，∠*ECF* = ∠*ILK* 并且 ∠*ADC*=∠*HMI* + ∠*ILK*，那么，月球将在相同的时间里，在两种假设下经过了相等的弧，即 ∠*ADF*= ∠*HMK*。

因为在这个时间段开始时月球是在远地点，并且表现为沿着线 *DA* 和 *MH*，而在结束时月球在点 *F* 和点 *K*，并且看起来沿着线 *FD* 和 *MK*。

【证明】使弧 *BC* 相似于弧 *IK*（或者弧 *EF*），连接 *BD*，那么因为 *DC*：*CF*=*KL*：*LM*，并且在点 *C* 和点 *L* 的角相等，因此三角形 *CDF* 全等于三角形 *LKM*，并且对应边所对的角相等，所以 ∠*CFD*=∠*LMK*。又 ∠*BDF*=∠*CFD*，因为 *CF* 平行于 *BD*，由假设 ∠*FCE*=∠*BDC*，所以 ∠*FDB*=∠*LMK*。

但是假设 ∠*ADB* 是两种运动（经度运动和近点运动）的差，等于 ∠*HMI*，

① Ptolemy C. Ptolemy's *Almagest*. Toomer G J(trans.). London: Gerald Duckworth & Co. Ltd., 1984: 191.

这是偏心圆中心的运动，因此相加后得到∠ADF=∠HMK[①]。

托勒密在《至大论》卷4.5中说：

　　虽然在太阳运动假设中，近点运动的回归周期与经度上的回归周期相等，而在月球情形下，它们不相等，但是只要率（即本轮对均轮的率和偏心圆的偏心率）相等，在任何情况下两个假设都将产生相同的现象。……因为月球在黄道上完成的一个经度回归快于它的近点运动回归，明显地，在本轮假设中，在一段已知时间里，本轮经过的与黄道同心圆上的弧将总是比在相同时间里月球经过的本轮弧大[②]；在偏心圆假设中，月球在偏心圆上经过的弧将总是和它在本轮假设中在本轮上经过的弧相似，当偏心圆围绕黄道中心以相同方向运动时[③]，月球在经度上的增量等于在相同时间近点运动的增量（这相当于月球走过的本轮弧与均轮弧的增量相符）。通过这个方法，我们可以保持两种运动（经度运动和近点运动）的周期和比率相等。[④]

托勒密在图7中证明了∠CDB=∠ECF。

所以，弧FI相似于弧EF。

关于月球的第二非匀速运动模型，托勒密在《至大论》卷5.2中有：

　　在月球的倾斜平面上想象一个与黄道同心的圆的事先运动，如前【卷4.6】，代表月球在纬度的运动，它是绕黄道极以纬度越过经度运动增量的速度运动。再想象月球以和第一非匀速运动回归相关的速度经过本轮，它是在远地点附近的事先运动。在这个倾斜平面上，我们假设有两个方向相反、相对黄道中心的匀速运动：一个是负载本轮中心以纬度运动速度向后经过各个宫运动，而另一个承载偏心圆中心和远地点，同时我们假设它们位于相同的倾斜平面上

---

① Ptolemy C. Ptolemy's *Almagest*. Toomer G J(trans.). London: Gerald Duckworth & Co. Ltd., 1984: 189-190.

② "大弧"的字面意思是"一个比与它相似的弧大的弧"。

③ 即偏心圆假设的两种运动：①月球在偏心圆上；②偏心圆围绕黄道中心或地球中心——自西向东与月球运动方向一致。

④ Ptolemy C. Ptolemy's *Almagest*. Toomer G J(trans.). London: Gerald Duckworth & Co. Ltd., 1984: 181-188.

（本轮中心将一直位于这个偏心圆上），以与纬度运动和两倍距角（距角是月球经度平运动超过太阳平运动的量）的差量向前运动（即以相反顺序经过宫）。[①]

如图 8 所示，关于托勒密第二月球模型的进一步解释我们将在下文讨论。

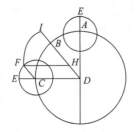
图 7　托勒密月球模型等价性证明

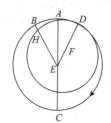
图 8　托勒密第二月球模型

四、哥白尼关于月球第二非匀速运动的修改

所谓的哥白尼对偏心等速点的修正，指的是月球第二非匀速运动和行星第二非匀速运动。因为分别在这两部分的内容里，两个模型结合以后会出现偏心均轮的问题，哥白尼意识到，如果负载本轮的均轮是偏心的，那么就不能保证在均轮上运动的点是均匀运动的；之所以如此，是由于解释月球和行星的第二非匀速运动必须使两种模型结合起来。哥白尼研究专家欧文·金格里奇（Owen J. Gingerich）曾经谈到后来的天文学家对托勒密的偏心等速点给他带来了许多麻烦，并不是因为他的模型不能预测角的位置变化，而是因为偏心等速点使得本轮中心围绕均轮的运动不能匀速，这在某种程度上被看作是对匀速圆周运动这个完美原则的背离[②]。那么，哥白尼在这两个内容中是怎么做的，首先关于月球他有：

但过去取本轮是因为月亮看起来呈现出两重的不均匀性。当它位于本轮的高或低拱点时，看不出与均匀运行有何差别。在另一方面，当它是在本轮和均轮的交点附近时，与均匀运动的差异出现

① Ptolemy C. Ptolemy's *Almagest*. Toomer G J(trans.). London: Gerald Duckworth & Co. Ltd., 1984: 220-221.

② 欧文·金格里奇. 无人读过的书——哥白尼《天体运行论》追寻记. 王今，徐国强译. 北京: 生活·读书·新知三联书店, 2008: 70-72.

了。……由于这个缘故，以前认为本轮在其上面运动的均轮并不与
地球同心，与此相反，人们在过去承认的是一种偏心本轮。月球按
下述规则在本轮上运动：当太阳和月球是在平均的冲和合时，本轮
位于偏心圆的远地点；而当月球是冲和合之间，即在与它们相距一
个象限时，本轮位于偏心圆的近地点。结果是得出在相反方向上有
两个绕地心均匀运动这样一种概念。……在这种情况下，本轮每个
月在偏心圆上运转两次。①

从图 9 中可以看出，哥白尼的论述非常简洁明了。笔者曾经给出对托勒
密第二月球模型作的图，如图 10 所示②，可以看出这两幅图在解释同样的问
题，验证了哥白尼这段话的针对性和我们的判断。

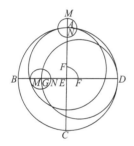
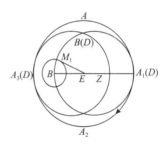

图 9　哥白尼对第二月球模型的解释③　　图 10　托勒密对第二月球模型的解释(笔者作图)

哥白尼在下文提出了问题的关键。"我们的前人假设用这种圆周的结合，
可以取得与月球现象一致的结果。但是如果我们更仔细地分析情况，就会发
现这个假设既不够适宜，也并不妥当，而我们可以用推理和感觉来证明这一
点。当我们的前人宣称本轮中心绕地心的运动为均匀的时候，他们也应该承
认它在自己（即它所扫描的）偏心圆上的运动是不均匀的。"④他通过图 11
解释这句话后，认为"如果情况是这样，我们该怎样对待天体运动均匀只是
看起来似乎不均匀这一格言⑤呢？假如看起来本轮为均匀的运动实际上是不
均匀的，则它的出现对一个已经确立的原则和假设是绝对的抵触"。"我对
月球在本轮上的均匀运动也感到困惑难解。我的前人决定把这种运动解释为

①　哥白尼. 天体运行论. 叶式辉译. 北京：北京大学出版社, 2006: 125-126.

②　邓可卉. 希腊数理天文学溯源——托勒玫《至大论》比较研究. 济南：山东教育出版社, 2009: 108.

③　图9、图11、图13出自：哥白尼. 天体运行论. 叶式辉译. 北京：北京大学出版社, 2006.

④　哥白尼. 天体运行论. 叶式辉译. 北京：北京大学出版社, 2006: 127.

⑤　指古希腊自柏拉图以来的匀速圆周运动原则。

与地心无关。用本轮中心量度的均匀运动按理说应与地心有关，即与直线 *EGM* 有关。但是他们把月球在本轮上的均匀运动与另外的某一点①联系起来。地球位于该点与偏心圆中点之间，而直线 *IGH* 可以用作月球在本轮上均匀运动的指示器。这本身也足以证明这种运动的非均匀性，这是部分地由这一假设得出的现象所需要的结论。因此，月球在其本轮上的运动也是非均匀的。如果我们现在想把视不均匀性建立在真正不均匀运动的基础上，那么我们论证的实质如何就显而易见了②。难道我们只想为那些污蔑这门科学的人提供机会吗？"③相对应的，图 12 是托勒密第二月球模型。

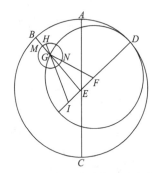 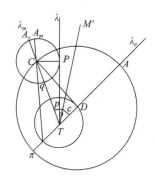

图 11　哥白尼对月球运动的解释　　　图 12　托勒密第二月球模型

接下来，哥白尼解释了月球的"交换视差"，他认为经验和感觉本身都表明，月球的视差与各个圆的比值下所给出的视差不一样。这种视差被称为交换视差。他考虑到月球在近地点和远地点处的视差几乎为 2∶1。这部分内容与本文主题关系不大，因此我们不展开讨论了。哥白尼提出了月球运动的小本轮。他说："因此完全清楚，本轮看起来时大时小并非由于偏心圆，而是因为另有一套圆圈。"④因为托勒密的本轮中心在均轮上的运动违背了匀速运动原则，所以哥白尼引进一个小本轮（第二本轮）位于直径较大的第一本轮上，而取代了均轮。他的小本轮模型如图 13 所示。为了使月球现象与这个模型相符，月球每个月在小本轮 *EF* 上运转两次，而在这段时间里 *C* 有一次回到太阳 *D* 处。当月球是新月和满月时，看起来它扫描出最小的圆，即半径为 *EC* 的圆。而当月球在两弦时，看起来它扫描出最大的圆，即半径为

① 哥白尼这里用这个说法，为了避免直接提"负载本轮的轮"（载轮）。原文实际上是指偏心等速圆。

② 此处开普勒在他的《新天文学》中向读者解释哥白尼为何放弃载轮时讲了一段话，正好可以说明问题。具体见哥白尼《天体运行论》注释. 第四卷. (5): 308.

③ 哥白尼. 天体运行论. 叶式辉译. 北京: 北京大学出版社, 2006: 127-128.

④ 哥白尼. 天体运行论. 叶式辉译. 北京: 北京大学出版社, 2006: 129.

FC 的圆。并且前面的位置月球的中心差较小，而后面的位置中心差较大。他提出的这个小本轮模型也解释了月球视差没有很大变化和为什么月球大小看起来似乎上不变的现象，而这两个问题是托勒密关于月球理论模型中存在的两大缺陷。

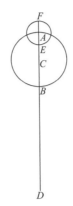

图 13　哥白尼关于月球的小本轮模型

五、托勒密在行星理论中对偏心等速圆的论证

行星理论是托勒密天文学中最重要的内容。在《至大论》卷 9.2 开始，他提出引进偏心等速点的用意，他说：

> 天球的安排这么复杂，正如在太阳和月球运动中做的，我们的目的是证明五大行星的视非匀速运动能由匀速圆周运动描述，因为这是适合不朽物体的特点的，而无序和非匀速是不符合这个存在的。那么我们下面以此好事为目的，考虑一个关于理论哲学的数学部分的真正正确而合理的结果。但是归根结底，这是困难的。这也是还没有人在这方面取得成功的一个原因。①

他接着给出关键的一段话可以帮助我们理解他提出行星第一、第二模型的一些想法，如下：

> 相反，如果在任何意义上我们研究的性质迫使我们采用一个不

① Ptolemy C. Ptolemy's *Almagest.* Toomer G J(trans.). London: Gerald Duckworth & Co. Ltd., 1984: 420.

能严格符合理论的做法，例如，当我们着手证明时，不用通过天体等的运动描述天球的圆，并且假设这些圆位于黄道平面内来简化证明的过程；或者我们被迫做一些基本的设想，它们不是从那些清晰直接的原则导出的，而是通过长期的边试边用来达到的，或者我们必须假设一些并非对所有行星都能不经改动就普遍适用的圆及其运动，如果我们知道不至于因此造成可以察觉的误差，影响我们所期待的最终结果，那么这些不准确的做法可能都是可以接受的。何况我们知道，那些为了取得和现象一致的结果而作的，并没有理论证明的假设，如果没有细致的方法论上的考量，也不可能发展起来，即使要解释为什么可以接受它们也是困难的（因为一般地，第一原理的原因就其本质而言是既不存在的，又很难描述的）。

我们知道，一些和行星有关的假设类型的变化不能被理所应当地认为是奇怪的，或者是和原因矛盾的（尤其是因为实际上行星表现出的现象总的来说并不相似），因为当匀速圆周运动对所有行星无例外地预设的话，个别现象被证明符合一个原理，而这个原理是比对所有行星假设的相似性具有更基本和更一般的应用。[①]

托勒密的解释说明他提出的关于行星现象解释的模型来自方法论，而不是原则。培德森（O. Pedersen）也认为，行星第一模型的存在类似于月球的第一模型，而平分偏心率和作为负载本轮的均轮的新的模型是他的第二行星模型。那么为什么托勒密要提出第二模型，第一模型不够吗？《至大论》本身就可以回答这个问题，两个模型的转换影响的是本轮大小，在第二模型中，本轮在偏心圆远地点是靠近地球，因此看起来大一些，而对面是近地点也是事实。所以可以猜测，托勒密发现第一模型不能解释本轮大小，这与月球从第一模型变换到第二模型有相似的理由。[②]

在《至大论》卷 9.5 "对五个行星假设的初步概念"中，托勒密认为，对每个行星而言，都有两种视非匀速运动，一种是符合它们在黄道上位置变化的非匀速运动，另一种是符合它们相对太阳位置变化的非匀速运动。他分别论述了水星和除水星以外行星的偏心等速圆的数学模型。"有两种最简单

① Ptolemy C. Ptolemy's *Almagest*. Toomer G J (trans.). London: Gerald Duckworth & Co. Ltd., 1984: 422-423.

② Pedersen O. A Survey of the *Almagest*. Odense: Odense Universitetsforlag, 1974: 278-279.

的运动且同时满足我们的目的：一种是由相对黄道中心的偏心圆产生，一种由与黄道同心的圆产生，但上面有运转的本轮。"

　　通过对个别行星位置的观测和由两种模型结合得到的计算结果的比较和进一步的应用发现，到目前为止不能简单假设：偏心圆所在平面是静止的，并且通过黄道中心和偏心圆中心的直线决定了近地点和远地点，它们与分点和至点保持恒定距离；也不能认为本轮中心运动的偏心圆是一个和本轮向后作匀速运动的中心有关的，在中心的相等时间里经过相等弧的偏心圆。相反，我们发现偏心圆的远地点相对冬至点，关于黄道中心匀速向后运动，并且对每个行星，与固定恒星球运动的量1°/100年相同，至少在已得到的事实的基础上可以估计出。另外我们也发现，本轮中心在一个大小等于产生非匀速运动的偏心圆上运动，但是这两个偏心圆的中心不一样。……除水星外，行星［实际运动的均轮］中心是连接产生非匀速运动偏心圆中心和黄道中心线的平分点[①]。对水星而言，［均轮中心］是到它绕转圆的圆心的距离与从产生非匀速运动的偏心圆中心到朝向远地点的距离相等的点，反过来，这个点也就是到代表观测者位置的点与朝向远地点方向等距离的点。对这个行星，正如对月球一样，偏心圆是以上述中心为心并与本轮方向相反的向前绕转的圆，每年一周。因为行星本身表现为一周两次过近地点，正如月球在一个朔望月中两次过近地点一样。[②]

　　以上两个模型分别如图14和图15所示。以上一段原文具有深刻的含义，同时也是困扰托勒密的问题，从中或多或少可以捕捉到托勒密提出行星第二模型的一些理由和考量，托勒密为什么选择实际负载本轮的均轮的偏心率正好等于偏心等速圆的偏心率的一半？虽然他本人没有讲太多，但是培德森分析并解释如下。首先，本轮的大小将关系到几个现象，一是逆行弧的长度，这可以直接观测发现。二是行星的纬度，按照《至大论》卷13的理论，实际上托勒密在纬度模型方面的困扰可能由他的第一模型所导致，这也是开普

---

　　① 这三个点是偏心等速圆中心、均轮中心和黄道中心，均轮中心在另外两个之间，允许本轮中心在除了均轮以外的圆上匀速运动，是天体力学理论的拓展，这一点被哥白尼和开普勒进一步发展。这个观点的细节陈述见塔里艾菲尔罗译本的卷12及其附录B。

　　② Ptolemy C. Ptolemy's *Almagest*. Toomer G J (trans.). London: Gerald Duckworth & Co. Ltd., 1984: 442-443.

勒发现并提出的，他在处理他的火星运动的资料与试图解决的这个问题方面具有天才和一些细节的考虑。

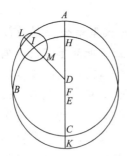

图 14 托勒密除水星外的行星偏心等速圆

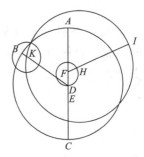

图 15 托勒密水星的偏心等速圆

培德森同时也认为，本轮的距离也是托勒密要考虑的。第一模型不能解释行星在偏心圆上不同位置的速度，特别是冲时的速度[1]。

在《天体运行论》卷 5.2 中，哥白尼对托勒密的外行星理论评价道："古代天文学家认为，这个统一的平面（图 16）与 E、C 两点一起，都绕黄道中心 D 旋转，此时恒星也在运转。他们希望用这种安排能使这些点在恒星天球上都具有不变的量。虽然本轮也在圆周 FHG 上向东运动，但它可由直线 IHC 调节。对该直线而言，行星在本轮 IK 上也在均匀运转。然而对于均轮中心 E 来说，在本轮上的运动显然应当是均匀的，而行星的运转对于直线 LME 应为均匀的。"[2]对哥白尼来说，古代天文学家认为的一个圆周运动对其自身以外的其他中心来说也可以是均匀的[3]，缺少依据。他接着说："这是西塞罗著作中西比奥（Scipio）难以像（象）的一个概念[4]。对水星来说也可以有这种情况，甚至更会如此，但是（按我的见解）对于月球我已经有充分根据地驳斥了这个概念[卷 4.2]，这些以及类似的情况使我有根据思考地球的运动，考虑保持均匀运动和科学原理的方法，并使视非匀速运动的计算更加可靠。"[5]

① Pedersen O. A Survey of the *Almagest*. Odense: Odense Universitetsforlag, 1974: 278-279. 同时可参考: Evans J. On the function and the probable origin of Ptolemy's equant. American Journal of Physics, 1984, 52(12): 1080-1089.

② 哥白尼. 天体运行论. 叶式辉译. 北京: 北京大学出版社, 2006: 177.

③ 这句话和本段最后一句说明，哥白尼的目的是找到一个更合理的安排，以便按绝对运动规律的要求，每个天体都绕其自身的中心作匀速运动。

④ 西塞罗的《论国家》第六卷中加入一节"西比奥之梦"，此节有行星"沿其匀速圆周"的轨道运行的描述。

⑤ 哥白尼. 天体运行论. 叶式辉译. 北京: 北京大学出版社, 2006: 177.

在《天体运行论》卷 5.25 关于水星理论模型的建立开始，哥白尼就讲述了为了消除偏心等速圆而做的努力："古代天文学家相信这个现象的解释是地球不动，而水星在其一个偏心圆所载的大本轮上运动。他们认识到，单独一个简单的偏心圆不能说明这些现象。……古人忽视前两个中心，而让本轮绕载轮的中心均匀运转。这种情况与[本轮运动的]真实中心，它的相对距离以及其他两个圆周原有的中心，都根本不符。"[①]如图 17 所示。

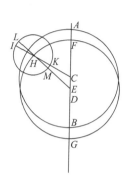

图 16　哥白尼对古代均匀性解释的批评

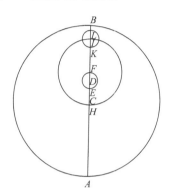

图 17　哥白尼的水星模型

在《天体运行论》卷 5.4 中，哥白尼给出的小本轮和两个偏心圆的模型如图 18 所示，AB 是一个偏心圆，中心为 C。FL 是另外一个偏心圆，中心是 M。以高拱点 A 为中心作小本轮 EF，它的直径 $EF = \frac{1}{3}CD$。行星在小本轮 EF 上运动，在 E 时是远地点，这时，行星的方向与小本轮的方向都是向东，F 是近地点。令小本轮与行星的运转周期相等，在高拱点 A 和低拱点 B 时，小本轮的直径与 AB 重合，在它们之间的中拱点上，小本轮的直径垂直于 AB。它与 AB 有时接近，有时远离，不断变化，所有这些现象可以非常容易地用运动的序列来理解。地球轨道中心是 ACB 上的 D 点，地球的周年运行轨道为 NO。作 IDR，连接偏心圆中心与本轮中心 CG，PDS 平行于它。于是 IDR 是行星的真运动线，而 GC 为其平动和均匀运动的线。地球在 R 时与行星相距是真最大距离，而在 S 时是平均最大距离。因此，RDS 或 IDP 为中心差[②]。

哥白尼都用偏心圆来解释太阳的视不均匀性，因为真太阳的位置与 D 有一定的偏离，所以他的参考点都是平太阳 D（托勒密的也一样，前面论述了）。

① 哥白尼. 天体运行论. 叶式辉译. 北京: 北京大学出版社, 2006: 206-207.

② 哥白尼. 天体运行论. 叶式辉译. 北京: 北京大学出版社, 2006: 179.

哥白尼反对偏心等速点的理由是，他相信亚里士多德的实心天球论。所谓实心天球就是每一个天体在宇宙中按照自己所在的天球轨道作匀速圆周运动，这是基本的原则，虽然人们并不能看到这个实心天球。这个实心结构中需要构建一个机械的机制，使得天球在不与其他晶体触碰的前提下实现匀速圆周运动。为了解释现象，哥白尼用小本轮模型解决问题。虽然哥白尼不喜欢偏心等速点，但是他的日心说也不可避免地陷入对宇宙的数学设计。《天体运行论》卷 1.4 的题目就是"天体的运动是匀速的、永恒的和圆形的或是复合的圆周运动"，这一章是哥白尼为他的太阳月球和行星理论建立几何模型的基础，同时也说明哥白尼的天球观和几何模型方法是传统的。另外，《天体运行论》还显示"在整个这本书中，首先是在此应当记住，一般对太阳运动所说的一切都可理解为指的是地球"[①]。

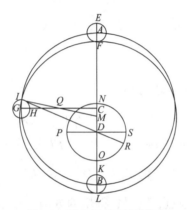

图 18　哥白尼的行星模型

所以要在传统与"革命"之间做出选择，对哥白尼的日心说来说也是艰难的，这个选择至少包括，它的书名到底应该是"天体"还是"天球"。这两个概念在《天体运行论》中都出现过。其中第一版书名就是 *De revolutionibus orbium coelestium libri Ⅵ*，译为"天球运行论第 6 卷"似乎没什么问题。但是在他的书的序言中，哥白尼提到了"关于宇宙球体的运行"（de revolutionibus sphaerarum mnndi），如果进一步查阅他的第一卷，可以看到在第一章中哥白尼说："首先，我们应当指出，宇宙是球形的。这要么是因为在一切形状中球是最完美的，它不需要接口，并且是一个既不能增又不能减的全整体；要么是因为它是一切形状中容积最大的，最宜于包罗一切事物；

---

① 哥白尼. 天体运行论. 叶式辉译. 北京: 北京大学出版社, 2006: 170.

甚至还因为宇宙的个别部分（我指的是太阳、月球、行星和恒星）看起来都呈这种图形……因此谁也不会怀疑，对神赐的物体也应当赋予这种形状。"如果译为"天球"，基本上是符合哥白尼的做法的，因为他采纳了传统的数理天文学方法，也深信亚里士多德的物理学、形而上学和《论天》等学说，但是如果译为"天体"，事实上也是古代意义上的天体，而不是现代意义上的单个实体概念。在中国古代二十四史《天文志》中，从《晋书》开始就有"天体"一节，主要内容是浑天说、盖天说、宣夜说等宇宙论问题。还有一个问题就是他的日心说到底是宇宙真实还是数学假设，关于这一点历史上存在不同的意见，基本上支持两种说法的都有。《天体运行论》自它出版到最终被接受，始终面临如上所提到的这个选择的审判。例如，在《天体运行论》的序言里，奥西安德在"与读者谈这本书中的假设"中声明："须知天文学家的职责就是通过精细和成熟的研究，阐明天体运动的历史。因此他应当想像（象）和设计出这些运动的原因，也就是关于它们的假设。因为他无论如何也不能得出真正的原因，他需要采用这样或那样的假设，才能从几何学的原理出发，对将来以及对过去正确地计算出这些运动。本书作者把这两项任务都卓越地完成了。这些假设并非必须是真实的，甚至也不一定是可能的。与此相反，如果它们提供一种与观测相符的计算方法，单凭这一点就够好了。"[①]据考，哥白尼本人并不同意这个观点。

　　开普勒重新引进了偏心等速点。他的理由如下。首先，没有天球也能解释行星的运动，原因是他把行星在轨道上的不规则性解释为是驱动力的作用，是一种物理现象；第谷的彗星发现早已让开普勒相信不存在什么固体天球。其次，开普勒为偏心等速点找到一个物理机制后，不仅用这个机制解释行星的不均匀性运动，而且还认为偏心等速点模型可能是一个普遍的规律。那么，为什么开普勒选择了偏心等速点模型？因为开普勒仔细研究了托勒密和哥白尼的模型，认为哥白尼的模型近似等价，使用方便，接近真实，适合物理因素的考虑[②]。

六、《至大论》中一些论说对哥白尼日心说理论的引导

　　哥白尼在其《天体运行论》的引言中说："由于天空具有超越一切的完

---

① 哥白尼. 天体运行论. 叶式辉译. 北京: 北京大学出版社, 2006: 18.

② Kepler J. The Secret of the Universe. Duncan A M (trans.). London: Abaris Books, Inc., 1981: 207-209.

美性，大多数哲学家把它称为可以看得见的神。因此如果就其所研究的主题实质来评判各门学科的价值，那么首先就是被一些人称为天文学，另一些人叫做占星术，而许多古人认为是集数学之大成的那门学科。"①读完引言以后，我们认为哥白尼进行新的研究的原因主要有三个：①天具有超越一切的完美性，受上帝的感召来研究这门受神灵支配的科学，是把人引向至善至美的必由之路。其中也必然涉及"至真"，这是古希腊哲学的出发点。②前人对其中一些原则和假设至今没有达成一致，且"已经成为分歧的源泉，我们知道，和这门学科打交道的多数人之间有分歧，因此他们并不信赖相同的概念"②。既然如此，哥白尼可以沿着他们的路继续探寻真理。③说到托勒密的时候，哥白尼认为，还有非常多的事实与从他的体系应当得出的结论并不相符。此外哥白尼还发现了托勒密所不知道的运动。

托勒密对他通过数学构建的几何模型，以及在一些不太确定的问题上显示出合乎逻辑的严密和谦逊。这些简短的表述引起了哥白尼的关注，哥白尼沿着这个方向继续做出了令人震惊的发现。例如，在《至大论》中有，"我们不能忽视对这些记录的适当考察，但是也不能认为这样的精度就是永远可靠的，即便是对于已经多次观测的一段时间，这样的态度也是与热爱科学和真理相违背的"③。哥白尼在他的《天体运行论》中基于这一思想，提出了年长首先与恒星的位置有关，他进一步把恒星理论提前到了日月理论之前，认为不能用二分点测定恒星的位置，而应当反其道而行之。

在《至大论》中又有，"因此喜帕恰斯产生了一个想法，即固定恒星球也有很慢的运动，方向与行星球一样，相对于由过天赤道与黄道极作的大圆旋转产生的第一种运动的方向相反"④。哥白尼通过仔细考虑记录在《至大论》中的喜帕恰斯的意见，在他的书卷 3.1 中提出了分点岁差。

在《至大论》中有，"我们做了与土星和水星假设相似的事，改变了早先一些错误的设想，因为我们得到了更精确的观测。对那些探求真正实质的科学和热爱真理的人，应该用他们发现的新方法，这将会得出更精确的结果，这不仅改正了古代理论，也改正了他们自己的。当他们努力追求的目标是伟大而神圣的时，即使他们的理论被修改且由其他人做得更精确，他们也不应

---

① 哥白尼. 天体运行论. 叶式辉译. 北京: 北京大学出版社, 2006: 3.
② 哥白尼. 天体运行论. 叶式辉译. 北京: 北京大学出版社, 2006: 3.
③ Ptolemy C. Ptolemy's *Almagest*. Toomer G J (trans.). London: Gerald Duckworth & Co. Ltd., 1984: 137.
④ Ptolemy C. Ptolemy's *Almagest*. Toomer G J (trans.). London: Gerald Duckworth & Co. Ltd., 1984: 131.

该认为这是不好的"①。从《至大论》一以贯之的论述方式及其作者对知识增长抱有的通过一代又一代人的共同努力所达成的长期目标来看，这段话与托勒密构建天体几何模型的初衷和思想非常符合。从这段话里，我们不仅可以看出托勒密对他的行星理论所做的工作留有余地，而且期待后人在这方面进一步取得成功。这符合《至大论》的依据观测事实不断修正模型，直至模型能够很好地解释现象的科学思想，也为哥白尼的工作开辟了努力的方向。

---

① Ptolemy C. Ptolemy's *Almagest*. Toomer G J(trans.). London: Gerald Duckworth & Co. Ltd., 1984: 206.

托勒密的和谐思想

"和谐"是古希腊哲学中的一个重要概念，毕达哥拉斯学派认为和谐是作为一种数的比例关系而存在的。而托勒密在其先辈的基础上走得更远，他的和谐思想既有数学的成分，同时又贯穿于音乐、人类灵魂和天穹之中。《谐和论》（*Harmonics*）是托勒密集中论述其和谐思想的著作，本文试图通过对《谐和论》相关内容的分析和解读，阐释托勒密的和谐思想。

一、和谐思想的溯源

古希腊在追寻自然本原这一问题上是从米利都学派开始的。泰勒斯认为世界的本原是"水"，但是对于水以怎样的方式存在于我们所见到的物体中缺乏合理的解释。之后，阿那克西曼德认为世界的本原不是实体，而是"无限"，他给出了一个宇宙如何演化的说法。第三位米利都学派哲学家阿那克西米尼认为世界的本原是"气"，他解释了事物从何而来，并且把它和如何而来的说法结合起来。这些自然哲学家试图从千变万化的经验世界中概括出某种元素作为世界的本原。他们开始摆脱宗教神话的束缚，尝试用自然解释自然，这是具有进步意义的。

直到亚里士多德才放弃了寻找单一元素的想法，提出世界是由水、火、气、土四种元素组成的，而这四种元素又是通过冷、热、湿、燥四种基本性质两两组合而成的。毕达哥拉斯学派通过对音乐和数学的不懈研究，提出了数是世界的本原，即"万物皆数"，他们试图在数中找到万物的理论。音乐和声的数字比例一定为他们提供了丰富的养料。对他们来说，八度音程、五度音程和四度音程可以分别用1：2、2：3和3：4这种简单的数字比来表达，这说明与数没有明显关系的现象呈现出一种可以用数表达的结构，那么这很可能也适用于其他事物，只要发现它们的数学关系就行了。这个学派认为，数本身被认为是具体的事物，数与事物之间具有相似性，由此他们进一步把这种思想扩大到天文学领域。由于受到宗教和伦理动机的影响，他们相信整个天界是"一个音阶和一个数"，基于天球和谐的信仰，毕达哥拉斯学派提出了和谐宇宙的概念。

毕达哥拉斯学派与之前的自然哲学家们不同的是，他们不再受拘于感性世界的某种特定的元素，而是第一次用超经验的概念来解释世界的本原问题，实现了从感性到理性的飞跃。他们认为所有的事物都是按照数的比例而存在着的，正是因为数的比例关系才造就了自然界的和谐。此外，他们还将这种数的比例关系应用到宇宙天体之中，提出了宇宙和谐的思想。他们认为宇宙中的天体，它们自身的大小、运行速度以及彼此之间的距离都是按照数的比例存在的，所有的天体所组成的是一个和谐而有秩序的宇宙。

恩格斯在评价毕达哥拉斯学派的贡献时说道："数服从于一定的规律，同样，宇宙也是如此。于是宇宙的规律性第一次被说出来了。"[1]

毕达哥拉斯学派的研究表明，在早期古希腊科学中有关于声学的经验研究的证据，一是简单的实验和方法，二是数学中演绎法的出现。这两方面的活动主要涉及公元前 5 世纪末或 4 世纪初的思想家[2]。毕达哥拉斯的学生柏拉图在《理想国》中也提到了早期的声学实验，不过他是反对这一做法的。他说"把和声与他们听到的声音互相对照起来测量""折腾弦轴上的琴弦""在这些听到的和声中寻找数字"等，以表达他让苏格拉底用蔑视的口吻形容那些沉迷于音乐数字的人。

古希腊产生奇数、偶数的概念是大约公元前 5 世纪的事情，而毕达哥拉斯学派进一步把数字与不同的几何图形联系起来，例如，4 和 9 是正方形数，6 和 12 是长方形数，还有认识到 3、4、5 的关系等，这一组数与毕达哥拉斯定理有关。柏拉图在《理想国》中也提出了关于数与几何图形的对照关系的认识。毕达哥拉斯学派的万物皆数观念渗透并且影响了后世科学的发展。

二、托勒密的和谐思想与实践

托勒密一方面继承了毕达哥拉斯关于和谐的思想，另一方面又将之作出了更为具体的应用和更为广泛的拓展。托勒密将和谐的比例关系贯穿于音

① 恩格斯. 自然辩证法. 中共中央马克思恩格斯列宁斯大林著作编译局译. 北京: 人民出版社, 2018: 32.
② G. E. R. 劳埃德. 早期希腊科学——从泰勒斯到亚里士多德. 孙小淳译. 上海: 上海科技教育出版社, 2015: 27.

乐、人的灵魂以及天穹之中，展现了他独特的和谐思想。

在《谐和论》中，托勒密就这种和谐关系的存在给予了说明，认为和谐存在于所有事物之中，但在人的灵魂和天穹之中表现得最为明显和突出，他说："和谐的力量存在于在本性上更为完美的所有事物之中，但在人的灵魂和天的运动中显现得最充分。"①

（一）和谐能力

托勒密一生的著作包括 10 种，主要有《坎诺比碑文》《实用天文表》《行星假设》《四书》《日晷论》《恒星之象》《地理学》《谐和论》《光学》《至大论》。上述几部著作中，可能最不为人知的就是《谐和论》。本文在前人研究的基础上重点研究了《谐和论》中所表达的托勒密的宇宙和谐的思想，其中也包括他独特的数学观。很显然，harmonics（谐和论）一词字面意义上是指对音乐中不同音调之间关系的一种研究。在《谐和论》中，托勒密使用了一个专门词语 harmonia（谐和），认为这代表了一门与数学有关的理论科学，并对这门科学所要关注和研究的对象进行了说明。他说："谐和的理论科学是一种数学形式，其形式与所听到的事物之间的差异比率有关，这种形式本身有助于理解来自理论研究以及人们习以为常的那种良好秩序。"②托勒密认为"谐和"是数学的一种形式，它关注的是一种和谐的比率以及良好的秩序。

关于 harmonia，有学者进行过相关的研究，认为它指的是一种力量（power）或者功能（function），而托勒密本人用另外一个词 dynamis harmonikê 代替它，本书将其译为"和谐能力"。

安德鲁·巴克（Andrew Barker）在他的著作《托勒密〈谐和论〉中的科学方法》（Scientific Methods in Ptolemy's Harmonics）中对 dynamis harmonikê 的蕴意进行了解读："我们将 dynamis harmonikê 定义为我们人自己所拥有的一种能力，这种能力能使我们把某些物质带入和谐的秩序之中。它类似于我们将声音塑造成重要的语言能力，或者进行数学计算的能力。"③安德鲁·巴克认为托勒密使用的 dynamis harmonikê 是指仅为人所拥有的一种能力，而

---

① Solomon J. Ptolemy Harmonics:Translation and Commentary. Leiden: Brill, 1999: 142.

② Solomon J. Ptolemy Harmonics:Translation and Commentary. Leiden: Brill, 1999: 142-143.

③ Barker A. Scientific Method in Ptolemy's Harmonics. Cambridge: Cambridge University Press, 2003: 261.

这种能力能够使人们把握宇宙中存在的某些事物的和谐的数学关系。

相比于安德鲁·巴克，诺尔·斯沃德鲁（Noel Swerdlow）在其著作《托勒密〈谐和论〉与其〈坎诺比碑文〉中的"宇宙弦音"》（*Ptolemy's Harmonics and the Tones of the Universe in the Canobic Inscription*）中对 dynamis harmonikê 做出了更为广泛的解读，他说："托勒密在《谐和论》卷 3.3-4 的介绍中说明，和谐的功能使得音调以及因不同音调所组成的音乐都可以归于适当的比率。音乐本身是一种理性的科学，是一种比率的科学。……和谐的力量存在于所有具有自身能量来源的物中，特别是在那些更完美和理性的物中。在神的和天体的运动中，在凡人中，在人类灵魂的进化中，都能发现它们更加完美和理性的本性。这两者（笔者注：天穹和人类灵魂）都是理性的，并且都有运动。"[①]显然，诺尔·斯沃德鲁认为托勒密所用的 dynamis harmonikê 一词所指代的功能意义更为广泛，它不仅仅指人们能够把握事物和谐的数学关系，也能够把握造成这种和谐特征的原因。而且这种关系不仅存在于音乐之中，也存在于人类灵魂和天穹之中。

（二）音乐是和谐的

《谐和论》是一部基于数理乐律的著作，在这部书中，托勒密首先阐释了他的数理音乐观。他"旨在建立音调是声音的定量属性的一种命题"[②]，托勒密认为音调是声音在数量上的变化（quantitative sound changes），即音量变化的一种特性。

然而，这种数量上的特性无法通过感知予以识别，尽管如此，托勒密认为可以通过对声音的形成原因进行考察，从而达到对其数量上的特征的认知。他说："一个特定的差异是不是定量的这个问题不是由感知所决定的，甚至也不能通过仔细思考它在感知方面表现出来的方式区分，而是通过对其原因的调查来确定。似乎当且仅当某些属性原因之间的差异是定量时，属性本身之间的差异才亦是如此。"[③]

对于音乐中的音程体系，安德鲁·巴克认为托勒密继承了毕达哥拉斯的音程体系传统，他说："托勒密关于音乐的理论结果来源于其前辈毕达哥拉

---

① Swerdlow N M. Ptolemy's harmonics and the Tones of the universe in the Canobic inscription//Burnett C, Hogendijk J P, Plofker K, et al. Studies in the History of the Exact Sciences in Honor of David Pingree. Leiden: Brill, 2004: 151.

② Barker A. Scientific Method in Ptolemy's Harmonics. Cambridge: Cambridge University Press, 2003: 33.

③ Barker A. Scientific Method in Ptolemy's Harmonics. Cambridge: Cambridge University Press, 2003: 34.

斯对于谐和和弦的阐述与批判。"[1]

毕达哥拉斯通过铁匠铺里铁锤落到铁砧上发出的声音发现了和谐的八度、五度和四度音程，同时也发现了介于四度和五度音程之间的不和谐音程。而后又通过对铁锤重量的研究发现，不同重量的铁锤敲击会发出不同的音程。重量上形成 1∶2 比例的 6 磅和 12 磅两个铁锤发出的是八度音程[2]；重量上形成 2∶3 比例的 6 磅和 9 磅两个铁锤发出的是五度音程[3]；重量上形成 3∶4 比例的 9 磅和 12 磅两个铁锤发出的是四度音程[4]。

托勒密论述了各种音程之间的关系[5]。托勒密在毕达哥拉斯音程体系的基础上提出了自己的音程体系理论。他说："就卓越程度而言，第一是同音，第二是和声，第三是旋律。因为八度音程和双八度音程与其他和声明显不同，后者也与旋律不同，所以称它们为'同音'更为合适。让我们把同音定义为那些在一起演奏时能给耳朵留下单一音符印象的音，就像八度音程和由八度音程所组成的音一样；和声与同音接近，是如五度音程和四度音程以及由这些音程所组成的音；而旋律与和声接近，是如音调和其他类似的音调所组成的音。因此，同音伴随着和声而和声伴随着旋律。"[6]

托勒密将音程分为三个层类——同音（homophone）、和声（concord）以及旋律（melodic）。其中，同音是最卓越的，其次是和声与旋律。同音是指演奏出的单一音，包括八度音程以及由八度音程所组成的音；和声与同音接近，包括五度音程和四度音程以及由它们所组成的音；旋律与和声接近，它包括音调以及类同音调的音。如此一来，同音、和声和旋律就紧密结合在一起了，使音乐充盈着和谐。另外，托勒密还对各种音程之间的比率关系做出了说明[7]。

（三）人的灵魂是和谐的

在讨论了音乐存在比率并且是和谐的之后，托勒密在《谐和论》第三卷中就和谐存在于人的灵魂中展开了讨论。在文中，托勒密对人的灵魂采取了

[1] Barker A. Scientific Method in Ptolemy's Harmonics. Cambridge: Cambridge University Press, 2003: 55.

[2] 金红莲. 基于数学理论的毕达格拉斯音阶体系. 科教文汇(中旬刊), 2007, (26): 212-214.

[3] 金红莲. 基于数学理论的毕达格拉斯音阶体系. 科教文汇(中旬刊), 2007, (26): 212-214.

[4] 金红莲. 基于数学理论的毕达格拉斯音阶体系. 科教文汇(中旬刊), 2007, (26): 212-214.

[5] Barker A. Scientific Method in Ptolemy's Harmonics. Cambridge: Cambridge University Press, 2003: 56.

[6] Barker A. Scientific Method in Ptolemy's Harmonics. Cambridge: Cambridge University Press, 2003: 74.

[7] Barker A. Scientific Method in Ptolemy's Harmonics. Cambridge: Cambridge University Press, 2003: 109.

两种分法，而这两种分法分别聚焦于人的能力和德行。

在第一种中，托勒密将人的灵魂分为智力的（intellectual）、美学的（aesthetic）和习性的（habitual），并将音律中的八度音程（diapason）、五度音程（diapente）和四度音程（diatessaron）与之分别对应。对智力的部分又细分出三种能力，即增长（growth）、完善（zenith）和削减（decline）；对美学的部分细分出四种能力，即视觉（sight）、听觉（hearing）、嗅觉（smell）和味觉（taste）；对习性的部分细分出七种能力，即显现（appearance）、才智（intelligence）、思考（thought）、理解（understanding）、观点（opinion）、推理（reason）、知识（knowledge）①。

在第二种里，托勒密将人的灵魂划分为理性的（rational）、情感的（emotional）和欲望的（cupidinous），并再次将第一种所使用的音律与之分别对应。与细分出能力做法相同，托勒密也将数目为三、四、七的德行分别归于理性的、情感的和欲望的。其中，理性的部分有三种德行，即自控（self-control）、节制（continence）与羞耻（shame）；情感的部分有四种德行，即温顺（gentleness）、胆略（courage）、刚毅（manliness）与忍耐（patience）；欲望的部分有七种德行，即锐利（sharpness）、聪颖（cleverness）、敏捷（readiness）、判断（judgment）、智慧（wisdom）、周全（thoughtfulness）与经验（experience）②。

然而，托勒密对于灵魂与音程的这些对应并没有给出经验上的证据，也没有对此进行充足的论证辩护。正如安德鲁·巴克评述的那样："关于灵魂和美德的章节，尽管它们被认为是古希腊道德心理学当中的一部分，却没有表现出像《谐和论》那种正确且严格的推理，也没有提供论据予以支持他所做的分析和对应。这令我们不禁感受到托勒密作为一名科学家，对于这个论题似乎只是半心半意。"③

（四）天空是和谐的

在论述音乐和人的灵魂是和谐的之后，托勒密在《谐和论》的剩余章节继续探讨了和谐存在于天空之中。他说："我们的下一个任务是完全根据和谐率来展现天体之间的基本假说。"④

---

① Solomon J. Ptolemy Harmonics: Translation and Commentary. Leiden: Brill, 1999: 144-146.

② Solomon J. Ptolemy Harmonics: Translation and Commentary. Leiden: Brill, 1999: 146-147.

③ Barker A. Scientific Method in Ptolemy's Harmonics. Cambridge: Cambridge University Press, 2003: 268.

④ Solomon J. Ptolemy Harmonics: Translation and Commentary. Leiden: Brill, 1999: 152.

托勒密认为天空中的主要运动仅有一种，那就是天体的各处运动，而且这些天体的运动是匀速圆周运动。托勒密在文中说道："首先，我们的命题真实清楚地表明了这样一个事实，音乐的音符和天体的运动路线是仅由间歇性运动所决定的，在此基础上不会出现其他任何变化。而且所有天体的运动路线都是匀速圆周运动，这也是一个事实。"①正是天空中天体的这些特征和音乐特征相同，使得托勒密将和谐的概念应用于天空之中。

首先，和谐存在于黄道十二宫上，然而，托勒密并没有具体说明黄道十二宫各自对应的音阶。托勒密认为音乐中的四度音程和五度音程在黄道十二宫上体现得最为明显。在《谐和论》中，托勒密将黄道十二宫划分为四个不等量的部分，集中阐释了谐和率是如何存在于其中的。

他说："让我们绘制一个圆 *ADB*，然后从它上面的一个点 *A* 开始，用线 *AB* 将它分成两个相等的部分，用线 *AC* 将它分成三个相等的部分，用线 *AD* 将它分成四个相等的部分，用线 *CB* 将它分为相等的六个部分。那么，*AB* 将构成直径对立，*AD* 为边可作正方形，*AC* 为边可作正三角形，*CB* 为边可作正六边形。并且弧的比例是从同一点开始的，也就是 *A*，这将包括同音以及和弦还有音调。如果我们假设圆由十二个部分组成，那么我们将会看到这些，因为十二是首个全都含有二、三、四的数。"②

托勒密作图 1，通过将黄道十二宫划分为十二个部分，托勒密验证了和谐率存在于其中。因为如果黄道十二分的话，那么两分（opposition）、三分（trine）和四分（quartile）都会包含在内，也就是说这些数都存在于黄道十二宫之中。

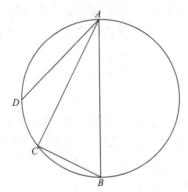

图 1 　一个圆十二分后包含的和谐率

① Solomon J. Ptolemy Harmonics: Translation and Commentary. Leiden: Brill, 1999: 153.
② Solomon J. Ptolemy Harmonics: Translation and Commentary. Leiden: Brill, 1999: 155.

　　托勒密认为黄道十二宫分为十二个部分正好说明两分、三分和四分是非常重要的和谐率，它们都显示出了音乐上八度音程、五度音程和四度音程的比率。两分所形成的宫同音乐上的八度音程一样，以 2∶1 的比率将圆进行分割；三分所形成的宫是同音乐上的五度音程一样，以 3∶2 的比率将圆进行分割；四分所形成的宫是同音乐上的四度音程一样，以 4∶3 的比率将圆进行分割。而且这些两分、三分和四分在星占学上指的就是行星所形成的各种相位，即冲相位、拱相位、刑相位，这关系到行星能量的强弱以及对月下物体变化的预测。

　　托勒密除了列举这些对于星占学预测起到重要作用的比率之外，还提及了其他一些不重要的比率，如 12∶11、12∶5、12∶7。通过诺尔·斯沃德鲁的解释，我们大致可以了解这些比率不重要的原因[①]，相比于上述两分、三分和四分对应的比率，12∶11、12∶5、12∶7 在十二分的圆中不能被十二等分，故而它们是不和谐的，也是没有旋律的，都是不重要的比率。

　　在论述和谐存在于黄道十二宫之后，托勒密又将和谐率赋予天体的运动之中。在《谐和论》第 3 卷第 10 章中，托勒密对于天空中天体的几种不同运动形式做出了说明，他说："接下来我们必须调查关于天空运动之间主要差异的事实。有三种类型，即经度上的向前或者向后，这种运动方式带来的是天体的自东向西或者自西向东的运动；在海拔上的上升或者下降，这种运动方式使天体进一步远离或者靠近地球；最后是纬度上的横向运动，这种运动方式使天体运动朝向更北或者更南。"[②]托勒密认为天空中天体的运动形式有三种，即经度（longitude）方向运动、高度（altitude）方向运动和纬度（latitude）方向运动。

　　对于经度方向运动，托勒密将天体每日的升（rising）和落（setting）作为例证，指明这种升和落包含显现的开始与终结，升源自无形，落归于无形。他说："最低和最高的音调包含着声音的开始与终结，前者始于无声，后者归于无声。"[③]天体每日的升落就如音乐的每个高音、中间音和低音的开始与终结一样往复循环，因此天体的升起和下落也就同音乐中的最高音调和最低音调建立了对应关系。

---

　　① Swerdlow N M. Ptolemy's harmonics and the tones of the universe in the Canobic inscription//Burnett C, Hogendijk J P, Plofker K, et al. Studies in the History of the Exact Sciences in Honor of David Pingree. Leiden: Brill, 2004: 155.

　　② Solomon J. Ptolemy *Harmonics* Translation and Commentary. Leiden: Brill, 1999: 157.

　　③ Solomon J. Ptolemy *Harmonics* Translation and Commentary. Leiden: Brill, 1999: 158.

对于高度方向运动,托勒密认为天体垂直运动造成的最低速(the smallest movements)、中速(the middle movements)、最高速(the greatest movements)分别对应了同音(enharmonic)、半音(chromatic)、全音(diatonic)[①]。根据原文,笔者认为第二种运动类型主要针对的是几何模型中的本轮和偏心圆假设。

诺尔·斯沃德鲁的相关研究认为,托勒密对此并没有具体说明是利用偏心圆模型还是本轮模型。他说:"托勒密没有特别指定距离和速度的关系适用哪个模型,但我们将使用本轮模型来说明,也可以使用偏心圆模型。"[②]尽管如此,无论是偏心圆模型还是本轮模型都能表现出天体在运动过程中速度的变化。另外,托勒密认为在偏心圆模型当中,天体运动的最高速度和最低速度会分别出现在近地点或者远地点。这种结论是基于托勒密在《至大论》中所做出的假说。在那里,托勒密假定太阳和月亮的本轮运动和它们的均轮运动方向相反,那么,太阳和月亮在近地点运动速度最快,在远地点运动速度最慢;然而其他行星的本轮和它们的均轮运动方向相同,它们在远地点的运动速度最快,在近地点的运动速度最慢。

对于纬度方向运动,托勒密主要将天体距离天赤道(celestial equator)的赤纬(declination)运动与音乐中七种调式的调变(modulation of tonos)相对应[③]。托勒密在两条回归线中画出七条平行圈,而这七条平行圈对应七种调式。当天体在一年中运行到两条回归线之间的任一赤纬时,对应的就是七种调式的调变。Dorian(多利亚)调式与天赤道相对应;Mixolydian(混合利底亚)调式和 Hypodorian(副多利亚)调式与两条回归线相对应;剩下的四种调式和剩下的介于回归线和天赤道之间的平行圈相对应。他接着解释了七种调式与天球的关系,因为在天球上的纬度平行圈穿过黄道带,所以实际上,七种调式也与黄道带上不同的宫相对应。

三、《行星假说》中的几何模型方法

《行星假说》是托勒密关于行星模型的一部著作,全书共有两卷,卷一

---

① Solomon J. Ptolemy *Harmonics* Translation and Commentary. Leiden: Brill, 1999: 159.

② Swerdlow N M. Ptolemy's harmonics and the tones of the universe in the Canobic inscription//Burnett C, Hogendijk J P, Plofker K, et al. Studies in the History of the Exact Sciences in Honor of David Pingree. Leiden: Brill, 2004: 159.

③ Solomon J. Ptolemy *Harmonics* Translation and Commentary. Leiden: Brill, 1999: 160-161.

只有一部分以原始的希腊文本保存，全文有阿拉伯译本流传于世。这本书除了对《至大论》中有关参数进行了修订以外，在行星纬度理论以及宇宙模型方面也都有很大的发展。

《行星假说》中包含了诸多模型，如本轮模型（epicycle model）、偏心圆模型（eccentric circle model）、实心球行星模型（solid sphere planetary model）、太阳模型（solar model）、水星模型（mercury model）、内（外）行星纬度模型（latitude model for the inner/outer planets）等。

我们从中选取关于解释太阳不均匀运动（solar anomaly）时采用的本轮模型和偏心圆模型予以简要说明。在讨论太阳不均匀运动时，托勒密认为本轮模型和偏心圆模型都能给出合理的解释，两个模型是等价的。

（一）本轮模型

在本轮模型中，托勒密认为太阳在本轮上沿着 HCGD 的方向运动；而本轮的中心则在均轮上运动，其运动方向是逆时针 A→B，如图 2 所示[①]。

（二）偏心圆模型

在偏心圆模型中，托勒密认为太阳是围绕以 F 点形成的圈 ABC 运动，而观察者（即地球）在 E 点，如图 3 所示[②]。

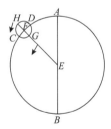 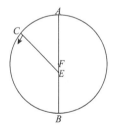

图 2　本轮模型　　　　　　图 3　偏心圆模型

托勒密认为这两个模型都能在同一时间和地点将太阳置于相同的位置上，两个模型都能解释太阳的不均匀运动。然而，对于太阳理论，他选择了偏心圆模型，用此模型说明太阳的运动。托勒密这么选择的原因是出于简单

① Hamm E A. Ptolemy's Planetary Theory: An English Translation of Book One, Part A of the Planetary Hypotheses with Introduction and Commentary. Toronto: University of Toronto, 2011: 33.

② Hamm E A. Ptolemy's Planetary Theory: An English Translation of Book One, Part A of the Planetary Hypotheses with Introduction and Commentary. Toronto: University of Toronto, 2011: 34.

性的考虑。他解释说："现在，这都可以由上述的任何一个假设来表示，但是，在本轮模型这种情况下，太阳在本轮的远地点弧上的运动必须提前；然而它在偏心圆模型中就似乎显得更合理，因为这很简单且只需要通过一种运动就行了，而不是两种运动。"①

需要强调的是，托勒密的《行星假说》是对《至大论》内容的补充和发展。它的关于各种天体几何模型的建立以及参数的确定过程与步骤非常简洁明了，而不像《至大论》，更多地注重由观测数据到建立几何模型的过程，对各种参数的修正也反复进行了论证。它们都可以论证与说明托勒密对宇宙进行数学化的确定性目标。

四、和谐思想与数学的关系

托勒密在《谐和论》中认为自然创造的物体是理性的、有序的和完美的，而能够被人们的感官所感知的物体是最完美的。"因为在一切事物中，理论科学家的首要任务是证明自然的杰作是由理性和秩序创造的，并且任何东西都不是随意或马虎的，尤其是结构最美丽的物体，它们属于能被更加理性的感官如视觉和听觉感知的那种。"②

之后，托勒密又继续论述数学这一学科就是对这些最完美物体的展示、把握和理解。他说："那个依靠理性能把握所有科学的是被命名为'数学'这一特殊名称的科学，它并不像人们所认为的那样仅仅局限在理论上对美好事物的把握，它还包括展示与实践同时产生的理解行为。"③

托勒密这一"用数学表达的物体是最完美的"思想源于苏格拉底、柏拉图和亚里士多德。在《斐利布斯篇》（*Philebus*）中，苏格拉底也对数学物体是完美的进行了相关的阐释。他说："我说的形式美，指的不是多数人所了解的关于动物或绘画的美，而是直线和圆以及用尺、规和矩来用直线和圆所形成的平面形和立体形；现在你也许懂得了。我说，这些形状的美不象别的事物是相对的，而是按照它们的本质就永远是绝对美的……"④苏格拉底认为几何数学体中无论是直线的、圆的、平面的还是立体的都是完美的。

---

① Ptolemy C. Ptolemy's *Almagest*. Toomer G J(trans.). London: Gerald Duckworth & Co. Ltd., 1984: 153.

② Solomon J. Ptolemy *Harmonics* Translation and Commentary. Leiden: Brill, 1999: 8.

③ Solomon J. Ptolemy *Harmonics* Translation and Commentary. Leiden: Brill, 1999: 140.

④ 柏拉图. 柏拉图文艺对话集. 朱光潜译. 北京: 人民文学出版社, 1963: 298.

柏拉图在《蒂迈欧篇》中说造物主根据自身模型塑造宇宙，给予宇宙形式和数从而使之完美。他说："当造物主以永恒不变的存在作为模式创造万物时，所造万物就必定完善。"[①] "造物主后来赋予了它们以形式和数，让它们拥有独立的结构；最重要的是，我们谈到，造物主让它们尽可能完善起来，摆脱它们的混乱状态。"[②]

此外，亚里士多德在《形而上学》中对"善"和"美"的区分也谈到了数学是完美的这一理念。他说："因为善与美是不同的（善常用行为为主，而美则在不活动的事物身上也可见到），那些人认为数理诸学全不涉及美或善是错误的。因为数理于美与善说得好多，也为之做过不少实证；它们倘未直接提到这些，可是它们若曾为美和善有关的定义或其影响所及的事情作过实证，这就不能说数理全没涉及美与善了，美的主要形式'秩序、匀称与明确'，这些惟有数理诸学优于为之作证。"[③]

小结： 托勒密在毕达哥拉斯学派的基础上，对和谐思想做出了更为具体的应用和更广泛的拓展，他把和谐的比例关系贯穿于音乐、人的灵魂以及天空之中，体现了他独特的和谐思想。这对理解托勒密的数理天文学也是至关重要的。

和谐作为一种比例的存在，是数学的一种表现形式，而数学在托勒密看来是获得确信且不动摇的知识的科学。数学研究对象在本质上与其他科学存在明显的差异，数学无论是否借助感官都可以对事物有所掌握，任何事物都具有数学上的属性；另一方面，数学可以指向绝对真理，而这种真理一旦被建立就永远不会遭到怀疑。因为无论是几何还是算术，数学真理都是通过逻辑上的推理证明获得的，正是这种逻辑推证上的特性带来了感官经验证据无法获得的确定性。"只有数学能对它的献身者提供确信、不动摇的知识，有望人们能精确地获得。因为它由算术和几何证明得到，而这些是不可辩驳的。"[④]

托勒密对于数学有着格外的青睐之情，且抱有致力于此的坚定决心。正如他在《至大论》卷1中所说的那样："在尊贵而严格的布局下去努力，并且把我的大部分时间用于智力的事情，为了得到和教授那些多且美好，特别

① 柏拉图. 蒂迈欧篇. 谢文郁译. 上海：上海人民出版社，2005：20.

② 柏拉图. 蒂迈欧篇. 谢文郁译. 上海：上海人民出版社，2005：36-37.

③ 亚里士多德. 形而上学. 吴寿彭译. 北京：商务印书馆，1959：1078a-b.

④ Ptolemy C. Ptolemy's *Almagest*. Toomer G J（trans.）. London: Gerald Duckworth & Co. Ltd., 1984: 36.

是那些运用了'数学'的理论。"[1]由此可见,和谐作为数学的一种形式,实际上是一种理性、一种智慧,故而无论是在毕达哥拉斯时代还是在托勒密时代,和谐都是值得深思和研究的问题。

（本文原发表于仰凯,邓可卉. 托勒密的和谐思想. 卷宗,2019,1:294-296。）

---

① Ptolemy C. Ptolemy's *Almagest*. Toomer G J (trans.). London: Gerald Duckworth & Co. Ltd., 1984: 37.

《几何原本》中的度数之学及其在古代中西方的传播与实践

　　《几何原本》是西方数学公理化体系的肇端，在西方数学乃至天文学领域都受到广泛的重视。普罗克洛（Proclus，410—485）在公元 5 世纪为《几何原本》做的评注被完整地保留下来。1533 年，第一部希腊文版《几何原本》出版，他的评注作为附录得到学界的广泛引用。1560 年，帕多瓦大学教授巴罗奇（Francesco Barozzi，1537—1604）出版了评注本，德国耶稣会士兼天文学家、数学家克拉维斯频繁征引他的译文[①]。克拉维斯的十五卷拉丁文评注本，原书名是《欧几里得几何原本 15 卷》（*Euclidis Elementorum Libri* Ⅹ Ⅴ），该书 1574 年初版于罗马，后来又再版 5 次[②]。明末，利玛窦、徐光启合译《几何原本》前六卷，选择它作为底本。《几何原本》在明末传入中国后，在徐光启等人的极力倡导下，其演绎推理体系在中国产生了深远影响。徐光启主持编撰的《崇祯历书》包括法原、法数、法算、法器、会通，强调了基础理论在历法修订中的重要性。本文以《几何原本》提出的"度数之学"为出发点，论述了其在中西方的社会背景和学术背景，并阐述了其在明清之际历法改革中的重要影响。

一、度数之学的提出

　　明末徐光启领导编撰《崇祯历书》前后是中国传统天文学转型的一个重

---

　　① 安国风. 欧几里得在中国——汉译《几何原本》的源流与影响. 纪志刚，郑诚，郑方磊译. 南京: 凤凰出版传媒集团，江苏人民出版社，2008: 32-35.

　　② 李俨. 中国数学大纲. 下册. 北京: 科学出版社，1958: 384.

要时期。在《崇祯历书》编撰之前的万历三十五年（1607年），利玛窦与徐光启合译的《几何原本》前六卷在中国问世，他们各完成一篇"引"和"序"，对其中的度数之学进行解释和说明。

利玛窦在"译《几何原本》引"中说，"几何家者，专察物之分限者也，其分者若截以为数，则显物几何众也；若完以为度，则指物几何大也"，认为从事数与度研究的分别是算法家和量法家，或者是律吕乐家和天文历家。可以看出，利玛窦把天文历家概括为从事与物体紧密结合的数与度研究的人，总的归属于几何家。上述四大支流又可以分为百派，百派的内容包括天文、地理、水土木石诸工。例如，在天文方面，可以测量天地大小、测影定四时、制造天文仪器等①。利玛窦的"译《几何原本》引"部分转译了克拉维斯的"《几何原本》导言"的内容，利玛窦"译《几何原本》引"中的学科四分法就遵循了克拉维斯"导言"中的四艺传统，即将数学分为算术、几何、音乐、天文四个分支，但是对第二级区分的描述与克拉维斯的稍有不同。

利玛窦进一步指出，《几何原本》作为古代著名数学家欧几里得的著作，"曰'原本'者，明几何之所以然，凡为其说者，无不由此出也。……题论之首先标界说，次设公论，题论所据；次乃具题，题有本解，有作法，有推论，先之所征，必后之所恃"②。可见这本书的主要特点是，题论下面首先标界说，次设公论，这是题论所据；然后给出题目的内容，依次再给出题目的本解、做法和推论。总的来说，前面证明的一定是后面的依据，形成环环相扣、缜密的逻辑体系。利玛窦把《几何原本》论证内容的逻辑性、系统性和它们在实际应用当中的广泛性基本揭示出来。利玛窦认为"这本书大受中国人的推崇，而且对于他们修订历法起了重大的影响"③。

徐光启对《几何原本》的认识反映了中国学者对以《几何原本》为代表的度数之学的认知程度。他在"刻《几何原本》序"中说："《几何原本》者，度数之宗。"在翻译西书之时，利玛窦"独谓此书未译，则他书俱不可得论"。徐光启后来又完成《几何原本杂议》，其中他说："凡人学问，有解得一半者，有解得十九或十一者。独几何之学，通即全通，蔽即全蔽，更无高下分数可论。"④徐光启于崇祯二年（1629年）七月二十六日所上《条

① 利玛窦. 译《几何原本》引//朱维铮. 利玛窦中文著译集. 上海：复旦大学出版社，2007：298-303.
② 利玛窦. 译《几何原本》引//朱维铮. 利玛窦中文著译集. 上海：复旦大学出版社，2007：300-301.
③ 利玛窦，金尼阁. 利玛窦中国札记. 何高济，王遵仲，李申译. 北京：中华书局，2010：518.
④ 徐光启. 几何原本杂议//朱维铮. 利玛窦中文著译集. 上海：复旦大学出版社，2007：303-305.

议历法修正岁差疏》中历数"度数旁通十事"①，把《几何原本》的数学思想和理论方法推广到实践应用中，特别是历法改革方面。

通过分析利玛窦与徐光启的言论，可以了解到《几何原本》与度数之学的关系，与此同时他们对度数之学的逻辑演绎特质进行了明确的限定。就天文历法而言，随《几何原本》传入的度数之学是在古代科学背景下依据公理化的数学方法对事物定量化研究的尝试。徐光启与利玛窦合译《几何原本》后，深刻认识到西学中演绎推理的重要性。从此以后，中西认识论开始会通，演绎推理开始渗透到中国知识阶层。

二、托勒密的《至大论》是古希腊自然哲学思想的产物

（一）柏拉图主义的数学化思想

柏拉图借鉴了毕达哥拉斯学派的思想，相信宇宙的数学结构，但他在宇宙的数学化理论方面走得更远。在他的《理想国》中，在前人讨论"有用的"和"无用的"学问的基础上，柏拉图对具体的天文学与抽象的数理天文学进行了区分，这一区分的重要意义一方面体现了他对观测天文学的态度，认为它"费力不讨好"②，同时也表现在他极力主张把天文学数学化。

在他的另一部著作《蒂迈欧篇》中，他进一步把永恒的存在形式与生成的变化世界区分开来，认为对"神圣的"（divine）和"必然的"（necessary）的原因都要进行探讨，至于其理由，柏拉图说："我们应该在万物中追溯这神圣的原因，为的是我们的本性所要求的幸福生活。为了追溯这神圣的原因，我们追溯这必然性：如果不认识这必然性，我们就无法认真研究那些对象，并窥视它们，或与之发生关系，从而无法分有它们。"③柏拉图认为寻找"必然的"原因是为"神圣的"目的服务的，这是我们揭示理性在宇宙中运作的主要动机。

柏拉图坚持认为，关于生成世界的理论，在任何条件下都不可能是确定的，为此他说："在涉及诸神和宇宙生成的问题上，我们可以多方证明，是无法在每一细节上都十分准确一致的。对此你不要吃惊。如果我们能够把这相似解释讲完，就该感觉满足。"④

① 徐光启. 徐光启集. 下册. 上海：上海古籍出版社，1984：337-338.
② 柏拉图. 理想国. 郭斌和，张竹明译. 北京：商务印书馆，1997：296.
③ 柏拉图. 蒂迈欧篇. 谢文郁译. 上海：上海世纪出版集团，2005：49.
④ 柏拉图. 蒂迈欧篇. 谢文郁译. 上海：上海世纪出版集团，2005：20.

可以看出柏拉图的"永恒的存在形式"对应于他的科学研究的"神圣的"目的，而生成的变化世界对应于他的"必然的"目的。由于生成的变化世界的不确定性，所以对"必然的"科学研究带来无穷的数学化的、逻辑化的验证。

托勒密天文学的重要性是在观测现象与提出的观点之间建立了联系，他对观测数据进行理性的处理，显然继承了柏拉图的这一思想。他在《至大论》卷1中就把他从事数理天文学研究的理由从宇宙永恒的"神性"中分离出来，他说："宇宙第一运动的首要原因是它的简单性，也可以看作是无形和静止的神性（deity），这个理论哲学的分支与'神学'有关……它们只能被想象。"关于天空理论，他说："我们专注于调查理论哲学的这部分（数学），尽可能获得完整的知识，特别是那些神圣的天空理论。为此只专注于在它的领域内永恒不变事物——这些真正具有知识属性的调查，它们既是清晰的，也是有序的。"①

（二）亚里士多德知识论及其抽象化

柏拉图数学化思想的产生援引了大量前人和同时代人的成果，与此同时也在思想上为亚里士多德学说的形成做好了准备。

我们不妨具体分析一下亚里士多德的知识。在他的《工具论》（*Organon*）中，特别是《后分析篇》中，亚里士多德提出了他的知识论。书中用希腊语episteme专指"知识"，是"当我们知道事实依赖其而成立的原因就是事实的原因，而且这个事实不可能是另一个样子时"②。这样的知识由证明（apodeixis）产生，而证明本身则是三段论的一种形式。因为是演绎，所以证明从前提开始，前提有三种：公理、定义、假设。亚里士多德否认存在分离、独立的数学客体，认为知识（包括数学和天文学知识）的获得都是以感觉世界为起点的。

亚里士多德在他的《形而上学》中将知识分为理论知识、实践知识和制作知识。其中，理论知识包括神学或通常所认为的形而上学、数学和物理学。其中，形而上学讨论能够独立于物质或物体而存在、不变的事物，数学讨论从物体中抽象出来因而不能独立存在的事物，物理学讨论能够独立存在的、

---

① Ptolemy C. Ptolemy's *Almagest*. Toomer G J(trans.). London: Gerald Duckworth & Co. Ltd., 1984: 35-36.

② G. E. R. 劳埃德. 早期希腊科学：从泰勒斯到亚里士多德. 孙小淳译. 上海：上海世纪出版集团，2015: 91-92.

可变的、具有运动和静止、有生命或者无生命的事物。亚里士多德所理解的物理学实际上就等价于自然哲学。

这些理论指导托勒密在《至大论》中构建他的数学天文学体系，托勒密在《至大论》卷1中阐述了亚里士多德把知识分为理论和实践知识，强调了数学在理论知识中具有的确定性。他说："只有数学能对它的献身者提供确信、不动摇的知识，有望人们能精确地获得，因为它由算术和几何证明得到，而这些是无可争论的。"①可见，把天文学建立在"算术和几何学的无可争论的方法之上"是托勒密工作的目标。托勒密继承了他的前辈们的思想，由若干公理和定义出发，借助几何证明建立了天体的几何模型，再由几何模型的性质得到它们的运动，并以此来解释这些运动。

在中世纪，几何最重要的应用领域是天文学。算术既是数学科学之首，也是一切有理比的来源，因而是天体运动的可公度性和天球和谐的原因②。亚里士多德的理论知识——形而上学、数学、自然哲学三门学科在中世纪新柏拉图主义的影响下发展出了更加抽象的学说。即自然哲学通过单个的实体考察普遍性质；数学从可感质料提取属性，集中讨论概念质料层面的问题；而形而上学则更进一步地抽象出最普遍、最真实的知识③。

中世纪这一思想影响到克拉维斯。克拉维斯对欧几里得理论的改造是为了使其更适用于自然哲学。同时，克拉维斯的努力更符合亚里士多德关于知识的定义标准。克拉维斯在《几何原本》导言第三段中认为，形而上学的研究对象不依赖任何质料，自然哲学的研究对象则完全与质料结合在一起，数学学科的研究对象脱离了一切质料，但同时来自具体事物本身④。

几何模型方法最早源于古希腊的欧多克斯，欧多克斯是柏拉图学园的学生。在柏拉图看来，数学即几何，所以几何模型方法反映了柏拉图的数学化思想。几何模型方法在托勒密《至大论》中进一步得到了完善与发展，《至大论》因此成为世界天文学史上第一部以系统、完整、定量的形式论证天体理论的经典。《至大论》随着明末历法改革传入中国以后，作为西方宇宙论与数理天文学的典范，其大量文本内容反映在《崇祯历书》中。

① Ptolemy C. Ptolemy's *Almagest*. Toomer G J (trans.). London: Gerald Duckworth & Co. Ltd., 1984: 36.

② 爱德华·格兰特. 近代科学在中世纪的基础. 张卜天译. 长沙: 湖南科学技术出版社, 2010: 58-59.

③ Weisheipl J A. The nature, scope, and classification of science // Lindberg D C. Science in the Middle Ages. Chicago: University of Chicago Press, 1978: 461-482.

④ 安国风. 欧几里得在中国——汉译《几何原本》的源流与影响. 纪志刚, 郑诚, 郑方磊译. 南京: 凤凰出版传媒集团, 江苏人民出版社, 2008: 45.

三、数学化和实用性是中世纪对自然知识改造的目标

中世纪的三种理论知识包括形而上学、数学和自然哲学，其中数学在对古代科学的利用和发展方面表现出惊人的成就。爱德华·格兰特（Edward Grant）认为，那些认为中世纪自然哲学家和神学家敌视数学的看法是站不住脚的。即使在自然哲学领域，数学也得到了广泛的应用。在中世纪的许多思想领域，数学是一种公认的分析工具；在许多自然哲学家看来，天文学是把数学运用于自然现象的科学，介于自然哲学和纯数学之间，属于中间科学（scientiae mediae），或者也称为精确科学，它只不过是自然哲学更加数学的方面。与天文学一样同属于精确科学的还有光学和静力学等①。

中世纪自然哲学起源于对亚里士多德自然学著作中的几百个疑问，涵盖了从最外层天球到地球内部的整个世界。中世纪处理自然哲学疑问的方法有两种：一种涉及抽象的科学分析，试图确定什么是科学中的证明以及因果关系的本质；另一种则涉及用来支持或加强论证的技巧。关于前者，由于涉及许多宗教神学的基本假设和定义，所以本文不予讨论。在中世纪，科学的理想是通过三段论来证明的。《几何原本》是一部纯数学的著作，所以关于它的确定性证明成为中世纪数学发展的典范。

克拉维斯是一位天文学家，他的主要兴趣是研究天体运动的几何模型与天文观测的理论，他支持托勒密学说，坚决反对哥白尼体系。在数学方面，克拉维斯相信三段论法是数学证明的本质，因此他尝试以三段论式术语对《几何原本》的演绎形式进行改写。斯特菲尔说："耶稣会士兼数学家克拉维斯认为，几何就应该以三段论法的本语重写，他试图通过它是形而上学与自然哲学之间的媒介而维护数学的地位，在他看来，因为形而上学是从所有现实的和理论的事物中分离出来，物理是联结了理论的和现实的事物，而只有数学是以不被感知的事物对待，即使它们事实上有物的印记。"②

中世纪的耶稣会天文学家在对世界的数学化思想进行改造和利用方面表现得尤为突出。克拉维斯把欧几里得的《几何原本》改编为适用于学习的教材，在体例上，增加了公理和公设以弥补推理中的缺陷，采用前后参照引用的形式，即每一步用到上文中的哪条公理、定义或定理；还有就是

---

① 爱德华·格兰特. 近代科学在中世纪的基础. 张卜天译. 长沙: 湖南科学技术出版社, 2010: 60, 166-183.

② Gaukroger S. Descartes' System of Natural Philosophy. Cambridge: Cambridge University Press, 2002: 49-50.

设计自然神学的哲学范畴的讨论，旨在证明神学真理。而这一切的目的就是使《几何原本》更易理解和更切合实用。克拉维斯针对学习者的附注和短论是具有特色的新意，可惜这在汉译《几何原本》中被利玛窦、徐光启二人省去了[①]。

这种中世纪的实用特点与伽利略学派有关[②]。事实上，"直到 1602 年，伽利略一直偏重实用研究，而对理论研究很少过问"，他早年学习《几何原本》，他使用的比例原理来源于《几何原本》卷 5，与亚里士多德的认识论相反，他对比例规的认识建立在可靠知识的基础上。比例规的发明源于比例，比例是当时数学应用的基础与核心，伽利略曾为自己发现"军事比例规"而深感自豪，因为比例规可以便捷地解决"当时可能提出的每一个实用数学问题"[③]。

四、明末的实学思潮

晚明时期，明中叶兴起的王阳明心学开始分化。在人们对王学末流的批判过程中，兴起了一股经世致用的实学思潮，其主要精神就是"舍末求本，弃虚务实"。其中所说的"舍末""弃虚"，指的就是对宋明理学、陆王心学的批判；"求本""务实"指的就是实学思潮的兴起。徐光启说："算术之学特废于近世数百年间耳。废之缘有二：其一为名理之儒，土苴天下之实事；其一为妖妄之术，谬言数有神理。"[④]这里，"名理之儒"指的就是推崇宋明理学、陆王心学的这样一些理学家。

西学的传入和实学思潮的兴起几乎是同时发生的。如果没有实学思潮的兴起，即使有传教士的努力，西学的传入仍然是不可想象的。徐光启在评论耶稣会士时曾经说："泰西诸君子以茂德上才，利宾于国，其始至也人人共叹异之，及骤与之言，久与之处，无不意消而中悦服者，其实心、实行、实学，诚信于士大夫也。"[⑤]徐光启所看重的正是一个"实"字。王徵与传教士邓玉函于天启七年（1627 年）出于"国计民生"的需要，合作翻译一部介

① 安国风. 欧几里得在中国——汉译《几何原本》的源流与影响. 纪志刚, 郑诚, 郑方磊译. 南京: 凤凰出版传媒集团, 江苏人民出版社, 2008: 122.

② Giusti E. Euclides Reformatus: La Teoria Delle Propozioni Nella Scuolagalileiana. Torino: Bollati Boringhieri, 1993: 128.

③ Drake S. Calileo at Work: His Scientific Biography. Chicago: University of Chicago Press, 1978: 45.

④ 徐光启. 刻同文算指序 // 朱维铮. 利玛窦中文著译集. 上海: 复旦大学出版社, 2007: 647.

⑤ 徐光启. 泰西水法序 // 徐宗泽. 明清间耶稣会士译著提要. 上海: 上海书店出版社, 2010: 235.

绍西方各种机械知识的书——《远西奇器图说》，王徵在此书序言中说："学原不问精粗，总期有济于世……兹所录者，虽属技艺末务，而实有益于民生日用、国家兴作甚急也。"[1]徐宗泽也说："其所以致此者，盖当时儒士所谈者仅一种空疏之论，而于实用之学盲然未知，今西士忽输进利国利民之实学，士大夫之思想能不为之一新，而吾国人今诵其著述，亦能不油然而生景仰之心乎？"[2]

李之藻于 1628 年刻《天学初函》，其中收录了耶稣会士与国人翻译的书籍20种，分为理编、器编，每编10种。《天学初函》在明末流传极广，其影响一直延续到清代，对宣传和普及早期传入的西学起了重要作用。李之藻在题辞中说："天学者，唐称景教……皇朝圣圣相承，绍天阐绎，时则有利玛窦者，九万里抱道来宾，重演斯义……自须实地修为，固非可于说铃、书肆求之也。"[3]《天学初函》的编撰，是李之藻将天学实学化的一种表现形式。

纵观明末学者的书信、言论及著作不难发现，这个时期的学者对于实学的崇尚和追求占据了一定的势力，而这种势力的总体形成发生与当时社会的需求分不开。正如默顿所说的："科学的重大的和持续不断的发展只能发生在一定类型的社会里，该社会为这种发展提供出文化和物质两方面的条件。"[4]

五、明末历法改革中吸收和内化度数之学

（一）天文测量

度数之学在明末大量天文测量和计算中广泛应用。在《崇祯历书》中编入的《测量全义》十卷、《测天约说》二卷，采用由简到繁、由易到难的方式，系统地讲授西方天文测量学。其中，球面天文学是以测量与计算为主的，其建立的基础是公理化的几何学；而球面三角学是在球面天文学的基础上发展起来的。

---

① 王徵. 远西奇器图说"序"//张柏春，田淼，马深孟，等. 传播与会通——《奇器图说》研究与校注. 下篇. 南京：江苏科学技术出版社，2008：22.

② 徐宗泽. 明清间耶稣会士译著提要. 上海：上海书店出版社，2010：1.

③ 李之藻. 刻《天学初函》题辞//郑诚辑校. 李之藻集. 北京：中华书局，2018：109-110.

④ 罗伯特·金·默顿. 十七世纪英格兰的科学、技术与社会. 范岱年译. 北京：商务印书馆，2000：14-15.

在《测天约说》叙目中有"此篇虽云率略，皆从根源起义，向后因象立法，因法论义，亦复称之。务期人人可明，人人可能，人人可改而止，是其与古昔异也"。稍后，又强调了度数之学的重要性，"或云诸天之说无从考证，以为疑义，不知历家立此诸名，皆为度数言之也。一切远近、内外、迟速、合离，皆测候所得，舍此即推步之法无从可用，非能妄作，安所置其疑信乎？"①这种论述方式与徐光启的《几何原本序》完全一致。

《测天约说》不仅强调了度数之学的基础性和重要性，也对度数之学的含义进行了分析。"度数之学凡有七种，共相连缀。初为二本，曰数，曰度。……七者在西土庠士俱有专书。今翻译未广，仅有《几何原本》一种，或多未见未习，然欲略举测天之理与法，而不言此理此法，即说者无所措其辞，听者无所施其悟矣。"可见《几何原本》的度数之学是该书的重要依据：该书承袭了《几何原本》的"理与法"，然后详述了"测天之理与法"，认为如果没有前者的基础，后面测天的学问就无从建立②。

《测天约说》是为了修历而节取西方学科体系之部分，并集中了与测天有关的内容而译撰。涉及度数之学中四个学科的相关知识：数学、测量学、视学与测地学。《测天约说》共分为 8 篇，包括 24 题以及围绕这些题目的定义、图解、命题和证明等内容，其中测量学主要包括球面天文学的基本理论。在"测天本义"中阐述了第六种度数之学，即所谓日、月、星三曜形象大小之比例，以及其去离地心、地面各几何，其运动自相去离几何，其躔离、逆顺、晦明、朓朒及其会聚等相互位置关系的理论。

（二）比例规

《比例规解》一卷由耶稣会士罗雅谷（Giacomo Rho，1593—1638，意大利人）和徐光启共同翻译，作为历法改革的重要文本被编入《崇祯历书》中。开篇即有："论度数者，其纲领有二，一曰量法，一曰算法，所量所算其节目有四，曰点，曰线，曰面，曰体，总命之曰几何之学，而其法不出于比例，比例法又不出于句股。"③《比例规解》还把比例规命名为"度数尺"，体

---

① 邓玉函. 测天约说//赵友钦，等. 中外天文学文献校点与研究. 邓可卉点校. 上海：上海交通大学出版社，2017：216.

② 邓玉函. 测天约说//赵友钦，等. 中外天文学文献校点与研究. 邓可卉点校. 上海：上海交通大学出版社，2017：217.

③ 罗雅谷. 比例规解//赵友钦，等. 中外天文学文献校点与研究. 邓可卉点校. 上海：上海交通大学出版社，2017：276.

现了译者强调度数之学的用意。据考，《比例规解》的底本源自伽利略所著的《比例规演解》（*Le Operazioni del Compasso Geometrico et Militare*，1606年）[①]，这本书记录了伽利略发明比例规的过程，后来这种比例规流入罗雅谷的家乡米兰等地。

罗雅谷对伽利略原书中的基本四线——算术线、几何线、立体线、金属线进行了相应的扩充，主要体现在，把原来的几何线扩充为平方线和变面线，把原来的立体线扩充为分体线和变体线，把金属线改为五金线，并且新增分圆线、节气线、时刻线和表心线四种。名称修改后，其实际用途更加直观了。清代数学家梅文鼎（1633—1721）晚年整理自己的学术思想，意识到"度算"在数学中的理论意义而完成《度算释例》（1717年）二卷，又对罗雅谷的定义进行了修改，并对新增的三种比例线对应地改为正弦线、正切线和正割线，强调比例规的数学原理。他说："《比例规解》旧名节气线，然正弦为用甚多，不止节气一事，不如直言正弦以免挂漏。"梅文鼎在正弦线用法中还增加了"三角形的边角互求"的用法，是在三角形的三边、三角六个元素中，若已知两边一角或两角一边，可求解三角形的其他角和边。

作为一种基于度数之学而发明的度数尺，《比例规解》中用到的"三率法"、"反三率"和"双中率"等术语，均源自伽利略的原书。比例规容易掌握，寓数学理论于实际应用中，不仅拓展了传统的比例、面积和体积等计算，而且还增加了比重计算和三角函数的计算，另外，比例规还广泛用于明清之际的天文测算，如圭表测影和日晷制作等。

罗雅谷在《比例规解》序言中说："天文历法等学，舍度与数则授受不能措其辞，故量法、演算法恒相符焉。其法种种不袭而器因之。……今系《几何》六卷六题，推显比例规尺一器，其用至广，其法至妙，前诸法器不能及之。因度用数开合其尺，以规取度得算最捷。或加减，或乘除，或三率，或开方之面与体，此尺悉能括之。又函表度、倒影、直影、日晷、勾股弦算、五金轻重诸法及百种技艺，无不赖之，功倍用捷，为造玛得玛第嘉（数学）最近之津梁也。"[②]

① 严敦杰.《比例规解》蓝本研究. 上智编译馆馆刊, 1948, 3: 130-133.

② 罗雅谷. 比例规解//赵友钦，等. 中外天文学文献校点与研究. 邓可卉点校. 上海: 上海交通大学出版社, 2017: 272.

从序言内容来看，不仅说明了比例规尺来源于《几何原本》，其主要原理是"因度用数"和"以规取度"，主要功能是代替加减、乘除、比例运算，甚至面积与体积的开方等，在天文学方面可用于圭表测影和日晷制造，其中涉及表度、倒影、直影、日晷、勾股弦算等，在物理学方面可以计算五金轻重。总之，比例规尺的用途非常广泛，百种技艺无不赖之，可谓功倍用捷。

为了把"度数之学"和实际测量结合起来，梅文鼎配合《比例规解》仔细研读了《表度说》和《简平仪说》。梅文鼎的《度算释例》及后来其孙梅毂成完成的《数理精蕴·比例规解》，反映了中国学者对西方传入比例规的学习和吸收，为清代天文日晷知识的普及发展和历法改革做出了贡献。

（三）几何模型方法

古希腊数理天文学中的几何模型方法自编撰《崇祯历书》开始，便随着对托勒密、哥白尼、第谷等人宇宙体系的介绍传入中国，徐光启作为历法改革的主要倡导者而负责编撰《崇祯历书》。徐光启在利玛窦的讲授下对《几何原本》的翻译影响了《崇祯历书》的编撰主旨。例如，在改历之初徐光启就提出要"议用西历"，认为"今若翻译成书，固可事半功倍……著述则有法有论，有度有数，讲究推步，动经岁月"[①]。

度数之学对历法改革的影响主要体现在以下两个方面。一是《崇祯历书》天文学理论的系统性。中国古代历算家擅长使用代数学方法拟合天体的运动，带有明显的经验性，观测数据与提出的理论之间没有多少联系；西方则用几何模型方法，从古希腊的欧多克斯、喜帕恰斯，一直到托勒密及其后的哥白尼、第谷，一脉相承。几何模型建立在观测数据基础上，不但把观测和理论很好地结合起来，而且可以通过观测对理论不断地进行检验和修正。中国学者认为西法的一个重要优越性，是可以提供对天象的解释，而这种解释是中国传统方法所不能实现的。以上中西古代数理天文学的特点正是促使徐光启改历的信心和基础，也成为后人接纳和学习西法的前提。对此，李之藻于 1613 年在向朝廷推荐耶稣会士时说："其所论天文历数，有中国昔贤所

---

① 徐光启. 徐光启集. 下册. 王重民辑校. 上海：上海古籍出版社，1984：330-331.

未及者，不徒论其度数，又能明其所以然之理。"①

中国传统历法大约每百年改历一次，每次由改历者决定其对于前朝历法的取舍，具有很大的随意性；另外，在明末历法改革中，由于历代天文观测数据过于粗疏而无法利用，故许多天体几何模型的建立只好依赖西方古代的观测数据。徐光启主张必须"今所求者，每遇一差，必寻其所以差之故；每用一法，必论其所以不差之故。上推远古，下验将来，必期一一无爽；日月交食，五星凌犯，必期事事密合。又须穷原极本，著为明白简易之说，使一览了然。百世之后，人人可以从事，遇有少差，因可随时随事，依法修改"②。徐光启能够得到这种认识绝不是偶然的，这是西方科学演绎推理的特点，其本源就是欧几里得的《几何原本》。

二是《崇祯历书》中几何模型方法的自洽性。《崇祯历书》介绍了托勒密、哥白尼、第谷等人的几何模型方法和体系，清代钦定第谷体系为遵照的法典，并且把它和小轮几何模型体系的高度统一作为评判"古法"和"新法"（第谷体系）的标准，此后一直到近代天文学传入之前几何模型方法成为中国历算家历法推步之基础。

《崇祯历书》由于编撰时间仓促，存在"崇祯新法算法，图表不合"的问题。为了改变这种现状，康熙帝于 1713 年召集梅毂成、何国宗等人编制《历象考成》，此书多从观测数据出发，不仅详述本轮均轮模型各种参数的构造原理，还对它与偏心圆模型的关系，以及为什么会舍弃偏心圆模型而采纳本轮均轮模型做出解答，并对远地点进动给出了几何解释。该书以几何图解的方式正确解释了影响时差的两大因素，并解释了改进"日躔表"中"日差表"的原因。用几何方法对"晨昏蒙影"和"昼夜永短"的变化规律和影响因素作了进一步分析，补充了《崇祯历书》的不足。《历象考成》在月亮模型中，去掉原《崇祯历书》中第谷模型的偏心圆设计，而采用本天上带有四个小轮的月亮模型，解释了各小轮的作用及设计原理，内容清晰完整，该模型在中外历史上并未出现过，应是中国学者所创。这反映了中国学者学习西方几何模型的理论水平③。

《历象考成》是继《崇祯历书》之后，中国学者学习西方几何模型知识

---

① 张廷玉，等. 明史·历志一 // 中华书局编辑部. 历代天文律历等志汇编（十）. 北京：中华书局，1976：3538.

② 徐光启. 徐光启集. 下册. 上海：上海古籍出版社，1984：333.

③ 张琪.《历象考成》对《崇祯历书》的继承和发挥. 呼和浩特：内蒙古师范大学，2014：70-71.

的一次整理和发挥。从对西方天文学的态度上看，这本书是积极的。但之后清代历算家对西方几何模型所反映的宇宙真实性加以怀疑，如焦循"可知诸轮皆以实测而设，非天之真有诸轮也"[①]，钱大昕也说："本轮、均轮，本是假象……椭圆亦假象也，但使躔离交食，推算与测验相准，则言大小轮可，言椭圆亦可。"[②]

从认知角度看，传统天文学的主要特点是实用性，它的理论与计算方法大多来自对现实世界的观察与思考，推理论证主要依赖于现实世界的直观证据。在长期占统治地位的儒学的影响下，与逻辑演绎相比，中国学者更加重视对观测现象的总结，认为精神不能超出物质世界之外，理性不能超出感觉范围之外，因而知识不可能独立于经验[③]。如果抛开所有的社会政治因素，只从文化角度来说，明末改历采纳西方天文学家的重要原因是它的观测和计算方法能够更"密合"于天象，而不是它彪炳世界天文学史的严密的几何模型方法。从技术上看，《历象考成》专注于《崇祯历书》中许多模糊之处的补充、证明，但忽视了有关天文学的理论与概念，弱化了知识的系统性、完整性。

《崇祯历书》的优点是对欧洲古典和最新天文学模型及有关理论、概念的全盘引进，但不排除耶稣会士在一些无关历算内容，如对宇宙论及其发展历史、天体物理学等方面的新观点和新成就采取回避态度。这也是其实用性的另外一种表现。

度数之学在古希腊有其历史渊源，后在中世纪的欧洲被重新改写，主要反映在天文学和数学等领域。从16、17世纪中西各自社会和学术背景来看，度数之学是在古代科学背景下，按照公理化的数学方法对事物进行定量化研究的尝试。中世纪欧洲重新改写度数之学具有深意，一方面是继承了古希腊传统，另一方面是适应了中世纪知识实用性的需要。明末开始兴起的度数之学源自《几何原本》前六卷的翻译，明末实学的兴起对度数之学的引入起到了关键作用。自明末引入度数之学以来，明清之际在历法改革方面对之进行了一系列学术实践和应用，度数之学不仅具有理论指导意义，而且具有方法论意义。通过分析天文测量、比例规及几何模型知识的内化过程中度数之学的作用，认为明末实学兴起对度数

① 焦循. 释轮. 卷上.

② 陈文和点校. 嘉定钱大昕全集. 南京：江苏古籍出版社，1997: 567.

③ 潘丽云. 论梅文鼎的数学证明. 呼和浩特：内蒙古师范大学，2004.

之学的引入起了关键作用。由于传统文化和社会因素的影响，度数之学在中国的传播多从实用性出发，是不彻底的。

（本文原发表于邓可卉，王加昊. 明末度数之学及其在历法改革中的应用. 自然辩证法研究，2017，33（10）：101-106。编入本书时，对题目进行了修改，第二至四节增加了新的内容。）

《至大论》中的测量天文学

　　《至大论》是一部古希腊天文学集大成的著作，它第一次全面、完整、系统和定量化地描述了太阳系天体理论，为后世天文学的发展提出了一个很高的标准。本文分析了《至大论》中的几个重要测量天文学概念，进一步说明了它们是如何反映古代天文学特点的。《至大论》中的球面天文计算是托勒密擅长的领域，他对中天现象的关注以及由此产生的"赤纬表"和"上升时间表"（赤经表），是托勒密天文学中解决实际问题的最有效工具。在回归年测算中，托勒密不仅对喜帕恰斯观测到年长是变化的产生疑问，和太阳只有一种非匀速运动的现象进行了系统的逻辑证明，而且提出一系列确定回归年长的实测方法。托勒密测量恒星经度位置的方法成为实测天文学的经典方法之一，他认识到进动是一种普遍现象，相同程度地影响所有固定恒星，并在此基础上阐述了岁差率和进动轴，从而为岁差理论的建立奠定了基础。这些都是他超出先辈的高明之处。

一、几个天文学概念

　　在《至大论》中经常提到 sphaera recta 和 sphaera obliqua 这两个术语，按照现代天文学，我们分别把它们翻译为"正交天球"和"斜交天球"。根据我们对它的具体内容的分析，我们发现这是与观测者所在地理纬度有关的两个概念，当观测者在赤道上时（地理纬度为 0°），他看到的天赤道垂直于地平圈；当观测者在赤道以外的其他地方时（地理纬度不等于 0°），他看到的天赤道倾斜于地平圈，这两种现象就分别是"正交天球"和"斜交天球"。

　　由于古希腊人最初经常考虑在"正交天球"中星的"上升时间"（rising-time），现代天文学的"赤经"（right ascension）概念与"正交天球"

有关，就是由此演变而来。"上升时间"的单位是时间，所以《至大论》中又以"时间度"（degrees of time）的形式表述，时间度与上升时间单位不同，但量值相等。它们的关系如下：

$$1 \text{ 时间度} = \frac{1}{360} \times 360°$$

在图 1 中，EI 可以理解成春分点升起或落下的时间。在《至大论》中没有赤经概念，"升起或落下的时间"相当于现代天文学的赤经。

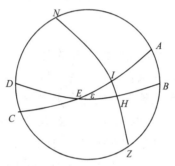

图 1　春分点升起时间

对托勒密或者其他早期天文学家来说，他们的基本坐标系统只与黄道有关，在他们看来，赤经不是一个坐标概念，而只是在正交天球中对上升、下落、中天时间理论有用的特征函数。

equator（赤道），字面意思是 circle of equal day 或者 equinoctial（可翻译成"赤道的"或者"春秋分的"）。托勒密在《至大论》中解释说："因为它总是一些平行圈中被地平圈平分的那一个，并且因为当太阳运动到它上面时，不管任何地方都产生了昼夜平分点（春、秋分点），所以有这个术语。"[1]

它与时间的关系如下，如图 2 所示，假设有两个星 I_1、I_2，它们的 $\alpha_1 < \alpha_2$，意味着它们上中天的时间分别是 t_1 和 t_2，对托勒密而言，它们符合

$$\alpha_2 - \alpha_1 = t_2 - t_1$$

如果 α 以度为单位，t 以小时为单位，则对现代读者而言，有

$$\alpha_2 - \alpha_1 = (t_2 - t_1) \cdot 15°$$

① Ptolemy C. Ptolemy's *Almagest*. Toomer G J (trans.). London: Gerald Duckworth & Co. Ltd., 1984: 45.

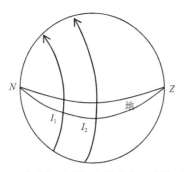

图 2　"正交天球"中的升起时间与赤经

可见，托勒密巧妙地在时间和赤经之间建立了联系。这也是托勒密首先考虑"正交天球"情形的原因。只有赤道上的观测者既可以决定赤经相同时两颗星的升起情况，又可以决定赤经不同时它们的上升时间差。

meridian（子午圈），字面意思是 middle circle（中圈）。托勒密解释说："因为它总是与地平圈直交。在这个位置的圈把天球分成两半，地面上和地面下的部分相等，定义了每天昼和夜的中点。"[①]

由于子午圈的使用，"规定"了一件最精确的测量"仪器"，就是"中天"。所以中天在现代天文学中很重要。早期天文学中更重要的是给出地平圈上的测量结果，如中国早期观测大火昏见判断为春季到来；古埃及天狼星偕日出预告尼罗河水泛滥等。实际上，古希腊天文学家已经开始用粗略的仪器沿着子午圈进行测量。

《至大论》中记载了托勒密曾经使用过一种称作"子午环仪"的仪器，该仪器如图 3 所示。那么如何确定子午圈呢？据考证，亚历山大的第奥多鲁（公元前第 1 世纪）在他现已遗失的文献《日晷论》中，曾经给出由三个圭表影长决定子午线的方法。托勒密认为人们可以本能地做出子午线。

他的子午环仪主要由两个大小环组成，用相对的两个相同的金属板进行固定，每个板的中央固定一个指针，用来瞄准大环面的刻度。大环上用等分线标注刻度。其中小环能在大环内以南北为轴自由运转。两个环位于同一平面上。

使用时，为了使环面垂直于地平面，同时平行于子午线，托勒密选择了在环上的天顶方向悬挂铅垂线。然后在正午时观测太阳在南北方向的运动，转动内环，直到较低金属板完全被较高金属板的相同投影遮挡。最后，读取指针尖端指示的刻度，沿子午环测量从天顶到太阳的度数。

① Ptolemy C. Ptolemy's *Almagest*. Toomer G J（trans.）. London: Gerald Duckworth & Co. Ltd., 1984: 47.

　　《至大论》中还介绍了另一种更简便的子午仪，其原理就是取子午环仪中一个象限作为仪器本身，这样更加简便易测，从天顶到太阳的度数可以从象限仪下面的圆弧中读出，如图 4 所示，这里就不详细介绍了。

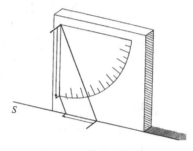

图 3　子午环仪①　　　　　　　　　　图 4　简易的子午仪

　　进一步地，可以利用这种方法测得太阳在最南到最北点之间的弧，也就是冬至点和夏至点之间的弧，它总是比 $47\frac{2}{3}°$ 大，而比 $47\frac{3}{4}°$ 小。托勒密指出，埃拉托色尼和喜帕恰斯也曾使用过相同的数，根据这些，至点之间的弧大约是子午圈的 $\frac{11}{83}$。可以由此计算 360° 的 $\frac{11}{83}$ 大约等于 47；42，39，2°=2ε，那么 ε=23；51，20°。

　　《隋书·天文志上》中有一种使用三表定南北子午方向的方法，原文说，南北朝时期，祖暅曾使用圭表测量南北线的方向，他使用的方法是"先验昏旦，定刻漏分辰，乃立仪表于准平之地，名曰南表，漏刻上水，居日之中，更立一表于南表影末，名曰中表，夜依中表以望北极枢，而立北表，令参相直。三表皆以悬准定，乃观三表直者，其立表之地，即当子午之正"②。

　　中国古代中星的观测可以追溯到《尚书·尧典》中的四仲中星的记载。据研究，它们的观测年代不同，说明不是一次完成的；又据星相考证，它们分别定型于殷商时代前后。《吕氏春秋》《礼记·月令》《淮南子》中都有中星的记录。古人观测四仲中星用了什么方法？他们有没有子午圈的概念？这些都无法证实了，但是可以初步推断其工作的顺序应该是，圭表的使用—比较严格地确定子午圈—昏中星的观测。

　　四仲中星在中国还有一个非常不同之处，就是它的实用性，正如《尚

　　① 本文图 3、图 4、图 7 均出自 Ptolemy C. Ptolemy's *Almagest*. Toomer G J (trans.). London: Gerald Duckworth & Co. Ltd., 1984. 61-62.

　　② 隋书·天文志一// 中华书局编辑部. 历代天文律历等志汇编(二). 北京: 中华书局, 1975: 560-561.

书·尧典》所说的，"乃命羲和，钦若昊天，历象日月星辰，敬授人时"，显然，观象授时，决定季节并编制准确的历法才是其出发点。

二、球面（平面）三角学应用举例

（一）已知黄道上一点（黄经），求它的赤纬

在计算过程中，托勒密利用了上面黄赤交角的观测结果，这也相当于他再一次通过计算验证了黄赤交角这个量①。如前文图 1 中，在球面三角形 *AZI* 和 *AEB* 的梅内劳斯（Menelaus，约公元 1 世纪）构形中，他化简了梅内劳斯定理 1 以后得到一个关系式：

$$\sin\delta\,(H)=\sin\varepsilon\cdot\sin\lambda\,(H)$$

利用上式，托勒密计算了太阳黄经 $\lambda(H)$ 从 0°到 90°变化时，对应的太阳赤纬 $\delta(H)$ 值，最终给出一张"黄道倾斜表"（或"赤纬表"）②。

《至大论》卷 2 的最后还给出一张 11 个不同纬度的黄道十二宫每隔 10 度的"升起时间表"，也即赤经表。

（二）昼长的计算

托勒密在《至大论》卷 2 中更一般性地讨论了"斜交天球"（sphaera obliqua，$h_p=\Phi$）时不同纬度下的昼长计算。如图 5 所示，黄道上的点 F 的黄经是 $\lambda(F)=HF$，它刚好和赤道上点 E 同时升起，求对任意的 $\lambda(F)$ 值，*HE*=?。

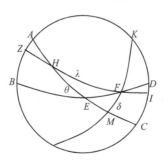

图 5　在斜交天球中求"上升时间"

① Ptolemy C. Ptolemy's *Almagest*. Toomer G J（trans.）. London: Gerald Duckworth & Co. Ltd., 1984: 69-72.

② 塔里艾菲尔罗翻译的《至大论》中称这张表是"黄道倾斜表"，而 Toomer 在 1984 年的译本中直接将其译为"倾斜表"。

托勒密在弧 CE、CK 和弧 ED、KF 相交的图中利用梅内劳斯定理 1，得到

$$\theta(\lambda, \varphi) = \arcsin\left\{\frac{\sin\lambda \cdot \cos\varepsilon}{\sqrt{1 - \sin^2\lambda \cdot \sin^2\varepsilon}}\right\} - \arcsin\left\{\frac{\sin\lambda \cdot \sin\varepsilon \cdot \tan\varphi}{\sqrt{1 - \sin^2\lambda \cdot \sin^2\varepsilon}}\right\}$$

"升起时间表"是在托勒密球面天文学中解决实际问题的最有效的工具。首先看第一分表的第三列[①]，是 $\varphi = \varphi_1 = 0°$ 时的 $\theta(\lambda_1, 0°)$ 值。因为 $\theta(\lambda_i, 0°) = \alpha(\lambda_i)$，所以这个表的这部分可以看作是黄道上点对应的"赤经表"。

关于昼长的计算，利用"升起时间表"可以得到

$$t = \theta(\lambda_\odot + 180°, \varphi) - \theta(\lambda_\odot, \varphi)$$

"赤道时"（the equinoctial hours），规定 1 赤道时=15 时间度，所以以赤道时表示的昼长就是 $t/15$ 小时。

"季节时"（the seasonal hours）。一年中季节时的长度由于昼夜长的不同而不同，一天的一个季节时是这一天长度的 1/12。它在夏至点时最大，在冬至点时最小，春分日和秋分日的季节时相等。

$$12\ 季节时 = [\theta(\lambda_\odot + 180°, \varphi) - \theta(\lambda_\odot, \varphi)]/15°\ 赤道时$$

$$1\ 季节时 = 15° + [\theta(\lambda_\odot, 0°) - \theta(\lambda_\odot, \varphi)]/6$$

从升起点得到中天点的一般方法如下：从对应地方的"升起时间表"中找到升起时间，它对应正在升起的弧度。在每种情况下，从中减去 90°象限。对应正交天球中的升起时间度将在那一刻上中天。反之，可以从正交天球升起时间那列中的中天点得到升起点，在每种情况下，把它加上象限 90°，就得到在所在地方对应升起时间那一列有关的度数在那一刻升起。

托勒密得到结论说："很明显，生活在相同子午圈下面的人，太阳到正午或到子夜的以赤道时计的距离相同，生活在不同子午圈下面的人，太阳到正午或到子夜的以时间度计的值不相同，其差等于一个子午圈到另一个子午圈的度数。"[②]

---

① Ptolemy C. Ptolemy's *Almagest*. Toomer G J(trans.). London: Gerald Duckworth & Co. Ltd., 1984: 100-103.

② Ptolemy C. Ptolemy's *Almagest*. Toomer G J(trans.). London: Gerald Duckworth & Co. Ltd., 1984: 99-104.

（三）托勒密在《至大论》卷 2.4 中考虑了太阳在什么时候、在哪些区域到达天顶以及到达的次数

托勒密只用较少的篇幅归纳了他的方法，而没有进行实际计算。托勒密认为："很显然对那些与天赤道距离大于 23;51,20°（这代表夏至点到天赤道的距离）的平行圈下面的观测者，太阳从未到达天顶；对那些与天赤道距离正好等于 23;51,20°的平行圈下面的观测者，太阳在一年中只有一次到达天顶。"他又进一步说："对那些与天赤道距离不足 23;51,20°平行圈下面的观测者，太阳在一年中有两次到达天顶。什么时候发生，在前面的'黄道倾斜表'中提供。"关于这个问题，托勒密进一步说："因为我们采用到天赤道的距离，就是正在讨论的纬圈的度数（笔者按：就是观测地的地理纬度），它在夏至点以里，相当于表 1 的第 2 列；我们的第 1 列对应从 1°—90°的自变量，于是，这给出了正在讨论的那些地方当太阳位于天顶时，太阳到每个分点朝向夏至点的距离。"[①]

这里实际上涉及，求当 $\delta(\lambda) = \varphi$ 时的 $\lambda_1 = \lambda(t_1), \lambda_2 = \lambda(t_2)$ 和与此相关的时间 t_1 和 t_2，具体问题的解决必须在了解了太阳运动理论之后。

（四）托勒密在《至大论》卷 2.6 中对最长昼间隔 1/4 小时的不同纬圈（不同地理纬度）表影的投向、二分二至日的影长、太阳一年内到达天顶的次数等情况进行了讨论

我们下面以他的第 2 条实测记录为例，说明他所做的工作。"第二，最长日是 $12\frac{1}{4}$ 赤道时的纬圈，它距离赤道是 $4\frac{1}{4}$°，过塔普罗巴奈岛[锡兰]。这同样是具有双向日影[②]的纬圈，太阳一年两次到达天顶，位置是夏至点两侧 $79\frac{1}{2}$°的地方，此时圭表在正午无影。那么太阳经过这 159°时，表影投向南方；而当它过其余的 201°时，投向北方。在这个区域，圭表高为 60^P 时，分点影长是 $4 + \frac{1}{3} + \frac{1}{12}$[③]，夏至影长是 $21\frac{1}{3}^P$，冬至影长是 32^P。"[④]以上这一段把与锡兰在同一纬圈上的有关太阳测量的内容全部反映出来，这些信息包

① Ptolemy C. Ptolemy's *Almagest*. Toomer G J（trans.）. London: Gerald Duckworth & Co. Ltd., 1984: 80.

② 这里的双向日影是指，理论上，在赤道上的观测者是无日影的，但是在距离赤道一定纬度范围内，太阳在一年中日影的投向是朝南或朝北都有可能发生。

③ 《至大论》保留了古埃及单位分数的记法，而没有直接写成单位分数的和。

④ Ptolemy C. Ptolemy's *Almagest*. Toomer G J（trans.）. London: Gerald Duckworth & Co. Ltd., 1984: 83-84.

括，表影的投向（包括是否是双向日影区）、二分二至日的影长、太阳一年内到达天顶的次数等。

《至大论》卷 2.6 中涉及北半球从地球赤道到北极总共 39 个不同地理纬度的区域。这些内容说明了托勒密的天文地理测量所到达的范围，帮助托勒密构建了他的《地理学》和《至大论》中所共有的区域地理学。

圭表测量作为托勒密天文学的内容，他还利用它们计算了黄赤交角。这部分内容在《至大论》卷 2.5 中涉及。如图 6 所示，如果表高是 60^P，托勒密利用平面三角计算，得到影长与黄赤交角的关系符合

$$s = GK = 60^P \cdot \frac{\sin z}{\sin(90^\circ - z)}$$

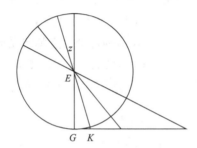

图 6　表影测量及其与黄赤交角的关系

三、回归年测算

在《至大论》卷 3 中，托勒密不但解决了前人没有解决的问题，而且对于前人不能圆满解释的现象，托勒密运用演绎数学方法和测量学方法给以解释。对于托勒密而言，太阳理论中首先涉及的是年长这个基本常数，他认为关于年长有以下三个主要问题：哪一个年长对太阳理论是实质性的？这个年长有固定长度吗？这个年的长度是多少？

首先，托勒密认为回归年和太阳理论有实质联系，具有天文学意义。

（1）针对喜帕恰斯对一系列连续的观测有所困惑，认为太阳的运动周期不是恒定长度——当考察太阳回到同一分点（或至点）的明显的回归运动时，他会发现年长超过 365 天不到 $\frac{1}{4}$ 天。托勒密从大量的观测中选择了 15 项（其中第 3—11 项是喜帕恰斯的结果，第 12—15 项是托勒密自己的观测），不仅给出回归年常数值，而且得出回归年是一个常数。这是托勒密太阳理论的基础。

托勒密认为喜帕恰斯的观测数据没有一条记录为他的年长是变化的疑

问提供任何充分的证据。它说："年长的不规则从位于亚历山大叫做 Square Stoa（斯多亚广场）的地方的铜环仪的观测清楚得到，并显示分点这一天阳光照亮环的凹面从一面转到另一面。"①

（2）太阳只有一种非匀速运动，是一种理想假设。托勒密认为，由于喜帕恰斯毫不怀疑太阳只有一种非匀速运动，所以年长只能由返回同一分至点决定；进一步地，当考虑太阳周期是常数时，会看到在观测现象和基于以上假设的计算之间没有任何明显差异。但是如果相反，将会产生很明显的误差，这里托勒密列举了依赖太阳和月球速度得到的日食发生时间的例子：如果太阳速度是 1°/天，而月球的速度是 13°/天，就得到相对速度是 12°/天，或者 $\frac{1}{2}$°/时，也就是在日食中太阳移动 1°，这相当于大约 2 小时的误差。

他补充说："我们认为所谓太阳只有一种非匀速运动，是一种理想假设。"可以看出，托勒密把太阳运动从一切与它有关的其他运动中分离出来的意图，而这在科学概念的发展过程中是必要的，我们现在也常常遵循这个原则。托勒密认为它是最简单的和可能的假设，通过这个假设能很好地解释现象。

（3）年长是多少？托勒密从喜帕恰斯的证明已经很清楚，被限定和分至点有关的年长是比 365 天多不到 $\frac{1}{4}$ 天。但是它比 $\frac{1}{4}$ 天短的量不能被绝对肯定是多少。托勒密认为，当观测用了很长时间，超过 365 天的剩余天被观测之间间隔的许多年的总剩余分配后得到，并且观测用的时间越长，决定的运动周期的精度越高，这个规则不仅在这种情形适用，而且适用于所有周期运动。他说："一个小的误差当分发于小数量的年，使得周年运动的精度较低，时间越长，积累的误差越大；但是当把它分配于大数量的年后，使得精度提高了。"②托勒密充分考虑了既古老又准确的观测的周期，在大量的由默冬（雅典天文学家，他的长期观测决定了默冬章）学派、欧克特蒙学派和亚里士塔库学派③的数学家们对夏至点的观测值中，选择那些被喜帕恰斯特别强调和很保险地决定的春分点的观测，和他自己用仪器测量的精度很高的观测。由此他发现在大约 30 年的时间里分点（或至点）的发生比一天的 $\frac{1}{4}$ 天早。下面我们论述《至大论》中对喜帕恰斯观测和思考的详细记载。

① Ptolemy C. Ptolemy's *Almagest.* Toomer G J（trans.）. London: Gerald Duckworth & Co. Ltd., 1984: 133.

② Sheynin O B. Mathmatical treatment of astronomical observations. Archive for History of Exact Sciences, 1973,（11）: 97-126.

③ Ptolemy C. Ptolemy's *Almagest.* Toomer G J（trans.）. London: Gerald Duckworth & Co. Ltd., 1984: 137.

喜帕恰斯考虑了观测 S_6 和 285 年之后的观测 S_{13}，因此比较回归周期，285 个完全的埃及年（一年 365 天）中有 $70\frac{1}{4}+\frac{1}{20}$ 日的剩余日（闰日）；而不是按照卡利普斯历法的年长精确地等于 $365\frac{1}{4}$ 天时，在 285 个埃及年中有 $71\frac{1}{4}$ 个剩余日（闰日）。所以年长的尾数应该是

$$（70\frac{1}{4}+\frac{1}{20}）/285=1406/5700\approx 0.2466\cdots$$

在托勒密看来年长的尾数仍不确定，它到底是多少呢？他接着考察喜帕恰斯的观测 S_7 和 285 年之后的观测 S_{14}，这个周期的增量和同样 285 个埃及年的增量相比，是 $70\frac{1}{4}+\frac{1}{20}$ 天，而不是 $71\frac{1}{4}$ 天。因此得到春分点回归的发生将是在 285 年里一共早了

$$71\frac{1}{4}-（70\frac{1}{4}+\frac{1}{20}）=\frac{19}{20}\text{天}$$

托勒密考虑到，既然 1 天：$\frac{19}{20}$ 天 $\approx 300:285$，所以得出太阳回归到春分点发生时间比它本来的 $365\frac{1}{4}$ 天早，大概 300 年早一天。可由下式计算得到：

$$[（70\frac{1}{4}+\frac{1}{20}）/285-\frac{1}{4}]300=-1\text{ 天}$$

托勒密把默冬学院对夏至点的观测和他对至点的尽可能精确的观测比较后，得到相同的结果。他用同样的办法计算了合 571 个埃及年内剩余天的增量是 $140\frac{5}{6}$，所以年长的尾数=$140\frac{5}{6}/571\approx 0.246\ 643$ 天，并且$[140\frac{5}{6}/571-\frac{1}{4}]\times 600=-2$ 天。

托勒密尊重历史，在《至大论》中如实地记录了喜帕恰斯的工作。喜帕恰斯在《关于一年的长度》中比较了古人的几个观测，他说："很明显，过了 145 年后冬至点的发生比它应该是在 $365\frac{1}{4}$ 天早大约一个昼夜长度和的一半。"[1]在另外一本《关于中间的月和日》的书中，他参考了默冬学院观测

① Ptolemy C. Ptolemy's *Almagest*. Toomer G J（trans.）. London: Gerald Duckworth & Co. Ltd., 1984: 139.

记录的年长是 $365\frac{1}{4}+\frac{1}{76}$ 天，但是卡利普斯观测的是 $365\frac{1}{4}$，他评论道："对我们来说，发现组成 19 年的整月数和他们的发现相同，但是我们发现的年长比超过 365 天的 $\frac{1}{4}$ 少，大约少一天的 $\frac{1}{300}$。和默冬的数字相比是 300 年差 5 天，和卡利普斯的数字相比是（300 年）差 1 天。"喜帕恰斯在总结自己的观点时说："我在一本书里关于年长的工作指出，太阳年的长度（太阳从一个冬至点又回到相同的点）包含 365 天，附加一个分数——比 $\frac{1}{4}$ 少昼夜长度和的 $\frac{1}{300}$，而不是像有些数学家认为的正好是 $365\frac{1}{4}$ 天。"[①]

由以上介绍我们发现，虽然喜帕恰斯已经首次给出比较精确的回归年年长值，但是太阳运动理论中关于年长的一系列合理论证却是由托勒密完成的。

托勒密比较了当前和以前的观测，从它们的一致性进一步认为，回归年是一个与太阳运动有关的重要参数，观测的所有现象都和这个量有关。他把一天分配到 300 年中，每年得到一天的 12 秒，从一年的 $\frac{1}{4}$ 增量中减去它，得到年长是 $365^{d};14,48$（365.2466 日）。这就是托勒密从到手的资料中得到的最可能的回归年年长值。

四、对岁差的认识

对喜帕恰斯来说，它是固定恒星球相对固定黄道和它的分点向东有适当的运动。托勒密对此有一个不同的解释，就是认为所有恒星沿黄道东进而否认春分点西退[②]。

《至大论》卷 9.7 提到古埃及天文学早期的一种古老的仪器代表的准线方法（method of alignments），它只是一个在观测者眼前绷紧的细绳，观测者能因此确定三个或更多在一条线上的星。喜帕恰斯广泛使用这个方法（《至

① Ptolemy C. Ptolemy's *Almagest*. Toomer G J (trans.). London: Gerald Duckworth & Co. Ltd., 1984: 139. 默冬章是关于 19 个太阳年中有 235 个月的周期，长期被人们普遍接受的理由是，它以一个精密的次序把月份的起点和终点确定下来，并且它还使 365¼日的太阳年与月份可以通约，由它产生卡利普斯的 76 年周期。喜帕恰斯在卡利普斯章的基础上灵巧地发现，在 304 年（在《天体运行论》第 258 页中采用了 304 年周期，而不是 300 年周期）中多出一天，而这可以由使每个太阳年缩短 1/304 天改正过来。后来有天文学家把这个包含 304 年（3760 个月）的长周期称为"喜帕恰斯章"。

② Toomer G J. Ptolemy//Charles Coulston Gillispie. Dictionary of Scientific Biography. New York: Charles Scribner's Sons, 1970: 186-188.

大论》卷 7.1），被托勒密在《至大论》中介绍的至少有 20 种方法。用这个方法可以实现对距离进行简单估计的目的，其误差大概在 1 digit[①]。

他认为喜帕恰斯的这个假设可以通过用一个准线把黄道带内外的一些星连接起来观测而推翻；其次，托勒密的一般宇宙观是，他所认为的球体理论中的所有星都是其中的一部分，或依附于它的固体球，因此它们必须作为一个整体随着固体球一起运动。因此，托勒密对岁差理论的贡献就是清楚阐述了：进动是一种普遍现象，相同程度地影响所有的固定恒星。

托勒密对上述观点的一个简明解释是：早在公元前 400 年，古巴比伦的天文学家就已经注意到了先后三个表中列出的春分点位置不一样，分别离白羊座 10°、8°15′和 8°，但是他们只是以为早期测定的数值需要做某些改正，却没有意识到春分点的西移。公元前 2 世纪，喜帕恰斯在编制欧洲第一个星表时，把自己测定的一些恒星的黄经和 150 多年前阿里斯泰鲁斯（Aristyllus）和梯摩恰里斯（Timocharis）的测定结果进行了比较，发现室女座 α 星（Spica，中名角宿一）前行到秋分点西 6°，而不是前人测定的 8°左右，这个数据来源于托勒密引述的现已遗失的喜帕恰斯的《关于分点和至点的变化》一书[②]，他认为喜帕恰斯的结果是这些点逆宫向西而行，速度是 1°/100 年，正如喜帕恰斯在他的《关于年长》一书中说的，喜帕恰斯的岁差值"至少是 36″/年"。托勒密认为这里"至少"的含义应该是，喜帕恰斯没有太认真考虑这个值，并且他认为实际值可能更大。

托勒密始终坚信自己的观点，这主要有两个原因。第一个原因是纯现象的。前面描述的许多准线方法显示，全天球的星保持它们的相互距离不变，而不是有一些向东运动，另外一些则不同。第二个原因是托勒密从一般宇宙观中得到的。事实上，托勒密明确提出的球体理论是，所有星都是其中的一部分，或依附于它的固体球，因此它们必须作为一个整体随着固体球一起运动。他进一步考虑到，既然全天球的星必须作为一个整体随着固体球一起运

[①] Ptolemy C. Ptolemy's *Almagest*. Toomer G J（trans.）. London: Gerald Duckworth & Co. Ltd., 1984: 卷 7 注 5. 这里 digit 和 cubit 源于古巴比伦天文学。后者在古代指腕尺，是由肘至中指端的长度，为 18—22 英寸。在巴比伦天文学中 1 cubit 表示 $2\frac{1}{2}°$或 2°，诺伊格鲍尔在其《古代数理天文学史》中认为后面的标准是迦勒底时代的。同样，在古巴比伦天文学中 1 digit=$\frac{1}{24}×2°$，或者 1 digit=$\frac{1}{30}×2\frac{1}{2}°$，两种情况下都相当于 5′。

[②] Ptolemy C. Ptolemy's *Almagest*. Toomer G J（trans.）. London: Gerald Duckworth & Co. Ltd., 1984: 327.

动，那么它绕转的轴在哪里？[①]

在《至大论》卷 7.4 的一般介绍中，托勒密明确指出一个固定恒星的位置必须由它的黄经和黄纬来决定。关于这两个坐标量，他说，他的浑仪是关于黄极运动的系统，因此这两个坐标量可以在不同的圈环上读出。

托勒密认为确定恒星的位置时，只有准线方法是不够的。为了确定天体的黄经，他在《至大论》卷 5.1 中介绍了一个新设计的仪器，叫做浑仪，它包含代表天穹中基本圈的一些圈环。他还在《至大论》中描述了另外一种他发明的方法，这个方法基于他设计的浑仪，后来成为测量天文学的经典方法之一。托勒密发明的方法简述如下：在任一时间 t_1（日落前）用仪器观测日月间的距角，再在时间 t_2（日落后）观测月球和某一个被测恒星之间的经度差。由这些数据可以确定恒星相对于春分点的经度。它的黄纬可以直接在仪器上读取。托勒密用这种方法观测了狮子座 α 星的黄经。

这个方法具有明显的优点：第一，能通过太阳和月球的位置绝对地确定恒星相对于春分点的经度；第二，它只需测量两个星的黄经差，这样由仪器的安装和调整造成的误差不会太大。另外它假设日月运动理论，包括视差理论，可以提供在 t_1 和 t_2 时可靠的经度理论值。

但是必须承认，由他得到的行星理论的准确度与由这个仪器观测的值之间有一定的差距；另外，他没有考虑到当太阳靠近地平时较大的大气折射误差。

确定了狮子座 α 星的黄经是 122;30°后，托勒密把它和以前由喜帕恰斯观测得到的值 119;50°（当时的观测时间是公元前 129/128 年）进行比较，发现它们的差是 122;30°–119;50°=2;40°，就是说，狮子座 α 星的黄经在 265 年里增加了 2;40°，这近似等于 1°/100 年。因此，这个岁差率被喜帕恰斯发现后，又由托勒密进一步验证而确定并被后世沿用。

喜帕恰斯的工作可以从他对阿拉托斯（Aratus）和欧多克斯的《关于现象的评注》中反映出来，这是由玛尼提斯（Manitius）编辑，由沃格特（H. Vogt）小心考察后得到的[②]。它包含 42 个星群、374 个恒星的共 859 个数据，这些星的 252 个只给出和一个坐标量相关的数据；剩下 122 个有 2 个坐标量，这些数据不同，64 种是喜帕恰斯给出赤纬，67 种给出赤经，340 种是黄道与恒星一起中天的点，剩余的和升落有关。1901 年波尔（F. Boll）证明喜帕恰斯

---

① Ptolemy C. Ptolemy's *Almagest*. Toomer G J (trans.). London: Gerald Duckworth & Co. Ltd., 1984: 329-338.

② Vogt H. Versuch einer wiederherstellung von hipparchs fixsternvzeichnis. Astronohe Nachrichten, 1925, 224: 17-54.

星表不超过 850 个星，但是托勒密的有 1022 个。一个醒目的事实是，这些资料中没有黄经。事实上，喜帕恰斯写评注的时代只有赤道和混合坐标系，没有黄经和黄纬。这说明当托勒密编制星表时不能直接利用这些工作。

托勒密确定恒星经度位置的方法成为测量天文学的经典方法之一，托勒密星表是托勒密天文学最重要的贡献之一。他认识到固定恒星作为一个整体进动，明确了关于一个恒星的黄经和黄纬坐标概念，并且在此基础上阐述了岁差率和进动轴，这些都是他超出他的先辈的高明之处。托勒密对天有了全新的观念，并且列出了以恒星的经度和纬度为特征的一个星表，而这在喜帕恰斯星表中是没有的。另外，学者们通过可确定的坐标系限定了喜帕恰斯星表的恒星数目，那么余下的更大范围是托勒密的贡献。我们认为，在这些问题上，托勒密是一个独立的天文学家。托勒密这部分工作的缺陷是，他对于岁差的解释和关于岁差率的精度并没有提高多少，导致了后人的一些误解；另外，他的星表也存在系统误差。

（本文是邓可卉在 2020 年 11 月 13—16 日北京西郊宾馆举行的中国科学技术史学会年会上作的报告。）

古代中国篇

古代东方科学传统及历法的星占学基础

一、古代东方科学传统

  中国、古巴比伦、古埃及、古印度是四大文明古国。在东方国家，数学是为了计算周长和丈量土地，天文学是为了占星和制定历法，医学是为了医治疾病和驱魔。古埃及的历史曾经被记录在古希腊和罗马历史学家的著作中。上埃及的神庙和下埃及的金字塔是古埃及古老文化的象征，古埃及纸草书记录了大量的技术和科学知识。古埃及在尼罗河中下游一个狭长地带发展起了农业文明，很早就产生了包括测时、纪日和纪年等历法知识，古埃及历的纪年方法被托勒密《至大论》采用而得以流传下来。为了丈量土地、修筑运河和渠坝，古埃及人不断地从实践中获得了非常丰富的几何知识，建筑神庙和金字塔进一步推动了这些知识的发展。重视几何学的传统始于埃及尼罗河土地测量的实际需要。在现代几何学中，geometry 这个词语来源于"地"的词根 geo- 与"测量"的词根 metric，与古埃及这一系列活动有关。古埃及人已经掌握了十进位计算，能计算许多规则图形的面积，取圆周率为 3.16，还能进行简单的四则运算，有了单位分数的概念并运用广泛，能解一个未知数的方程。关于农作物和家养的动物方面的知识很丰富，发明了制造玻璃的技术和陶器工艺、饰物工艺、亚麻布纺织技术和简单的青铜器技术。

  公元前 4000 年，底格里斯河和幼发拉底河流域的苏美尔人发明了犁，并且利用家畜来拉犁；发明了用动物拖动轮车，建造了船舶，并使用陶轮来制造陶器。公元前 3000 年左右，苏美尔人的冶炼青铜技术已经达到很高的水平，他们掌握了将矿石在火中一定熔点下还原成铜从而铸成各种不同用途与形状的器物的技术。与此同时，僧侣祭司统治的管理体制逐渐发展起来，可以组织更大规模的农业生产和各种复杂活动。由于处理的物质数量巨大，种类繁多，人们发明了在泥板上刻记号作为永久记录的方法，以备参考。苏美尔人的最早记录出现在公元前 3000 年左右，以物品进出账目为主。后来的计数和图画文字变得固定化了，出现了最早记录数学、天文、医学、神话、历史和宗教等内容的文献。图画文字是一种表意文字。苏美尔人在表意文字的发展过程中，将符号简化，最终形成楔形刻痕的组合，这就是楔形文字。中国古代很早就出现了象形文字，这些象形文字的数量随着语言的发展不断增加。

两河流域的农业文明很发达，与此相关的数学和天文学也得到了发展。苏美尔人的计数采用十位数和十的倍数以及以六十为基数的计数法。公元前 2500 年左右，十进位计数法被废弃，而只用六十进制，与此同时他们制定了乘法表，取 π 为 3 来计算圆的面积和圆柱体的体积。公元前 2000 年，苏美尔人被外族征服后逐渐消失，但他们的语言、文字和数学符号被保留下来，发展了倒数表、平方表、平方根表和立方表，用来解包括三次方程在内的诸多方程。古巴比伦人的几何学具有明显的代数性质，这一点可以通过具体例子表达出来。有一个记载了公元前 3000 年的学校在解决关于直角三角形三边关系的讨论中，经过反复摆弄给出了几个能满足 $a^2+b^2=c^2$ 的三组数（a，b，c），后来发展为 15 组这种三数组和简单的计算步骤[①]。

在天文学方面，古巴比伦人相信占星术并积累了大量的天文观测记录。他们重视行星观测记录与运动推算，因此这方面的内容最准确，也得到进一步的流传。他们能够利用天文上的周期性现象（如行星的会合周期等）计算出准确的行星平均速度，并准确预报天文现象。农业发展使得对季节的认识越来越重要了，所以他们通过天文观测建立了一套计时系统，这就是把太阳每年在天球上的运行按照十二宫（星座）的方式进行命名，即黄道十二宫。这套制度被《至大论》作为基本系统而采纳，为现在通用的计时系统奠定了基础。他们进一步发现了"沙罗周期"——一种日食发生的周期，并利用这种周期和一定的代数方法，他们能够把沙罗周期分解成许多简单的周期效应。例如，发现了月球运动的几个周期效应，如朔望月、恒星月、近点月、交点月等。上述知识在《至大论》中得到了很好的继承和利用[②]。

很有意思的是，直到公元前 4 世纪前，美索不达米亚人都不用几何方法来解释天文观测，因此他们对于宇宙的空间特征等问题的看法与他们的科学

---

① V. J. Katz. 数学史通论. 李文林，邹建成，胥鸣伟，等译. 北京：高等教育出版社，2004：1.
② 邓可卉. 希腊数理天文学溯源——托勒玫《至大论》比较研究. 济南：山东教育出版社，2009：79-81.

是分开的。这与中国古代天文学有相似之处，只是中国古代宇宙论与数理天文学的关系不太明确。美索不达米亚人曾经设想过天与地是浮在水上的两个扁盘，后来又想象天为半球覆在水上，水又包围着地的扁盘。他们认为天体的运动是精神赋予世人现定命运的一种"征兆"。中国古代的重要典籍《周髀算经》中系统论述了"天象盖笠，地法覆槃"的盖天学说，也曾在战国时期出现过天地"水浮说"与"气举说"等学说，在西汉出现以张衡为代表的浑天学说，认为浑天和平地"各乘气而立，载水而浮"。在探讨宇宙起源和结构问题时，这两个不同的民族表现出了许多相似之处。

古巴比伦人崇拜星象，认为天上的星宿与地上的人有对应关系，即人的小宇宙是天象大宇宙的对应体。这一点与中国古代的"天垂象，见吉凶"观念相似。他们都把天象当作神对人的指示，是一种神学。而中国汉代出现的"天人感应"说更是发展为一套具有逻辑推理的政治思想体系。

作为东方大国的中国在古代的科学技术和人文社会是何种形态，这是我们下面将要关心的问题。正如思想家弗雷泽（J. G. Frazer，1854—1941）所言，人类较高级的思想活动，就我们所能见到的而言，大体上是由巫术发展到宗教的，更进而到科学的这几个阶段[1]。神秘力量是巫术的主要原则之一，中国古代神话大量出现于《国语》《左传》及战国秦汉的著作中，如在上古神话专辑《山海经》中把"帝"推为诸神之神，赋予他领袖的角色。战国《庄子》旧本中，有时把黄帝写作"皇帝"，后人进一步把这个多神统一的"帝"人化。进入殷商时代，这种神秘力量逐渐被秩序化。据考，甲骨卜辞中有固定名字的"卜人"就有 120 多人，专门负责占卜[2]；巫用仪式沟通神界，用占卜传达神的旨意；史将人的愿望与行为记录下来，印证神的旨意并传之于世。以上这几类人是职业文化人和教育者，他们的知识体系中包括大量的星占历算知识，如天地宇宙结构和形状、自然气象、天干地支、四时、十二月等，这些知识是后世数术学的源头。此外还有礼仪与医药方技等方面的知识。到了周朝，据考，在《礼记·曲礼下》中的"六大官职"即掌握"六典"的大宰、大宗、大史、大祝、大士和大卜，他们的知识因为职责分化明确而被重新分配，如史负责天文历算，推算吉凶，其中大史、小史下面还设有冯相氏和保章氏等。

---

① J. G. 弗雷泽. 金枝：巫术与宗教之研究. 下. 徐育新，王培基，张泽石译. 北京：中国民间文艺出版社，1987：1005.

② 陈梦家. 殷墟卜辞综述. 北京：中华书局，1988：202.

宇宙天地的空间观念在商周时期已经形成，如天与地、中央与四方、四方与四象等，形成了"斗杓东指，天下皆春；斗杓南指，天下皆夏；斗杓西指，天下皆秋；斗杓北指，天下皆冬"的四时与方位对应的关系。殷人还有"北辰为北极"的天下至尊观念。

春秋战国时期的"六艺"为礼、乐、射、御、书、数，其中"数"包含以历算与占星为主的天象之学。《左传·文公元年》记载的置闰与"礼"有关，所以有"履端于始，举正于中，归馀于终"的秩序，告朔正时与厚生生民有关。这一时期，人们普遍形成了宇宙是一个整体，天地人彼此互相感应、联系密切的思想，这时候阴阳五行思想已经渗透到社会的各个阶层，逐渐向系统化、普遍化方向发展。

总之，中国位于亚洲的东方，同古埃及和古巴比伦的情况一样，古代科学中与统治阶级关系最密切的有数学、天文历法、测量科学等。中国有大量的天象观测记录，从殷墟甲骨卜辞中就能反映出来。始于战国时期、完成于汉代的《甘石星经》中已经记下 700 多颗恒星的相对位置[1]，对五星运动已经有了定量化的认识。在中国古代的历算系统中，若干数字模型一方面受制于周易、象数、音律、天地五行之数等的影响，另一方面又参有编制历法人员的测量和计算之数，寻求这一系统的最大公约数（上元积年法）是历代历算家的重要研究内容。

二、中国古代历法的星占学基础

中国古代天文与星占关系密切，然而历法的星占学基础长期没有受到人们的重视。本文在大量文献记录的基础上，从历法测算系统的产生、气朔闰余的建立、五星推步与占验等内容入手，在澄清历法体系发展原理的基础上，讨论政治星占学和卦候说的影响及其相互促进的过程。这些可以为理解中国古代历法提供一个新的视角。

（一）引言

中国古代历来重视由天文占测天意，因此，古人对天象进行认真的观测，并从异常天象中得知天意，正如《周易·系辞上》说："天垂象，见吉凶，圣人则之。"中国古代天文学与星占学相伴而生，并互相促进。学术界对此

---

① 陈久金. 中国古代天文学家. 北京: 中国科学技术出版社, 2008: 13-26.

已经有普遍的共识。

中国古代历法不仅排算带有日月配置的历谱，而且是对日、月、五星等现象进行数理研究的数理天文学。汉代已经形成了包括气朔、闰法、五星、交食周期等在内的历法体系，到了唐代，历法内容和结构更加系统，历法体系日臻成熟。在中国天文学史上，历法与天文是完全不同的两个分支，这从历代官史中普遍有《天文志》与《律历志》就可以看出来。《天文志》专讲天象及其星占学内容，认为某种特定天文现象对应地上某种政治灾变。《律历志》也与星占学有着密切的联系，表现在历法制定过程中一些重要的数字和思想的产生都受到了星占学的影响。古代音律学、天人合一思想虽然具有客观性，但是古人把它们与历法结合起来并解释历法现象，所以也带有很大的星占成分。另外，从官职分类看，通常前者对应天文学家，后者对应历算家，他们的官司执掌有所区分。

中国古代天文学家与历算家虽然属于不同的官僚机构，但也不是完全无关，它们与星占学的关系更是难以区分。例如，《左传》云："国之大事，在祀与戎。"说明古代重视祭祀与作战，这些与国家的功能有关。祭祀就要预报并选择日期，对日期进行预报与排算就是历算家的工作，而最终由占星术士考虑给出祭祀日期。

日本薮内清（1906—2000）认为，在中国古代，虽然无法确定占星术产生于何时，但可以认为在天文学发展的某个阶段产生了占星术，而占星术反过来又促进了天文学的发展[①]。江晓原在提出"天学"概念的同时，在其著作《天学真原》第四章讨论了历法的主要功能不是安排农事，而是为统治阶级的重大政治事务服务；同时指出历书实际上是历忌之学与历谱深入结合的产物[②]。两位学者都认为中国古代没有产生生辰星占学（holoscop astrology），而只有政治星占学（judical astrology），即根据天象来占卜国家和统治者的命运。关于中国古代历法产生与发展过程中星占学所扮演的角色，学术界至今尚未有比较充分的讨论。

（二）历法测算系统的产生

二十八宿代表了中国古代天文历法的基本测算体系。在规定了二十八宿赤道宿度、距星之后，可以以此基准度量日、月、五星在天空中的位置。它

---

① 薮内清. 中国天文历法概说. 杜石然译. 科学史译丛, 1981, (4): 7.
② 江晓原. 天学真原. 沈阳: 辽宁教育出版社, 1991: 151.

相当于现代天文学中的赤道坐标系。此外，十二音律、十天干和十二地支等也是历法体系中的重要内容。

二十八宿星名的含义与星占的关系由来已久。《史记·律书》中给出了一套二十八宿星名与十二辰名交错排列、互成对应的星占关系，主要是将全天分为八大方位，依次为西方、西北方、北方、东北方、东方、东南方、南方、西南方，其中东、西、南、北又称为四正方位，其余为四维或四隅方位[①]。其与八风、二十八宿位置、钟音、八节的对应关系如表 1 所示。

表 1 八方与八风、二十八宿位置、钟音、八节的对应关系

八方	西北方	北方	东北方	东方	东南方	南方	西南方	西方
八风	不周风	广莫风	条风	明庶风	清明风	景风	凉风	阊阖风
二十八宿位置	危室壁	斗牛女	房心尾箕	角亢氐	注星张翼轸	弧狼	伐参浊留	奎娄胃
钟音	律中应钟	律中黄钟	律中泰簇	律中夹钟	律中中吕	（无）	律中木钟	律中无射
八节	立冬	冬至	立春	春分	立夏	夏至	立秋	秋分

八节与八风的关系在汉代文献如《淮南子·天文训》《白虎通》中得到阐述，由于篇幅所限此处不再展开。二十八宿还与四宫、四象相互配属，其对应关系如表 2 所示。

表 2 二十八宿与四宫、四象的对应关系

四宫	二十八宿	四象
东方七宿	角亢氐房心尾箕	青龙
北方七宿	斗牛女虚危室壁	玄武
西方七宿	奎娄胃昴毕觜参	白虎
南方七宿	井鬼柳星张翼轸	朱雀

上述八方、八风的每一风向中都有与之对应的音律与钟音，不仅各音的乐器长度不同，而且其代表的候气也不同。其与候气的关系在古代受到重视，正如《史记·律书》曰："天所以通五行八正之气。"

《史记·律书》有："太史公曰：'在璇玑玉衡以齐七政，即天地二十

---

① 史记·律书 // 中华书局编辑部. 历代天文律历等志汇编（五）. 北京：中华书局，1975：1335-1340. 本文以下二十四史中的《天文志》《律历志》等均出自这部汇编。

八宿。十母，十二子，钟律调自上古。建律运历造日度，可据而度也。合符节，通道德，即从斯之谓也。'"①

　　关于"七政"是什么？学术界有不同的解释，有认为是指北斗七星，有认为是指二十八宿，二十八宿分布四方，每方七宿，各位七政，还有认为是日月五星。这些观点的起源可以追溯至汉代。在《史记·天官书》中就有"北斗七星，所谓'璇玑玉衡以齐七政'"的记载②。《史记集解》把七政解释为是日月五星，而璇玑玉衡是指浑天仪，其中玑与衡分别指浑仪的运转与窥衡③，不管哪种观点，古人命名"七政"与治理国家有关，这句话警示人们，天象与帝王治国有密切关系，古代天文和星占学因此得到了长足的发展。

　　利用二十八宿可以定位观测日月五星。为什么呢？《史记·律书》曰："七政，二十八舍。律历，天所以通五行八正之气，天所以成熟万物也。舍者，日月所舍。舍者，舒气也。"④七政就是日月五星，七者可以正天时。二十八宿乃七政之所舍也。言日月五星运行，或舍于二十八次之分也。"十母"和"十二子"分别是指十天干、十二地支，干支相配用于历法中的纪年和纪日，它们与钟律都是与自然相符、反映古今万物遵循的规律与道德之事，制定历法就是要从根本上符合这些自然界的一般规律。

　　中国古代律与历分不开，古人以十二律对应十二月，十二律有六律六吕之分，六律为阳，六吕为阴，故十二月也有阴阳的区别。冯时认为，声律的产生在中国是很早的事情，舞阳古笛的出土将它的历史至少提前到了距今7000年前，而当时古笛的作用就是用来候气定月的⑤。《吕氏春秋·十二月纪》及《礼记·月令》中记载了十二月阴阳的分配。

　　按照卢央的解释，十天干、十二地支是古代星占学的一种符号系统，它们分别代表了时间和空间的符号，它自身及组成的系列，既体现了阴阳，也体现了五行。古代风角占测体系，是依据八卦体系将四立、二分二至8个节令和四正四隅8个方位对应起来而形成的八风系统。它利用卦象、卦候和天象等配合占测⑥。

　　① 史记·律书（五）. 1345.

　　② 史记·天官书（一）. 5.

　　③ 徐振韬. 从帛书《五星占》看"先秦浑仪"的创制//《中国天文学史文集》编辑组. 中国天文学史文集. 第一集. 北京：科学出版社，1978：39-40.

　　④ 史记·律书. 1335.

　　⑤ 冯时. 中国天文考古学. 北京：中国社会科学出版社，2010：223-224.

　　⑥ 卢央. 中国古代星占学. 北京：中国科学技术出版社，2008.

（三）四分历体系——气朔闰余的建立

四分历体系在汉代得以形成和完善，与之有关的二十四节气、十九年七闰法、回归年长 365¼ 天、朔望月长度以及上元思想也逐渐建立起来。然而，早期历法已经初步具备相应的功能。《汉书·律历志上》有"历数之起上矣。……'历象日月星辰，敬授人时'。'岁三百有六旬有六日，以闰月定四时成岁'"①。这里摘录了《尚书·尧典》中关于历法的早期功能以及岁实长度和置闰法的记载。伪孔传有："匝四时曰稘②。一岁十二月，月三十日，正三百六十日。除小月六为六日，是为一岁。有余十二日，未盈三岁，足得一月，则置闰焉，以定四时之气节，成一岁之历象。"③可见早期的年长采用 366 日整数，置闰已经产生，只是规则不固定。后一句话的意思是，以闰月定（正）四时，即以闰月调整分至四气而成岁。冯时考证认为，这与殷历的闰法完全一致④。他由此进一步推断《尧典》"四仲中星"确定四季的说法是后人附会。

《汉书·律历志上》又引太史令张寿王的上疏曰："历者天地之大纪，上帝所为。传黄帝调律历，汉元年以来用之。"⑤从文献看，十二律的起源是在黄帝时代。历和律在中国古代是不可分的，其他与认识事物有关的还有度量衡，它们各司其职，又互相关联。《续汉书·律历志上》曰："古之人论数也，曰'物生而后有象，象而后有滋，滋而后有数'。然则天地初形，人物既著，则算数之事生矣。记称大桡作甲子，隶首作数。二者既立，以比日表，以管万事。夫一、十、百、千、万，所同用也；律、度、量、衡、历，其别用也。故体有长短，检以度；物有多少，受以量；量有轻重，平以权衡；声有清浊，协以律吕；三光运行，纪以历数。"⑥说的就是这个道理。这段话为历法以数起律、以律起历，并且主要负责天上日月五星的运行以及探求数理规律打下基础。

历法的制定离不开"数"，这表达了古代的万物之数思想。"数"又称为"备数"，是关于数数相生的规律，因为它能够使得"五行阴阳变化之数，备于此矣"。关于"备数"的最好解释是"六觚之数"："其算法用竹，径

---

① 汉书·律历志. 1399.
② "稘"据冯时观点做了修改，原文此处为"期"。
③ 甄鸾. 五经算术·卷上·尚书定闰法//郭书春，刘钝校点. 算经十书. 沈阳：辽宁教育出版社，1998：1.
④ 冯时. 卜辞中的殷代历法//薄树人. 中国天文学史. 台北：台湾文津出版社，1996.
⑤ 汉书·律历志. 1403.
⑥ 续汉书·律历志上. 1453.

一分，长六寸，二百七十一枚而成六觚，为一握。"①这句话可以解释为，在边长为 10 分的正六边形中均匀放竹，最后证明能够容纳的竹数是 271 枚。这有点类似于毕达哥拉斯数。

《汉书·律历志上》曰："时所以记启闭也，月所以纪分至也。启闭者，节也。分至者，中也。节不必在其月，故时中必在正数之月。故《传》曰：'先王之正时也，履端于始，举正于中，归余于终。'履端于始，序则不愆；举正于中，民则不惑；归余于终，事则不悖。"②

以上内容说明制定历法是古代最重要的事情之一。韦昭注："时，天时。"也就是依日月行次建立的标准时间。因此，最初意义的四时即为分至四气。由于充当着一年中四个时间的标记点，四气后来构成了早期的标准时间体系，也就是历法。分至四气以及后来二十四气的产生，严格地说都是依据天文学标准平均分配的结果，与农业无关③。所以，四时应该不是四季。四季源于农业周期。

"敬授人时"是指将历法付予百姓，使其知时令变化，不误农时，出自《尚书·尧典》。蔡沉集传："人时，谓耕获之候。"后以敬授人时指颁布历书，《史记·五帝本纪》引作"敬授民时"。江晓原认为"敬授人时"的本意是指依据历法知识，安排统治阶级的重大政治事务日程④。

历法中一个重要的内容是安排分至启闭，而其一个重要法则就是使历法的起点符合自然的顺序，冬至作为历法的起点，早期又称为"日南至"，就是突出了它作为一年之中日影最长、太阳运行到最南端的含义，这个点的获得是通过圭表测影。当然，除此以外，还可以测量太阳高度角最低的时刻，使得每个节气、中气在每月都有自己的位置，使得历法在一个相对时间段里正好终结，具有完整性，否则就会不合时序、民怨沸腾。

十九年七闰法是这一思想的反映。《续汉书·律历志上》有："察日月俱发度端，日行十九周，月行二百五十四周，复会于端，是则月行之终也。以日周除月周，得一岁周天之数。……为一岁之月。……为一月之数。……有朔而无中者为闰月。中之始曰节，与中为二十四气。以除一岁日，为一气之日数也。……为蔀……为纪……纪岁青龙未终，三终岁后复青龙为元。"⑤

① 汉书·律历志. 1382.

② 汉书·律历志. 1409.

③ 竺可桢. 二十八宿起源之时代与地点. 思想与时代, 1944, (34).

④ 江晓原. 天学真原. 沈阳: 辽宁教育出版社, 1991: 151.

⑤ 续汉书·律历志上. 1511-1512.

回归年长度的测量也反映了这一思想。《续汉书·律历志上》说："日发其端，周而为岁，然其景不复。四周千四百六十一日，而景复初，是则日行之终。以周除日，得三百六十五四分度之一，为岁之日数。"[①]古代四分历的回归年长度是 365¼日。后面紧接着说"日日行一度，以为天度"，明确规定了天度概念。南北朝时，虞喜提出"天为天，岁为岁"的岁差思想对这个古代历法传统形成了冲击。这也就不难理解古代接受岁差思想为什么经历了一个艰难的过程。

中国古代用圭表测影的历史非常悠久。对古人来说，圭表不失为一种简单而有效的测量工具，这是了解太阳周期的一个好办法。圭表测影在中国天文学史上扮演着重要的角色。圭表的"圭"取自帝王佩戴的玉器，将一件象征社会地位的玉器赋予普通的立杆测影，由此可以推断，圭表测影一般是官方组织的。《汉书·天文志》中有日影占测的思想，"晷影者，所以知日之南北也。日，阳也。阳用事则进而北，昼进而长，阳胜，故为温暑；阴用事则日退而南，昼退而短，阴胜，故为寒凉也。……一日，晷长为潦，短为旱，奢为扶。扶者，斜臣进而正臣疏，君子不足，奸人有余"[②]。可见，由晷影长短的变化可以测知水旱灾害，也可以测知人事的邪正。这套占测系统在历史上影响很大。

对于"朔"的认识。西周铜器铭文中记载的"既生霸""既死霸""初吉""既望"，是关于朔望月长度和月相的最早认识；周代有每月告朔于庙，并有祭祀活动，叫作朝享。"朔"和月亮运动有关，是朔望月的开端，是古代历法考虑的另外一个起点。汉兴百余年后，官方必须"改正朔，易服色"说的就是历法改革、确定上元这件事。

月亮运行占测主要包括一个朔望月周期内的占测和月食的占测。前者表明了按照月亮运行规律办事，大臣诸侯要禀受君命，教令节度。月食的发生也会带来不安定，所以《汉书·天文志》中有"古人有言曰：'天下太平，五星循度，亡有逆行。日不食朔，月不食望'"[③]。

日食和月食现象受到古代天文学家和历算家的注意，被写入官史中，是因为它表达了太阳、月亮在运行过程中发生的事情。所以，占星家们把日食、月食的发生与君王的政治联系起来。古代天文学家们非常重视预报日月食发

---

① 续汉书·律历志上. 1511.

② 汉书·天文志. 88-89.

③ 汉书·天文志. 85.

生的时间及其背景，如果预报不准会有杀头之祸。

"上元"就是给一部历法制定一个理想的起点，《书经》曰："冬十月朔，日有食之。"这里讲了十月朔这一天，发生了日食。这是对日、月会合运动的最初认识。古人认为日月交会的时刻一定与占验有关。《左传》曰："不书日，官失之也。……日御不失日以授百官于朝。"《汉书·律历志上》有："言告朔也，元典历始曰元。"可见，元作为起始，与日月的会合运动有关。从汉代太初年起这个起点必须符合"仲冬十一月甲子朔旦冬至，日月在建星，太岁在子，已得太初本星度新正"[①]。通常这个上元符合"以律起历"的规则，日法、闰法、元法、会数、章月之数对应天地自然音律和阴阳五行学说。这样，这些基本历法参数既有了一个正统的形而上学外衣，同时也为历法的进一步发展铺平了道路。

陈遵妫认为，一部中国历法史，几乎可以说是上元的演算史[②]。这句话的意思是，古代历法中许多内容都与上元问题有关。与上元有关并相互独立的历算项目大约有 12 种，包括：日名、岁名、回归年、朔望月、恒星年、交点月、近点月、水、金、火、木、土五星各自的会合周期。从历法的主要构成内容来看，步轨漏、步发敛、步气朔、步日躔、步月离与前 7 项有关，而步交会、步五星与后 8 项有关。中国古代对上元的认识经历了起伏变化的过程，其中北朝何承天以及元朝《授时历》的官方著作者李谦在这方面都有代表性言论，由此可以看出古代上元思想经历了由盛而衰的过程。其争论的焦点就是"言当顺天以求合，非为合以验天"，这句话的前半句是以天体运行的实际观测数据为出发点，不经篡改，直接用以推算；后半句是为了某种既定上元，在实际天象中极力寻求与之相匹配的数据加以证明[③]。历史事实证明，理想上元根本不存在，所以传统历法一方面是通过一套代数方法探讨日月五星的运行规律，从而为编制历法提供比较科学的理论依据，另一方面，古代数理天文学难以逃脱数术家们所偏好的卦候思想指导的占星术。

（四）五星推步与占验

比起异常天象，五星的占验相对要复杂一些，原因是，除了各星具有的吉凶性质不同外，它们的动态所反映的吉凶性质也不同。记录五星占验现象

---

① 汉书·律历志. 1400-1401.

② 陈遵妫. 中国天文学史. 中. 上海：上海人民出版社，1984：1.

③ 曲安京. 中国历法与数学. 北京：科学出版社，2005：49-53.

最早的文献可以上溯至《左传》《国语》。在官史《天文志》里也记录了大量五星占验的内容。例如，岁星运动周期大约是十二年，这样它每一年经过的长度大致固定，后来，出于岁星占验吉凶的需要，把天空分为十二等分，即十二次，令其与地上各个国家相对应，就产生了分野说。

为了使五星占验的表现形式更加符合实际，以便做出吉凶预报，历算家与占星家开始认真考虑五星动态运行规律。战国时期的甘德和石申最早发现五星有逆行现象，并描述了金星、木星、水星（又称为辰星）、火星（又称为荧惑）在一个会合周期内的大致情况，但这些内容与实际运行情况出入较大。有关内容零散地记录在《史记·天官书》《汉书·天文志》《汉书·律历志》，以及唐代《开元占经》中。甘德、石申较早注意到五星占测的重要性，认为"五星不失行，则年谷丰昌"。

1973 年出土的马王堆汉墓帛书《五星占》对五星的冲、合、伏、见、顺、逆、留等运行状态的研究有了实质性的进展。它描述了秦王政元年（公元前246 年）到建元三年（公元前 138 年）总共 108 年内木星、土星和金星的位置变化，以及这三颗行星在一个会合周期内的动态。虽然其中掺杂了大量星占学的内容，但是仍然可以从中读出重要的关于五星运行状态的信息。例如，它记载了金星的会合周期为 584.4 日，这是按照金星四个不同阶段的日数（224、120、224、16.4）相加后得到的。原文如下："以正月与营室晨出东方，二百二十四日晨入东方；滞行百二十日；夕出西方二百二十四日，入西方；伏十六日九十六分；晨出东方。"这里还给出了金星在一个周期内的运行动态：晨出东方—顺行—伏—夕出西方—顺行—伏—晨出东方[①]。另外，《五星占》中还提出了"日行八分，三十日而行一度"的方法，以时间、速率计算位置，这种对动态运行方式的考虑奠定了后世历法中"步五星"的先声。

西汉《太初历》对于五星会合周期内的动态表述已经进入了比较完善的阶段。在《太初历》中，木、火、土三星的会合周期和恒星周期，以及水、金星的会合周期值已经具有较高的精确度[②]，为后代探讨五星动态运行情况提供了一个可参考的标准。

五星位置的标示通过二十八宿来实现。通过二十八宿赤道宿度与现代行星黄经位置表的对比，可以得出行星在一个连续周期内的位置变化。这种对

---

① 席泽宗. 中国天文学史的一个重要发现——马王堆汉墓帛书中的《五星占》// 《中国天文学史文集》编辑组. 中国天文学史文集. 第一集. 北京：科学出版社，1978：14-34.

② 陈美东. 古历新探. 沈阳：辽宁教育出版社，1995：385-404.

五星位置的探究引起了古人对一些特殊五星占验现象的重视。例如，《汉书》中说："汉之兴，五星聚于东井。"据文献记载，对此现象的存在，南北朝就有人怀疑。也有学者认为，这是后人班固为了找到汉王朝建立的星占学依据而对其进行的篡改①。研究发现，所谓"五星聚舍"是指在一定的范围内，如不超过井宿宿度 33 度，或又称为"五星连珠"；如果超过这个范围甚至更大，那就是"五星并见"②。与此同时，学术界注意到，如果文献中考虑五星聚会星宿时，则在一两千年内发生相同天象的机会微乎其微。所以，古代文献中所称发生于上古的"五星会聚"，并非实际观测，而是后人为了印证天命而虚构出来的③。

　　类似的还有"荧惑守心"现象。荧惑即五星中的火星，其字义有眩惑的意思。古人常用来指战乱、疾病、饥饿、贼逆，其占文有时关系君王的存亡。心宿是二十八宿之一，心宿大星在星占上指君主，其前后星是指君主之子。据研究，"荧惑守心"包含荧惑逆行的天象，通过分析历史上记载的 23 次荧惑守心记录，发现其中有 17 次均不曾发生，而对西汉以来实际发生的近 40 次荧惑守心天象，却多未见文字记载④。这说明在古代中国，星占灾异的发展原本出于皇权政治的需要，带有一定的随意性，但是政治反过来却制约和影响了天文学的发展。

　　中国古代历法产生历史久远，在其发展过程中星占学扮演了重要的角色。代表历法基本测算体系的二十八宿的产生历来与八方、八风、钟音、八节、四宫、四象有关，历法从一开始就具有浓厚的星占学色彩。十天干和十二地支是古代星占学的一种符号系统，它们分别代表了时间和空间，干支相配用于历法中纪年和纪日，它们和钟律都与自然相符，反映古今万物遵循的规律与道德。历和律在中国古代是不可分的，其中，历法的制定离不开"数"，表达了古代的万物之数思想。"天时"是依日月行次建立的标准时间，它源于古代帝王的政治需要，同时用来指导农事。历法中一个重要的内容是安排分至启闭，一个重要法则就是使得历法的起点符合自然的顺序，冬至作为历法的起点符合这个顺序，十九年七闰法、回归年长度测定也是这一思想的反

　　① 冯时. 中国天文考古学. 北京：中国社会科学出版社，2010：104.

　　② 刘金沂. 历史上的五星连珠. 自然杂志，1982，5(7)：505-510.

　　③ 黄一农. 中国星占学上最吉的天象——"五星会聚"∥黄一农. 社会天文学史十讲. 上海：复旦大学出版社，2004：53-70.

　　④ 黄一农. 中国星占学上最吉的天象——"五星会聚"∥黄一农. 社会天文学史十讲. 上海：复旦大学出版社，2004：53-70.

映。此外，中国古代历法中的圭表测影、告朔仪式、预报日月食发生时刻以及理想上元的推算都体现了强烈的星占思想。在五星动态运行现象中，"言当顺天以求合，非为合以验天"代表了两种截然不同的治历思想，它们此消彼长，与古代历法相伴而生。通过对两种极端天象"五星聚会"和"荧惑守心"的分析，说明古代治历虽然重视观测，但是为了印证天命，对这些天象的关注过分加入了人为因素。

（本文第二部分曾发表于邓可卉，周世基. 中国古代历法的星占学基础. 自然辩证法通讯，2019，41（3）：89-94。）

《周髀算经》中的数理思想

一、《周髀算经》产生的历史背景

《周髀算经》原名《周髀》，作者不详。《周髀算经》完成于公元前 100 年，这时战国时期百家争鸣结束，大一统的西汉政权已建立[①]。

早在春秋战国时期，以孔丘（公元前 551—前 479）和孟轲（约公元前 372—前 289）为代表的儒家学派天命观和有神论发生动摇，孟子说"天之高也……苟求其故，虽千岁之日至，可坐而致也"[②]，反映了这一时期的朴素自然观。曾参（公元前 505—前 434）质疑天圆地方学说，他说："诚如天圆而地方，则是四角之不揜（掩）也。"[③]他认为天圆地方说自身存在许多矛盾之处。慎到（约公元前 395—前 315）提出浑圆的天斜倚的观念，"天体如弹丸，其势斜倚"[④]，这是浑天说出现的一个前兆。

战国时期自由宽松的学术氛围，导致中国各家论天学说不断涌现，产生了大量以自然界的规律来解释自然现象的宝贵思想。例如，庄周（约公元前 369—前 286）提出"天地不坠不陷"的观点，他以反问的形式指出引起这一现象的动力问题，他问道："天其运乎？地其处乎？日月其争于所乎？孰主张是？孰维纲是？孰居无事推而行是？意者其有机缄而不得已邪？意者其运转而不能自止邪？"《管子·地数》以"水浮说"解释了天地为什么是这样的，它有"地之东西二万八千里，南北二万六千里，其出水者八千里，受水者八千里"，认为地是一个长方形的有限实体，它一半没入水中，一半露

---

① 钱宝琮. 《周髀算经》考. 科学, 1929, 14（1）: 7-29.

② 孟子. 孟子·离娄下. 南昌: 江西人民出版社, 2017: 6.

③ 戴德, 戴圣. 大戴礼记·曾子·天圆. 上海: 上海古籍出版社, 2019: 11.

④ 慎到. 慎子. 上海: 华东师范大学出版社, 2010: 3.

出水面，载水而浮，于是不陷。这是当时人们受地理知识的局限而提出的直观朴素认识，这比地深无穷的说法要科学得多。

还有一种说法是气举说。《黄帝内经·素问·五运行大论》中记有一段有趣的对话："帝曰：地之为下，否乎？岐伯曰：地为人之下，太虚之中者也。帝曰：冯（冯，凭之假借，意为靠什么才不陷呢？）乎岐伯曰：大气举之也。"它表达了两层意思：一是认为地只是广漠太虚中的一物，其四周皆为太虚，由于人居住在地上，只能说地在人之下，但不能说地在太虚之下。二是说地依靠大气的举力而悬处太虚之中。此中第一点是关于地在太空间位置的论述。第二点虽然不符合实际，但在当时却不失为一种大胆的直观猜测。

荀况（约公元前 313—前 238）是先进思想的杰出代表。在著名的《荀子·天论》中，荀况阐发了自然界没有意志，而且是按一定的规律性运动的反天命思想。他指出"天行有常，不为尧存，不为桀亡"，又说"夫日月之有蚀，风雨之不时，怪星之党（傥，偶然的意思）见，是无世而不常有之"，它们是"天地之变，阴阳之化"的结果。

以天圆地方、天高地卑等为主要内容的我国古代第一次盖天说，在这时已经发生了动摇。而浑圆的天、天可以低于地等浑天说的思想已经发展起来。对第一次盖天说做某种修正的第二次盖天说大约也在这时出现了。《周髀算经》就是对第二次盖天说的理性思想的论述。

到了汉代，社会意识形态发生了重大转变，这种意识形态的转变体现在汉代以来的"天人合一"思想逐渐以压倒一切观念言论之势胜出。儒家学说能在汉代被采纳为官方御用思想，其根源就是一体化政治结构对于道德价值一元论的需要。

古文经学的内容反映为用先秦文字记录儒家经典，而到了汉代，今文经学兴起，汉初开始用通行隶书记录儒家经典。在这个过程中，儒家首先吸收法家的观念，通过"天人合一"的结构形态取得合法地位，其次，吸收道家的"人法地，地法天，天法道，道法自然"思想，使宇宙探索上升到道德层面。因此，学术界有人把董仲舒建立的具有"天人合一"结构的理论称为新儒学[①]。

"天人合一"中的"天"是宇宙秩序，是王权的合法化存在方式，而"人"是指一切家族家庭及其社会关系。董仲舒在《春秋繁露·人副天数·第五十

---

① 黄朴民. 董仲舒与新儒学. 台北：台湾文津出版社，1992：28-52.

六》中说"以类合之，天人一也"，他认为"人"以"天"为模本，它们是相似的，同类相通的。可见，汉代以来建立的"天人合一"结构，借用自然界的天，使其人格化为上天、天子，在古代中国这样一个一权独大的官僚体制结构下，这个天不但成为主宰万物之本的道德家，而且是指自然万物运动变化最合法的代言人。

今文经学主张用微言大义来解释儒学经典。所以，汉代以来兴起的第二次盖天说也好，浑天说也罢，都属于以宇宙论为中心的儒学代言，以这种方式对宇宙结构和理论的探讨，随着东汉的灭亡而逐渐式微。但是，中国对天理、天道结构的探寻一直存在，只不过主角不是宇宙论了。

二、盖天说与"盖天三体"

盖天说的产生年代有文献记录的大约在公元前 6 世纪，最初认为天在上，地在下，《周易·说卦》有"坤为地，为大舆"，后来以车比喻天地，认为天像车盖，地像车舆。一个关于盖天说的明确记载是曾参对天圆地方学说提出的质疑，他说："诚如天圆而地方，则是四角之不掩（掩）也。"[①]

《周礼·冬官·考工记》载："轸之方也，以象地也；盖之圆也，以象天也。轮辐三十，以象日月也；盖弓二十有八，以象星也。"[②]这里说的是方形车厢就好比是大地，车厢上方的圆形车盖则能视作天空。日月附于天，其中月亮的朔望周期接近 30 天，以"轮辐三十"指代；至于支撑车盖的 28 根弓形木架，则是天上的二十八宿分野的化身，体现了日月与众星的运动有别。据考证，《周礼·冬官·考工记》属战国初期（约公元前 5 世纪）齐国官书[③]，书中这段文字在一定程度上反映了当时的天地观。车盖一般为伞形，有一伞柄名为杠。盖弓自伞柄顶端膨大处（名部，亦称保斗或盖斗）四散[④]。若盖弓象征着二十八宿，那么伞柄顶端膨大处自然是指代了北天极。

盖天说作为中国古代最早出现的天地结构理论，在漫长的时间里，不仅其自身有着一个发展变化的过程，而且内部产生了不同的流派。

南朝梁代祖暅曾经将盖天说划分为三派，在他的《天文录》中载有："盖

① 戴德，戴圣. 大戴礼记·曾子·天圆. 上海：上海古籍出版社，2019：11.

② 闻人军. 《考工记》译注. 上海：上海古籍出版社，2008：37.

③ 刘敏. 《考工记》车舆名物研究. 苏州：苏州大学，2014.

④ 孙机. 中国古独辀马车的结构. 文物，1985，(8)：25-40.

天之说，又有三体。一云天如车盖，游乎八极之中；一云天形如笠，中央高而四边下；亦云天如欹车盖，南高北下。"①也就是说，在祖暅眼中，公元 6 世纪时的盖天说至少可以分为三个流派，祖暅称之为"盖天三体"。我们可以在现存史料中找到对应的学说。东汉王充主张平天说，《论衡·说日》有："天平正与地无异，然而日出上日入下者，随天转运，视天若覆盆之状。"这里的"天若覆盆"与盖天三体中的第一种"天如车盖"虽然有细微区别，但是可以把第一种归为王充在《论衡·说日》中论述的平天说。傅大为认为，王充的《论衡·说日》是《周髀算经》传统的一种发展②。李志超等也曾撰文认为，《周髀算经》卷上论述的陈子模型其实就是平天说，东汉王充不过是重新提出了平天说③。这说明它们之间有着很强的继承关系。

"天形如笠，中央高而四边下"是《周髀算经》中的盖天模型，与《周髀算经》中的"天象盖笠，地法覆槃"的描述相似。第三种流派的"天如欹车盖，南高北下"，王充在其《论衡·说日》中有相近的说法，原文有："夫取盖倚于地，不能运；立而树之，然后能转。今天运转，其北际不着地者，触碍何以能行？由此言之，天不若倚盖之状，日之出入不随天高下，明矣。"④但是，王充本人反对天如倚盖的说法。唐代李淳风在《晋书·天文志》和《隋书·天文志》中将这类盖天学说命名为"周髀家盖天说"。钱宝琮曾撰文分析了《周髀算经》盖天说与"周髀家盖天说"的差异⑤。我们认为，"周髀家盖天说"是《晋书·天文志》内归纳出的一类学说，它是把以《周髀算经》为代表的盖天说言论列为"周髀家说"⑥。现摘出其主要观点（表 1），可以发现两者内容有很大的不同，而且时间的先后也是很明显的。

① 李昉，等. 太平御览. 中华学艺社借照日本帝室图书寮. 京都东福寺东京静嘉堂文库藏宋刊本.

② 傅大为. 论《周髀》研究传统的历史发展与转折//异时空里的知识追逐：科学史与科学哲学论文集. 台北：东大图书公司，1992: 1-62.

③ 李志超，华同旭. 论中国古代的大地形状概念. 自然辩证法通讯，1986，(2): 51-55, 80.

④ 黄晖. 论衡校释·说日篇. 北京：中华书局，2018: 427.

⑤ 钱宝琮. 盖天说源流考//李俨，钱宝琮. 李俨 钱宝琮科学史全集. 第九卷. 沈阳：辽宁教育出版社，1998: 430-458.

⑥ 陈遵妫. 中国天文学史. 上海：上海人民出版社，2006: 1308.

表1　《周髀算经》盖天说与"周髀家说"的主要观点比较

《周髀算经》盖天说[①]	"周髀家说"[②]
天象盖笠，地法覆槃	天圆如张盖，地方如棋局
凡为日月运行之圆周七衡周而六间	天旁转如推磨而左行，日月右行，随天左转，故日月实东行，而天牵之以西没。譬之于蚁行磨石之上，磨左旋而蚁右去，磨疾而蚁迟，故不得不随磨以左回焉
北极之下，高人所居六万里，滂沱四隤而下。天之中央，亦高四旁六万里	天形南高而北下，日出高，故见；日入下，故不见。天之居如倚盖，故极在人北，是其证也。极在天之中，而今在人北，所以知天之形如倚盖也
日照四旁各十六万七千里。人所望见远近，宜如日光之所照也	日朝出阳中，暮入阴中，阴气暗冥，故没不见也
日夏至在东井，极内衡；日冬至在牵牛，极外衡也。……冬至昼极短，日出辰而入申；夏至昼极长，日出寅而入戌	夏时阳气多，阴气少，阳气光明，与日同辉，故日出即见，无蔽之者，故夏日长也。冬天阴气多，阳气少，阴气暗冥，掩日之光，虽出犹隐不见，故冬日短也

　　以上我们分析了平天说、《周髀算经》盖天说与"周髀家盖天说"中的描述，其结构皆是"天在上，地在下"，它们与东汉以来以王充的平天说为代表的学说具有继承性。特别是后两个存在一定的联系，但强行将两者融入一个模型可能略微牵强，应当把两者视为盖天说中截然不同的流派。同时，考察"天如车盖"与"天形如笠"的细微差别，会发现祖暅把它们各自独立列为"盖天三体"中的二体是有道理的。可以认为，至晚在东汉王充时，盖天说已经发展出两大流派：平天派（包括《周髀算经》中的陈子模型与盖天模型，以及王充的平天说）、倚天派（以"周髀家盖天说"为代表）。

三、《周髀算经》的度数思想

　　学术界利用天象比对及文献特征考证得出《周髀算经》大约成书于公元前 100 年[③]，但是根据其内容，这本书记录了商周时期周公受之于商高的活动，只不过是周人志之，才谓之《周髀算经》。更有学者根据《周髀算经》"累代存之，官司是掌"的记载论证了《周髀算经》为官书的特点[④]。《周髀算经》虽然成书于公元前 100 年，但是其中的知识最晚可追溯至战国时期，

　　① 周髀算经//郭书春，刘钝校点. 算经十书. 沈阳: 辽宁教育出版社, 1998: 18-29. 以下相关原文均出自该书.

　　② 晋书·天文上. 279.

　　③ 钱宝琮. 《周髀算经》考. 科学, 1929, 14 (1): 7-29.

　　④ 李迪. 中国数学史大系. 第一卷. 北京: 北京师范大学出版社, 1998: 386.

深受诸子百家学说及言论的影响，反映了人们对盖天说宇宙论进行数学化描述的一种愿望与企图；它的内容更反映了一种普遍的对天及自然界的认识层次，既非个别阴阳家的言论，也非出自一人一时的私学天文学，是具有儒家正统学说支持的官方天文学。

李志超和华同旭[①]曾指出，《周髀算经》中实际上论述了两种盖天模型，最开始论述的是天地完全平行且中央均无凸起的陈子模型，随后则在陈子模型的基础上加以改进，比如新增日照范围、北极璇玑，以及二分二至点的去极度数值及其算法等。总的来说，《周髀算经》不是一次成书的，而是在战国前后由不同的人逐渐增加、积累而成的，但其天象基本反映了西汉时期的天象。通过进一步考察与研究，笔者认为《周髀算经》具有以下内容。

（一）"数"的思想

在《周髀算经》中，周公与商高对话时多次谈到"数"，首先，周公发问说："窃闻乎大夫善数也，请问古者包牺立周天历度，夫天不可阶而升，地不可得尺寸而度，请问数安从出？"商高回答说："数之法生于圆方。圆出于方，方出于矩，矩出于九九八十一。故折矩以为勾广三，股修四，径隅五。既方其外，半之一矩。环而共盘，得成三四五。两矩共长二十有五，是谓积矩。故禹之所以治天下者，此数之所生也。"[②]通过这段话可以了解到《周髀算经》中讨论的勾股定理实际上出自周公与商高的对话，故又称为"商高定理"。

我们下面解释这句话。《周髀算经》里"数"的思想发端于"天道"，它们共同构成了中国古代认识宇宙的基本范畴，古代宇宙论哲学其他范畴还有精、气、神、诚等。天道的概念起于何时，已不易详考，但是在《古文尚书》《周易》《礼记》中都可以找到"天道"的记录，所以推断"天道"概念大概出现于春秋初期。天道反映了人类对宇宙以及自然界的认识，它的提出明显是一种进步。首先来看"天"与"天道"。通观中国古代文献《诗经》《周易》等，有"有命自天，命此文王"（《诗经·大雅·大明》）、"飞龙在天，利见大人"（《周易·乾卦·爻辞》），这里的"天"一方面代表至上神，一方面象征自然的天。《周易·系辞下》说："上古结绳而治，后世圣人易之以书契。"结绳记数与契刻记数是早期对于数的认识的体现，《周易》甚至产生了言天数而不言天命的现象。到了战国时期，随着自然神学的

---

① 李志超, 华同旭. 论中国古代的大地形状概念. 自然辩证法通讯, 1986, (2): 51-55, 80.
② 江晓原, 谢筠译注. 周髀算经. 沈阳: 辽宁教育出版社, 1996: 75-76.

发展，人们又把天作为自然物看待，庄子说："是故天地者，形之大者也。"（《庄子·则阳》）但是孔子说"天何言哉"（《论语·阳货》），墨子讲"天志"，指出天还是一个人格神。"天道"的概念来源于"天命"；由于天命的最终依据是天象，所以古代天文学的一个重要成就就是观测天象，特别是异常天象。日复一日，年复一年，人们发现反映天命的天象具有重复性和不规律性，于是引入了天道，它反映天体运行及其规律。

"数"指计数或计算过程，它最先用于生产和生活，但后来也用于天文和历法，所以又有"历数"或"天文历数"的说法，《周髀算经》中周公和商高谈到数时，则出现了"周天历度"一语。这句话的意思是，根据一定的天体运行规律，用数进行运算，其结果是一定的，所以古代天文历算中的数通常带有一种必然的性质。《吕氏春秋·贵当》中有："性者万物之本，不可长，不可短，因其固然而然之，此天地之数也。"此"数"在这里又有规律、规则的意义，因而和"天道"相通。

从"天命"发展到"天数"，是古代阴阳家的最高追求，所以产生了"数术"的学问。数术学的发展既有数学的功劳，更反映天文学的进步。占星术既源于农耕社会活动的母腹，又伴随着社会分化而出现威信和权力的需要。由于它的特殊地位，从事占星工作的人逐渐职业化。所以，在战国时代，星占学或术数学有充分的社会地位，它们互为前提，深受社会及人们的信任。

《周髀算经》的第一个问题不仅深入探讨了"数"的思想与方法，而且找到了驾驭"数"的工具——矩，进一步追溯了矩背后的一条坚实的数学定理——勾股定理；不仅对"勾广三，股修四，径隅五"这一特例勾股三角形进行了数学证明，而且进一步指出"勾出于矩"，由"矩"可以生出许多相似勾股形，因此相似勾股形和勾股定理成为古人度量天地的基本工具。《周髀算经》有"矩之于数，其裁制万物，唯所为耳"，指出矩这种工具是数的载体，不仅代表了"数"的思想，而且是裁制万物的工具，例如，"大禹治水"就用到矩。《续汉书·律历志上》曰："古之人论数也，曰'物生而后有象，象而后有滋，滋而后有数'。然则天地初形，人物既著，则算数之事生矣。记称大桡作甲子，隶首作数。二者既立，以比日表，以管万事。"两种文献互相参照，可以看出它们的语气中蕴含了"万物皆数"的思想。最后，周公感叹道："大哉言数！"另一方面，在《周髀算经》陈子、容方对话中，陈子的"此皆算术之所及也"表达了对宇宙天地进行数量化的信心。从《周髀算经》与第一次盖天说的关系来看，通过用矩之道可以建立一种天圆地方的理想模型，它们之间具有内在的联系。

（二）"数"的思想发展

《周髀算经》关于"数"的思想的推进，促进了当时数学的发展。《九章》（成书于公元 100 年）中有专门一章"勾股"，根据郑众、马融等为"九数"所作注释，其源头可以追溯到《礼记》中贵族子弟所受教育"六艺"中的"数"，应该指九数。西汉末《九章》的主要纲目是方田、粟米、差分、少广、商功、均输、方程、赢不足、旁要，与现今流传下来的主要纲目不尽相同。东汉末郑玄注《周礼》引郑众说："今有重差，勾股。"说明数学从西汉至东汉有了新的发展，它们起源于西汉时期主张盖天说的天文历算家，但没有被编入算数之内，或已编入而没有给予应有的重视①。

到东汉初，勾股代替旁要，作为《九章》的第九章。清人孔继涵注曰："旁要云者，不必实有是形，可自旁假设要取之。"中国古代的勾股术包括相似勾股形和勾股定理，这两者在《周髀算经》中都有所体现，重差术也在西汉时期发展起来。钱宝琮认为："西汉时期，主张盖天说的天文学派有一种测量太阳高、远的方法，当时的数学家称它重差术。"三国时刘徽在重差术上进一步发展了重表法、连索法和累矩法测量物体的高深广远。重差理论是中国古代传统几何学的一个重要分支，它发端于古代测量日影的活动。《周髀算经》所载测量太阳高远及直径等方法，经两汉、魏晋已发展成系统的勾股测量理论，赵爽注《周髀算经》、刘徽注《九章算术》都对重差理论有了新的阐发。

《周髀算经》卷上陈子答荣方问有："若求斜至日者，以日下为勾，日高为股。勾、股各自乘，并而开方除之，得斜至日。"这里所谓"斜至日"，在天地模型中是指日到影端的距离，在测日径图中也有"斜至日"，那里是指日到人目的距离。这里涉及古代算术中的开方问题。相似三角形计算的例子是紧接下来的一段关于求日径的方法，有"从髀所旁至日所十万里。以率率之，八十里得径一里，十万里得径千二百五十里。故曰，日径千二百五十里"，这里的"以率率之"，就是按照相似三角形对应边成比例的解法求出未知数。在测量太阳远近和天之高下以及测量北极远近时多次用到相似三角形算法，例如"今立表高八尺，以望极，其勾一丈三寸，由此观之，则从周北十万三千里而至极下"，这里用到了天地距离八万里的这一数值，由相似三角形计算得来，是测极远近的方法。

《周髀算经》发展了以分数计日、月运行周期的方法及分数运算。前者

---

① 钱宝琮. 中国数学史. 北京: 科学出版社, 1964: 72.

是用自然数计数的必然结果，至于其意义，宁可用十进制数的分数计算，也不发展十进小数，是为了处理集合周期问题，即年与日会得 4 年 1461 日，以每年 365 日一个一个地去"除"，最后余下一日不能再分，于是有了 $365\frac{1}{4}$ 日的年长值，这里 4 的含义是 4 年一个集合的意思，年与月合得一章，即 19 年共 235 月。

下面是"月后天"第一种计算方法（根据日月东行周期计算）。

由"十九年七闰"可得

$$235 = 19 \times 12 + 7$$

∵ 日东行 19 周，月东行 235 周。

∴ 日每走一度，月离日 $\frac{235}{19}$ 度。

∴ "月后天"度数 $= 1 + \frac{235}{19} = 13\frac{7}{19}$ 度。

用《周髀算经》原文就是："术曰：'置章月二百三十五，以章岁十九除之，加日行一度，得十三度十分九度之七。此月一日行之数，即后天之度及分。'"复置"七十六岁之积月"，以 76 除之，得 $12\frac{7}{19}$ 为一岁之月数；再置周天度数，以 $12\frac{7}{19}$ 除之，得 $29\frac{499}{940}$ 则一月日之数。

即一回归年中的朔望月数为 $\frac{940}{76} = 12\frac{7}{19}$ 个。

于是，朔望月日数第一种计算方法（一个回归年日数除以月数）

$$\frac{365\frac{1}{4}}{12\frac{7}{19}} = 29\frac{499}{940} \text{天}$$

朔望月日数第二种计算方法（根据十九年七闰）如下：

∵ 19 个回归年 = 235 个朔望月。

∴ 235 经月 $= 19 \times 365\frac{1}{4}$。

经月日数为：$365\frac{1}{4} \times 19 \div 235 = 29\frac{499}{940}$ 天。

这里 940（$= 235 \times 4$）含义是又一个集合周期。《周髀算经》卷下解释了"演纪上元"的实质："阴阳之数，日月之法，十九岁为一章；四章为一蔀，七十六岁；二十部为一遂，遂千五百二十岁；三遂为一首，首四千五百六十岁；七首为一极，极三万一千九百二十岁，生数皆终，万物复始，天以更元，作纪历。"这种集合周期概念进一步扩大，后来演变为"演纪上元"。演纪上元是中国传统数理天文学的一项重要内容，围绕它有一系列算法的发展。

《周髀算经》中取数最为精妙的还有卷下节 13 题中的"二十四气晷影长"表格，并给出这些影长的推算方法："气损益九寸九分六分分之一"，即它按照二十四气气损益 9 寸 $9\frac{1}{6}$ 分的等差数列形式构造了一张表，整齐划一；其公差为 9 寸 $9\frac{1}{6}$ 分。它也给出对应的算法，即先测量冬至、夏至影长，作为损益的开始，然后以夏至晷减冬至晷，余为实，以十二为法，实如法得一寸，不满法者十之，以法除之，得一分，不满法者，以法命之。《易纬》中也有与之类似的方法推求各节气影长值，稍有不同的是，它们的公差为 9 寸6 分。以上两本著作中给出的二十四节气影长值，并非具体的实测结果，而是通过冬夏至影长来确定公差，从而按照节气顺序依次计算得到其他影长值。这表达了一种对日影长度的数学认识。

表 2 最大的特点不是由实测得到的，而是人为计算出来的。虽与实际情况的误差比较大，但是不能排除它们对东汉《四分历》，以至何承天和祖冲之等人历法中晷影表的影响。

表 2 《周髀算经》二十四节气日影长度表

节气		晷影长度
冬至		一丈三尺 五寸
小寒	大雪	一丈二尺五寸 小分五
大寒	小雪	一丈一尺五寸一分 小分四
立春	立冬	一丈五寸二分 小分三
雨水	霜降	九尺五寸三分 小分二
惊蛰	寒露	八尺五寸四分 小分一
春分	秋分	七尺五寸五分
清明	白露	六尺五寸五分 小分五
谷雨	处暑	五尺五寸六分 小分四
立夏	立秋	四尺五寸七分 小分三
小满	大暑	三尺五寸八分 小分二
芒种	小暑	二尺五寸九分 小分一
夏至		一尺六寸

中国古代数学是一种运用筹算进行演算的方法，用它可以解决当时全部的数学问题，所以它代表了中国古代的数学知识和计算技能，这些知识在《周髀算经》中得到了极大的发展和应用。

（三）"数之法出于圆方"的数学思想

在周公和商高的问答中有对周公的"数安从出"问题，商高的观点是，宇宙万物形态及其测度的数学抽象，不外乎两类基本元素：圆与方。商高曰："数之法出于圆方。圆出于方，方出于矩，矩出于九九八十一。"

刘徽在其"圆田术注"中所谓"凡物类形象，不圆则方。方圆之率，诚著于近，则虽远可知也。由此言之，其用博矣"。以上两种论述具有直接的渊源关系，按照年代的先后，可以说前者成为刘徽一系列数学思想和创作的直接来源。由于方形规矩易度，而圆体变化难测，因此，通过计算"方圆之率"，而"化圆为方"，便成为古人解决一系列问题的基本方法。对于古人而言，掌握了测算方与圆的方法，似乎就找到了解决万事万物甚至开启宇宙之门的钥匙。所以商高说："圆出于方。"从周公和商高的对话中可以看出，中国古代无论是处理天地宇宙的关系，还是其他的实际问题，都在强调将抽象问题转化为数学模型。

对于《周髀算经》"方出于矩，矩出于九九八十一"的思想和方法，学术界已经进行了精辟的分析和解释，特别是陈贞一指出，刘徽"出入相补"的数学理论源自更早时候就开始使用的利用面积拼补进行数学论证的方法[①]。

在《周髀算经》"勾股圆方图"的开篇有"周公曰：……方属地，圆属天，天圆地方。方数为典，以方出圆"。可见，在刘徽之前就已经有了"方数为典，以方出圆"的数学思想。刘徽在割圆术的基础上建立起来的一系列计算弧田、宛田、圆锥侧面积等的方法，其思想根源可以追溯到《周髀算经》成书时期或者更早。

在《周髀算经》卷上论述"勾股圆方图"和"日高图"之后，总结说："此方圆之法。（按赵爽注：此言求圆于方之法。）万物周事而圆方用焉，大匠造制而规矩设焉。或毁方而为圆，或破圆而为方。方中为圆者谓之圆方，圆中为方者谓之方圆也。"

这些思想也被刘徽所继承。刘徽在他的圆田术和弧田术注中主要采用了"毁方而为圆"的办法，而在其宛田术和弧田术注中又采用了"破圆而为方"

---

① 陈贞一. 勾股、重差和积矩法∥吴文俊. 刘徽研究. 西安: 陕西人民教育出版社, 1993: 495.

的办法，需要说明的是，这两种办法不是孤立的，而是在必要的时候要进行互相的补充、转换和说明，其转换的依据就是"方圆之率"——圆周率和外方与内方的比率。刘徽已经在"圆田术注"中割圆术的基础上得到了这个问题的结果。原文如下："令径自乘为方幂四百寸，与圆幂相折，圆幂得一百五十七为率，方幂得二百为率。方幂二百，其中容圆幂一百五十七也。圆率犹为微少。按：弧田图令方中容圆，圆中容方，内方合外方之半。然则圆幂一百五十七，其中容方幂一百也。"[①]

前人得到的外方、圆与内方的比率是 4：3：2，而刘徽得到的比率是 200：157：100（或者是 400：314：200）。他继承了传统的方圆、圆方思想，但是在计算的精度方面却大大提高了。然而更重要的是，刘徽在这个基础上创造了极限思想。

北宋沈括发明会圆术，可以从下面的原文看到其思想轨迹。在《梦溪笔谈》"隙积术与会圆术"中有："履亩之法，方圆曲直尽矣，末有会圆之术。凡圆田，既能拆之，须使会之复圆。古法惟以中破圆法折之，其失有及三倍者。予别为拆会之术，置圆田径半之以为弦，又以半径减去所割数，余者为股，各自乘，以股除弦，余者开方除为勾，倍之为割田之直径；以所割之数自乘退一位，倍之，又以圆径除所得，加入直径，为割田之弧。再割以如之，减去已割之数，则再割之数也。……此二类皆造微之术，古书所不到者，漫志于此。"[②]

中国古代历算家以勾股、圆方等问题作导引，进一步提出并逐步解决了一系列数学和天文历法问题。勾股术和圆方图乃成为中国传统数学极具代表性的数学工具，成为许多数学问题发展的思想根源。

（四）度量思想的发展

在卷下第 15 个问题中有"日复星为一岁"，研究发现这是恒星年概念，卷下最后有"日行天七十六周，月行天千一十六周，又合于建星"，这句话是什么意思？

为了证明这一点，我们作图 1，具体如下。

---

① 刘徽. 《九章算术》注//郭书春, 刘钝校点. 算经十书. 沈阳: 辽宁教育出版社, 1998: 9.
② 沈括. 梦溪笔谈·卷18//胡道静, 金良年. 《梦溪笔谈》导读. 北京: 中国国际广播出版社, 2009: 46.

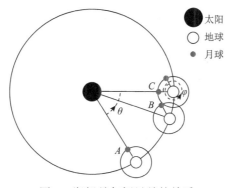

太阳
地球
月球

图 1　朔望月与恒星月的关系

设恒星月长度为 $T_恒$，回归年长度为 $T_年$，朔望月长度为 $T_朔$。地球公转的角度为 θ，月球公转的角度为 ϕ，那么在一个朔望月内，地球公转角度为

$$\theta = \frac{2\pi}{T_年} T_朔$$

同样，在一个朔望月内，月球公转角度（从 A 到 C）为

$$\phi = \frac{2\pi}{T_恒} T_朔$$

那么，由几何关系可知

$$\varphi = 2\pi + \theta$$

化简可得

$$\frac{1}{T_恒} = \frac{1}{T_年} + \frac{1}{T_朔}$$

将 $T_年 = 365.24$ 天，$T_朔 = 29.53$ 天，代入可得 $T_恒 = 27.32$ 天。即朔望月比恒星月长 2.21 天，约 2 天。

把 $T_恒 = 27.32$ 天代入可得

76 回归年=940 朔望月=940 × 29.53 ÷ 27.32 ≈ 1016 恒星月

所以，940 朔望月=1016 恒星月。

所以，《周髀算经》给出的是恒星月概念。

利用这一周期关系又给出"月后天"的另一种计算方法，即

$$\frac{1016}{76} = 13\frac{7}{19} \text{ 度}$$

　　"月后天"是相对于太阳而言的，如果相对于恒星，就不应该叫"月行后天"或"日后天"了，而应叫"月行天"或"日行天"[①]。

　　《周髀算经》卷下给出了小岁、大岁、经岁和小月、大月、经月 6 种情况下"月不及故舍"的度数。它们的物理意义在卷下最后一段有所指，所谓"日月俱起建星；月度疾，日度迟，日月相逐于二十九日、三十日间"。但是仍然值得进一步讨论。这"月不及故舍"是在考虑到上述 6 种情况下日、月的追及问题。但是，什么是建星？按照赵爽注是指日月俱起"十一月朔旦冬至也"，"故舍"显然就是指这个位置了。《周髀算经》计算了 6 种情况下的"月不及故舍"，主要是从数理角度说明太阳和月球的运行情况，与历法推步有关。但是由于这里只涉及朔望月，所以其代表了早期的认识，天文学含义比较浅显。《周髀算经》中恒星月概念的出现，特别是卷下最后给出的"日行天七十六周，月行天千一十六周，又合于建星"，应该不是经验性的结论。通过上文的分析，可以认为《周髀算经》对这个问题有了新的认识。

　　《周髀算经》中第 10 个问题是"立二十八宿，以周天历度之法"。首先说明了周天 $365\frac{1}{4}$ 的来历。它与 121.75 尺的直径符合周三径一的关系；并且符合 1 尺＝1 度的度量标准，即 1 周天 $= 365\frac{1}{4}$ 尺。《周髀算经》还同时说明立周天度的一些操作流程。首先面向北，通过测量日出、日入的表影方向，以确定正东西、正南北，有"倍（背）正南方，以正勾定之"。赵爽对"以正勾定之"注曰，"正勾之法：日出、入识其晷，晷两端相直者，正东西；中折之一指表，正南北"。然后对周天度 $365\frac{1}{4}$ 度审定分之，仔细标注刻度，并提到有了分度就可以正经纬（即南北、东西）方向了，可见这个大圆是水平放置，也即顺着刚才测量的南北、东西方向，以每四分之一为 $91\frac{5}{16}$ 度的刻度标示在对应的东、西、南、北四个象限中，于是一套水平放置的基本量度工具准备好了。

　　二十八宿距星的距度测量是《周髀算经》中另外一个重要的计量体系，反映了战国秦汉时期的度量思想。原文如下："则立表正南北之中央，以绳系颠，希望牵牛中央星之中；则复候须女之星光至者，如复以表绳希望须女先至，定中；即以一游仪希望牵牛中央星，出中正表西几何度，各如游仪所

---

① 江晓原，谢筠译注. 周髀算经. 沈阳：辽宁教育出版社，1996：115.

至之尺为度数。游在于八尺之上，故知牵牛八度。其次星放此，以尽二十八宿度，则定矣。"又有，"立周度者，各以其所先至游仪度上，车辐引绳，就中央之正以为毂，则正矣"。笔者下面从数学测量学角度考虑问题。首先在地上做一个直径为 121.75 尺的大圆，使其经纬方向定而正，这是一个不小的大圆，然后在这个系统里用正表和 28 个游仪及一根绳连接表端、游仪和距星方向，组成一套简单的天文仪器以测量二十八宿距星距离，地面相距几尺，就得出距星是几度。这种利用立表测影法，在地平坐标系里测量二十八宿距度的方法是符合《周髀算经》的盖天说模型特征的。

周天度还可以确定二十八宿与太阳出入的方位，东井临午，则牵牛临子，这样天上的二十八宿与地面的十二地支对应起来。十二支是中国古代的另一天空坐标系统，它的起源与十二地支有关系。例如，《淮南子·天文训》有"数从甲子始，子母相求"，《史记·律书》称"十母十二子"，将干支视为母子关系具有典型的五行特点。十二辰与十二地支对应的解释在《淮南子·天文训》中已出现[①]。《周髀算经》中太阳出入方位也是用十二地支表示的，如"冬至昼极短，日出辰而入申。阳照三，不覆九"等。

在《周髀算经》"七衡图"中也涉及度量思想。首先，在作七衡图之前，规定了一个类似"比例尺"的作图比例，"凡为此图，以丈为尺，以尺为寸，以寸为分，分一千里。凡用缯八尺一寸。今用缯四尺五分，分为二千里"。其次，在七衡径的基础上计算七衡周，并且分别以七衡周除以 $365\frac{1}{4}$ 度，求得每一衡中一度的长度，用几何图形表达（图 2），"度得"，即得到七衡

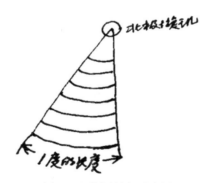

图 2　七衡图局部示意图

① 刘安. 淮南子·天文训. 延吉: 延边大学出版社, 2001.

每一衡中一度的长度。由于所有七衡的一度长度不等，因此很难具有统一的度量单位，但是可以姑且认为这是盖天说模型下的投影的结果。

表 3　七衡图相关数据表

衡次	直径/里	周/里	里/度
内一衡	238 000	714 000	1 954 里 247 $\frac{933}{1461}$ 步
次二衡	277 666 $\frac{2}{3}$	833 000	2 280 里 188 $\frac{1332}{1461}$ 步
次三衡	317 333 $\frac{1}{3}$	952 000	2 606 里 130 $\frac{270}{1461}$ 步
次四衡	357 000	1 071 000	2 932 里 71 $\frac{669}{1461}$ 步
次五衡	396 666 $\frac{2}{3}$	1 190 000	3 258 里 12 $\frac{1068}{1461}$ 步
次六衡	436 333 $\frac{1}{3}$	1 309 000	1 954 里 247 $\frac{6}{1461}$ 步
次七衡	476 000	1 428 000	3 909 里 195 $\frac{405}{1461}$ 步

按照经文，六间的每一间为 19 833 $\frac{1}{3}$ 里，所以七衡的每一衡的直径相差 2×19 833 $\frac{1}{3}$ 里，所以它们成等差排列，且内一衡、次四衡、次七衡的比例为 1：1.5：2。

七衡六间图的数理意义是什么？在《周髀算经》卷上有"故曰：月之道常缘宿，日道亦与宿正"，学术界注意到了这句话，但是解释各有区别。这里关键的问题是"日道"怎么解释？显然，七衡不是日道。按照现代天文学的理解，日道就是太阳的轨道，那么包括两种情况，一种是太阳运行的黄道，另一种是太阳每日运行的周日平行圈，由于盖天说没有形成天球的概念，所以第二种解释也无从谈起，故只能是指黄道。赵爽在《周髀算经》注中对相关经文的注释有："内衡之南，外衡之北，圆而成规，以为黄道。二十八宿列焉。……日行黄道，以宿为正，故曰宿正。"按照术文作图，如图 3 所示[①]。

---

① 曲安京.《周髀算经》新议. 西安：陕西人民出版社，2002: 125.

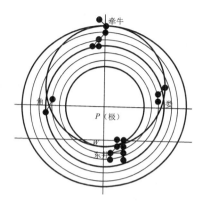

图 3　《周髀算经》中的七衡图与黄道去极度

资料来源：曲安京.《周髀算经》新议. 西安：陕西人民出版社，2002：125.

（五）去极度概念

《周髀算经》中二分二至点去极度的相关原文如下：

牵牛去北极百一十五度千六百九十五里二十一步千四百六十一分步之八百一十九。术曰：置外衡去北极枢二十三万八千里，除璇玑万一千五百里，其不除者二十二万六千五百里为实，以内衡一度数千九百五十四里二百四十七步千四百六十一分步之九百三十三以为法，实如法得一度……

娄与角去北极九十一度六百一十里二百六十四步千四百六十一分步之千二百九十六。术曰：置中衡去北极枢十七万八千五百里以为实，以内衡一度数为法，实如法得一度……

东井去北极六十六度千四百八十一里一百五十五步千四百六十一分步之千二百四十五。术曰：置内衡去北极枢十一万九千里，加璇玑万一千五百里，得十三万五百里以为实，以内衡一度数为法，实如法得一度……[①]

一般地，根据二分二至的去极度可以粗略地给出黄道的位置，这就把上一部分的内容与这一部分联系起来。以内衡、中衡、外衡去北极枢的距离（里）为实，以内衡一度（里/度）为法，实如法得一，求出冬至、夏至和春秋分四个点的去极度（度）。其中，在处理外衡去北极枢二十三万八千里和内衡去

北极枢十一万九千里时，分别从这两个数中减去和加上璇玑万一千五百里，关于这样做的原因，赵爽注有"北极常近牵牛为枢，过极一万一千五百里，此求去极，故以除之"，"北极游常近东井为枢，不及极一万一千五百里，此求去极，故加之"。这种数学处理相当于在严格的去极度的定义下，对坐标单位进行了由里到度的一个换算，其天文学意义就是给出冬至、夏至和春秋分四个点的黄道位置。由图 3 可以看出，这些内容与七衡六间图是密切相关的。

由以上解读可以确定，七衡六间图是在盖天说模型下的一种必要的投影结果，其虽然不能真实地反映太阳的运行轨道，但是在引入黄道后，通过计算牵牛、娄、角、东井 4 宿的去极度（它们分别代表冬至点、春分点、秋分点和夏至点的去极度）来确定黄道上的太阳位置，可以基本上解释太阳的周日视运动和周年视运动。

立周天度的度量思想在浑天说及浑仪的创始过程中得到了进一步发挥。张衡在其《浑天仪注》[①]中论述浑天说的时候，给出同样大小的三个去极度数。从他构建的浑天说模型来看，这三个数据与它有很强的因果关系，这已经是确定无疑的了。沈括在其《浑仪议》中说："舍所以挈度，度所以生数也。度，在天者也为之玑衡，则度在器。度在器，则日月五星可抟乎器中，而天无所予也。天无所予，则在天者不为难知也。"二十八宿按照天度划分，由于度量二十八宿产生了度数的概念，在这个基础上又产生了浑仪这个仪器，那么日月五星都可以以此进行观测，并进一步帮助人们认识天道。

四、从"日影千里差一寸"看中国古代的大地观

"日影千里差一寸"是中国古代封疆域、测量太阳远近和计算天高的一个重要公理，也是一种数值模型，它在中国古代盖天说、浑天说中都曾经扮演了重要角色，所以也成为古代宇宙理论的一个重要组成部分。该学说曾于两汉、魏晋南北朝时期的宇宙论争论中长期流传，到唐代才被人们摒弃。长期以来，"日影千里差一寸"学说倍受天文学史界关注，许多学者在研究《周髀算经》的同时都进一步分析讨论了该学说的科学性，并发表了不少有益的见解。

"日影千里差一寸"的观念在中国天文学史上产生过深远的影响。结合

---

① 学者们对这本书的名称不统一，笔者取《浑天仪注》一说。

考古学和考古天文学的新发现和新的研究结论，重新分析解读相关历史文献的记载，发现"日影千里差一寸"的观念当产生于国家建立之初黄河中游两个重要的古代文明遗址——尧都陶寺和禹都王城岗的日影观测实践。这两个地点观测到的夏至日影分别为 1.6 尺和 1.5 尺，也就是《周髀算经》和《周礼》所记载的两个夏至日影长度；通过对早期长度单位的分析，证明两地之间的直线距离接近当时的 1000 里[①]。这一时期正是中国文明史上日影测量和大范围地理测量相继开始的特殊时期，由此产生了"日影千里差一寸"的理论观念。

（一）"日影千里差一寸"的早期文献记载

早期记载"日影千里差一寸"的文献有《尚书纬·考灵曜》、《周髀算经》、《淮南子·天文训》、张衡《灵宪》、郑玄注《周礼》等。

记载有关"日影千里差一寸"模型和方法最多的是《周髀算经》。《周髀算经》有一套完整的计算天地大小的模式，其中"日影千里差一寸"是一个重要前提。《周髀算经》第一段写周公问商高勾股方圆之法。第二段则是荣方与陈子的问答。首先是荣方请教陈子"今者窃闻夫子之道，知日之高大，光之所照，一日所行，远近之数，人所望见，四极之穷，列星之宿，天地之广袤，夫子之道皆能知之，其信有之乎?"陈子启发荣方思之再三。最后荣方表示，"方思之以精熟矣，智有所不及，而神有所穷，智不能得，愿终请说之"。陈子于是答复荣方之问，开始便是："夏至南万六千里，冬至南十三万五千里，日中立竿无影。此一者天道之数。周髀长八尺，夏至之日晷一尺六寸。髀者，股也。正晷者，句也。正南千里，句一尺五寸。正北千里，句一尺七寸。日益南，晷益长。"[②]没有对日影千里差一寸的由来做任何介绍，直接将其作为一个公理进行引用。可见在《周髀算经》成书的时代，"日影千里差一寸"早已成为一个不证自明的公理。与《周髀算经》成书年代大致相当的《淮南子·天文训》也有相关记载："树表高一丈，正南北相去千里，同日度其阴，北表一尺，南表尺九寸，是南千里阴短寸，南二万里则无影。"[③]其中"北表一尺"显系"二尺"之误。与其他文献不同的是，《淮南子·天文训》记载的表高为 1 丈。《尚书纬·考灵曜》已佚，《隋书·天

① 徐凤先，何驽. "日影千里差一寸"观念起源新解. 自然科学史研究，2011，30(2): 151-169.

② 江晓原，谢筠译注. 周髀算经. 沈阳: 辽宁教育出版社，1996: 76-77.

③ 淮南子·天文训∥张玉哲. 天问. 南京: 江苏科学技术出版社，1984: 312.

文志》引其中的相关记载为："又《考灵曜》、《占比》、张衡《灵宪》及郑玄注《周官》，并云：'日影于地，千里而差一寸。'"[①]张衡《灵宪》中的相关内容为："将覆其数，用重钩股，悬天之景，薄地之义，皆移千里而差一寸得之。"[②]可见，"日影千里差一寸"在汉代以前是一种普遍的认识。

（二）"日影千里差一寸"并非盖天家独有

《周髀算经》中有"正南千里，勾一尺五寸，正北千里，勾一尺七寸。日益南，晷益长"，由此建立了一个基本的数理模型，即"日影千里差一寸"，它也经常被作为数理盖天说的一个公理。学术界曾经讨论过《周髀算经》的天地模型应该是天地平行、中央突起部分为璇玑。然而，《周髀算经》对宇宙形状进行了明确的叙述："天象盖笠，地法覆槃"，"极下者高人所居六万里，滂沲四聩而下。天之中央亦高四旁六万里"。这样，天地就不是两个平行的平面，其形状变得很复杂，对此学术界已有很多讨论，如钱宝琮[③]、江晓原[④]、古克礼（Christopher Cullen）[⑤]等，在此不详述。按唐代李淳风的理解，"以理推之，法云天之处心高于外衡六万里者，此乃语与术违"[⑥]，即《周髀算经》中叙述的天地形状与其"日影千里差一寸"的计算方法不符。陈美东也指出，《周髀算经》整个系统虽经过精心设计，但"存在严重的顾此失彼的现象"[⑦]。

值得注意的是，浑天家也承认"日影千里差一寸"，并且用于建立其天地的数学模型。张衡是东汉中期著名的浑天家，曾制作水运浑象。如前节所引，他在《灵宪》中多处提到"日影千里差一寸"。三国时吴国的王蕃也是著名的浑天家，著有《浑天象说》，并制作了浑象，他也将"日影千里差一寸"作为推算天地尺度大小的基本假设。

浑天说在西汉中期到晚期经历了激烈的争论，西汉末著名学者扬雄的《法言·重黎》曾有，"落下闳营之，鲜于妄人度之，耿中丞象之，几乎，

① 隋书·天文志//中华书局编辑部. 历代天文律历等志汇编(二). 北京: 中华书局, 1975: 525.

② 张衡. 灵宪//瞿昙悉达. 开元占经. 常秉义点校. 北京: 中央编译出版社, 2006: 1.

③ 钱宝琮. 盖天说源流考. 科学史集刊, 1958, (1): 30-46.

④ 江晓原. 周髀算经: 中国古代唯一的公理化尝试. 自然辩证法通讯, 1996, (3): 21.

⑤ Cullen C. Astronomy and Mathematics in Ancient China: *The Zhou Bi Suan Jing*. Cambridge: Cambridge University Press, 1996: 79-82.

⑥ 转引自陈美东. 中国科学技术史·天文学卷. 北京: 科学出版社, 2003: 142.

⑦ 陈美东. 中国科学技术史·天文学卷. 北京: 科学出版社, 2003: 142.

几乎，莫之能违也"，"请问盖（天），曰：盖哉，盖哉，应难未几也"[①]。很明显，扬雄是在对比浑天说与盖天说，并认为浑天说更符合实测（几乎莫之能违也），而盖天说面对诘难几乎没有还手之力（应难未几也）。扬雄本人更是提出了"难盖天八事"。而东汉前期又有王充对浑天说进行批判并对盖天说加以发展。因此，东汉中期直至三国时代，浑天家与盖天家应该是观点不同、泾渭分明的。

如果在当时"日影千里差一寸"被认为完全属于盖天家的学说，那么张衡、王蕃作为浑天家的代表人物，不应该不加深究地接受这一说法。但是，盖天家和浑天家都接受这一说法，说明当时"日影千里差一寸"是独立于盖天说和浑天说之外的一种不可动摇的观念，应该有其独立的源头。

（三）"千里一寸"与勾股思想

虽然"日影千里差一寸"学说出现在《周髀算经》一书中，但该学说的形成时间可能比《周髀算经》成书时间要早得多。三国吴人赵爽在注《周髀算经》时对"千里差一寸"解释道："虽差一寸，不出畿地之分，先王知之实，故建王国。"[②]这一点也给了周初封疆起源说一个佐证。人们凭经验会认为：立表测影时，日影长度之差与测影地点南北方向距离呈近似的线性关系。此小范围内的近似规律被不恰当地推广之后，人们得出的一个重要结论就是，两地南北方向距离差一千里则影长差一寸。在当时落后的技术水平下，如果通过立表测量影长的方法，再采用"千里差一寸"关系来推求距离之差，这无疑会启发人们用这种方法进行远距离测量。

既然"日影千里差一寸"说起源于古人测量地域远近的需求，它又是如何被应用于天高、日远等天文测量呢？这与古人的地中概念及勾股测量术有直接关系。古代是用立表测影的方法来确定地中的，《周礼·大司徒》曰："日至之影，尺有五寸，谓之地中。"郑玄注曰："凡日景于地，千里而差一寸，景尺有五寸者，南戴日下万五千里也。"[③]郑玄是东汉时期饱读古籍的经学大师，他的解释反映出一个信息，即周人根据"日影千里差一寸"说，认为地中距离南戴日下一万五千里，于地中立八尺之表测得影长一尺五寸。地中以及这些数据关系，用勾股测量术结合"千里差一寸"关系推算而来。

---

①　汪荣宝. 法言义疏. 陈仲夫点校. 北京：中华书局，1987：320.

②　周髀算经·卷上∥郭书春，刘钝校点. 算经十书. 沈阳：辽宁教育出版社，1998：6.

③　周髀算经·卷上∥郭书春，刘钝校点. 算经十书. 沈阳：辽宁教育出版社，1998：8.

由于"千里差一寸"之说和"地中"概念关系紧密，相辅相成，实际上可以认为，在郑玄注中，"千里差一寸"是古人在地中概念基础上运用勾股术测算日高天远的前提。因为和儒家经典有了联系，该学说的影响就随着汉代对儒术的尊崇而流传于后世。浑天家们正是综合运用"日影千里差一寸"的"地中"概念体系解决宇宙测量问题的。

关于古人对勾股测量术的运用，在《周髀算经》中也有详细的记载。该书记载模拟了周公和商高关于天文测量的一段对话。周公认为天离我们太远，它的高度、日月的行度之类无法直接测量，商高则有针对性地提出，对不可测量的远物可以用勾股法测得。商高说："智出于句，句出于矩，夫矩之于数，其裁制万物，唯所为耳。"[①]他很乐观地认为，有此万能的勾股术，可以对万物进行任意的测量。

《九章算术注》序中还提到更为具体、细致的测量日地距离办法："立两表于洛阳之城，令高八尺。南北各尽平地，同日度其正中之时，以景差为法，表高乘表间为实，实如法而一。所得加表高，即日去地也。以南表之景乘表间为实，实如法而一，即为从南表至南戴日下也。以南戴日下及日去地为句、股，为之求弦，即日去人也。"[②]

随着以勾股定理和相似三角形为基础的测量方法的发展，人们相信可以如《周髀算经》中陈子所云："知日之高大，光之所照，一日所行，远近之数，人所望见，四极之穷，列星之宿，天地之广袤，夫子之道皆能知之。"[③]古人已经掌握了勾股定理和"矩测量法"[④]。到了三国时期，刘徽发明重差术，有关天地的测量方法进一步得到发展。天体测量必然和"日影千里差一寸"结合，"日影千里差一寸"之公理在天文学上成为一个重要的前提，中国古代两种重要的宇宙论——盖天说与浑天说，都接受了"千里差一寸"之说，以之作为天文测算的数理依据。

（四）对"日影千里差一寸"说的怀疑

在浑天说的发展过程中，南朝进行了一些实测活动。刘宋元嘉十九年（442年），在交州测影，发现六百里日影相差一寸；梁大同中，人们通过比

---

　① 江晓原，谢筠译注. 周髀算经. 沈阳：辽宁教育出版社，1996：76.

　② 刘徽.《九章算术注》序∥郭书春，刘钝校点. 算经十书. 沈阳：辽宁教育出版社，1998：2.

　③ 江晓原，谢筠译注. 周髀算经. 沈阳：辽宁教育出版社，1996：76.

　④《周髀算经》中有关于矩尺的测量方法，原文有"平矩以正绳，偃矩以望高，覆矩以测深，卧矩以知远，环矩以为圆，合矩以为方"。

较洛阳和金陵所测得的夏至之影，竟然发现二百五十里日影就相差一寸。人们不得不对"日影千里差一寸"说产生了怀疑，究竟是日影千里差一寸，六百里差一寸，还是二百五十里差一寸？值得注意的是，人们怀疑的仅仅是其数量关系中的"千里"而已，并未怀疑日影与距离的线性关系。隋朝刘焯对此问题进行了思考，他认为只有通过精确的实地测量，才能真正地解决问题。他上书皇太子说："周官夏至日影，尺有五寸。张衡、郑玄、王蕃、陆绩先儒等，皆以为影千里差一寸，言南戴日下万五千里，表影正同，天高乃异。考之算法，必为不可。寸差千里，亦无典说；明为意断，事不可依。今交、爱之州，表北无影，计无万里，南过戴日。是千里一寸，非其实差。焯今说浑，以道为率，道里不定，得差乃审。既大圣之年，升平之日，厘改群谬，斯正其时。请一水工，并解算术士，取河南、北平地之所，可量数百里，南北使正。审时以漏，平地以绳，随气至分，同日度影。得其差率，里即可知。"[1]刘焯对前人的"日影千里差一寸"思想进行了逐一考察，思考了"日影千里差一寸"说的普遍适用条件——太阳运行轨道与平面大地平行。他可能意识到了浑天说中日高有变化，太阳运行轨道不可能与平面大地平行，这样，"日影千里差一寸"便丧失了在浑天说中普遍适用的几何基础，故此他强调了该方法的不可行性。他还认为，"日影千里差一寸"之说于典无据，只是人们的臆断而已，是不可靠的。在注意到南朝的测影结果，考虑了道路曲折的因素后，他建议在黄河南北的平地上于同一经度的不同位置和不同节气的日间同一时刻进行测影活动。

前人在注意到刘焯建议的同时往往忽略了他的最后一句话，我们可以看到刘焯思想中其实隐含着一个对测量结果具体里数的期待。他只是想着去验证南朝的测量结果，以得出新的关系，然后可用它进行天文测量，"则天地无所匿其形，辰象无所逃其数"，说明他还是认为影差与南北距离之间存在着线性关系！受传统的平面大地观影响，刘焯没有怀疑这个线性关系成立的必要条件——平面大地，从本质上说，这与"日影千里差一寸"没有多大区别。刘焯的建议未被采用，但却对破除人们的旧思想起了积极作用。

初唐的李淳风也对"日影千里差一寸"说提出了怀疑。他研究《周髀算经》颇深，并为之作注以评其得失，指出了《周髀算经》盖天说和以天地平行为前提推算各种数据的不合理性。他对"日影千里差一寸"说错误原因的解释，代表了古代天算家中出现的另一派地形观。

---

[1] 隋书・天文志上//中华书局编辑部. 历代天文律历等志汇编(二). 北京: 中华书局, 1975: 559-560.

早在南朝刘宋时期，何承天就曾根据河流走向提出"地中高外卑"的说法，但这种思想未能成为主流。李淳风认为天地的形状是"地中高而四溃"，即中间高耸而四周低下，在这种思想的指导下，他把《周髀算经》的宇宙结构理解成天地是两个曲面。他在为《周髀算经》做注时说："地既不平而用术尤乖。"这样，平面大地传统下的"日影千里差一寸"便不能适用了。这些在今天看来不啻为正确的几何学推理。他列举出历朝的测影数据后认为"夏至影差升降不同，南北远近数亦有异"，意味着影差和距离不是呈线性关系，其关系在南北方向是因地而异的，"若以一等永定，恐皆乖理之实"[①]。然而考虑到当时浑天说和平面大地观的流行，李淳风的大地形状观念不能被多数人接受，所以他的说法未能引起进一步反响。

以上对"日影千里差一寸"学说的发展、演变及其终结的过程进行了初步考察。虽然在今天看来，历史上的"日影千里差一寸"学说是错误的，但通过历史回顾与上文分析，我们可以进一步认识该学说并了解其历史价值所在。"日影千里差一寸"说的起源是近距离测量经验，当这种经验结果量化后与勾股测量术结合并长期流行，满足了中国古人对宇宙结构的测量要求。由于在中国古人心目中，大地是平面的，"日影千里差一寸"便有了严格的几何学基础。在天地平行的盖天说中，它发展成为一套严格的演绎体系，在盖天宇宙论的天文测量上普遍适用；在浑天说中，在"日影千里差一寸"的基础上进一步发展了计算天地结构模型的方法，古代"地中"概念体系与它有着密切关系。刘焯对该学说的质疑和所持态度，反映了传统大地平面观的深远影响。李淳风以严谨的几何学推理否定该学说，却没有引起人们的重视，其原因是多方面的，其中之一，也可能是因为他的宇宙大地观念未被人们所接受。

唐开元十二年（724 年），一行组织了大规模的天文大地测量，得出滑州白马县到上蔡武津县的南北距离与影差的关系是 526 里 270 步，影差 2 寸有余。一行据此认为"旧说王畿千里，影差一寸，妄矣"[②]，从而彻底否定了"日影千里差一寸"的历史说法。但是，他的解释仅仅将人们的关注点转移到勾股测量法上，而忽略了实质问题——大地平面观。

"日影千里差一寸"的假设与实际相差较远，很容易证伪，但是在汉代，

---

① 周髀算经·卷上 // 郭书春，刘钝校点. 算经十书. 沈阳: 辽宁教育出版社, 1998: 9.
② 欧阳修，宋祁. 新唐书(三). 北京: 中华书局, 2011: 813.

人们利用这一数值模型构建一种理论化的盖天模型，并尝试通过这一模型解释实际问题。

五、"类"的思想

在陈子和荣方的对话中，陈子启发荣方后，告诉他两件事，一是关于宇宙天地，指出"此皆算术之所及"，并指出"子之于算，足以知此矣"；二是对于荣方思想之未得的原因，陈子说是由于"子至于数，未能通类"。这里包含了两层意思：一是从万物中可以发现数，也即前文所指"此数之所生也"，它们互为因果关系，并且陈子进一步指出万物皆数——"此皆算术之所及"；二是对于荣方而言已掌握了足够多的数的知识，但是对这些知识，未能通类，所以总是思而不得。

这里通类的含义按照上下文有如下几层意思。可以"问一类而以万事达者"，也就是举一反三，可以用比类的方法进行归纳总结；可以"同术相学，同事相观"，也就是"能以类合类"，进一步说明比类的实质。

类比形式起源于原始的巫术。原始类比形式强调两个相似事物或现象之间的固有联系，但是必须认识到类比形式具有强烈的主观色彩，如果缺少严格的科学精神和客观准则的制约，它很容易发展为随心所欲、主观判断占据上风。古希腊对于类比方法的发展通过确定科学的种属关系来解决，由此建立起十分可信的演绎推理和三段论形式，而把它运用到天地宇宙结构中去。类比方法在战国后期就已萌芽，墨家又对公孙龙所提出的问题给予认真研究，并提出"推类之难，说在名之大小"[①]的观点，说明已经注意到了推理中种属关系的重要性。我们注意到，《周髀算经》认识到了这种通类方法的重要性，但是结果如何呢？可以从以下实例中看出。《周髀算经》难以自洽的理论体系，由于类比这一逻辑演绎方法的缺位而没有成熟发展起来。

在阐述"类"的思想的同时，我们可以发现《周髀算经》中出现了"道"的思想。原文如下："子（陈子）之道皆能知之，其信有之乎？""今若方（荣方）者可教此道邪？""夫道术，言约而用博者，智类之明。问一类而以万事达者，谓之知道。"[②]这里对"道""术"也是隐约其词，但我们大致可知，道和类有同样的路径，就是通过简约的语言形式就可达成并解构广

---

① 墨子. 墨子·经说下. 方勇译注. 北京：中华书局，2011：10.
② 江晓原，谢筠译注. 周髀算经. 沈阳：辽宁教育出版社，1996：76.

博的宇宙理论。无论是"道"还是"类"都是中国古代科学方法的范畴。

三国时赵爽注《周髀算经》"问一类而以万事达者，谓之知道"时说："引而伸之，触类而长之，天下之能事毕矣，故谓之知道也。"赵爽对其中"通类"的思想方法进行了深入的发掘，提出了"术教同者则当学通类之意；事类同者，观其旨趣其类"的观点；注《周髀算经》"复学同业而不能入神者，此不肖无智而业不能精习"时，赵爽认为"俱学道术，明智不察，不能以类合类而长之，此心游日荡，义不入神也"①。赵爽进一步从"通类"的角度给出"勾股圆方图"及其理论思想，而且进一步完善了"日高图"及其数学证明，肇始了中国古代的演绎数学。

六、《周髀算经》既构建数理模型又解释现象

《周髀算经》卷上和卷下都记载了与天地模型相应的观测现象，这些观测现象与全文有着极大的关系，可以说明《周髀算经》试图从观测事实出发，再回到解释现象来印证其建构的数理模型的合理性。例如，在卷上，利用夏至与冬至日中圭表测影的方法确定了冬至与夏至日道径，其中利用了两条基本数据"日夏至南万六千里"与"日冬至南十三万五千里"，就是基于实际测量；其中"从极下北至夜半亦然"这句话一方面源自对称性推理，同时也是对观测实际的关照。又如，接下来的"春分之日夜分以至秋分之日夜分，极下常有日光；秋分之日夜分以至春分之日夜分，极下常无日光"也是观测事实，这是对北极半年为昼、半年为夜现象的描述。下文与此类似的一条记录是"春分以至秋分，昼之象；秋分以至春分，夜之象"②，这里对极昼极夜现象描述得更加生动。

《周髀算经》卷上反复运用了一条观测："日夏至南万六千里，日冬至南十三万五千里，日中立杆无影"③，并称此为"天道之数"，说明许多其他观测数据都建立在这样一条基本观测的基础上。例如，"冬至之日正东西方不见日"④，即在冬至周地的正东西方观测不到太阳，这一条符合观测事实的同时，也符合计算结果。

关于春秋分日照情况有"春秋分之日中光之所照北极下，夜半日光之所

① 郭书春，刘钝校点. 算经十书. 沈阳：辽宁教育出版社，1998：5-6.
② 江晓原，谢筠译注. 周髀算经. 沈阳：辽宁教育出版社，1996：78.
③ 江晓原，谢筠译注. 周髀算经. 沈阳：辽宁教育出版社，1996：77.
④ 江晓原，谢筠译注. 周髀算经. 沈阳：辽宁教育出版社，1996：79.

照亦南至极。此日夜分之时也"，这是针对前面"春秋分者，阴阳之修，昼夜之象——昼者阳，夜者阴"[1]而言的，所以，这一描述符合观测事实。但是在后面的计算值略有偏差，如图4所示，J代表北极，R_X代表夏至日道半径（119 000 里），Z代表周地，R_F代表春秋分日道半径（$=1\frac{1}{2}R_X$），R_D代表冬至日道半径（$=2R_X$）。S_F是春秋分日所在，在春秋分这两日，在周地见到的太阳正好从东方升起，从西方落下，但是事实上，图中的$ZS_F = \sqrt{R_F^2 - JZ^2} = 145\ 785$，此值小于"日照四旁"的167 000 里，与实际不符。这也是《周髀算经》中不可避免地出现观测与计算不符的一个具体案例。

　　另外一个关于模型与实际相符合的例子是，《周髀算经》卷下开始就讲"极下者，其地高人所居六万里，滂沱四隤而下"，这里极下比天高低二万里，这是因为极下璇玑是一个圆锥体，底面半径为11 500 里，可能是为了不造成遮挡太阳光而设。《周髀算经》认为在这样的模型下面，太阳运行冬夏所极，阴阳所终，才能四极四和。

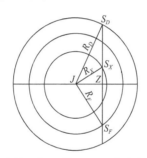

图4　《周髀算经》二分二至日道半径与周地关系

资料来源: 江晓原, 谢筠译注. 周髀算经. 沈阳: 辽宁教育出版社, 1996: 88

　　这个下面紧接着是"故日兆月，月光乃出，故成明月，星辰乃得行列。是故秋分以往到冬至，三光之精微，以其道远，此天地阴阳之性自然也"[2]。它虽与上下文的关联性不强，但推测可能是《周髀算经》在不同时期成书时，后人加上去的。但是很明显也是关照观测现象的案例。"极下不生万物"和"北极左右，夏有不释之冰"发生在《周髀算经》所建立模型的尺度范围内，包括下面的"中衡左右冬有不死之草，夏长之类。此阳彰阴微，故万物不死，五谷一岁再熟"，以及最后一句话"凡北极之左右，物有朝生暮获，冬生之

　　① 江晓原, 谢筠译注. 周髀算经. 沈阳: 辽宁教育出版社, 1996: 78-79.

　　② 江晓原, 谢筠译注. 周髀算经. 沈阳: 辽宁教育出版社, 1996: 91.

类"①，关于以上内容，中衡左右可以认为是地球的热带反映出来的物候特点，北极之左右，则是寒带的物候特点。我们先不考虑其中"五带说"的来源②，可以认为是用模型解释现象的一个重要案例。

《周髀算经》赵爽序有"可以玄象课其进退，然而高远不可以指掌也；可以晷仪验其长短，然其巨阔不可度量也"③。这里表达了两种认识事物的方法——"玄象"和"晷仪"，它们都强调观测和具体测量的重要性。为了保证利用"玄象"和"晷仪"方法达到科学地解释盖天说理论的目的，只有通过反复实践与观测，然后归纳总结，修正提高，再到目标解释的一个完整过程才能实现，所以我们可以认为《周髀算经》构建了一个进步的结构模式。以上操作的各个环节在《周髀算经》中都有所体现。

这与波普尔关于科学属性的可证伪性相契合，波普尔在他的"一种理论什么时候才可以称为科学的"或者"一种理论的科学性质或者科学地位有没有标准"两个内容中都涉及这个问题。他说："科学不同于伪科学或者形而上学的地方，是它的经验方法；这主要就是归纳方法，是从观察或实验出发的。"④但是他也强调，有一种方法虽然诉诸观察与实验，但仍达不到科学的标准，这就是古代的占星术。在笔者看来，导致这一差异的根本原因是占星术的目标不是建立一个进步的结构模式。

《周髀算经》反复验证的例子如"东西南北之正勾""其术曰：立正勾定之"，这几句在卷下出现了三次。与此相关的"圆定而正""则定矣""定之"也出现了多次。

归纳总结的方法在《周髀算经》全书中很多地方都有应用，例如，卷下"故曰寒""故曰暑"，另外"日月失度而寒暑相奸。往者诎，来者信也，故屈信相感。故冬至之后日右行，夏至之后日左行。左者往，右者来。故月与日合为一月，日复日为一日，日复星为一岁"⑤，对于历法当中的日月运行导致的寒暑、日左右行和日、月、年的概念等有了清晰的表述，为后代天文历法的发展奠定了基础。

《周髀算经》中存在观测与计算明显不符的地方，理论上说都是可以修

① 江晓原，谢筠译注. 周髀算经. 沈阳：辽宁教育出版社，1996：92.

② 江晓原，谢筠译注. 周髀算经. 沈阳：辽宁教育出版社，1996：102-103.

③ 江晓原，谢筠译注. 周髀算经. 沈阳：辽宁教育出版社，1996：75.

④ 卡尔·波普尔. 猜想与反驳——科学知识的增长. 傅季重，纪树立，周昌忠，等译. 上海：上海译文出版社，1963：47-48.

⑤ 江晓原，谢筠译注. 周髀算经. 沈阳：辽宁教育出版社，1996：97.

正提高的。例如，极下与天高相距两万里这个数值，可以考虑存在优化的可能性。还有上文讲到的周地春秋分日所照范围与描述不符的个别情况，理论上也是可以修正的。但是按照《周髀算经》这样一个模型体系的特征，这些修正以后的结果也不可能是完美无缺的，极有可能导致其他新的不相符合的内容出现。

《五星占》"相与营室晨出东方"再考释

——以金星为例

  《五星占》是 1973 年长沙马王堆三号汉墓出土的帛书之一，帛书中有关天文学方面的文字约为 8000 字（后据王树金[①]统计，实为 6000 余字），原件并没有标题，后根据内容定名为《五星占》。《五星占》的写作年代应在公元前 170 年左右，是我国现存最早的一部天文书。《五星占》独特的内容使其成为研究中国古代天文学尤其是秦汉时期天文学的重要史料。

  针对《五星占》中的行星记录，席泽宗[②]和陈久金[③]做出了开创性的工作，何幼琦则认为席泽宗和陈久金的一些观点值得商榷[④]。对"正月相与营室晨出东方"中的"相与营室"以及"晨出"的内涵，争论双方各执一词。席泽宗和陈久金认为，《五星占》中的"相与某宿"（如"相与营室"）字段，指的是对应时间点日所在的星宿，行星的"晨出"也只是一种相对粗糙的定义；何幼琦则认为"晨出"就是东汉以后的"晨始见"，完全是精确的定义；"相与某宿"也并非指日所在星宿，而是行星所在的星宿。

  对《五星占》中"相与营室晨出东方"的理解，学界长期以来存在分歧。本文以金星的运动记录为例，结合在线星历表系统的推算，在前人讨论的基础上进一步深化，不仅为"晨出"和"相与某宿"的解释提供新的论据，认

---

  ① 王树金. 马王堆汉墓帛书《五星占》研究评述. 湖南省博物馆馆刊, 2010, (00): 16-34.

  ② 席泽宗. 中国天文学史上的一个重要发现——马王堆汉墓帛书中的《五星占》//《中国天文学史文集》编辑组. 中国天文学史文集. 第一集. 北京: 科学出版社, 1978: 14-33.

  ③ 陈久金. 从马王堆帛书《五星占》的出土试探我国古代的岁星纪年问题//《中国天文学史文集》编辑组. 中国天文学史文集. 第一集. 北京: 科学出版社, 1978: 48-65.

  ④ 何幼琦. 试论《五星占》的时代和内容. 学术研究, 1979, (1): 79-87; 何幼琦. 关于《五星占》问题答客难. 学术研究, 1981, (3): 97-103.

为"相与营室晨出东方"应理解为"第一次在清晨的东方天空看到金星时，金星在营室"。另外，《五星占》中行星数据不完全基于实测，而是为了满足星占学需要进行了人为修改。

一、"晨出"考释

《五星占》原文中给出了两个看不到金星的阶段，分别是"浸行"和"伏"，"浸行"的天数为 120 天，"伏"的天数为 16.4 天，加上晨见东方与夕见西方各 224 天，总和正好是金星的会合周期 584.4 天，这说明晨见→浸行→夕见→伏→晨见是一个连贯不中断的过程[①]，而"晨出东方""晨入东方""夕出西方""夕入西方"正是分隔这几个不同阶段的节点，这与现代天文学中确定行星视运动的方法非常类似，通过这几个关键节点可以把金星的运动状况描述出来。

具体地说，"晨出"是区分"伏"与"晨见"的节点，即金星的光芒战胜晨光，第一次出现在清晨东方低空的时间点。"晨入"是区别"晨见"与"浸行"的节点，意为金星被晨光掩盖前最后一次出现在清晨东方天空。"夕出"是分隔"浸行"与"夕见"的节点，表示在日落后第一次在布满暮光的西方天空看见金星。至于"夕入"，是分隔"夕见"与"伏"的节点，是最后一次能在日落后的西方天空看见金星的时间点。

总之，如果仅就字面分析，《五星占》原文给出的信息相当有限。以"晨出"为例，金星在日出前位于东方天空可认为是一般意义上的"晨出"，而更准确的具有天文学含义的"晨出"可定义为太阳升起前在东方天空首次看见金星。在秦汉时期的天文律历志等相关资料中，也有关于"晨出"的精确描述，说明这个时期对于行星运动的认识已经发生了变化。而这个"晨出"非常类似于古埃及天文学中的"偕日升"概念。

二、在线星历表系统的推算结果

席泽宗已经考证出秦王政元年正月为儒略历公元前 246 年 2 月 2 日至 3 月 3 日，换算为儒略日数即 JDN 1631603 至 JDN 1631633。太阳到达营室初度的时间落在了 JDN 1631606，恰好在正月。利用美国国家航空航天局

---

① 马王堆汉墓帛书整理小组. 马王堆汉墓帛书《五星占》释文//《中国天文学史文集》编辑组. 中国天文学史文集. 第一集. 北京: 科学出版社, 1978: 1-13.

（NASA）喷气推进实验室（JPL）的在线星历表系统（HORIZONS System）测算[1]，发现该日在北纬28°（《五星占》帛书出土的纬度）观测时，天文晨光尚未开始，金星就已经升上东方地平线；待天文晨光开始时（太阳位于地平线下18°），金星地平高度已有3.5°；当进入航海晨光阶段，太阳位于地平线下12°时，金星的高度已接近10°（9.3°）；而当太阳位于地平线下6°，进入民用晨光阶段时，金星的高度已达到15°。这一天的金星，以现代标准来看，应该说尚在夜晚时就已经出现在东方地平线上，即便以古人的标准[2]，当处于夜晚与白天之间的"旦"（此时太阳位于地平线下10°，大致相当于航海晨光阶段）时，金星的高度也已经超过10°，早早地就在东方天空中闪耀，无论如何都不能算"晨出东方"的表现。

退一步说，如果把JDN 1631606这天的天象称为"金星相与营室晨出东方"，即把金星"晨出"标准定为"当太阳位于地平线下6°时，金星地平高度大于等于15°"，那么相应地，"夕出"的标准应与"晨出"一致，而"晨/夕入"的标准就是"当太阳位于地平线下6°时，金星高度小于15°"。我们继续使用星历表系统进行检验。当时间来到JDN 1631792这天的清晨，太阳位于地平线下6°时，金星高度小于15°（14.85°）。从JDN 1631606到JDN 1631792仅仅过去了186天，与原文描述的晨见224天相去甚远，还必然会导致"浸行"与"伏"天数的延长。我们继续验证"十二月与虚夕出西方"。在JDN 1631967，金星出现在西方天空，且太阳在地平线下6°时仍有15°（15.1°），即"浸行"天数达到了175天，与原文的浸行百廿日的差异超过50天，反而与之前"晨见"天数相去不远。席泽宗认为原文的金星动态是基于实测，但是我们的推算结果很难支持这个观点，为什么呢？

通过考察发现是"晨出"的标准出现了问题。如采用前文推理得出的"晨出"定义，结合日常观测经验，我们选择"太阳位于地平线下6°时，金星位于地平线上7°"这一时刻作为"晨出夕入"的节点，并基于此标准推算（表1）各节点对应的儒略日数，得出金星在一个八年五复的周期内平均（精确到天）晨见220天，浸行123天，夕见220天，伏21天，这和金星行度原文中"晨见224天，浸行120天，夕见224天，伏16.4天"的分段颇为接近，而且还暗合《五星占》金星占文部分的"其入西方伏廿日"的说法，这一方面证明了"太阳位于地平线下6°时，金星位于地平线上7°"比较

① Solar System Dynamics Group. HORIZONS System. https://ssd.jpl.nasa.gov/horizons.cgi[2017-11-08].
② 吴守贤, 全和钧. 中国古代天体测量学及天文仪器. 北京: 中国科学技术出版社, 2013.

接近古人观测时选择的"晨出夕入"时间节点，也反映出《五星占》的金星行度记录的确有实测的成分。

表 1　金星八年五复周期中"晨出夕入"时太阳与金星所在的星宿

JDN	阶段	时长/天	原文星宿	日所在	合宿	金星所在	合宿	金星状态
1631595			营室	虚危		虚		晨出东方
1631825	晨见	230	角	轸		翼		晨入东方
1631938	浸行	113	虚	牛		虚	√	夕出西方
1632151	夕见	213	翼	星		翼	√	夕入西方
1632178	伏	27	轸	翼		张		晨出东方
1632381	晨见	203	昴	奎		壁		晨入东方
1632526	浸行	145	翼	张		翼轸	√	夕出西方
1632748	夕见	222	娄	奎		娄	√	夕入西方
1632765	伏	17	昴	娄胃		奎		晨出东方
1632995	晨见	230	箕	尾		心		晨入东方
1633102	浸行	107	娄	壁奎		奎		夕出西方
1633320	夕见	218	心	氐		心	√	夕入西方
1633347	伏	27	箕	心		氐房		晨出东方
1633568	晨见	221	柳	井		参		晨入东方
1633702	浸行	134	心	房		尾		夕出西方
1633913	夕见	211	东井	参		井	√	夕入西方
1633934	伏	21	鬼	井		参		晨出东方
1634150	晨见	216	西壁	虚危		女		晨入东方
1634268	浸行	118	东井	毕		参		夕出西方
1634502	夕见	234	虚	女		虚	√	夕入西方
1634515	伏	13	东壁	虚		女虚		晨出东方

三、"相与某宿"考释

　　根据表 1，我们发现原文星宿与日所在星宿的合宿数为 0，与金星所在星宿的合宿数为 7，这可以大致说明"相与某宿"指的应该是金星所在的星宿，而非日所在星宿。以上为什么说是大致情况呢？我们不妨进一步考察一下，金星五次"夕入"全部合宿，两次"夕出"合宿，其余三次"夕出"也仅差一宿，但"晨出"和"晨入"的星宿相距较远。可见，金星行度虽有实测成分，但远非完全忠于实测。我们认为，出现误差的原因是原文所列金星动态并没有考虑金星的逆行，在真实天象中，金星从夕入到晨出（即"伏"）这一阶段会发生逆行，表现为倒退一到两个星宿（取决于星宿的距离），但这在原文的描述中并没有体现。在"伏"这一阶段，原文给出的金星位置反而是前进了一到两个星宿。对这个问题的解释实际上也非常简单，因为金星逆行出现在太阳附近，在古代观测精度不高的情况下，影响了对金星位置的判断，导致观测者没有觉察到金星逆行的现象。

总之，《五星占》原文金星逆行的一段缺位，导致了原文描述的"伏"以后的金星所在星宿与实际的金星所在星宿出现错位，最终表现为金星合宿数偏少。与此同时，由于金星合宿数偏少，它的真实记载误导了许多人，因此不少前贤误认为"相与某宿"指的是日所在的星宿。

值得注意的是，秦王政元年（公元前 246 年），金星在整个八年五复周期第一次"晨出东方"时，金星在虚宿，不在营室，时间也非正月（JDN 1631595，而秦王政元年正月初一为 JDN 1631603）。为什么会有这种现象发生呢？根据在线星历表系统的推算结果，在秦王政元年正月前后，金星、土星和木星虽然不在营室，但都会在日出前的东方天空闪耀，而且集中在 30° 左右的范围内，这一点说明，《五星占》的叙述具有一定的天象基础，并非完全捏造。但是，《五星占》记载木星、土星、金星在秦王政元年的晨出皆在营室，时间同为正月，这就不那么客观了。从星占的角度看，木星在营室晨出是一种祥瑞，《五星占》中就载有"营室摄提格始昌"……"（木星）以正月与营室出东方，名曰坚德（益隐），其状苍苍若有光，其国有德"。另外，《五星占》载"其纪上元，摄提格正月与营室（宫）晨出东方"，为历法选择一个"日月合璧，五星连珠"的理想上元，在中国具有悠久的历史。那么修改并选择金星"与营室晨出东方"作为周期起算点也就合情合理了。由此可见，金星第一次"晨出"的位置与时间完全有被修改的动机和可能。

四、结论

通过上述计算与分析，我们认为，"正月与营室晨出东方"应理解为"第一次在清晨的东方天空看到金星时，金星在营室，时间为正月"；"晨出"是指第一次在东方天空看到金星，也相当于东汉时候的"晨始见"。我们已经基于原文推理出"晨出夕入"是一系列相对精确的定义，说明至少在西汉时期，中国古代对五星视运动的观测已经开始定量化，达到了相当准确的程度。但是，实际记载的金星第一次晨出的时间和位置都与实测推算有一定的偏离，这是当时《五星占》的作者违背实测数据篡改了星宿与日期，也充分说明了《五星占》这部著作具有很大的星占学成分。

（本文原发表于温涛，邓可卉.《五星占》"相与营室晨出东方"再考释——以金星为例. 广西民族大学学报（自然科学版），2018，24（1）：20-22，59。）

东汉空间天球概念及其晷漏表等的天文学意义

东汉《四分历》编撰前后首次出现了一些球面天文概念。本文将它们和古希腊有关概念进行比较；在此基础上，进一步探讨了《后汉书》中晷漏表和黄赤道宿度表的天文学意义，认为东汉时期在测算实践的基础上已经初步尝试并基本建立了一个空间天球模型。关于古代中国的"似黄纬"，在托勒密天文学中可以找到类似的概念。比较了东汉和古希腊对于太阳视赤纬、黄赤道坐标变换、昼夜长度和天体中天等的计算方法，发现前者比较重视测算实践，而后者则以球面三角学为基础。东汉《四分历》为后世"步晷漏术"确立了基本模式，在中国天文学史上具有重要地位。

汉代天文学标志着中国古代天文学体系的形成，是中国古代天文学发展的一个高峰。与此年代相仿的以托勒密（Claudius Ptolemaeus，约90—168）《至大论》（*Almagest*，公元150年）为代表的古希腊天文学，由于继承了古代西方的逻辑演绎体系，在古代天文观测数据和公理化数学的基础上而得到系统的完善和发展。标志东汉天文学发展水平的东汉《四分历》（公元85年）被记录于《后汉书·律历志》中。《后汉书》主要取材的《东观汉记》成书于东汉熹平年间，使用了大量官方藏书和档案资料。因此，《后汉书》对官方著述的情况掌握得比较充分。加之"光和元年（公元178年）中，议郎蔡邕、郎中刘洪补续《律历志》"，更加确立了《后汉书》关于古代天文学记录的权威性。本文引述的东汉时期的天文史料多数来源于《后汉书·律历志》。

古代中国和古希腊在公元前后曾经建立了不同的宇宙理论，托勒密天文学对古希腊地心说的几何模型体系进行了系统论证，而中国自西汉以来激烈的浑盖之争的结果是以浑天说胜出的，直至东汉张衡明确提出了浑天说，制造了浑天仪。但是，中国古代宇宙论和历法基本脱节的历史事实，使得学术界长期以来并没有重视浑天说在历法发展中的作用；加之传统历算的"纪事而不创"的特点，许多理论问题包含在具体天文测量和计算的实践中而没有彰显出来。学术界对东汉《四分历》的晷漏表结合现代天文学进行了定量研究，认为精度较高①。本文从东汉确立的一些基本空间天球概念入手，比较了其和古希腊在天球概念以及太阳视赤纬、黄赤道坐标变换、昼夜长度和天体中天等计算方法上的不同，进一步探讨了晷漏表和黄赤道宿度表的天文学意义，肯定了东汉天文学的重要历史地位。

一、东汉时期和古希腊的天球概念

《后汉书·律历志下》有：

> 天之动也，一昼一夜而运过周，星从天而西，日远天而东。日之所行与运周，在天成度，在历成日。居以列宿，终于四七，受以甲乙，终于六旬。日月相推，日舒月速，当其同所，谓之合朔。舒先速后，近一远三，谓之弦。相与为衡，分天之中，谓之望。以速及舒，光尽体伏，谓之晦。晦朔合离，斗建移辰，谓之月。日月之行，则有冬有夏；冬夏之间，则有春有秋。是故日行北陆谓之冬，西陆谓之春，南陆谓之夏，东陆谓之秋。日道发南，去极弥远，其景弥长，远长乃极，冬乃至焉。日道敛北，去极弥近，其景弥短，近短乃极，夏乃至焉。二至之中，道齐景正，春秋分焉。②

在这段文字里，"星从天而西，日远天而东"涉及天空中所有天体自东向西沿赤道方向的运动和与这种运动方向相反的太阳的自西向东运动。关于太阳运动，认为太阳在天空中连续经过二十八宿，运动量以"度"来表示，如果在历法中考虑太阳周年运动，则是以六十甲子纪日法规则排算，并且以"日"为单位表示。就日月绕地球运动而言，太阳的运动比月球的运动慢得多，然后对于日月追击运动而产生的朔、弦、望、晦等变化规律进行总结，"舒先速后，近一远三，谓之弦"实际上分别定义了月球的上、下弦，而"近

---

① 张培瑜，陈美东，薄树人，等. 中国古代历法. 北京：中国科学技术出版社，2008：308-329.

② 司马彪. 后汉书·律历志下. 北京：中华书局，1975：3005.

一远三"则是把日月运动各分成四象限，各占一、三的意思，已经有了定量化的肇端。最后对于太阳运动产生的季节规律进行总结，对于冬夏二至和春秋二分，结合日道运行和晷影长短变化给出定义。东汉时期已经形成了关于日月天体运动的空间概念。

《后汉书·律历中》记载贾逵（公元 30—101）所言："五纪论'日月循黄道，南至牵牛，北至东井，率日日行一度，月行十三度十九分度七'也。"[①]由各种史料记载分析认为，黄道在汉代已经是一个非常明确的概念了[②]。贾逵称："臣谨案：前对言冬至日去极一百一十五度，夏至日去极六十七度，春秋分日去极九十一度。"[③]又《二十四气表》记冬至黄道去极百一十五度，夏至六十七度强，春分八十九度强，秋分九十度半强。"去极度"是中国古代赤道坐标系统中的一个坐标量，这里用以表示黄道上不同节气点到赤极的距离，由此可见汉代已经基本清楚了黄道的空间位置。

张衡（公元 78—139）的《浑天仪注》是浑天说的代表作，因收入《后汉书·律历志》而得以传世[④]。在其中，他按照传统的周天度为三百六十五又四分度之一，给出周天、昼夜长短、赤道去极、春秋分和冬夏至去极等量化指标；确定了赤道、黄道、黄道出赤道表里（黄赤交角）、昼夜以及最长昼（景极短）、最短昼（景极长）等术语，正确地指出了常见不隐和常伏不见星、天球南北极及其相去、春秋分和冬夏至的日所躔、日出入方位且特别指出春秋分时，日出卯入酉"俱一百八十二度半强，故昼夜同也"等天文现象。张衡明确地指出，天是圆球形的。张衡在他的另一部名著《灵宪》中指出，浑圆的天体并不是宇宙的边界，"宇之表无极，宙之端无穷"，从而表达了宇宙无限的观念。张衡的这些论述表明了浑天说的基本观点。浑天说是一种以地球为中心的宇宙理论，测量二十八宿广度以求天状，采用了相当于赤道坐标的时角和赤纬。在当时的历史条件下，它能比较近似地说明天体的运行，张衡先后担任太史令达十四年之久，他的这些观点对后世产生了深远的影响。

托勒密在《至大论》中提出天穹中主要有两种不同的运动。一种是天穹中所有天体自东向西在互相平行的圆周上做匀速运动。这些圆周中最大的是天赤道，因为它是唯一被最大的地平圈平分的圆，由于太阳的运动产生了位

---

① 司马彪. 后汉书·律历志. 北京：中华书局，1975：3029.

② 潘鼐. 中国恒星观测史. 上海：学林出版社，1989：84.

③ 司马彪. 后汉书·律历志. 北京：中华书局，1975：3029.

④ 司马彪. 后汉书·律历志. 北京：中华书局，1975：3075.

于其上的春、秋分点，这些点是能感觉到的。另一种主要运动是与第一种运动方向相反的并且极也不同的恒星球的运动。太阳、月亮和行星除了参与第一种运动外，还与之方向相反、自西向东各自做它们的圆周运动，也就是每天升起的时间有所推迟；不仅如此，它们反向运动轨道的两极不是天赤道的极，而是向南或北有所偏离。另外，太阳、月亮和行星在赤道方向偏离的量不是均匀规则的，但是它们在与天赤道倾斜的圆上的运动是规则的，于是托勒密得到一个新的圆，是被太阳的运动所限定的圆，但是月亮和行星也在它的邻近处形成各自不规则的运动环带。他是这样考虑的，既然太阳运动在倾斜于天赤道南北的圆上等量增加，并且所有行星朝东的运动也在同一个环上，所以天穹中存在第二种运动，它以倾斜圈的极为极，与第一种运动方向相反，托勒密称这个运动轨道为黄道[①]。托勒密运用一定的逻辑清晰地阐述了他的思想。

托勒密进一步规定，天赤道和与它倾斜的黄道（倾斜一个合适的角度）各自有两极，过上面提到的两对极作一个大圆，它垂直于地平圈，称之为子午圈，它将平分天赤道和黄道。在黄道上有四个点，与天赤道相交的正对的两个点分别被称作分点，太阳在其上从南到北的交点称作春分点，另一个称作秋分点；过两极作的圆与黄道相交的正对的两个点分别被称作至点，天赤道南的称作冬至点，天赤道北的称作夏至点。被包含在第一种运动中的所有星的运动都过子午圈，它被地平圈等分为上下两个半圆，上半圆为昼，下半圆为夜[②]。托勒密空间几何概念建立的关键是关于黄道概念的形成，对近现代球面天文学产生了重要的影响。

由此可见，中国和古希腊对黄道以及相关问题的认识都是较早的，在确立一些基本的空间天球模型和概念方面，中国在汉代做出了尝试。

二、东汉《四分历》的晷漏表及其算法的天文学意义

《后汉书·律历下》给出了一张包括二十四气日所在、黄道去极、晷景、昼漏刻、夜漏刻、昏中星、旦中星的晷漏表，是为古代历法"步晷漏术"的主要内容，它为东汉《四分历》首创，后世皆从其法，历代都有编制一张类似表格的传统。这张晷漏表的相关算法如下：

---

① Ptolemy C. Ptolemy's *Almagest*. Toomer G J (trans.). London: Gerald Duckworth & Co. Ltd., 1984: 45-47.

② Ptolemy C. Ptolemy's *Almagest*. Toomer G J (trans.). London: Gerald Duckworth & Co. Ltd., 1984: 45-47.

　　黄道去极，日景之生，据仪、表也。漏刻之生，以去极远近差乘节气之差。如远近而差一刻，以相增损。昏明之生，以天度乘昼漏，夜漏减之，二百而一，为定度。以减天度，余为明；加定度一为昏。其余四之，如法为少。二为半，三为太，不尽，三之，如法为强，余半法以上以成强。强三为少，少四为度，其强二为少弱也。又以日度余为少强，而各加焉。^①

　　第一句话明确指出二十四气黄道去极度和日影长度分别使用浑仪和圭表测定，东汉《四分历》首创黄道去极度测算法，并限定了后代历法发展的模式；这时晷影长度的测定也非常精确，经历了从元和二年至熹平三年（公元85—174年）的漫长时间，这个过程反映了东汉天文测算工作的精细程度。浑仪和圭表是中国古代最基本的天文仪器，其测量的黄道去极度和晷影长度乍看起来没有联系，实际上它们都从不同角度反映了太阳的运动规律。通过晷影和黄道去极度的测量以及对于其规律的认识，可以了解太阳在空间的运动规律，这个过程建立在晷漏表的基础上。由《后汉书》所载晷漏表可知，东汉不仅对该表中各个天文量进行了数量化，而且在各个天文量之间建立了一一对应关系，这些精准的天文量之间有的可以互求，有的仍能够在系统内保持各自数据的精准。

　　由于古代中国没有黄极的概念，所以"黄道去极度"（有时用黄道内外度来代替，因为这两个量互为余角）是沿赤经圈度量黄道上的太阳（或某天体）离开赤极的度数，与现代天文学中的"黄纬"概念不同。同样，下文将要论述的"黄道宿度"相当于现代天文学的黄经，但又不同于黄经的概念。薮内清已经明确地指出了这一点^②。这些构成了古代中国特殊的黄道坐标系。

　　第二句话"漏刻之生，以去极远近差乘节气之差，如远近而差一刻，以相增损"清楚地指出二十四气昼夜漏刻长度的计算方法，说明这些数据不是由实测得到的。但是，李鉴澄认为它们是通过实测得到的，并分析了其与所在观测地点的吻合程度^③。

　　东汉《四分历》颁行之初，仍沿用旧制，即昼夜漏刻率按每9日增减1刻。但是没有考虑昼夜漏刻与晷影长短和日去极远近（赤纬）的变化是对应的，于是"官漏刻率九日增减一刻，不与天相应，或时差至二刻半"。东汉

① 司马彪. 后汉书·律历志. 北京：中华书局，1975：3075.
② 薮内清. 汉代における観測技术と石氏星经の成立. 东方学报（京都），1959.
③ 李鉴澄. 论后汉四分历的晷景、太阳去极和昼夜漏刻三种记录. 天文学报，1962，(1)：46-52.

和帝永元十四年（公元 102 年），霍融上奏实行新制，即"漏刻以日长短为数，率日南北二度四分而增减一刻。一气俱十五日，日去极各有多少。今官漏率九日移一刻，不随日进退。夏历漏刻随日南北为长短，密近于官漏，分明可施行"。于是，其年十一月甲寅，诏曰："告司徒、司空：'漏所以节时分，定昏明。昏明长短，起于日去极远近，日道周圜，不可以计率分，当据仪度，下参晷景。今官漏以计率分昏明，九日增减一刻，违失其实，至为疏数以耦法。……官漏失天者至三刻。以晷景为刻，少所违失，密近有验。'"[①]以上文字说明，在实行新制的过程中已经认识到了"昏明长短，起于日去极远近"，而从其漏刻计算方法来看，改变了旧制的漏刻随日进退，实行了随去极度差而进退的新制，精度由原来的 2.5—3.0 刻的误差，提高到了 1.1 刻的误差[②]；同时注意到要据仪度、借助晷影实测随时校核昼夜漏刻长度，保证了随算随测，及时进行改正。

按照现代天文学，在春秋分附近，太阳赤纬变化很快，五六日南北移动 2 度 4 分，昼夜漏刻就要增减 1 刻；而在冬夏至前后，变化极慢，十四五日才变化 1 度。东汉天文学家认识到在南北方向的太阳赤纬每差"二度四分"，地面时间"增减一刻"的对应关系，这种试图在太阳视赤纬和日长之间寻找恰当关系的做法是可取的，它尤其能表明古人对球面天空中太阳运动的认识，是通过对于地面晷影和昼夜漏刻长度的测算等一系列数量化的手段实现的。由这张晷漏表及其计算所涵盖的内容基本可以推断，汉代在浑天说的基础上已经形成了据仪表进行测量的数理方法，通过仪、表测得黄道坐标量，从而建立起了空间天球模型，这揭示了在东汉《四分历》中首次出现这样一张数理表格的天文学意义。

这些精细的测量工作的结果如何呢？何承天（公元 370—447）在请求改历的奏章中曾经指出：

> 案后汉志，春分日长，秋分日短，差过半刻。寻二分在二至之间，而有长短，因识春分近夏至，故长；秋分近冬至，故短也。[③]

《宋书·律历志下》又有：

① 司马彪. 后汉书·律历志. 北京: 中华书局, 1975: 3033.
② 张培瑜, 陈美东, 薄树人, 等. 中国古代历法. 北京: 中国科学技术出版社, 2008: 322.
③ 沈约. 宋书·律历志. 北京: 中华书局, 1974: 261.

> 案景初历，春分日长，秋分日短，相承所用漏刻，冬至后昼漏率长于冬至前，且长短增减、进退无渐。非唯先法不精，亦各传写谬误。今二至、二分各据其正，则至之前后，无复差异。①

何承天的奏章反映了历史事实，对于其中原因的分析也不无道理。何承天《元嘉历》晷漏表的春秋分昼夜漏刻相等，晷影长度以冬至点为对称②，这是综合前人的观测分析得出的结论。

可见，中国古代通过晷影的精细测算，认识和归纳了太阳的运动规律。东汉《四分历》的测影精度比后来的高，至于仍有"春分日长，秋分日短，差过半刻"的现象，主要是因为东汉《四分历》的冬至时刻的测定误差太大③。

第三句话是关于昏旦时刻中星位置的确定。昏旦时刻中星位置的测定在我国起源很早，它的两个主要用途是确定季节和确定日躔所在，确立的前提是二十八宿距度体制的建立和测角仪器的使用。《汉书·天文志》记载，汉代对昏旦中星的观测技术较战国时期有了长足进展，其中有一段话说：

> 日行不可指而知也，故以二至二分之星为候。日东行，星西转。冬至昏，奎八度中；夏至，氐十三度中；春分，柳一度中；秋分，牵牛三度七分中，此其正行也。日行疾，则星西转疾，事势然也。④

这是对昏中星的观测，古人据此就可以推算冬至点的大概位置。最后一句话说明，在汉代由昏旦中星的测定已经发现了太阳运动的快慢，关于这方面还有一个证据就是在《月令章句》有："中星当中而不中，日行迟也。未当中而中，日行疾也。"⑤

---

① 沈约. 宋书·律历志. 北京：中华书局，1974：285.

② 严格说来，晷影和昼夜漏刻长度并非严格以冬至点和夏至点为对称点的。原因如下：①日行有盈缩，古历用平气，太阳在相同的时间并不走过同样的角度。二至前后相应各气日行距离不等，对应的赤纬（去极度）各异；②由于轨道是椭圆的，在远地点、近地点，各气对应的中心差不同，再加上大气折射等原因，所以，晷影、昼夜漏刻长度是不可能严格以冬至点和夏至点为对称点的。以上是现代天文学精度下的考虑，在古人测量所允许的误差范围内，以上两个原因导致的误差要比测算得到的二十四气晷影、漏刻的数值小得多，所以本文暂忽略上述几点。

③ 陈美东. 古历新探. 沈阳：辽宁教育出版社，1995：206-208.

④ 汉书·天文志//中华书局编辑部. 历代天文律历等志汇编（一）. 北京：中华书局，1975：89.

⑤ 司马彪. 后汉书·律历志. 北京：中华书局，1975：3079.

东汉《四分历》给出了二十四气第一日日躔位置和昏旦中星距度值。计算方法如下：

据平气推算，一气为 $\dfrac{365.25}{24} = 15\dfrac{7}{32}$ 日，以太阳每日行一度计，得到二十四气太阳位置=斗 $21\dfrac{1}{4} + (n-1) \times 15\dfrac{7}{32}$ 度。这里 n 为从冬至起二十四气的顺序号。

昏旦时刻中星位置的推算方法就更复杂了。在汉代昏明时刻改三刻为二刻半的测算规则的基础上，根据术文"昏明之生，以天度乘昼漏，夜漏减之，二百而一，为定度。以减天度，余为明；加定度一为昏。其余四之，如法为少。二为半，三为太，不尽，三之，如法为强，余半法以上以成强。强三为少，少四为度，其强二为少弱也。又以日度余为少强，而各加焉"[1]得到：

二十四气昏中星位置=昏时日躔位置+昏时太阳时角
=二十四气日所在（夜半）+1 度−（夜漏−昼漏×周天度）/200

同样，二十四气旦中星位置=二十四气日所在（夜半）+（夜漏−昼漏×周天度）/200。

中国古代采用分数记法，东汉《四分历》的十二分度制见表 1。

表 1　东汉《四分历》的十二分度制

分度名	分度值	分度名	分度值
度强	1/12	半强	7/12
少弱	2/12	太弱	8/12
少	3/12	太	9/12
少强	4/12	太强	10/12
半弱	5/12	度弱	11/12
半	6/12	整度	12/12

根据上述公式依次进行计算，就可以得到东汉《四分历》晷漏表中"日所在"、"昏中星"和"旦中星"的所有位置。我们看到，东汉《四分历》关于昏旦中星位置的确定已经从早期的经验观测中解放出来，而发展了一种有效的计算方法，这无疑是对太阳运动规律性正确认识的结果。在长期的观

① 续汉书·律历志//中华书局编辑部. 历代天文律历等志汇编（五）. 北京: 中华书局, 1975: 1530.

测实践中，建立一种合理的空间模型，从而建立有效的计算方法，进一步和观测相互验证，正是这个时期天文学的显著特点，而东汉《四分历》中的晷漏表，就是为此产生的。

三、《东汉四分历》黄赤道宿度变换表的天文学意义

赤道宿度转换为黄道宿度的计算是历代编制历法的基础，它们之间的差又称黄赤道差。正史律历志中大多有黄赤道宿度表格，黄赤道宿度转换在早期是伴随着古人对日月运动和黄道的认识而发展起来的，它的计算与日食预报的关系非常密切。由于古人发现了太阳在黄道上运动，为了方便，必须把二十八宿的赤道距度换算成黄道距度。二十八宿黄道宿度表首见于东汉《四分历》。在汉代由于观测和计算昼夜漏刻长度、晷影长度和确定二十八宿黄道和赤道位置的需要，黄赤道宿度进一步得到量化。

东汉早期就开始用仪器测量二十八宿黄道宿度。《后汉书·律历中》记载，贾逵在永元四年（公元 92 年）提出，永元十五年（公元 103 年）经和帝下诏，由东汉史官在西汉民间的基础上，制造黄道铜仪，并测量了二十八宿距星的黄道距度。《后汉书·律历中》有："仪，黄道与度运转，难以候，是以少循其事。"[1] 这间接地表明，这些黄道宿度不是黄经差，而是赤经差的投影，由赤经差换算得到。这些数据被记载于《后汉书·律历志》中。

在东汉《四分历》中有关于二十八宿的"右赤道度周天三百六十五度四分之一"和"右黄道（宿）度周天三百六十五度四分之一"各宿度数两张表，这也是中国历史上首次出现的黄赤道宿度变换表，但是没有给出详细解释，这里分析它的测量和计算方法。

东汉《四分历》中使用"进退差"来表示黄赤道差，张衡的《浑天仪注》也详细地描述了黄赤道进退差，但这已经是后来的事情了。可以看一下《浑天仪注》的术文：

> 上头横行第一行者，黄道进退之数也。本当以铜仪日月度之，则可知也。以仪一岁乃竟，而中间又有阴雨，难卒成也。是以作小浑，尽赤道黄道，乃各调赋三百六十五度四分之一，从冬至所在始

---

① 司马彪. 后汉书·律历志. 北京: 中华书局, 1975: 3030.

起，令之相当值也。取北极及衡各针揲之为轴，取薄竹篾，穿其两端……各分赤道黄道为二十四气，一气相去十五度十六分之七，每一气者，黄道进退一度焉。所以然者，黄道直时，去南北极近，其处地小，而横行与赤道且等，故以篾度之，於赤道多也。设一气令十六日者，皆常率四日差少半也。令一气十五日不能半耳，故使中道三日之中差少半也。三气一节，故四十六日而差今三度也。至於差三之时，而五日同率者一，其实节之间不能四十六日也。今残日居其策，故五日同率也。其率虽同，先之皆强，后之皆弱，不可胜计。取至於三而复有进退者，黄道稍斜，於横行不得度故也。春分、秋分所以退者，黄道始起更斜矣，於横行不得度故也。亦每一气一度焉，三气一节，亦差三度也。……①

这里利用了小浑模型，如用竹篾作黄道圈，然后进一步考虑制造黄道铜仪。"本二十八宿相去度数，以赤道为距尔，故於黄道亦有进退也。"②于是进一步计算各宿的黄道进退之数。

由东汉《四分历》两张二十八宿黄赤道变换数表，得到各宿的黄道进退之数，从牛宿起依次为

$$(8+12+10+17+\cdots) - (7+11+10+16+\cdots)=+1,+2,+2,+3,\cdots$$

即牛宿为 8–7=+1 度，女宿为(8+12) – (7+11)=+2 度，虚宿为(8+12+10) – (7+11+10)=+2 度……

关于这时期的黄赤道进退差的值，学术界基本认为是测量得到的，但是也有一些规律，如张衡提出的三气一节差三度，即黄赤道进退差的变化在进三度与退三度之间，这个规定一直沿用至隋代③。由此可见，中国传统的黄赤道差计算带有浓厚的经验色彩。利用二次内插法计算黄赤道进退差，始自刘焯的《皇极历》。虽然古代中国没有建立球面三角学，但是利用特有的测算方法解决了球面三角中弧的测量和变换问题。

黄道宿度测量具有明显的历史意义。永元四年（公元 92 年）"贾逵论历"称：

---

① 司马彪. 后汉书·律历志. 北京: 中华书局, 1975: 3076-3077.

② 司马彪. 后汉书·律历志. 北京: 中华书局, 1975: 3076.

③ 严敦杰. 中国古代黄赤道差计算法. 科学史集刊, 1956, (1): 58.

（李）梵、（苏）统以史官候注考校，月行当有迟疾……乃由月所行道有远近出入所生，率一月移故所疾处三度，九岁九道一复。[①]

可见，李梵等人由于用黄道度量月行发现了月亮运动的迟疾变化。虽然岁差的发现是东晋虞喜的功劳，但是在汉代的很长时间里古代天文学家已经意识到冬至位置的变化，直到贾逵明确地说出冬至不在牵牛而在斗，这说明对冬至点的黄道宿度的测量导致了岁差的发现[②]。

东汉以后历代以晷影测量、昼夜漏刻、昏旦中星和二十四气日所在、黄道去极度的测算以及黄赤道宿度转换等作为历法改革的基本内容。以上一系列事实说明，以浑天说为基础的空间天球概念和测算理论在东汉时期已经初步建立起来。这些概念和理论促进了这个时期天文学的发展，奠定了东汉天文学的历史地位，对后世天文学的发展产生了重要影响。

四、东汉和古希腊太阳视赤纬和黄赤道坐标变换问题的比较

从现代天文学的角度来看，太阳视赤纬的测算与晷影漏刻等课题的研究密切相关，它是解决晷影漏刻问题的一个关键。通过解读汉代有关文献和《至大论》原文发现，中西方历算家都意识到了这个问题，非常重视太阳视赤纬的测算。

在中国古代，"太阳视赤纬"这个概念是用"黄道去极度"或者"黄道内外度"来代替的。《开元占经》内石氏二十八宿中记载有各宿的所谓的黄道内外度，是从天球赤极出发度量的，因此它不是黄纬，不妨称为"斜黄纬"或"似黄纬"，学术界已经认识到，这些数据可能是在东汉时期测定的[③]。在印度古代天文学和古希腊时代喜帕恰斯古星表中有许多这类坐标，被称为"伪黄纬"[④]。"黄道内外度"明确见于可靠文献是在《后汉书·律历下》，东汉《四分历》首创黄道内外度的表格形式测算法，此后，历代历法大多都

① 司马彪. 后汉书·律历志. 北京: 中华书局, 1975: 3030.

② 何妙福. 岁差在中国的发现及其分析//中国天文学史整理研究小组. 科技史文集·第1辑·天文学史专辑. 上海: 上海科学技术出版社, 1978: 16-21.

③ 孙小淳. 关于汉代的黄道坐标测量及其天文学意义. 自然科学史研究, 2000, 19(2): 143-154.

④ Vogt H. Versuch einer wiederherstellung von Hipparchs fixsternverzeichnis. Astronomische Nachrichten, 1925, 224(2/3): 17-54.

有太阳视赤纬算法，学术界已经对这个问题进行了深入研究[①]。

托勒密在《至大论》中已经明确了黄赤道坐标的含义[②]，在他的"弦表"和梅内劳斯定理的基础上，他给出了相当于现在的赤经与黄经的变换表。在《至大论》卷 2 中解释了这个问题，图 1 是托勒密的黄赤道坐标的转换图，给出了赤极 Z、天赤道 AG 和黄道 DB 的天球图，他对于不同的黄经值 EH，计算了天赤道与黄道之间的截弧，即太阳视赤纬 OH，也即中国古代的黄道内外度。笔者研究发现，托勒密的黄赤道量是在没有黄极的情况下定义的，他的太阳视赤纬相当于喜帕恰斯的伪黄纬，也相当于中国古代的"黄道内外度"。

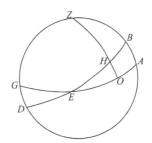

图 1　托勒密黄赤道坐标的转换图

托勒密在解决这个问题时，首先选择了一种特殊情况，天赤道的极位于地平面上的"正交天球"（地理纬度 $\Phi=0°$）的情形，这可以理解成当通过地球上任一地平面的子午线截得的黄道量给定后，求春分点升起或落下的时间，与中国古代的求黄赤道进退差问题相类似。实际上，托勒密在《至大论》卷 8 "恒星理论"中给出了黄赤道坐标变换的一般的球面三角解法，为了追溯和比较中西方关于黄赤道坐标变换的起源和传统，本文在此仅仅论及这一解法的特例。

托勒密试图建立关于"斜交天球"（地理纬度 $\Phi\neq0°$）在一年的不同时间太阳视赤纬变化的更普遍法则。他要解决的问题包括：①赤极到地平圈的距离（也即天顶沿子午圈到天赤道的距离）——极高是多少？②计算在什么时候，哪些地区太阳上中天？并且一年几次达到中天？③至点和分点时正午表影的比率是多少？④从分点开始最长昼和最短昼各是多少？太阳的地平方位角是多少？（5）昼长和夜长每天各自的增加和减少是多少？

托勒密计算了黄道上与相同的至点等距离的点和与相同的分点等距离的

① 陈美东. 古历新探. 沈阳: 辽宁教育出版社, 1995: 165-180.

② Duke D W. Hipparchus' coordinate system. Archive for History of Exact Sciences, 2002, 56(5): 427-433.

点两种情形下，天赤道南北相同的平行圈与地平圈相交后的不同昼夜长度，于是他得到在地球上南北半球相对应的位置，南半球纬圈上的夜长（昼长）正好等于相对的北半球纬圈上的昼长（夜长），认识到了南北半球明显的对称性①。

五、托勒密对昼夜长短和黄道上上中天点时间的计算

中国古代非常重视昼夜漏刻长短和昏旦中星的观测和计算。和中国古代一样，托勒密也考虑解决关于地球上的昼夜长短变化规律、黄道上上中天点的时间以及时间计量方法等问题，他把这些问题归结为建立一个"升起时间表"②，他认为在此基础上，所有其他和这个话题有关的问题都不需要通过几何证明或建立特殊表格就很容易解决。关于"升起时间表"建立的原理，托勒密在《至大论》中描述如下，如图 2 所示，$ABCD$ 是子午圈，地平圈是 BED，通过东点 E 的天赤道是 AEC，黄道是 HF，H 是春分点，K 是天北极，黄道上的点 F 的黄经是 $\lambda(F)=HF$，它刚好和天赤道上的点 E 同时升起，对任意的 $\lambda(F)$ 值，求上升弧段 HE 是多少？

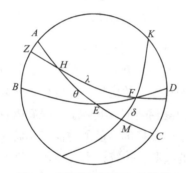

图 2 "升起时间表"的计算

托勒密在弧 CE、CK 和弧 ED、KM 相交的图中利用梅内劳斯定理给出了当 $\lambda(F)=30°$ 时，$\theta(\lambda_\odot,\varphi)=HE$ 的值。

"升起时间表"是解决托勒密球面天文学中实际问题的最有效工具。首先，在托勒密看来，赤经不只是一个坐标量，而在正交天球中是升起的"时间度"，因此"升起时间"问题可以直接应用于昼长的计算。利用"升起时

① Ptolemy C. Ptolemy's *Almagest*. Toomer G J(trans.). London: Gerald Duckworth & Co. Ltd., 1984: 76-82.

② 又称"赤经表"，古希腊天文学家由于考虑天体的"升起时间"或者"时间度"而创造了相当于现代天文学的"赤经"概念。

间表"可以得到：

$$昼长 \ t = \theta(\lambda_\odot + 180^\circ, \varphi) - \theta(\lambda_\odot, \varphi)$$

这个公式的天文学意义是，在图 2 中，F 表示上升的太阳，那么在 F 对面的黄道和地平相交的那个点和天赤道上与太阳同时下落的点有关。托勒密进一步论述了当一个人从赤道向北移动时，太阳上升时间将从 $\theta(\lambda_\odot, 0^\circ)$ 到 $\theta(\lambda_\odot, \varphi)$ 减少。因此，半日长将以量 $[\theta(\lambda_\odot, 0^\circ) - \theta(\lambda_\odot, \varphi)]$ 增加。

如果想知道黄道上太阳上中天的时间，托勒密取从最近一个中午到给定时间昼或夜的整个季节时[①]乘以适当的时间度（15°/小时），把这个结果加到"正交天球"中太阳的升起时间中，即 $\theta(\lambda_e, 0^\circ) = t \times 15^\circ + \theta(\lambda_\odot, 0^\circ)$，因此随着"正交天球"升起的黄道将在那个时间上中天。

托勒密认为，对生活在相同子午圈下面的人，太阳到正午和到子夜的时间距离相同；生活在不同子午圈下面的人，太阳到正午和到子夜的时间距离不同，其差等于一个子午圈到另一个的度数。这是对于太阳上中天规律的正确认识。由此看来，托勒密的关于昼夜长度和黄道上天体上中天时间的计算，建立在他的空间天球概念的基础上；他很好地认识了黄赤道量的本质特性，进一步发展了"升起时间表"等一系列球面天文计算方法。

综上，托勒密天文学在一个大的学科框架里考虑问题，他对于太阳视赤纬、黄赤道坐标变换、昼夜长度和黄道上天体上中天时间的计算等都建立在球面三角的基础上，并由此进一步总结出不同地方、南北半球的天文规律，所有这些都服务于他的地心宇宙观，由抽象到一般，由理论到实践，体现了古希腊天文学演绎思维的特点。《东汉四分历》最早明确给出了一张二十四气日所在、昼夜漏刻、晷影长短、昏旦中星和黄道去极的测算表格，涉及黄赤道宿度变换的问题，古人由此进一步认识到日月等天体的空间运动规律，最终在浑天说基础上建立了一个基本的空间天球概念。《东汉四分历》为后世"步晷漏术"确立了基本模式，在中国天文学史中具有重要地位。中国传统天文学不同于古代西方的特点在于，它走了一条重视测算、重视经验的道路。

（本文原发表于邓可卉. 东汉空间天球概念及其晷漏表等的天文学意义——兼与托勒玫《至大论》中相关内容比较. 中国科技史杂志，2010，31（2）：196-206。）

---

① 由于一年之中不同季节的昼夜长度不同，按照这种昼夜长度变化定义的时间单位，就是季节时。

浑天说的产生与发展

——汉代至魏晋南北朝

中国古代对宇宙时空的兴趣及追问很早就有了，"宇宙"这个概念最早出现在战国时期，"四方上下曰宇，往古来今曰宙"[①]即传达了宇表示空间和宙表示时间概念的思想。古代对天地的探寻也很早，战国时期屈原在其《楚辞·天问》中有："上下未形，何由考之？冥昭瞢暗，谁能极之？冯翼惟象，何以识之？""圜则九重，孰营度之？斡维焉系？天极焉加？九天之际，安放安属？天何所沓？十二焉分？"[②]"天"究竟是什么模样的？"天"有边际吗？天体是如何运转的？这首诗词表达了古人对天地形状、天地边缘以及天体运行理论的探索。

中国古代通常以"论天体象者""言天体者""言天者"等称呼论述天体结构的学者。中国古代宇宙理论主要有三种宇宙学说，它们分别是盖天说、浑天说和宣夜说，三种宇宙论学说除了在官方正史如《后汉书·天文志》和《晋书·天文志》中有记载以外，前两种学说都有各自的代表性著作——《周髀算经》和张衡的《浑天仪注》。在这三种宇宙学说中，盖天说出现得最早，宣夜说形成得最晚，浑天说的提出时间则介于二者之间。但是，可以肯定的是，它们在汉代以前都已经产生了。

秦汉时期是古代宇宙理论的形成时期。东汉学者蔡邕曾总结说：言天体者有三家：一曰盖天，二曰宣夜，三曰浑天。"宣夜之学，绝无师法。周髀数术具存，考验天状，多所违失，故史官不用。唯浑天者近得其情，今史官所用候台铜仪，则其法也。"[③]一语道破汉代盖天说、浑天说、宣夜说各自

---

① 尸佼. 尸子·卷下//上海古籍出版社. 二十二子. 上海：上海古籍出版社, 1986: 373.

② 林家骊译注. 楚辞. 北京：中华书局, 2010: 80-85.

③ 续汉书·天文志上//中华书局编辑部. 历代天文律历等志汇编（一）. 北京：中华书局, 1975: 115.

的特点和它们的发展。汉代三种宇宙学说鼎立，其中又以浑天说和盖天说的争论最为激烈。

从上面所说的"言天者"可以看出，古人注重对"天"的结构进行论述，通过对"天"的描述来解释日月五星运动、四季昼夜以及日月食等众多现象。那什么是浑天说呢？关于浑天说的明确叙述，最早出自西汉末著名学者扬雄的《法言·重黎》："或问浑天。曰：（落）下闳营之，鲜于妄人度之，耿中丞象之。几乎！几乎！莫之能违也。"[①]这里的"浑天"指的是浑仪，扬雄并未对浑天说进行解释，而是对落下闳等人建造、使用浑仪进行了说明。扬雄生活的年代是公元前53年至公元18年，距离太初改历（太初历约公元前104年颁行）不到100年，也非战乱年代，因此他记录的落下闳创立浑天说这种观点应是可信的。东汉张衡《浑天仪注》云"周旋无端，其形浑浑，故曰浑天也"[②]，陆绩《浑天》云"天之形状，圆周浑然，运于无穷，故曰浑"[③]，"浑"用来形容天的形状，而"浑天"即认为天是一个球体。

一、浑天说的产生与去极度概念的出现

从浑仪同时具备入宿度与去极度的测量功能来看，去极度概念应与浑天说关系密切。关于浑仪与浑天说的产生年代，向来有两派对立的观点。一派认为先秦时期已有浑仪以及浑天思想，以陈久金[④]和徐振韬[⑤]等为代表；另一派则认为浑天说肇始于落下闳，持这一观点的学者有周桂钿[⑥]、李志超[⑦]和王玉民[⑧]等。也有人推测浑天说思想有着古希腊天文学等外来因素的影响[⑨]。

历史上，去极度概念经历了从定性到定量的发展过程。以正史记载为例，可以看到这个变化过程。在《汉书·天文志》中有："中道者，黄道，一曰

① 汪荣宝. 法言义疏. 陈仲夫点校. 北京: 中华书局, 1987: 320.

② 张衡. 浑天仪注//瞿昙悉达. 开元占经. 影印文渊阁四库全书. 第 807 册. 台北: 台湾商务印书馆, 1986: 171.

③ 陆绩. 浑天//瞿昙悉达. 开元占经. 影印文渊阁四库全书. 第 807 册. 台北: 台湾商务印书馆, 1986: 174.

④ 陈久金. 浑天说的发展历史新探 // 中国天文学史整理研究小组. 科技史文集·第 1 辑·天文学史专辑. 上海: 上海科学技术出版社, 1978: 59-74.

⑤ 徐振韬. 从帛书《五星占》看"先秦浑仪"的创制. 考古, 1976, (2): 89-94, 84.

⑥ 周桂钿. 浑天说探源. 学习与思考(中国社会科学院研究生院学报), 1981, (2): 41-44.

⑦ 李志超. 仪象创始研究. 自然科学史研究, 1990, (4): 340-345.

⑧ 王玉民. "浑天仪"考. 中国科技术语, 2015, 17(3): 39-42.

⑨ 毛丹, 江晓原. 从北极出地设定看浑天说与希腊宇宙论之相应内容. 自然辩证法研究, 2017, 33(9): 90-95.

光道。光道北至东井,去北极近;南至牵牛,去北极远;东至角,西至娄,去极中。"①这里的去极以远近中来描述,说明这时具备初步的定性认识。《续汉书·律历志》中则出现了多次"去极"和"去极度"的量化描述,如:"石氏星经曰:'黄道规牵牛初直斗二十度,去极二十五度。'"②还有"臣谨案:前对言冬至日去极一百一十五度,夏至日去极六十七度,春秋分日去极九十一度"③。

学术界认为前引"石氏星经曰"是自石申夫后出现的一个"石氏学派",这一群体继承和发展了石申夫的天文学理论④,并且石氏学派在汉代有着相当的地位与影响力⑤,由此我们认为,《续汉书》中所谓的"石氏"或"石氏星经",应该是指该学派,而不能因此把去极度的产生向前推至战国时期。

另外,《隋书·天文志》载:"汉末,扬子云难盖天八事······牵牛距北极北百一十度,东井距北极南七十度。"⑥扬子云即西汉末著名学者扬雄,也就是说,去极度概念至晚在公元元年前后就已经出现。由此推断,在《汉书》乃至《史记》编纂的年代,去极度的概念应该已经出现,甚至颇为成熟。我们基于这个问题对这两部书做了进一步查证。正如前文所述,《汉书》中仅有简单的去极概念,《汉书·天文志》是马续所作,有司马彪《续汉书·天文志》序的片语可资旁证⑦。马续本不是专业人士,能够知晓简单的去极度概念并记录下来,已是难能可贵。而《史记》中甚至没有去极度概念的半点踪影。

《史记》作者司马迁是西汉太史令,据笔者详细筛查,其中他只字未提去极度概念。李志超与华同旭⑧曾考证发现司马迁是一位地地道道的盖天家。司马迁是太初改历的发起人之一,而最后汉武帝采纳的却是落下闳等浑天家制定的历法。作为盖天说的支持者,司马迁有充分的理由和动机在自己编纂的《史记》中隐去浑天说的相关内容,这是一种可能性。

然而,最早出现去极度数据的是成书于公元前 100 年左右的盖天说代表

---

① 班固. 汉书·天文志//中华书局编辑部. 历代天文律历等志汇编(一). 北京: 中华书局, 1975: 88.

② 冬至点的去极度为 115 度才符合实际, 而不是原文中的 25 度, 这可能是传抄时出现了错误.

③ 司马彪. 续汉书·律历志//中华书局编辑部. 历代天文律历等志汇编(五). 北京: 中华书局, 1975: 1481.

④ 陈久金. 中国古代天文学家. 2 版. 北京: 中国科学技术出版社, 2013.

⑤ 孙小淳. 汉代石氏星官研究. 自然科学史研究, 1994, (2): 123-138.

⑥ 李淳风. 隋书·天文志. 北京: 中华书局, 1975.

⑦ 朱维铮. 班固与《汉书》——一则知人论世的考察. 复旦学报(社会科学版), 2004, (6): 20-28.

⑧ 李志超, 华同旭. 司马迁与《太初历》//《中国天文学史文集》编辑组. 中国天文学史文集. 第五集. 北京: 科学出版社, 1989: 126-137.

作《周髀算经》，书中载有二分二至点所在星宿（牵牛、娄、角、东井）精确的去极度数值。对此学术界的观点不尽相同，在本文第二部分笔者已经讨论了这个问题。

二、太初改历

自古王朝更替，统治者上台后都把制定历法作为当政的首要职责，尧将帝位禅让给舜时谓"天之历数在尔躬"，后世帝王们最先做的也是"颁正朔，易服色"，制定新的历法以顺应天时。汉朝初期，由于国家以恢复社会经济为主，故而继续实行秦代的历法，一直没有改历。

到汉武帝时期，改历被提上日程，司马迁、壶遂、公孙卿皆上言"历纪坏废，宜改正朔"[①]，汉武帝召集御史大夫儿宽、博士赐等人商议后颁布了制历诏书，诏命司马迁、壶遂、公孙卿与大典星射姓等人共同制定《汉历》。推算历法首先要观测天象，司马迁等人"定东西，立晷仪，下漏刻，以追二十八宿相距於四方，举终以定朔晦分至，躔离弦望"[②]，他们用晷仪进行了一系列的天文测量，其中就包括观测二十八宿以及日月的运动，最终"得太初本星度新正"[③]。

然而，改历到此并未结束，《汉书·律历志》称"姓等奏不能为算"，可见进展并不顺利，成员内部之间产生了严重的分歧。《汉书》并未对"不能为算"的具体原因加以说明。改历过程不能中止，官方又重新招募了一批制历人员，包括邓平以及民间天文学家唐都、落下闳等 20 人。邓平等人推出八十一分律历，具体方法可参见《汉书·律历志》，这不是本文叙述的重点。值得关注的是，邓平的方法获得了新制历班子的认可，"於是皆观新星度、日月行，更以算推，如闳、平法"[④]，大典星射姓等人"不能为算"的问题得以解决。解决的关键就在于"观新星度、日月行"。此"新星度"与司马迁等人的"太初本星度"相对立，它们的共同点都是在测定二十八宿等的宿度，但是所用的方法不尽相同，得到的"星度"本身才会有新旧之分。

如上所言，司马迁等人是用传统的晷仪测定二十八宿赤道宿度，此为盖天之法。而落下闳等人则是使用新式仪器和方法，《法言义疏》引虞喜言"落

---

① 班固. 汉书·律历志. 颜师古注. 北京: 中华书局, 2013: 974-975.
② 班固. 汉书·律历志. 颜师古注. 北京: 中华书局, 2013: 975.
③ 班固. 汉书·律历志. 颜师古注. 北京: 中华书局, 2013: 975.
④ 班固. 汉书·律历志. 颜师古注. 北京: 中华书局, 2013: 976.

下闳为武帝于地中转浑天，定时节，作太初历，或其所制也"[1]，按照虞喜的追述，落下闳在太初改历时应用了浑仪。使用浑仪，那就说明当时已有浑天说。

由此可见，两批制历人员的区别就在于他们制历时持有的宇宙论观点不同，一批持盖天说，一批持浑天说。浑天说和盖天说的宇宙结构是不一样的，相应地，测天之法也就不同，依据两种宇宙理论分别制定的历法必然会是两种不同的结果。事实就是如此，最终的《太初历》就是落下闳、邓平等人依据浑天说理论制定而成的，它不仅得到了汉武帝和制历人员的认可，而且"晦、朔、弦、望，皆最密，日月如合璧，五星如连珠"，此历法与天象也最为密合。

三、"天赤道"概念的出现

从上面梳理太初改历事件的经过可以发现，其中牵连着浑天说与盖天说之间的争论，浑天说经此事件也初露头角。在史官们的笔下，这段历史被描写得非常模糊，留给我们的史料也非常有限。

在这有限的资料里，现代学者们一般分析认为落下闳是浑天说及浑仪的创制者。落下闳，字长公，四川阆中人，明晓天文之理。扬雄在《法言》中追述了落下闳和浑天说的联系，"或问浑天，曰：落下闳营之，鲜于妄人度之，耿中丞象之"[2]，浑天说与浑仪或始于落下闳。

然而学者们仍然忽略了一些关键信息。我们知道，使用浑仪度量天体使用的是赤道坐标系。赤道坐标系是依据浑天说原理建立的一套观测体系，其中天体的坐标用入宿度和去极度来表示。在赤道坐标系中，要确定这两个坐标量，必须要明确北天极和天赤道在天球上的位置。所以，对于浑天说而言，北天极和天赤道这两个概念就显得尤为重要。北天极是天空中的不动点，中国古代很早就关注到北天极，有学者指出古人对北天极的认识至少可以追溯到公元前4000年左右[3]。关于北天极的文字记载最早出自《论语·为政》，"子曰：为政以德，譬如北辰居其所而众星共之"[4]，北辰就是北天极，在很长时间里古人将北极星看作是北极。

古人对天赤道概念的认识相对较晚。一般认为中国古代的二十八宿是沿

---

① 汪荣宝. 法言义疏. 陈仲夫点校. 北京: 中华书局, 1987: 322.

② 汪荣宝. 法言义疏. 陈仲夫点校. 北京: 中华书局, 1987: 320.

③ 冯时. 中国天文考古学. 2版. 北京: 中国社会科学出版社, 2010: 124-136.

④ 杨伯峻. 论语译注. 2版. 北京: 中华书局, 1980: 11.

天赤道分布的，但这种说法在早期的史籍中找不到任何记录。相反，古人对黄道概念的认识要早于天赤道。《后汉书·律历志》记载："石氏《星经》曰：黄道规牵牛初直斗二十度，去极二十五度。"① 作为当时的天文大家，石氏非常注重观测二十八宿与黄道的相对位置。此外，早期的盖天说著作《周髀算经》中也有黄道的概念，书中认为日、月和二十八宿都是沿黄道分布的。

"天赤道"概念是何时出现的？这一问题并没有定论。在史料记载中，"赤道"二字最早出现于《汉书·天文志》，"立春、春分，月东从青道；立秋、秋分，西从白道；立冬、冬至，北从黑道；立夏、夏至，南从赤道"②，它被用来描述月球运行"九道"中的一条轨道。当然"天赤道"的概念不可能出现得这么晚。现在我们追溯浑天说的历史，既然在太初改历时期已经有了浑天说，那么"天赤道"概念在太初改历甚至更早的时候就已经出现了。理清古人对"天赤道"的认识有助于我们了解浑天说的发展过程。

我们再看太初改历的经过。《史记·历书》记载，"至今上即位，招致方士唐都，分其天部；而巴落下闳运算转历，然后日辰之度与夏正同"③，《汉书·律历志》也说："乃选治历邓平及长乐司马可、酒泉候宜君、侍郎尊及与民间治历者，凡二十余人，方士唐都、巴郡落下闳与焉。都分天部，而闳运算转历。"④ 落下闳在改历过程中起到的作用是"运算转历"，更侧重于计算天体的运行，推算历法，与虞喜所言"落下闳于地中转浑天"有所不同。值得注意的是，同为重要制历人员的方士唐都，主要工作为"分天部"，《史记集解》引汉书音义的说法对此作了解释，"谓分部二十八宿为距度"⑤，可知唐都在改历过程中重新划分和测定了二十八宿的距度，唐都的工作更加贴合对"天"的认识。

唐都何许人也？司马迁在《史记》中称唐都是汉代有名的星占学家，也是其父司马谈的老师，"夫自汉之为天数者，星则唐都，气则王朔，占岁则魏鲜"⑥，专门指出唐都注重星象观测。唐都"分天部"有着官方的观测目的，汉武帝曾昭告御史说："乃者，有司言星度之未定也，广延宣问，以理

① 续汉书·律历志//中华书局编辑部. 历代天文律历等志汇编(五). 北京: 中华书局, 1975: 1481.
② 班固. 汉书·天文志. 颜师古注. 北京: 中华书局, 2013: 1295.
③ 司马迁. 史记·历书. 北京: 中华书局, 2013: 1260.
④ 班固. 汉书·律历志. 颜师古注. 北京: 中华书局, 2013: 975.
⑤ 司马迁. 史记·历书. 北京: 中华书局, 2013: 1261.
⑥ 司马迁. 史记·历书. 北京: 中华书局, 2013: 1349.

星度，未能詹也。"①在太初改历之前，二十八宿的具体宿度还没有被测定，或者是相关的数据记录均已遗失，所以太初改历的一项重要任务就是测定二十八宿距度。《汉书·律历志》收录的刘歆《三统历》中保存有二十八宿的赤道宿度值，据薄树人先生考证，《三统历》是根据《太初历》改编而成的②。那么，《三统历》中的二十八宿赤道宿度就应该是唐都在太初改历时期的观测结果。

目前关于唐都的著书资料仅见于唐代李凤编写的《天文要录》残卷③。《天文要录》记载唐都撰有《定天赤道论》一卷，"天赤道"即为天球赤道，从书名可以推断该书论述的应为天赤道的测量之法，这与浑天说相呼应。不仅如此，《天文要录》序言说："汉唐都以浑仪赤道所量造伏图一张，后汉贾逵以黄道浑仪所捡造仰图一张，是以观玄念之乎文详记"④，说的是唐都测量二十八宿使用了赤道浑仪。《旧唐书》中也有相应的记录，《历志二》曰："前件周天二十八宿，相距三百六十五度，前汉唐都以浑仪赤道所量。其数常定，纮带天中，仪图所准。日月往来，随交损益。所入宿度，进退不同。"⑤《天文志上》曰："故唐都分天部，洛下闳运算转历，今赤道历星度，则其遗法也。"⑥这两段话正对应于《天文要录》中唐都使用浑仪的记载，并且自汉至唐期间的二十八宿赤道宿度使用的都是唐都测量的数据。唐都作为当时的天文大家，使用赤道浑仪来观测星象，也符合他的身份。

如此看来，至少在太初改历时期，唐都等人就已经对"天赤道"概念有了较充分的认识，并且使用了浑仪来测天。我们不能忽视唐都在太初改历中起到的重要作用，他对二十八宿的观测工作依据的正是浑天说原理。所以，唐都、落下闳等一批天文学家都是浑天说的支持者。

四、对赤道浑仪的改进

"浑仪"一词最早出于纬书《春秋文耀钩》："唐尧既位，羲和立浑

① 司马迁. 史记·历书. 北京: 中华书局, 2013: 1260.

② 张培瑜, 陈美东, 薄树人, 等. 中国古代历法. 北京: 中国科学技术出版社, 2008: 250-301.

③ 《天文要录》撰于唐麟德元年（公元 664 年），原书共五十卷，现仅存二十五卷。常见版本为日本京都大学人文科学研究所藏昭和七年（1932 年）钞本，现收录于《中国科学技术典籍通汇》。

④ 薄树人. 中国科学技术典籍通汇·天文卷. 郑州: 河南教育出版社, 1993: 27.

⑤ 刘昫, 等. 旧唐书·历志二. 北京: 中华书局, 2013: 1190.

⑥ 刘昫, 等. 旧唐书·天文志上. 北京: 中华书局, 2013: 1294.

仪。"①古人把浑仪的创制提前到羲和的年代，明显是一种托古行为。太初改历时期虽已有浑仪出现，但究其形制和相关的历史记录均已遗失。

汉宣帝甘露二年（公元前 52 年），耿寿昌曾上奏言说："以圆仪度日月行，考验天运状，日月行至牵牛、东井，日过一度，月行十五度，至娄、角，日行一度，月行十三度，赤道使然。"②他认为相对于天赤道来说，月亮的运动是不均匀的。此处的"圆仪"就是一种赤道浑仪，以当时的认识来看，该仪器上至少有赤道环和四游环，用来测量天体的入宿度和去极度数值。

东汉时期，关于浑仪的记录明显增多。汉孝和帝时，"太史揆候，皆以赤道仪"③，前文提到，太初改历时已有"天赤道"的概念，改历过程中也使用了赤道浑仪来度量二十八宿赤道宿度。结合耿寿昌等人的工作，可以看出汉代史官们进行天文观测一直使用的是赤道浑仪，且用赤道坐标来表示天体位置。然而，日、月、五星本在黄道上运行（尚不考虑月球运动轨道为白道），黄赤道之间存在 24 度的夹角，所以用赤道经度来表示天体行度不太精确。

永元四年（公元 92 年），贾逵上奏皇帝有："臣前上傅安等用黄道度日月弦望多近，史官一以赤道度之，不与日月同，於今历弦望至差一日以上，辄奏以为变，至以为日却缩退行。於黄道，自得行度，不为变。"④傅安等人发现了这一问题，开始用黄道来度量日、月运动。贾逵等人建议"如言黄道有验，合天，日无前却，弦望不差一日，比用赤道密近，宜施用"⑤，终于在永元十五年（公元 103 年）夏，诏令建造一台太史黄道铜仪。史官们用这台黄道式浑仪测量了二十八宿的黄道宿度，并用它度量了日月的运动。

史籍中没有太史黄道铜仪的具体结构，《后汉书·律历志》言："仪，黄道与度转运，难以候，是以少循其事。"⑥这台仪器应该是在原有浑仪的基础上增加了一个黄道环，但使用起来并不方便，由于实际的日月道位置是不断变化的，所以把仪器上的黄道与实际黄道对准是比较困难的，故而在实际测量时很少使用浑仪上的黄道环。

---

① 安居香山，中村璋八. 纬书集成. 石家庄: 河北人民出版社，1994: 662.
② 司马彪. 后汉书. 第一一册. 刘昭注补. 北京: 中华书局，2012. 3092.
③ 魏徵，等. 隋书·天文上. 北京: 中华书局，2011: 516.
④ 司马彪. 后汉书·律历中. 刘昭注补. 北京: 中华书局，2012: 3028-3029.
⑤ 司马彪. 后汉书·律历中. 刘昭注补. 北京: 中华书局，2012: 3029.
⑥ 司马彪. 后汉书·律历中. 刘昭注补. 北京: 中华书局，2012: 3030.

五、扬雄"难盖天八事"

虽然《太初历》是依据浑天说制定而成的，且用《太初历》校验天象最密，但官方并没有把浑天说立为正统学说。自太初改历到明末清初传教士来华，盖天说一直存在，没有衰亡，且支持盖天说的人不在少数。西汉末年，著名的思想家扬雄本来推崇盖天说，桓谭《新论·离事》记载："通人扬子云因众儒之说天，以天为如盖转，常左旋，日月星辰随而东西。乃图画形体、行度，参以四时历数、昏明昼夜，欲为世人立纪律，以垂法后嗣。"[①]扬雄对盖天说深有研究，并且想著书立说，传于后世。

桓谭向其发难，他说道："春、秋分昼夜欲等，平旦，日出于卯，正东方，暮，日入于酉，正西方。今以天下人占视之，此乃人之卯酉，非天卯酉。天之卯酉，当北斗极。北斗极，天枢，枢，天轴也；犹盖有保斗矣，盖虽转而保斗不移。天亦转，周匝，斗极常在，知为天之中也。仰视之，又在北，不正在人上。而春、秋分时，日出入乃在斗南。如盖转，则北道远南道近，彼昼夜刻漏之数何从等乎？"[②]桓谭的观点是，如果按照盖天说的说法，北极在人北，在春秋分时，太阳绕行一日，当为昼短夜长，而实际情况应为昼夜相等。扬雄没有办法解释这一问题。

桓谭与扬雄同朝为官，有一日两人上朝奏事后等待召见，它们坐在白虎殿走廊旁晒太阳取暖，桓谭对扬雄示意曰："天即盖转而日西行，其光影当照此廊下而稍东耳，天乃是，反应浑天家法焉！"[③]按照盖天说的理论，太阳落山后继续从西南向西运行，阳光应该投射到东北偏东的方向，理应继续照到他们，但现在太阳落山后照不到他们，这就说明浑天说是正确的。扬雄被桓谭的说法所折服，从此改信浑天说。不仅如此，他还专门向精通浑天仪制作的黄门老工请教，并作"难盖天八事"，对盖天说提出疑问，以通浑天之理。

我们将《隋书·天文志上》中记载的"难盖天八事"逐一列出：

> 其一云："日之东行，循黄道。昼夜中规，牵牛距北极南百一十度，东井距北极南七十度，并百八十度。周三径一，二十八宿周天当五百四十度，今三百六十度，何也？"

---

① 桓谭. 新论. 上海：上海人民出版社, 1977: 44.

② 桓谭. 新论. 上海：上海人民出版社, 1977: 44-45.

③ 桓谭. 新论. 上海：上海人民出版社, 1977: 45.

其二曰："春秋分之日正出在卯，入在酉，而昼漏五十刻。即天盖转，夜当倍昼。今夜亦五十刻，何也？"

其三曰："日入而星见，日出而不见，即斗下见日六月，不见日六月。北斗亦当见六月，不见六月。今夜常见，何也？"

其四曰："以盖图视天河，起斗而东入狼弧间，曲如轮。今视天河直如绳，何也？"

其五曰："周天二十八宿，以盖图视天，星见者当少，不见者当多。今见与不见等，何出入无冬夏，而两宿十四星常见，不以日长短故见有多少，何也？"

其六曰："天至高也，地至卑也。日讬天而旋，可谓至高矣。纵人目可夺，水与影不可夺也。今从高山上，以水望日，日出水下，影上行，何也？"

其七曰："视物，近则大，远则小。今日与北斗，近我而小，远我而大，何也？"

其八曰："视盖橑与车辐间，近杠毂即密，益远益疏。今北极为天杠毂，二十八宿为天橑辐。以星度度天，南方次地星间当数倍。今交密，何也？"[①]

我们以第五难为例，按照盖天说的理论，每夜能看到的二十八宿的数量应少于看不到的数量，但实际上每天都能看到约一半的星宿。这是盖天说解释不了的。而这用浑天说的理论可以轻而易举地解答，浑天说的天是一个圆球，二十八宿在天球上每日绕转一周，故人们每天夜里都可以看到一半的星宿。

扬雄"难盖天八事"中的八个问题的确是盖天说不能解释的，他曾言"盖哉，盖哉！应难未几也"[②]，盖天说在回答人们的疑问时，并没有达到精微神妙的程度。"难盖天八事"的出现对盖天说给予了沉重的打击，也强有力地推动了浑天说的发展。

六、关于天球形状的分歧

扬雄在《太玄·玄告》中对天地结构作了一番描述："天穹窿而周乎下，

---

①　魏徵，等. 隋书·天文上. 北京：中华书局，2011：506-507.

②　汪荣宝. 法言义疏. 陈仲夫点校. 北京：中华书局，1987：320.

地旁薄而向乎上。人蕈蕈而处乎中。天浑而挥，故其运不已。地隤而静，故其生不迟。"①这是早期浑天说的观念，认为天是一个球形。我们看到，从太初改历到西汉末期，都没有出现关于浑天说理论的定性描述，又或者说，相关的具体论述并没有传世，而这一工作由东汉时期的张衡完成。

赵君卿在"《周髀算经》序"中写道，"浑天有灵宪之文，盖天有周髀之法"②，《灵宪》是阐述浑天说理论的纲领性文献。除《灵宪》外，张衡还作有《浑天仪注》，这本书可以看作是对浑天说最早也是最完备的叙述文献。仔细对比张衡的两部文献，会发现它们对浑天说"天"的描述不尽相同，大致可以分为两类，一是天为椭球形，二是天为圆球形。据陈美东先生考证，《灵宪》大约作于汉安帝元初四年（公元 117 年），而《浑天仪注》大约成于六年以后③。所以，《浑天仪注》是张衡对浑天说的进一步认识。

（一）天为椭球形

张衡在《灵宪》开篇说："寻绪本元，先准之于浑体，是谓正仪立度。"④他认为需要先确定"天"的形状，才能使用浑仪等仪器进行具体的天文观测工作。在《灵宪》中，关于天地、日月结构的论述如下：

（1）在天成象，在地成形。天有九位，地有九域；天有三辰，地有三形；有象可效，有形可度。

（2）八极之维，径二亿三万二千三百里，南北则短减千里，东西则广增千里。自地至天，半于八极，则地之深亦如之。通而度之，则是浑巳。

（3）过此而往者，未之或知也。未之或知者，宇宙之谓也。宇之表无极，宙之端无穷。天有两仪，以舞道中。其可睹，枢星是也谓之北极。

（4）天以阳回，地以阴淳。是故天致其动，禀气舒光；地致其静，承施候明。天以顺动，不失其中，则四序顺至，寒暑不减，致生有节，故品物用生。地以灵静，作合承天，清化致养，四时而

---

① 扬雄. 司马光集注. 太玄集注, 刘韶军点校. 北京: 中华书局, 1998: 216.
② 钱宝琮校点. 算经十书. 北京: 中华书局, 1963: 11.
③ 陈美东. 中国古代天文学思想. 北京: 中国科学技术出版社, 2013: 132.
④ 张衡. 灵宪//瞿昙悉达. 开元占经. 影印文渊阁四库全书. 第 807 册. 台北: 台湾商务印书馆, 1986: 173.

后育，故品物用成。

（5）悬象著明，莫大乎日月。其径当天周七百三十六分之一，地广二百四十三分之一。[①]

张衡认为浑天说中的天地是有形质的，是可以被度量的。在他的认识里，八极之维在南北方向上为 231 300 里，东西方向上则为 233 300 里，所以大地和天球的直径在南北、东西两个方向上的长度是不一样的。这样的"天"实际上是一个椭球体。这种观点是古人对天地认识的一种传统。在《淮南子·地形训》中就有类似的记载："阖四海之内，东西二万八千里，南北二万六千里。……禹乃使太章步自东极，至于西极，二亿三万三千五百里七十五步；使竖亥步自北极，至于南极，二亿三万三千五百里七十五步。"[②]大地东西方向的长度比南北方向上要长两千里，而对于天之八极来说，东西、南北两极距离约为 233 500 里，单从这个数据来说，其与张衡的数据几乎是一致的。

《灵宪》椭球形"天"的描述在后世中也有所体现。东吴王蕃的《浑天象说》记载："陆绩造浑象，其形如鸟卵。然则黄道应长于赤道矣。绩云，东西南北径三十五万七千里。然则绩亦以天形正圆也。而浑象为鸟卵，则为自相违背。"[③]东汉末年的陆绩曾制造了一个"鸟卵"状的浑象，它的具体形制已不可考。陆绩本认为天是一个圆球，但他制作的仪器却与他的观点大相径庭。历史上关于椭球状浑象的记录也仅见于此处，陆绩可能参考了《灵宪》的说法。《隋书·天文志》也对此有所疑问："陆绩所作浑象，形如鸟卵，以施二道，不得如法。若使二道同规，则其间相去不得满二十四度。若令相去二十四度，则黄道当长于赤道。又两极相去，不翅八十二度半强。"[④] 这种浑象上的黄赤交角等数据与实际数据存在偏差，可见这种浑象与实际"天"的形状不相符合。陆绩浑象不被当时的人们所认可，故而受到了王蕃等人的批判。

除天球形状外，张衡还指出，浑天说天球的边界并不是宇宙的边界，天球之外的一切是未知的，从而表达了宇宙无限的思想。

---

① 续汉书·天文志上//中华书局编辑部. 历代天文律历等志汇编（一）. 北京：中华书局，1975：113-114.

② 刘安. 淮南子. 许慎注，陈广忠校点. 上海：上海古籍出版社，2016：82-83.

③ 张衡. 灵宪//瞿昙悉达. 开元占经. 影印文渊阁四库全书. 第807册. 台北：台湾商务印书馆，1986：178.

④ 魏徵，等. 隋书·天文上. 北京：中华书局，2011：517.

（二）天为圆球形

在《浑天仪注》中，张衡对浑天说的论述大致如下：

（1）浑天如鸡子，天体圆如弹丸，地如鸡子中黄，孤居于内。天大而地小，天表里有水，天之包地，犹壳之裹黄。天地各乘气而立，载水而浮。

（2）周天三百六十五度四分度之一，又中分之，则一百八十二度八分之五覆地上，一百八十二度八分之五绕地下。故二十八宿半见半隐。

（3）其两端谓之南北极。北极乃天之中也，在正北，出地上三十六度。然则北极上规径七十二度，常见不隐。南极天之中也，在南，入地三十六度，南极下规七十二度，常伏不见。两极相去一百八十二度半强，天转如车毂之运也。

（4）赤道，横带，天之腹，去南北二极，各九十一度十六分度之五。横带者，东西围天之中要也。然则北极小规去赤道五十五度半，南极小规亦去赤道五十五度半，并出地入地之数，是故各九十一度半强也。

（5）黄道，斜带，其腹出赤道，表里各二十四度。日之所行也，日与五星行黄道，无亏盈。……日最短，经黄道南，在赤道外二十四度，是其表也。日最长，经黄道北，去赤道内二十四度，是其里，故夏至去极六十七度而强，冬至去极百一十五度亦强。[①]

张衡给出了另外一种"天"的描述，他形象地说明天是一个圆球，地包裹在其中，大地是一个平面，漂浮在水上。过去"地如鸡中黄"的说法常被解读为张衡已有大地为球形的思想，这是错误的。这样的解读在中国古代数理天文学中从未得到过验证，所以，张衡浑天说中的大地仍然是个平面。事实上，无论盖天说还是浑天说，采用的都是传统的"地平"说观点，它们的主要关注点在"天"的形状和天体运动上，而非大地形状上。

张衡指出，浑天说天球以北极和南极为中心，天赤道位于天球的中央，天体围绕北极和南极作周日旋转运动，二十八宿总是有一半见于地平之上，

---

① 张衡. 浑天仪注∥瞿昙悉达. 开元占经. 影印文渊阁四库全书. 第 807 册. 台北：台湾商务印书馆，1986: 171.

有一半没于地平之下。陆绩曾指出二十八宿半见半隐的现象，可以用来解释"天乃裹地而运"这一观点，这是浑天说让人信服的一个理由。

从张衡的论述可以看出，浑天说的天球模型已经形成，张衡对此做了定量化描述：周天为 $365\frac{1}{4}$ 度，北极出地 36 度，南极入地也是 36 度，南北两极相距 $182\frac{5}{8}$ 度，赤道距北极和南极均为 $91\frac{5}{16}$ 度，黄赤交角为 24 度，冬、夏至日太阳距北极各为 $115\frac{5}{16}$ 度和 $67\frac{5}{16}$ 度。这些数据在后世的浑天说体系中几乎没有变化，仅有个别数据由于观测精度的需要进行了细微的修正。这奠定了浑天说的理论地位。表 1 列出张衡《灵宪》与《浑天仪注》相关内容的比较。

尽管张衡论述了天的椭球和圆球两种形状，但是被后世接受的只有圆球形天，因为圆球形天更符合实际的天文观测，与天体运动、昼夜现象等也最为贴合。椭球形天因为没有更多的数理支持注定会被抛弃。

表 1　《灵宪》与《浑天仪注》相关内容对照表

项目	《灵宪》[①]	《浑天仪注》[②]
论浑天	昔在先王，将步天路，用定灵轨，寻绪本元，先准之于浑体。……天体于阳，故圆以动。……通而度之，则是浑已。 阳道左回，故天运左行。…… 天以阳回…… 天以顺动	浑天如鸡子，天体圆如弹丸。…… 天转如车毂之运也，周旋无端，其形浑浑，故曰浑天也
正仪立度	是为正仪立度，而皇极有逌，建也，枢运有逌，稽也。乃建乃稽，斯经天常。…… 天有两仪[③]，以儛道中。其可睹，枢星是也，谓之北极。在南者不著，故圣人弗之名焉。当日之冲，光常不合者，蔽于地也，是谓暗虚。 悬象著明，莫大乎日月。其径当天周七百三十六分之一，地广二百四十二分之一	周天三百六十五度四分度之一，又中分之，则一百八十二度八分之五覆地上，一百八十二度八分之五绕地下。故二十八宿，半见半隐。其两端谓之南北极。北极，乃天之中也，在正北，出地上三十六度。然则北极上规径七十二度，常见不隐。南极，天之中也，在南入地三十六度，南极下规七十二度，常伏不见。两极相去一百八十二度半强。 赤道，横带，天之腹，去南北二极，各九十一度十九分度之五

---

① 张衡. 灵宪//瞿昙悉达. 开元占经. 影印文渊阁四库全书. 第 807 册. 台北：台湾商务印书馆，1986：178.

② 张衡. 浑天仪注//瞿昙悉达. 开元占经. 影印文渊阁四库全书. 第 807 册. 台北：台湾商务印书馆，1986：171.

③ 两仪，指南北二极。

续表

项目	《灵宪》	《浑天仪注》
地以阴	地以阴淳。……月譬犹水。……故月光生于日之所照,魄生于日之所蔽。…… 众星被耀,因水转光。…… 凡至大莫如天,至厚莫若地。至质者曰地而已。至多莫若水,水精为汉,汉周于天,而无列焉,思次质也	天表里有水。…… 天地各乘气而立,载水而浮
天地关系	天成于外,地定于内。 天体于阳,故圆以动,地体于阴,故平以静。动以行施,静以合化。……盖乃道之实也。……地以灵静,化合承天。…… 地致其静。…… 八极之维,径二亿三万二千三百里,南北则短减千里,东西则广增千里。自地至天,半于八极,则地之深亦如之	浑天如鸡子,天体圆如弹丸,地如鸡子中黄,孤居于内。天大而地小,天表里有水,天之包地,犹壳之裹黄。天地各乘气而立,载水而浮
黄道与五星运动	文曜丽乎天,其动者七,日、月、五星是也。周旋右回天道者,贵顺也。近天则迟,远天则速。行则屈,屈则留回,留回则逆,逆则迟,迫于天也	黄道,斜带,其腹出赤道,表里各二十四度。日之所行也,日与五星行黄道,无亏盈。…… 故夏至去极六十七度而强,冬至去极百一十五度亦强。 然则黄道斜截赤道者,即春秋分之去极也

第一条论述浑天在运动着,《灵宪》强调因天属阳,故顺动左行;《浑天仪注》则强调天是绕极轴运转的,但二者皆用"浑"这一特征来形容天之形状。

第二条讲正仪立度,天有南北两极,天绕于地之下。《浑天仪注》中给出了具体的周天度数,而《灵宪》讲到日月径时提及其"当天周七百三十六分之一",按照《灵宪》认为日月半径略小于半度,可推出它也认为周天为三百六十五度四分度之一。另外,《灵宪》认为月食是由于太阳"弊于地"而生的"暗虚"掩饰月亮造成的,所以,天绕于地下是不可否认的[①]。而《浑天仪注》则清楚地讲解了为何天半在地上、半在地下以及北极出地高度、南北规的度数等。

第三条,两者都认为地是浮在水上的。《灵宪》认为众星辰也是因为太阳照射的缘故而闪闪发光,当太阳在地下时,因为水的"转光"才被照耀生光的,可见天与地体之间应该是有水的。《灵宪》显然把水与地体合成为地,

① 童鹰. 试论《灵宪》的朴素自然辩证法思想. 武汉大学学报(哲学社会科学版),1980,(3):64-68.

而地体为"至质"，水则为"次质"，两样都属于有质者，只是疏密不同而已。而《浑天仪注》则明确给出地浮于水上，而在第二点中它所论述的天绕地下，严格地讲并不应是天绕于地体之下，而是说天绕着承载着地体的水之下。因此，我们可以知道张衡讲的地也是水和地的合称。《灵宪》说天上有水，此处说的"水"应该为水精，《浑天仪注》中大抵也认为是如此。但相较之《灵宪》它更注重维持天与地现有状况的原因说明。认为天之下也有水，这也便是天为何没有坠落的物理因素之一。也就是说，天和地一样也浮在水之上，同时天与地又因为天地之间存在的气，以及天以外的气的共同作用，维系着平衡，从而不坠落、不陷下。

第四条讲的天与地的大小以及相对位置等问题，认为天是大于地的，天在外地在内，天包裹于地的外面①。《灵宪》强调地体质属于阴，且平而静，居于天之内。天是东西稍长、南北略短的椭球状，应该是十分类似于鸟卵或鸡子的模样，但未明说。地则是平面向上、与天等大的半个椭球体，它的外部是水，与天的下半部紧密贴合，地体浮在水上②。《浑天仪注》则明确以鸡子比喻天地，同鸡蛋壳与蛋黄的形象比喻相似。这反映了张衡认为天地是不断演化与生长的思想，以及他对天与地相对位置的认识。在这一比喻中，张衡是否认为地同鸡蛋黄相似也是圆球体？蔡邕《月令章句》对张衡的浑天说注解道："天者，纯阳精刚，运转无穷，其体浑而包地。地上一百八十二度八分之五，地下亦如之。"不难发现，他这里采用了通常认为的地上和地下观点，与他对天"体浑"的描述形成了鲜明的对照。后人陆绩也采纳了这种说法。由此看来，汉代在浑天说中就明确了大地是平的。

第五条是关于黄道及其位置和五星运动的论述。《灵宪》说的是日月五星的运行有快有慢，它们与天的距离有远有近，自近到远的次序为月、水与金、日、火、木和土。而《浑天仪注》则说明太阳运行的轨道，同时又是月和五星大体运行的轨道，各有侧重点。

通过以上分析，我们认为《灵宪》和《浑天仪注》都谈及了浑天说的基本理论和思想，两者论述是相辅相成的。可以参考图1以便更好理解。张衡浑天说的出现，标志着浑天说在与盖天说的论战中取得了胜利，它的发展也进入了新的时代，也是确立浑天说主导地位的起点，具有十分重要的意义。

---

① 丁四新. 浑天说的宇宙生成论和结构论溯源——兼论楚竹书《太一生水》《恒先》与浑天说的理论起源. 人文杂志, 2017, (10): 1-12.

② 唐如川. 张衡等浑天家的天圆地平说. 科学史集刊, 1962: 4.

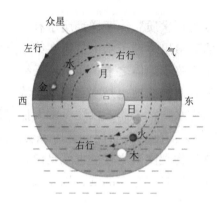

图 1　浑天说宇宙结构模型

资料来源：古人眼中的天地模型（二）：浑天说. https://zhuanlan.zhihu.com/p/399915248[2021-08-15]

七、天球尺寸的缺陷

与浑天说对立的盖天说有一套完整的天地尺寸。《周髀算经》中给出了天地直径和天周的具体数值，它们分别为 81 万里和 243 万里，更重要的是，该书建立了一套测算结合的数理模型方法，并用此模型来解释昼夜、四季及寒暑成因等问题。

王蕃《浑天象说》言："浑天遭周秦之乱，师传断绝，而丧其文，唯浑仪尚在台，是以不废，故其详可得言。至于纤微委屈，阙而不传，周天里数，无闻焉尔。"[①]"周天里数"对应的就是天球尺寸，即天球圆周（赤道截面）的周长。自太初改历始，到东吴王蕃为止，历时三百余年的时间，"周天里数"都没有得出一个确定值。与之相关的还有"东西南北径"，即天球或大地的直径长度，也没有得出定值。这两个数据不能确定，天球的大小就不能确定，浑天说就会存在缺陷。浑天家们需要确定这两个数据，找到天球的边界。

蔡邕《月令章句》说："据天地之中，而察东西，则天半见半不见，图中赤规截娄、角者是也。"[②]依照古人的认识，地中是进行天文测量的理想地点，只有在地中进行的测量才最具权威性，得到的天球数据才最可靠。浑天家们以阳城（今河南省登封市告成镇）为天球中心，给出的天球数据也都是基于此处得来的。

---

① 王蕃. 浑天象说//瞿昙悉达. 开元占经. 影印文渊阁四库全书. 第 807 册. 台北：台湾商务印书馆，1986: 176.

② 蔡邕. 月令章句//瞿昙悉达. 开元占经. 影印文渊阁四库全书. 第 807 册. 台北：台湾商务印书馆，1986: 173.

最早对这两个数据进行讨论的浑天家就是张衡。如前文所述,张衡在《灵宪》中给出了天地的直径数据:"八极地维,径二亿三万二千三百里,南北则短减千里,东西则广增千里。自地至天,半于八极。"[1]他认为天球和地的直径在南北方向上为 231 300 里,东西方向上则为 233 300 里。张衡"将覆其数,用重勾股,悬天之景,薄地之仪,皆移千里而差一寸得之",据他所述,他依据自古有之的重差法和"日影千里差一寸"的原理,得出了天地尺寸。但张衡是否进行了实测,已不得而知。由于缺少具体的测算方法,这成为张衡浑天说的重要缺陷。

张衡之后,陆绩在《浑天》文末给出了不同于张衡的天球尺寸数据:"周天一百七万一千里,东西南北径三十五万七千里,立径亦然。"[2]他认为天球圆周周长为 1 071 000 里,天球直径为 357 000 里,但是陆绩没有说明这些数据是如何得来的。东吴王蕃对陆绩的天地数据有一段评述:"此盖天黄赤道之径数也。浑天、盖天黄赤道周天度同,故绩取以言耳。"[3]这里说明陆绩所取天球周长和直径数据来源于盖天说。

在《周髀算经》中确实可以找到这两个数据及其含义,它们分别对应了盖天说宇宙模型中的春秋分日道直径 357 000 里和周长 1 071 000 里。陆绩是浑天家,虽然他批评盖天说"其为虚伪,较然可知",但是他竟也直接采用了盖天说的天地数据,可见陆绩对这两个数据也是束手无策,他没有找到理想的方法来测算这两个数据。鉴于这两个数据对浑天说模型十分重要,陆绩只好用他认为比较可靠的数据来收场。

张衡、陆绩等汉代的浑天家一直没有找到合理的方法来推算天球的周长和直径。后世的王蕃、祖晒等人倒是尝试着对这一遗留问题做出了回答,但他们的推算方法中也应用了"日影千里差一寸"的原理,该原理被唐代一行推翻。浑天说天球尺寸的推算过程经历了很长时间的修正期,最终也了不了之。

汉代是浑天说理论的建立和发展时期,扬雄、张衡、蔡邕、陆绩等人对浑天说的完善起到了重要作用。东晋葛洪对此做了积极评价:"诸论天者虽多,然精于阴阳者少。张平子、陆公纪之徒,咸以为推步七曜之道,以度历

---

① 张衡. 灵宪//瞿昙悉达. 开元占经. 影印文渊阁四库全书. 第 807 册. 台北:台湾商务印书馆,1986:178.

② 陆绩浑天//瞿昙悉达. 开元占经. 影印文渊阁四库全书. 第 807 册. 台北:台湾商务印书馆,1986:174.

③ 王蕃. 浑天象说//瞿昙悉达. 开元占经. 影印文渊阁四库全书. 第 807 册. 台北:台湾商务印书馆,1986:176.

象昏明之证候，校以四八之气，考以漏刻之分，占暑景之往来，求形验于事情，莫密于浑象者也。"①尽管浑天说理论仍存在很多缺陷，但这远非张衡、陆绩等人以一己之力就能够完成的，需要数代人的努力才能使浑天说趋于成熟。

八、魏晋南北朝时期的宇宙论

隋代刘焯在《论浑天》中指出："（浑）盖及宣夜，三说并驱，平、昕、安、穹，四天沸腾。"②简单几言生动地描绘了魏晋南北朝时期浑天说、盖天说与宣夜说三大论天学派并存与延续发展，以及东汉王充的平天说、孙吴姚信的昕天说、晋代虞耸的穹天说、晋代虞喜的安天论交错其间、彼此难辨的状况。

唐代著名学者李淳风在《乙巳占》中有这样的说法："论天体象者，凡有八家：一曰浑天，即今所载张衡《灵宪》是也。二曰宣夜，绝无师学。三曰盖天，《周髀》所载。四曰轩天，姚信所说。五曰穹天，虞耸所拟。六曰安天，虞喜说述。七曰方天，王充所论。八曰四天，祆胡寓言。"③这段话中所说的轩天也就是昕天说，梁代萧子显指出："此说应作'轩昂'之'轩'，而作'昕'所未详也。"轩昂乃高扬貌，昕为拂晓之意。萧子显的说法印证了古代有人称昕天说为轩天说，但自晋代虞喜便以"昕天论"为名，约定成说。上述方天也就是平天。前七个论天说可与刘焯所论述一一对应，唯有在末尾增加了四天一家，从相关史料可以推断出，这里指的应该是从印度传来的佛教中有关论天之说，李淳风作为唐代杰出的论天家之一，在记录中把它与七天并列，可见此说在当时也是不容忽视的重要论天学派。

之后在宋代张君房《云笈七笺》第二卷则指出："古今之言天者一十八家，爰考否臧，互有得失。则盖浑天仪之述，有其言而亡其法矣。至如蒙庄《逍遥》之篇，王仲任《论衡》之说，《山海经》考其理舍，列御寇书其清浊，汉武王黄道，张衡铜仪，《周髀》之书，宣夜之学，昕天安天之旨，晁崇、姚信之流，义趣不同，师资各异。所以虞喜、虞耸、刘焯、葛洪，宋有承天，梁有祖暅，唐朝李淳风，皆有述作。庐江句股之术，释氏俱舍之谭，或托寓词，或申浮说。"④从这段古籍记述中我们可以看到张君房是把宋代

---

① 房玄龄, 等. 晋书·天文上. 卷十一. 北京: 中华书局, 2012: 281.

② 隋书·天文上. 北京: 中华书局, 2011: 521.

③ 李淳风. 乙巳占·卷一. 北京: 商务印书馆, 1936: 1.

④ 张君房. 云笈七签. 蒋力生校注. 北京: 华夏出版社, 1996: 6.

以前论天的不同流派与同一流派中的不同人物各自称为一家，其中"汉武王黄道"应该是指汉武帝时期淮南王刘安等人编纂的《淮南子》。"庐江勾股之术"句中首部"庐江"应是地名，是说明该术使用者的籍贯。《三国志·吴书·王蕃传》云"王蕃，字永元，庐江人也"，而此人在历史上又是著名的论天家，所以此句应指王蕃的《浑天象说》。至于"昕天、安天之旨，晁崇、姚信之流"，这句话比较直接，似乎是指东吴姚信创立的昕天说，而北魏时期的晁崇的安天说，晁崇曾制作浑仪，但未有创立安天说，而真正创立安天说的应该是东晋时期发现岁差的虞喜。这应该是一处错误，我们若是把晁崇一家去除，正好与引文中第一句"古今言天者一十八家"相吻合。

　　梁人刘昭《续汉书·天文志注》引蔡邕《表志》的一段话，由于蔡邕在汉代的官学史志中具有无可替代的地位，值得特别关注。其中有："言天体者有三家，一曰周髀，二曰宣夜，三曰浑天。宣夜之学绝无师法。周髀数术具存，考验天状，多所违失，故史官不用。唯浑天者近得其情，今史官所用候台铜仪，则其法也。"[1]

　　刘昭既然引用《表志》为《续汉书》八志作注，说明《表志》在南北朝时犹存。这对魏晋南北朝史家编撰后汉诸志，无疑具有极重要的参考价值。刘昭这里的引述是具有深意的。首先，这段话概括了汉代以前三大宇宙论学说及其师承起源等的发展情况，而且这段话更是适用于汉代之后。如果按照日月星辰的不同状态，譬如日月星辰可转入地下，日月星辰不转入地下，日月星辰皆悬浮于或穿行于虚空之中分别作为浑天说、盖天说和宣夜说的基础特征。由此就可以对中国古代种类众多的论天学派做出大致的分类，不仅便于论述，而且也符合中国古代论天家学派的历史事实。譬如上文引用古籍部分便可以以此划分为三家：①浑天说——张衡铜仪、姚信昕天、王蕃、葛洪、何承天、祖暅、刘焯、李淳风；②盖天说——《周髀》之书、《山海经》、王充平天、虞耸穹天、释氏俱舍之谭；③宣夜说——列御寇《列子·天端》等、宣夜之学、虞喜安天。

　　最早涉及"浑天"以及"盖天"这两个名词的是《法言》，作者是王莽时期的大儒扬雄。其中说道："或问浑天。曰：（落）下闳营之，鲜于妄人度之，耿中丞相之。几乎！几乎！，莫之能违也。请问盖天，曰：盖哉！盖哉！，

① 续汉书·天文志上//中华书局编辑部. 历代天文律历等志汇编(一). 北京: 中华书局, 1975: 115.

应难未几也。"[1] "浑"乃形容球的形状，而"盖"是指器皿的盖子，后来又指伞。

由表 2 不难看出六朝时期的浑天学说十分兴盛，在各流派中占据了主要地位。葛洪在这一时期围绕浑天说理论的正确性提出了不少影响深远的思想观点，主要包括：一是力主浑天说名家张衡、陆绩等人的思想，认为其对具体天象的推验"莫密于浑象者也"；二是积极探寻驳斥盖天说的相关理论弊端。

表 2　魏晋南北朝时期浑天论著及相关言论的来源与出处[2]

朝代	人物姓名	作品或相关事迹	资料来源
吴	徐整	《三五历记》	《太平御览》卷一、《艺文类聚》卷一
	陆绩	"始推浑天意"、《浑天图注》	《宋书·天文志》、《吴志》卷十二《陆绩传》
		《浑天仪说》	《晋书·天文志》，《开元占经》卷一、卷二
	王蕃	《浑天象说》、制浑仪	《晋书·天文志》
	姚信	《昕天说》	《晋书·天文志》
	陈卓	《浑天论》	《开元占经》卷一
	虞耸	《穹天论》[3]	《晋书·天文志》《隋书·天文志》《宋书·天文志》
	虞泛	《穹天论》[4]	《北堂书钞》卷一百四十九
	虞昺	《穹天论》[5]	《太平御览》卷二
	葛衡	"改作浑天"	《三国志·赵达传》裴松之注
晋	葛洪	引《浑天仪注》驳盖天说与虞喜安天说	《晋书·天文志》
	虞喜	《安天论》	《晋书·天文志》
	鲁胜	元康初,迁建康令到官,著《正天论》	《晋书·鲁胜传》
	刘智	《论天》支持浑天说	《开元占经》
宋	钱乐之	"更铸浑仪"	《宋书·天文志》
	何承天	《论浑天象体》	《隋书·天文志》
	贺道养	《浑天记》	《太平御览》卷二

---

① 汪荣宝. 法言义疏. 陈仲夫点校. 北京: 中华书局, 1987: 320.

② 此表主要来源于孙伟杰. 六朝"浑天说"思想与葛洪神学宇宙论的构建. 宗教学研究, 2016, 1: 16. 笔者做了补充。

③ 这里表格中是第二次穹天论，即虞耸穹天论的文献出处。

④ 第一次穹天论在《太平御览》卷二和《北堂书钞》卷一四九相关章节展开叙述。

⑤ 第一次穹天论在《太平御览》卷二和《北堂书钞》卷一四九相关章节展开叙述。

续表

朝代	人物姓名	作品或相关事迹	资料来源
梁	祖晅	《浑天论》	《开元占经》卷一
	陶弘景	造浑天象	《梁书·处士传》
	朱史	《定天论》	《开元占经》卷一
	崔灵恩	浑盖合一的学说	《梁书·儒林传·崔灵恩传》
	梁武帝	金刚山说	《晋书·天文志》
后秦	姜岌	《浑天论》	《开元占经》卷二
北齐	信都芳	《四术周髀宗》	《北史·艺术传上》

司马迁盖天家身份新考

　　长期以来，学界对于司马迁的盖天家身份似乎深信不疑，但相关论证并不充分。本文在前人的研究基础上，为证实司马迁的盖天家身份提供了新的证据。通过考察《史记·天官书》，发现司马迁构建了一个半球状结构的盖天宇宙模型，他已经认识到"天赤道"的概念，认为二十八宿是以北天极为中心沿天赤道分布的。通过比较《天官书》与《三统历》（《太初历》）中的木星运动数据，并利用 Sky Chart 星图软件[①]进行模拟计算，认为司马迁进行恒星或行星观测依据的是圭表测量法，其测量原理与《周髀算经》中立表测二十八宿法相同，这种方法是盖天家常用的观测方法。

　　西汉太初改历时期，司马迁身为太史令，本与公孙卿、壶遂、大典星射姓等人受汉武帝诏令制定《汉历》，但他却在改历的关键时期中途离场，最终以落下闳、邓平为代表的浑天说一派代替司马迁、壶遂制定了《太初历》。已有学者关注到司马迁在这一阶段所属的宇宙论派别。李志超和华同旭[②]首先从司马迁继承史官家学、《史记》中的盖天说观点以及改历过程中使用的观测仪器和方法等三个角度出发，认为司马迁是一位盖天家。梅政清[③]、吴守贤[④]等人也从观测方法的角度认为司马迁信奉盖天说，在宇宙结构问题上属守旧派。

　　从已有的研究来看，学术界多从太初改历的经过中判断出司马迁的盖天

---

　　① Sky Chart 是一款开源星空图绘制软件，可以查看任意时间和地点的天体坐标位置。

　　② 李志超，华同旭. 司马迁与《太初历》//《中国天文学史文集》编辑组. 中国天文学史文集. 第五集. 北京：科学出版社，1989：126-128.

　　③ 梅政清. 从原始盖天说到数理盖天说//清华大学历史系. 社会·经济·观念史视野中的古代中国国际青年学术会议暨第二届清华青年史学论坛论文集（上）. 北京：清华大学人文社会科学学院历史系，2010：78-105.

　　④ 吴守贤. 司马迁与中国天学. 西安：陕西人民教育出版社，2000：183.

家身份，但相关论证过程是不充分的。《汉书·律历志》记载了司马迁改历时的观测过程是："乃定东西，立晷仪，下漏刻，以追二十八宿相距於四方，举终以定朔晦分至，躔离弦望。"[①]通过晷仪与漏刻的配合使用达到两个目的，其一是确定二十八宿赤道宿度和方位；其二是确定每月朔晦时刻、二分二至以及日月的运动。确定司马迁的身份，必须对第一个目的重点分析，对于盖天说和浑天说而言，二十八宿相对于大地有两种不同的分布方式，所以要首先确定司马迁用晷仪观测的二十八宿是如何分布的。

我们认为，分析司马迁的宇宙论派别和立场，除了前人依据的史料证据外，还应该对《史记·天官书》进行充分解读。《天官书》是反映司马迁天文学成就的重要作品，从中可以看出司马迁的天文学知识体系，为我们进一步研究司马迁的宇宙观问题提供了更为翔实的证据。

一、《天官书》的宇宙结构

此前学者对《天官书》恒星体系的研究较多，认为这是古代中国星空划分的基础。朱文鑫先生对此做了形象描述："天官书以天极起，以织女结，五官部星，环天一周，起讫有序，观察至密。"[②]我们需要弄清楚的是，《天官书》的"天"究竟是什么形状的。

李振博士曾经以直观的视觉结构对《天官书》的星象图式进行了初步研究，他认为整个星空以中宫为圆心，四象围绕中宫呈"璧"形分布，是标准的盖天说盖图模式[③]。该结论仅从视觉分析而不加以实证，未免过于主观。

（一）北天极

中国古人最早观察到的天文现象应该是日月五星的东升西落，随着进一步观测，会发现整个"天"作为一个整体在围绕一个固定点旋转，这个固定点就是北天极。从《天官书》对五官星象的描述来看，当时已有明确的北天极的概念。"中宫天极星，其一明者，太一常居也"[④]，说明北天极位于中央天区的正中心，居于其中的恒星为天极星，也叫太一星。

对于北斗七星，有"斗为帝车，运于中央，临制四乡。分阴阳，建四时，

① 班固. 汉书·律历志. 颜师古注. 北京: 中华书局, 2013: 975.
② 朱文鑫. 史记天官书恒星图考. 上海: 商务印书馆, 1934: 55.
③ 李振. 早期中国天象图研究. 上海: 上海大学, 2015.
④ 司马迁. 史记·天官书. 北京: 中华书局, 2013: 1289.

均五行，移节度，定诸纪，皆系于斗"①，北斗为帝车，在天空的正中围绕北极运转，统治四方诸星。

（二）二十八宿

在早期的盖天说著作《周髀算经》中，二十八宿是沿黄道分布的，"月之道常缘宿，日道亦与宿正"②，日道即为黄道，日、月、二十八宿共在黄道上，至于书中"七衡六间"的中衡也只是代指太阳在春秋分日的运行轨道，所以可以看出，书中并没有明确的"天赤道"概念。

二十八宿去极度的测定可能出自西汉，据薄树人研究③，这个量是为了更正确地表示黄道位置才出现的。一般认为中国古代的二十八宿是沿黄道分布的，这些可以从早期的星经中找到证据，如收录于《开元占经》中的"石氏曰：氐四星，十五度。距西南星先至，去极九十四度。春夏为金，秋冬为水。氐南二尺是中道"④，就明确给出了氐宿的入宿度为 15 度，去极度为 94 度。据孙小淳的研究，石氏星表的观测年代为公元前 78 年，正是鲜于妄人等验证《太初历》的年代⑤。而这个年代要晚于司马迁，同时，从上文中我们可以看出，石氏是非常注重二十八宿与黄道的相对位置测量的。相关内容又有"石氏曰：明王在上，月行依道，若主不明，臣执势则月行失道，失道则月行乍南乍北"⑥，指出月亮的运行轨道也是黄道。

学术界对于"天赤道"的概念是何时出现的并没有定论。大火、参星和北斗都是上古时代的辰星，谓之三辰。因为它们比较醒目，以及在时间历法上的特殊作用，古人对之做了长时间的观测研究。肖军利用星图软件发现，公元前 3700 年大火星正好位于赤道。由此推断，大火星的周日视运动轨迹，很可能就是古人直接定义所谓"天赤道"的缘由⑦。在史料记载中，"赤道"二字最早出现于《汉书·天文志》，"立春、春分，月东从青道；立秋、秋分，西从白道；立冬、冬至，北从黑道；立夏、夏至，南从赤道"⑧，它被用来描述月球运行"九道"中的一条轨道。当然"赤道"的概念不可能出现

① 司马迁. 史记·天官书. 北京：中华书局，2013：1291.

② 钱宝琮校点. 算经十书. 北京：中华书局，1963：35.

③ 薄树人. 中国古代的恒星观测//薄树人. 薄树人文集. 合肥：中国科学技术大学出版社，2003：201.

④ 瞿昙悉达. 开元占经. 北京：中央编译出版社，2006：419.

⑤ 孙小淳. 汉代石氏星官研究. 自然科学史研究，1994，(2)：123-138.

⑥ 瞿昙悉达. 开元占经. 北京：中央编译出版社，2006：88.

⑦ 肖军. 二十八宿探源. 天文爱好者杂志，2021，(8)：71-75.

⑧ 班固. 汉书·天文志. 颜师古注. 北京：中华书局，2013：1295.

得这么晚，《天官书》虽然没有明确说明"天赤道"的概念，但以上事实无疑为我们提供了最直观的证据，天赤道以北天极为基准，二十八宿就是沿天赤道分布的。所以，至迟到司马迁所在的时代，"天赤道"的概念已经成型。

全天恒星以北天极为中心，二十八宿分别属于"东宫苍龙，南宫朱鸟，西宫[白虎]，北宫玄武"[①]，围绕北天极做周而复始的圆周运动。二十八宿分布于四方天空，形成了一个以北天极为环绕中心的圆圈，这正对应于司马迁的"追二十八宿相距于四方"。

从北天极与二十八宿的分布情况来看，司马迁已经认识到了"天赤道"的存在。

（三）对于各星去地高度的描述

尽管司马迁并没有明确指出他认为的宇宙结构是什么样的，但我们可以明确地看出：天与地并不平行，且各星去地高度也不相同。相关佐证如下：

> 亢为疏庙，主疾。其南北两大星，曰南门。氐为天根，主疫。……
> 狼比地有大星，曰南极老人。老人见，治安；不见，兵起。常以秋分时候之于南郊。……
> 其始出东方……其庳，近日，曰明星，柔；高，远日，曰大嚣，刚。其始出西……其庳，近日，曰大白，柔；高，远日，曰大相，刚。……
> 五残星，出正东东方之野。其星状类辰星，去地可六丈。
> 大贼星，出正南南方之野。星去地可六丈，大而赤，数动，有光。
> 司危星，出正西西方之野。星去地可六丈，大而白，类太白。
> 狱汉星，出正北北方之野。星去地可六丈，大而赤，数动，察之中青。……
> 四填星，所出四隅，去地可四丈。
> 地维咸光，亦出四隅，去地可三丈，若月始出。[②]

从上述史料中我们可以得出三条结论：①《天官书》认为一些南方天空

---

① 班固. 汉书·天文志. 颜师古注. 北京: 中华书局, 2013: 1295-1331.

② 司马迁. 史记·天官书. 北京: 中华书局, 2013: 1297-1334.

的星宿（或恒星）较其他星宿（或恒星）更靠近地平，代表各星的去地高度不同，比如氐宿像是天的根部，南极老人星靠近正南方地平；②五星运行时与太阳存在相对高低位置，而非处于平行关系；③彗星或流星等异常天体的去地高度也并不相同，在正东西南北四方方向上的天体去地高度均为六丈，相比之下，东北、西北等四维方向上的天体去地高度为四丈，而更远处的天体去地高度为三丈，说明"天"从中央到四方呈现下降趋势。

据上面的分析，我们认为，《天官书》中的"天"至少为一半球状结构，北天极位于天的中央，二十八宿以北极为中心环绕赤道，而日月五星则在黄道上做周日运动。所以，司马迁构建的宇宙模型是一种标准的传统盖天说模型。司马迁没有直接言明天地的具体形状，他在书中更注重对五官恒星、五星运动的描述，即对"天"的描述，而对地的形状、地中位置、天地之间的距离等均未涉及。司马迁在《天官书》中论述道"故中国山川东北流，其维，首在陇、蜀，尾没于勃、碣"①，在《大宛列传》也说"故言九州山川，《尚书》近之矣"②，他更加欣赏《尚书·禹贡》里关于山川河流的地理结构布局，这仍是中国传统的"地平"式观点，所以在司马迁的宇宙结构中，大地也应该是个平面。

二、地平坐标系统的应用

虽然中国古代常用的天文坐标系统为赤道坐标系，但古人最早用地平坐标来表示天体在天空中的位置，它有两个坐标值——地平高度和方位角。盖天宇宙模型使用的就是这种坐标系，《天官书》中也有这方面的记述。

（一）《天官书》中关于地平方位的记载

上文提到司马迁对异常天象的记录，描述五残星"出正东东方之野。其星状类辰星，去地可六丈"，首先说明了天体出现于正东地平方位，其次指出其与地平面的距离，即出地高度为六丈。对于其他异常天体的描述也是如此。司马迁给出的"六丈"的数值不同于古代常用的"度"，按照 1 尺=1度的比例换算，出地高度约为 60 度。这种数值只需通过简陋的工具甚至只用目视估测就可以得到③。虽然司马迁没有给出天体的明确地平坐标，但我

---

① 司马迁. 史记·天官书. 北京: 中华书局, 2013: 1329.
② 司马迁. 史记·太史公自序. 北京: 中华书局, 2013: 3179.
③ 庄威凤. 中国古代天象记录的研究与应用. 北京: 中国科学技术出版社, 2013: 357-372.

们也可以从这种叙述中得到天体的大概位置。

此外，《天官书》中应用十二辰来说明五星的运行方位。例如，辰星"其出入常以辰、戌、丑、未"[1]，辰星出入的方位常在辰、戌、丑、未四个方位。关于木星的运行描述得最为详细，木星每岁运行一辰，十二年为一周期（表1）。

表1　木星运行与十二辰的对应关系

岁名	岁阴方位	木星方位
摄提格	寅	丑
单阏	卯	子
执徐	辰	亥
大荒骆	巳	戌
敦牂	午	酉
协洽	未	申
涒滩	申	未
作鄂	酉	午
阉茂	戌	巳
大渊献	亥	辰
困敦	子	卯
赤奋若	丑	寅

十二辰所代表的就是地平坐标体系。在《周髀算经》中，描述太阳升落方位时，就有"冬至昼极短，日出辰而入申，东西相当正南方。夏至昼极长，日出寅而入戌，东西相当正北方"[2]，冬至太阳从辰位升起西行至申位，夏至太阳从寅位升起西行至戌位，明确提到了辰、申、寅、戌等方位名称。

（二）《周髀算经》中关于立表测宿度法的记载

作为古代早期的数理天文学著作，《周髀算经》中记载着一种测量二十八宿赤道宿度的方法，这种方法就是以地平坐标系为基础的，且是目前传世的盖天说测量天体位置的唯一一种方法：

---

① 司马迁. 史记·天官书. 北京: 中华书局, 2013: 1328.
② 钱宝琮校点. 算经十书. 北京: 中华书局, 1963: 73-74.

圆定而正。则立表正南北之中央，以绳系颠，希望牵牛中央星之中；则复候须女之星光至者，如复以表绳希望须女先至，定中；即以一游仪希望牵牛中央星，出中正表西几何度，各如游仪所至之尺为度数。游在于八尺之上，故知牵牛八度。其次星放此，以尽二十八宿度，则定矣。①

其主要做法就是在水平面上画一个 $365\frac{1}{4}$ 尺的大圆，在圆心处立一圭表，在圆周上放一游仪，当某宿距星上中天时，通过距星、表端与游仪三点连线，确定二十八宿在地面圆周上的位置，进而测量二十八宿的宿度（图1）。

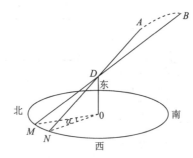

图1　地平坐标系下的圭表测量法

需要指出的是，《周髀算经》中的这种方法正对应于盖天说天地平行的结构，但它没有认识到天赤道与地平面是倾斜的，所以测定的宿度实际是二十八宿距星间的地平经度差。

三、《天官书》中关于木星运动的描述

中国古代天文学非常重视观测日、月及五星的运动情况。《天官书》中也有关于五星运动的记载，书中给出了具体的五星绕太阳公转运行周期以及每日运行度数的平均值数据，而关于会合周期中的运动情况等多为描述性的语言。但有一处较为特殊，在描述木星会合周期时，给出了木星顺逆行的具体运行度数和时间，"岁星出，东行十二度，百日而止，反逆行，逆八度，百日，复东行。岁行三十度十六分度之七，率日行十二分度之一，十二岁而周天"②，木星在早晨于东方出现，用时100天向东顺行12°，经过"留"后

① 钱宝琮校点. 算经十书. 北京：中华书局，1963：58-59.
② 司马迁. 史记·天官书. 北京：中华书局，2013：1313.

再用时 100 天向西逆行 8°，再向东顺行。吴守贤根据木星逆行时向西运行度数的现代测量值平均为 11°，认为司马迁的观测值误差大，较为粗糙[①]。

对于其他行星的描述，司马迁均未给出具体的顺逆行度数，如火星"出东行十六舍而止；逆行二舍"[②]。由于二十八宿的宿度不尽相同，应用"舍"而不是"度"，就没有具体的数据，无法准确地复原行星的运动情况。在此我们仅对木星的顺逆行度数的误差进行分析。《天官书》成书于太初改历之后，司马迁参与太初改历时，用晷仪与漏刻等观测仪器进行天文测量，那么《天官书》中的行星运动数据应该是司马迁实测的结果。

《汉书·律历志下》全卷记载着刘歆《三统历》。《三统历》是刘歆根据《太初历》改编而成的，两者的历元、朔望月、回归年长度等都是相同的，仅在二十八宿选用体系、冬至点等问题上存在细微的差别[③]。所以，《三统历》中的五星运动数据也是在太初改历时期实测的结果。其中对于木星而言：

> 木，晨始见，去日半次。顺，日行十一分度二，百二十一日。始留，二十五日而旋。逆，日行七分度一，八十四日。复留，二十四日三分而旋。复顺……一见，三百九十八日五百一十六万三千一百二分，行星三十三度三百三十三万四千七百三十七分。[④]

木星在一个会合周期中经历了"晨始见—顺行—留—逆行—留—顺行—伏—晨始见"的连续状态，这种记录较《天官书》更加定量化。但是分析《三统历》和《天官书》中共有状态的木星运动数据，会发现两者之间大有不同（表 2）。

表 2 　《天官书》与《三统历》木星运动状态表

状态	《天官书》			《三统历》		
	日数	日行度数	总计/度	日数	日行度数	总计/度
晨始见	—	—	—	—	—	—
顺行	100	$\frac{3}{25}$	12	121	$\frac{2}{11}$	22
留	—	0	0	25	0	0
逆行	100	$\frac{2}{25}$	8	84	$\frac{1}{7}$	12

① 吴守贤. 司马迁与中国天学. 西安: 陕西人民教育出版社, 2000: 134.
② 司马迁. 史记·天官书. 北京: 中华书局, 2013: 1319.
③ 张培瑜, 陈美东, 薄树人, 等. 中国古代历法. 北京: 中国科学技术出版社, 2008: 250-301.
④ 班固. 汉书·律历志下. 颜师古注. 北京: 中华书局, 2013: 998.

以"晨始见"为会合周期的初始状态，即日出前木星位于太阳西侧 15°左右，《天官书》的木星顺行度数和《三统历》的相差 10°，木星逆行度数相差 4°。《三统历》中的五星运动会合周期和现代测量值已相当接近，相应的顺逆行平均度数的误差应该也不会太大，作为同时代的观测结果，《天官书》和《三统历》存在如此大的差别应该不是观测结果的错误。

《太初历》是落下闳、邓平等人根据浑天说的原理制定而成的。西汉扬雄在《法言·重黎》中追述了落下闳的事迹，"或问浑天，曰：落下闳营之，鲜于妄人度之，耿中丞象之"[①]，在《法言义疏》中后人引虞喜言"落下闳为武帝于地中转浑天，定时节，作太初历，或其所制也"[②]，可见落下闳在太初改历时应用了浑仪这一新型测量仪器，使用浑仪，采用的就是赤道坐标系。

而《天官书》采用的肯定是地平坐标系。关于地平坐标系下的天体测量方法目前仅有《周髀算经》立表测二十八宿赤道宿度法存世，所以除测定二十八宿"宿度"外，这种测量方法是否还有其他用处呢？我们最先想到的就是用它测量日、月及五星的周日运动情况。然而，早前徐振韬曾指出，用这种方法测量行星的运动会完全失效[③]；梅政清也认为盖天说的圭表测量法虽然可以用来表述太阳行度，却无法用以理解月球、五星等天体的运行规律[④]。我们认为，用《周髀算经》中的圭表测量法依然可以测量五星的运动，司马迁应用的测量仪器就是晷仪，而不是浑仪。对于盖天家而言，晷仪或圭表就是他们用来观测所有天体运动的主要仪器。

我们假设司马迁就是应用这种方法测量的木星顺逆行度数，他用圭表观测时虽然测量的也是天体在天球上的位置和行度，但他得到的数据并不是行星在恒星背景上的真实行度，而是基于地平坐标系的行星地平经度差。接下来，我们将通过两种方法来验证这一假设。第一，利用现代技术模拟司马迁时代的天象，通过天体的坐标数据得出木星的实际运动状态，与《天官书》记录进行比较分析；第二，对《三统历》与《天官书》记录的木星行度数据进行坐标系转化来加以分析，探讨两者数据的关系。

① 汪荣宝. 法言义疏. 陈仲夫点校. 北京：中华书局，1987：320.

② 汪荣宝. 法言义疏. 陈仲夫点校. 北京：中华书局，1987：332.

③ 徐振韬. 从帛书《五星占》看"先秦浑仪"的创制∥《中国天文学史文集》编辑组. 中国天文学史文集. 第一集. 北京：科学出版社，1978：42.

④ 梅政清. 从原始盖天说到数理盖天说∥清华大学历史系. 社会·经济·观念史视野中的古代中国国际青年学术会议暨第二届清华青年史学论坛论文集（上）. 北京：清华大学人文社会科学学院历史系，2010：78-105.

四、《天官书》中木星运动观测方法的验证

（一）木星会合运动的模拟计算

中国古代的行星坐标位置是以入二十八宿的距度表示的[①]。在《天官书》中，司马迁对其他行星运动冠以"东行十六舍而止；逆行二舍"等的说法，就是以行星出入二十八宿的宿度作为度量标准，行星行度表示的就是行星的赤道行度；在《三统历》中，"数起星初见（星宿）所在宿度，算外，则星所在宿度也"[②]，推算五星行度时也是以行星前后经过的星宿度数来计算的。所以，对于行星行度的计算，只需要考虑行星的入宿度（即现代意义上的赤经），不需要考虑去极度（即现代意义上的赤纬）。故此，在进行模拟计算和与《三统历》的数据比较之前，我们做出如下假设。对司马迁而言，他既没有"天球"的概念，也没有赤道坐标系的概念，但他极有可能是把行星在黄道上的行度投影到天赤道上来考虑问题，这与他对"天赤道"获得的新认识有关。在实际观测中，他使用圭表将行星的天赤道行度转化为地平坐标系下的地平经度差。

我们下面的模拟计算一般取赤经差代表行星的赤道行度。目前公认的太初改历时间为元封元年（公元前 110 年）至太初元年（公元前 104 年），我们利用 Sky Chart 星图软件模拟改历前后共 15 年的木星运动状态，取"晨始见"为初状态以及第一次顺行和逆行状态进行测算分析，其间木星完成了 14次会合运动，相关数据见表 3。

表 3　公元前 115—前 100 年木星的实际运行状态

晨始见时间	顺行天数/天	顺行行度/度	逆行天数/天	逆行行度/度	会合周期行度/度
– 115/01/26	125	19.970	119	10.364	38.146
– 114/03/06	124	17.997	118	9.446	35.006
– 113/04/13	122	17.017	117	9.471	33.433
– 112/05/18	121	18.123	119	10.402	35.171
– 111/06/22	120	18.811	119	11.154	35.966
– 110/07/26	117	17.396	119	10.733	33.063
– 109/08/27	115	15.325	122	9.751	29.628
– 108/09/29	112	14.140	124	9.226	28.104

[①] 曲安京. 中国数理天文学. 北京：科学出版社，2008：532-536.

[②] 班固. 汉书·律历志下. 颜师古注. 北京：中华书局，2013：1004.

续表

晨始见时间	顺行天数/天	顺行行度/度	逆行天数/天	逆行行度/度	会合周期行度/度
− 107/10/29	114	14.807	123	9.506	29.744
− 106/11/27	117	17.280	123	10.390	34.541
− 105/12/27	122	19.601	121	10.917	38.005
− 103/01/31	126	19.806	119	10.212	37.884
− 102/03/12	124	17.614	116	9.379	34.442
− 101/04/18	122	17.067	117	9.562	33.568
− 100/05/23	121	18.251	119	10.551	35.203

司马迁在元封三年（公元前 108 年）成为太史令，开始统领太初改历事宜。《天官书》中记录的木星观测数据极可能是元封三年之后的测量结果，且应该是司马迁等人长期观测的结果。结合《三统历》中的木星运行数据以及木星会合周期中顺逆行度数的平均值数据，我们取公元前 106 年作为推算时间。为方便计算，我们取公元前 106 年 11 月 27 日 7：00 作为数据起点，即"晨始见"时刻，此后木星实际用时 117 天顺行 17.280 度，用时 123 天逆行 10.390 度（表 4）。

表 4 公元前 106 年木星顺逆行节点具体坐标

时间	赤经	赤纬	方位角	高度角
− 106/11/27 晨始见	14 时 59 分 32.2 秒	− 16 天 30 分 7 秒	+117 天 9 分	+8 天 5 分
− 105/03/24 顺行结束	16 时 7 分 39.8 秒	− 20 天 29 分 40 秒	+213 天 56 分	+25 天 43 分
− 105/07/25 逆行结束	15 时 26 分 42.0 秒	− 18 天 35 分 6 秒	+316 天 40 分	− 67 天 24 分

根据上面三个时间的木星方位角数据，我们看出司马迁并不是直接选取木星的地平方位差作为顺逆行行度的结果。

中国古代的地中学说中有较大影响的是洛邑中心说[1]。早期的盖天说和浑天说都将洛邑（今河南省洛阳市）视为天文观测的最佳地点。司马迁也应如此。我们选取洛阳为观测地点，其地理纬度为 34°24′5.07″ N，地理经度为 113°7′30.56″ E，时区经度为 120° E，根据以下公式进行计算：

---

[1] 关增建. 中国天文学史上的地中概念. 自然科学史研究, 2000, (3): 251-263.

$$时角：t = \frac{100}{15} + \frac{24n}{365.2422} + T - \frac{Tz - Lon}{15} - \frac{15Ra}{15}$$

$$地平高度角：sinH_c = sinDec \cdot sinLat + cosDec \cdot cosLat \cdot t$$

$$地平方位角：cosA_z = \frac{sinDec}{cosLat \cdot cosH_c} - tanLat \cdot tanH_c$$

其中，n 为观测日在当年的日序数，T 为观测时刻，Tz 为时区经度，Lon 为地理经度，Ra 为天体赤经，Dec 为天体赤纬，Lat 为地理纬度。最终我们求得，晨始见时木星在赤道上投影位置的方位角为 107.720°，高度角为 23.965°；顺行结束时方位角为 97.115°，高度角为 10.253°；逆行结束时方位角为 103.297°，高度角为 18.566°。

由此可得，将行星的赤道行度转换为地平经度后，木星顺行度数为 10.605°，逆行度数为 6.182°。将其与《天官书》的数据作比较，可知顺行的误差为 1.395°，逆行的误差为 1.818°，误差范围在 1°—2°，这个误差比没有转换前的要精确。

（二）与《三统历》木星数据的比较分析

我们用第二种方法进行验证，通过对木星顺逆行数据进行赤道行度——地平经度转换分析，来判断《三统历》与《天官书》记录的木星行度数据的关系。以《三统历》的记载为标准，在赤道坐标系下，木星先向东顺行 22°，再向西逆行 12°，即两段时间木星在赤道上的投影位置分别相距 22°和 12°，如图 2 所示。

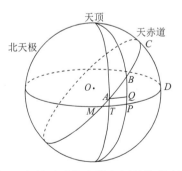

图 2　木星运动状态的坐标转换示意图

B 点：木星"晨始见"时在天赤道的投影位置；

A 点：木星顺行至"留"时在天赤道的投影位置；

T 点：A 点在地平圈的投影位置；

P 点：B 点在地平圈的投影位置；

Q 点：在弧 BP 上作 AQ 平行于 TP；

弧 AB：木星顺行在天赤道上的投影长度；

弧 TP：AB 弧在地平圈的投影长度，即顺行的地平经度差。

球面角 $\angle CMD$ 以及 $\angle BAQ$ 可以用 $\angle COD$ 来度量，地理纬度为 34.401°，则 $\angle COD = 90° - 34.401° = 55.599°$。由于球面 $\angle BQA = 90°$，在直角球面三角形 $\triangle BQA$ 中，由正弦公式 $\dfrac{a}{\sin A} = \dfrac{b}{\sin B} = \dfrac{c}{\sin C}$ 可得 $\angle BOQ$ 对应的弧 BQ 长度为 18.019°，再根据余弦公式 $\cos c = \cos a \cdot \cos b$ 可得 $\angle AOQ$ 对应的弧 AQ 长度为 12.846°。

在用圭表进行测量时，A 与 T、Q 与 P 在同一截面上，从而测得的木星顺行地平经度差也就是 12.846°，用同样方法得到木星逆行地平经度差为 6.846°。将《天官书》的数据与之对比，顺行误差为 0.846°，逆行误差为 1.154°，误差范围在 1°左右。

总之，我们有理由相信《天官书》中的行星行度就是司马迁采用立表测量的方法得来的，这种方法是当时的盖天家进行天文测量的基础，不仅可以用于测量恒星的地平方位坐标，也可用来测量行星运动，是完全有效的。而同时代的《三统历》（《太初历》）中的观测数据之所以与司马迁记录的不同，也只是基于不同的宇宙论在不同坐标体系下测量的结果。

五、结语

从《天官书》出发，我们论证了司马迁确是一位盖天家，在一定程度上弥补了前人研究的不足。司马迁在《天官书》中侧重于"天"的描述，构建了一个半球状结构的盖天宇宙模型，这个模型以天北极为半天球绕转中心，"天"从中央到四方呈现下降趋势。同时，司马迁已经认识到"天赤道"的存在，并且以北天极为中心，认为二十八宿是环绕赤道分布的。

司马迁进行恒星或行星观测依据的是圭表测量法，其测量原理与《周髀算经》中立表测二十八宿地平坐标法相同，这也说明圭表和圭表测量法是盖天家使用的主要仪器和方法。因此，《天官书》中的木星观测数据是地平坐标数据，通过现代 Sky Chart 星图软件模拟计算以及与《三统历》中的木星数据的比较，发现对应公元前 106 年的木星地平方位角的数据差与司马迁的木星地平经度差值近似，误差在 1°—2°；进而把《三统历》中的木星行度通过三角函数变换为地平经度差后，其与司马迁《天官书》中的木星地平经度差值也非常近似，误差在 1°左右。本文这样做的合理性依据是假设司马迁把木星的黄道行度投影到天赤道上，最终得到的数据是木星赤道行度对应的地平经度差，这是司马迁运用"天赤道"概念后的结果。

（李淑浩、邓可卉）

再议九道术

　　九道术围绕汉代以来对月行迟疾规律的描述而产生。通过分析前人对汉代前后九道术含义的考释，发现学术界对九道术的研究尚未形成一致的观点，究其主要原因与古代对交点月周期的认识模糊有关，与当代学者们考虑问题的角度不同也有关。相反，古希腊对近点月和交点月都有清晰的认识和讨论。在此，我们尝试以唐代一行《大衍历议·九道议》为文本依据，结合朱文鑫的中印历法比较观点，对九道术给出一个新的解释，认为九道术算法在唐一行时期已经成熟，其原因可能与当时引进的《九执历》有关，说明中印交流对中国传统历法的影响，以及在东汉时期可能存在中西天文学交流的一个可能性。

　　"月行九道"一语大约出自汉代，是用来描述月行轨道的变化情况的。西汉刘向《五纪论》、东汉班昭《汉书·天文志》中就有了月行九道的描述。自清代以来，董以宁、戴震、俞正燮等人就对汉代的九道术进行了猜想和解释①。现代科学史家钱宝琮也对此有过评论②；后人在此基础上提出了九道术，讨论了由于月亮近地点运动导致的月行快慢变化规律③，也有人认为是对日行九道的进一步诠释④，前贤对九道术观点不一，似仍未解释清楚。曲安京认为，"汉代以后的九道术是为了描述月亮的近点周期运动；唐代以后的九

---

　　① 董以宁. 赤道黄道九道解//四库未收书辑刊编纂委员会. 四库未收书辑刊·柒辑·贰拾肆册. 北京: 北京出版社, 2000; 戴震. 九道八行说//戴震. 戴震全书·卷五. 合肥: 黄山书社, 2010: 311; 俞正燮. 恒气论//俞正燮. 癸巳存稿. 沈阳: 辽宁教育出版社, 2003.

　　② 钱宝琮. 汉人月行研究//中国科学院自然科学史研究所. 钱宝琮科学史论文选集. 北京: 科学出版社, 1983: 184.

　　③ 陈久金. 九道术解. 自然科学史研究, 1982, (2): 131-135.

　　④ 王胜利. "九道"概述. 历史研究, 1982, (2): 91-101.

道术则是为了黄白道差的计算而设计的"①，主要从算法角度进行考量。以上认识都是从研究者各自的角度论述而得的。九道术到底是什么？至今未见学术界的呼应与进一步讨论。本文提出一个新观点以求教于专家。

一、历史上对九道术认识的几个重要阶段

中国古代很早就有了关于月球不均匀运动现象的记载。从战国时期到汉代，古人多认为月行虽有快慢，但它是不正常的灾异现象。"九道"之说的首创者是西汉佚名的谶纬家②。《汉书·天文志》中的所谓"九道"，是其提出者在没有弄清月行出入黄道南北的变化规律情况下，用附会五行的手法对这一变化规律所进行的不大确切的描述③。唐代的一行早年也曾认为这一说法出自前世诸儒图纬之说，或者是《洪范传》④。据考，《洪范传》是刘向集合上古以来春秋六国至秦汉符瑞灾异之记而成的⑤。

东汉改历中最大的一件事情就是召集民间天文学家邓平、落下闳、编訢、李梵、苏统、傅安等商议改历。贾逵作为朝廷的职业天文学家，对这次改历十分关心，他积极推荐民间天文学家的一些新发明和新发现，并将他的部分言论记载于《续汉书·律历志》中，其中与九道术关系最为密切的是"贾逵论历"，其中有一段话和九道术有关，其主要内容是："逵论曰：'又今史官推合朔、弦、望、月食加时，率多不中，在於不知月行迟疾意。……（李）梵、（苏）统以史官候注考校，月行当有迟疾，不必在牵牛、东井、娄、角之间，又非所谓朓、侧匿，乃由月所行道有远近出入所生，率一月移故所疾处三度，九岁九道一复，凡九章，百七十一岁，复十一月合朔旦冬至，合《春秋》、《三统》九道终数，可以知合朔、弦、望、月食加时。'"⑥

以上具体内容是指：月球轨道有远近、出入。其运动最快的一点（近地点）经过一个近点周期后移动了3度，大约经过了9年后移动了一个周期回复到原来的位置。如果按照现代近点轨道周期理论，月球近地点在其轨道面内进动，这个解释已经很清楚了，但是贾逵在这里却指出月球轨道不但有远

① 曲安京. 中国数理天文学. 北京: 科学出版社, 2008: 347.

② 陈久金. 九道术解. 自然科学史研究, 1982, (2): 131-135.

③ 王胜利. "九道"概述. 历史研究, 1982, (2): 91-101.

④ 新唐书·天文志//中华书局编辑部. 历代律历天文等志汇编. 北京: 中华书局, 1975: 2205. 本文以下二十四史天文志、律历志的内容均出自该版本.

⑤ 陈久金. 中国古代天文学家. 北京: 中国科学技术出版社, 2008: 49.

⑥ 续汉书·律历志中//中华书局编辑部. 历代天文律历等志汇编(五). 北京: 中华书局, 1975: 1484.

近变化，还有出入变化，即月球会离开它本来的轨道白道，并且其周期是九岁九道一变，说明他已经认识到并认同月所行道在 9 年的周期内发生 9 次位置改变，即所谓九道。

在《续汉书·律历志下》中有："日有光道，月有九行，九行出入而交生焉。朔会望衡，邻于所交，亏薄生焉。"[1]明确提出了"交"——黄白交点的概念，以及日月在朔望时刻只有邻近交点才会发生交食的见解。这就不免使人联想到东汉的"月行九道"到底是近点周期进动的结果，还是交点周期进动的结果。

一个可能的解释是，由于李梵、苏统所发现的月球近地点九年移动一周天的进动周期恰与刘歆《三统历》的"九道终数"巧合，所以，他们提出的推算方法被名之为"九道法"或"九道术"。这说明九道术的创立，与描述月道偏离黄道的"月行九道论"是没有关系的，正是因为这一点，前人认为九道术是计算月球近点月周期的理论，在这一点上基本取得了一致意见。

东汉刘洪对月球运动规律的讨论比较全面。"率一月移故所疾处三度"的近地点进动值，记录在《晋书·律历志》"乾象历"中的"月行三道术"中："月行迟疾，周进有恒。会数从天地凡数，乘余率自乘，如会数而一，为过周分。以从周天，月周除之，历日数也。……为朔行分也。"[2]按照术文，"过周分"$=\dfrac{(47+55) \times 29^2}{47}=1825\dfrac{7}{47}$ 分 ≈ 3.1 度（陈美东认为乾象历 1 度 =589 分），是与"疾处"有关的"三度"的解释。陈美东认为这个数值计算过程是人为设计的，事实上是先观测到了"移故所疾处三度"的现象[3]。术文后面的朔行分是朔望月与近点月之差。

同一书中乾象历曰："求月行迟疾：月经四表，出入三道，交错分天。以月率除之，为历之日。周天乘朔望合，如会月而一，朔合分也。通数乘合数，余如会数而一，退分也。以从月周，为日进分。会数乘之，通数而一[4]，为差率也。"[5]陈美东认为这段文字中的"退分"$=\dfrac{1488}{47}$ 分 $=\dfrac{1488}{27\,683}$ 度 ≈ 0.05 度，就是一月内交点退行的值。那么"退分"值是如何得到的？陈美东认为，

---

① 续汉书·律历志下. 1510.

② 晋书·律历志中. 1591.

③ 陈美东. 古历新探. 沈阳：辽宁教育出版社，1995：235.

④ 据注二三条，"会数而一"，李注当作"会数乘之，通数而一"。

⑤ 晋书·律历志中. 1597.

刘洪简单地由交食周期直接推衍而来，即"以会月去上元积月"，其含义是自上元到所求月的"上元积月"，凡是满 11 045 个朔望月者，因为它正好是经过了 11 986 个交点月，月球又回到原先交点的位置上，所以可以"去之"。不难发现，以上解释符合下列关系：交点月个数=朔望月个数+交点年个数。而上述"退分"值的数值计算过程同样是人为设计的。

刘洪是东汉著名历算家，他的《乾象历》继承了"贾逵论历"的观点，第一次引入月球不均匀运动的理论，并且第一次在三道术基础上，构造了一个月离表——月球在一个近点月内每日运行动态的表格，对后世产生了重要影响。

到了唐代，一行认为"汉史官旧事，九道术废久"，即便是刘洪，一行也认为刘洪对九道术"颇采以著迟疾阴阳历，然本以消息为奇，而术不传"[①]（图 1）。

现代天体力学认为，近地点的长期运转周期为 8 年 310 日。黄白交点进动是每天 $3'10''77$，对应的周期是 18.60 年[②]。

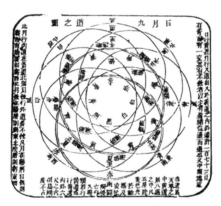

图 1　九道术图[③]

二、古希腊的月球理论

在前文中，一行关于刘洪月球理论的议论是深刻而引人深思的。汉代史官旧事——九道术"久废不存"，但为什么刘洪最看重它，并且在其月行迟疾历中以"消息衰"术构造编写他的月离表，但正如一行所言，"本以消息

---

① 新唐书·历志三下. 2203-2204.
② A. 丹容. 球面天文学和天体力学引论. 李珩译. 北京：科学出版社，1980：289.
③ 图 1 是晚清学者绘制的"日月冬夏九道之图"。目前可查最早的九道术图出自明万历年出版的《三才图会》卷四。

为奇，而术不传"，九道术本身却失传了。我们在此讨论古希腊的月球理论，以期进行比较，从而引发新的思考。

古希腊继承古巴比伦的天文观测，在对月食周期（如沙罗周期）进行分析、量化的基础上，已经给出了比较精确的月球平均运动周期，它们是平朔望月、平近点月（古希腊是从月球远地点起算的）、平交点月和平回归月（角速度为 ω_t）。托勒密在其《至大论》中详细论证了月球的第一几何模型的建立、证明和条件的设定，以及它所要解释的重要观测事实。托勒密给出的月球第一几何模型如图 2 所示，图中月球 P 在本轮 C 上匀速运动，本轮中心 C 在均轮 T 上作匀速运动，这两个匀速运动的合成解释了月球在本轮上相对于经度方向的非匀速运动，对这个运动规定了起点和初始条件后，它等价于月球运动的偏心圆模型，即图 2 中以 D 为中心的月球模型，这相当于月球一个近点周期内的运动，其运动速度叫做平近点速度 ω_a。

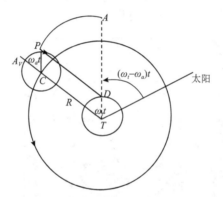

图 2　偏心圆与本轮模型的等价条件

在太阳运动模型中，太阳的本轮模型与偏心圆模型完全是等价的，但对于月球理论，托勒密认为上述两个模型等价的条件是：D 围绕 T 作圆运动的角速度是 $\omega_t-\omega_a$。所以，在两个模型之间可以建立等价的条件是，偏心圆有一个以 D 为圆心的均轮和一个围绕地球中心，以角速度是 $\omega_t-\omega_a$ 运转的远地点 A[1]。

这个角速度是 $\omega_t-\omega_a$=0;6,41,2,15,38,31，有关周期是 $T=360°/(\omega_t-\omega_a)\approx$ 8;85 年。

现代天文学中月球近地点运动周期是

---

① 这个解释和图 2 均出自 Pedersen O. A Survey of the *Almagest*. Odense: Odense Universitetsforlag, 1974: 166-167.

$$8 \text{ 年 } 310 \text{ 日} = 8 \text{ 年} + \frac{310}{365} \approx 8.8493 \text{ 年} \approx 8.85 \text{ 年}$$

从月球的第一模型建立过程发现，《至大论》中已经很圆满地解释了月球非匀速运动的原因及其周期，即从远地点 A 起，月球远地点移动的周期是8.85 年。换言之，如果从系统中剔除远地点 A 的运动，那么两种几何模型完全等价。另外，《至大论》中也讨论了黄白交点的进动，认为其关于中心从东向西每天运动 $0;3°$[①]。分析发现，《乾象历》中退分的大小与《至大论》中记载的交点退行基本相合，即 $0;3° \approx 0.05°$。现代天体力学给出月球轨道与黄道交点的进动是每天 $3'10''77 \approx 0.05°$。

三、进一步讨论

通过分析刘洪的月离表，总体上可以得到结论，就是他以三道术增损其分，与朔望月这个公认的周期进行课校，来解释月球运动不均匀的现象，从而认识近点月周期。这些做法与古希腊《至大论》中的月球第一几何模型理论相合，但是它们的目的却不同，以近点月周期为例，古希腊是为了构造一个符合观测现象的理论假设而预设一个条件；而中国汉代是以此为已知现象，进一步通过分段插值和消息衰等方法拟合、图解这个现象，其结果就是构造一张月离表。但是，"贾逵论历"中存在明显矛盾的说辞，所以基本上可以认为，汉代关于九道术的含义是模糊的。

对以上观点的进一步证明来源于两个考据。一个是中国古代有没有确定天文意义的交点月概念？关于这个问题，陈美东进一步分析认为：刘洪没有进行交点月长度的具体计算。也就是说，交点月在中国只起了一个参照作用，或者根本不加应用。《乾象历》不同地方给出了三个不同的交点月推导值的事实，也说明刘洪对交点月的认识是粗浅而不成熟的[②]。从前述关于"退分"值的计算能够取得较好的精度来看，相比较而言，刘洪对于近点月的认识要深刻许多。

通过对《至大论》的研究发现，古希腊就出现了取月球四种周期的最大公约数方法——"转轮周期"（exeligmos）。喜帕恰斯利用早期的古巴比伦天文学家计算平月周期的方法，得出交点月与朔望月周期存在如下关系：

---

① 这是在《至大论》中通常使用的六十进制的表达形式，可化为十进制，即 $0;3° \approx 0.05°$。邓可卉. 托勒密《至大论》研究. 西安: 西北大学, 2005: 87.

② 陈美东. 古历新探. 沈阳: 辽宁教育出版社, 1995: 253.

$5458T_s=5923T_a$。它们总是把月球几个运动周期的概念和数量作为考虑问题的出发点[1]。

另一个是按照曲安京的观点，唐代以后的九道术主要包括两方面内容：一是月球轨道与黄道的相对位置，二是黄白道差的计算，这时的发展进入了一个新的阶段。不难发现，这两个问题的解决都与黄白交点有关，下面将分析其原因。

九执或九曜的概念相当早就已传入中国，在三国时期译出的《摩登伽经》中就已经把罗睺、计都与日月、五星并提。在《七曜禳灾诀》中还明确表述了罗睺是黄白道升交点、计都是月球轨道远地点的天文本义，并可以推算它们在黄道上的精确位置；而在其他佛经中它们基本上只被当作两个星占符号而已。

开元六年（718 年），唐玄宗召太史监瞿昙悉达翻译《九执历》，开元八年南宫说修《九曜占书》。这时，包括罗睺、计都在内的九曜概念在盛唐时期就已经取得了官方地位[2]。

开元九年（721 年），僧一行奉命造新历，开元十五年《大衍历》成，而一行去世。开元十七年起颁行天下，得到好评，认为是古代以来最精密的一部历法。唐代与一行几乎同时的南宫说的《神龙历》有三个不合传统的做法，即有黄道而无赤道、以百分为分母和以远地点为近点月起算点。这些内容来自印度历法，与古希腊数理天文学是一脉相承的。据研究，《九执历》中明确了罗睺、计都的天文意义，许多月球算法都基于这些概念[3]。

朱文鑫有更明确的表述："推阿修：求黄白正交之宫度也。中历以自北而南之点为正交，今名降交，自南而北之点为中交，今名升交。……大衍九道议，或即根据于此，而所测未密，故陈景玄谓'一行大衍写九执其术未尽'。""依阿修量而测九道月行，以定罗计周天，于是大衍遂为唐历之冠。"[4]朱文鑫指出由于一行深刻了解《九执历》的一些内容和做法，所以他的几项重要工作受到《九执历》的影响，其中，测量"阿修量"（即黄白正交宫度）而导致一行测九道月行以定罗计周天，于是《大衍历》成为唐代最好的历法。

综上，一行《大衍历》中对九道术算法的进一步完善，与其对黄白交点

---

① 邓可卉. 托勒密《至大论》研究. 西安: 西北大学, 2005: 79-81.

② 钮卫星. 罗睺、计都天文学含义考源. 天文学报, 1994, (3): 326-332.

③ 薮内清.《九执历》研究——唐代传入中国的印度天文学. 科学史译丛, 1984, 4(3): 2.

④ 朱文鑫. 历法通志. 上海: 商务印书馆, 1934: 156-157.

与黄白正交宫度等概念的确定有关，而这一点来自唐代官修印度梵语转译成汉语的《九执历》。由此，一行《大衍历》成为中国历史上最好的历法之一，在唐代更是有里程碑的意义。

四、什么是九道术？

《大衍历议·九道议》首先以《洪范传》的论述开首，前文已引，兹不赘。

笔者对这篇关于九道术的记述分析后发现，一行在明确了"阿修量"后，仍基于古代史官旧事测月行九道，以定罗计周天，原因是罗计周天一旦确定，月行九道的位置就定下来了。因此，一行很自信地说："夫日行与岁差偕迁，月行随交限而变，遁伏相消，朓朒相补，则九道之数可知矣。"那么九道术到底是什么？

《大衍历议·九道议》有："日出入赤道二十四度，月出入黄道六度，相距则四分之一，故於九道之变，以四立为中交。在二分，增四分之一，而与黄道度相半。在二至，减四分之一，而与黄道度正均。故推极其数，引而伸之，每气移一候。月道所差，增损九分之一，七十二候而九道究矣。""凡月交一终，退前所交一度及余八万九千七百七十三分度之四万二千五百三少半，积二百二十一月及分七千七百五十三，而交道周天矣。因而半之，将九年而九道终。"[①]

以上两段术文，前一段说明"九道"的来源是，六度：二十四度=1：4，由此确定在二分、二至与四立这八节时月道的位置，且如若每气移一候的话，七十二候正好是九道[包含了中道（黄道）在里面]。后一段说明"九年"的来由，一行说"交而终曰交终"，交终即是一个交点月周期，$221\frac{7753}{89\,773}$ 月内交道运行一周天，一个回归年内有 $\frac{365.7422}{29.5306} \approx 12.46$ 月，故 $221\frac{7753}{89\,773} \div 12.4682 = 17.87$ 年 ≈ 18 年，"半之"，得九年。至于为什么是"半之"，一行没有说理由，本文分析认为这是认识到交点月退行周期是 18 年后的一种附和做法。

---

① 新唐书·历志三下. 2206.

五、结论

九道术是围绕汉代以来对于月行迟疾规律的发现及描述而产生的。汉代关于"月行九道"的说法来自谶纬图说,并不科学;这个时期九道术被用来解释月球的近点月周期现象。由于月球轨道在空间的变化非常明显,所以,实际上月行"九道"与黄白交点的进动关系很密切,但是统观汉代,由于对于交点月的认识比较模糊,所以对"九道"的解释一直是模糊而不成熟的。《乾象历》的月离表虽然拟合了月球不均匀性运动,但是对九道术的解释语焉不详。统观东汉以来对于交点月及其交食周期的研究发现,对它的认识,史料可考的只有"退分"的记载,前人研究认为,其周期值的计算是利用交食周期推衍出来的,这倒有点符合古希腊的传统。东汉以前九道术中的某些观点传自古罗马的可能性很大。

九道术在唐代以前和以后的解释有所不同。唐代一行编撰《大衍历》参考了《九执历》中对于"阿修量"(即黄、白正交宫度)的发现,他在"九道议"中不仅回顾了九道术在中国的历史,而且从中国传统天文学的角度,基本解释清楚了"九岁九道一复"的含义。由于一行掌握了月球运动的许多关键内容,他除了合理解释传统九道术的含义外,还在九道术的基础上进一步发展了若干算法,包括由于黄白交点在黄道上的退行,月球轨道沿黄道连续滑动所导致的月道空间变化,即利用九道术来解释任意时刻白道与黄道的相对位置。《旧唐书》推"九道度"中有推月九道"平交入气""正交入气"算法,由于黄白交点退行问题与日月交食计算关系密切,所以"步交会术"中也大量记录了"入交定日""月去黄道度"等量的计算,这些都与九道术有关。另外,关于九道术与黄白道差算法和月球白道宿度的关系,体现在《大衍历》"步月离术"中的一段术文。这方面的详细解释可以参考曲安京的《中国数理天文学》一书[①]。

实际上,月球在一个黄白交点进动周期内,其轨道在空间的变化情况远不止"九道",而是连续变化的许多条。唐代以后,九道术逐渐演变为一种算法,与黄白交点密切相关。在名称上仍然沿用传统说法。

(本文原发表于邓可卉. 再议九道术. 广西民族大学学报(自然科学版),2016,22(2):21-24. 编入本书时略有修改。)

---

① 曲安京. 中国数理天文学. 北京:科学出版社,2008:353-355.

浑天说数理模型的构建尝试与失败

——以祖暅《浑天论》为中心

  汉魏以来 400 年间浑天说数理模型的构建过程值得研究。张衡首先对浑天说进行了数理描述，但是他的数据缺少测算依据。王蕃基于古代测算原理给出准确的"天高数"和"周天里数"，不失为一次有效的数理探索。祖暅[①]认同王蕃的两个数据和方法，同时补充了冬至、春秋分的相关数据及北极高数等。基于此，笔者尝试构建了这一模型。本文讨论了祖暅应用他的浑天说数理模型解释日月直径关系、四季寒暑成因、测地中之法等的原理，其中不乏个人创造和模型严谨化的趋势。祖暅及其先人的构建尝试与思想实践非常可贵，但是由于其所依据"日影千里差一寸"旧制以及王蕃"天高数"遭到一行否定，浑天说数理模型的探索最终以失败而告终。

  两汉及魏晋南北朝时期是中国古代关于宇宙理论探讨最为活跃的时期。东汉学者蔡邕曾总结说："论天体者三家，宣夜之学，绝无师法。周髀术数具存，考验天状，多所违失。惟浑天仅得其情，今史官所用候台铜仪，则其法也。"[②]这句话有一定的深意，既描述了汉代以来三种宇宙学说鼎立的局面，也预示了汉代以后各宇宙论存续的根源。历史上，浑天说和盖天说的争论最为激烈，也出现了像扬雄这样的大儒由一个盖天家转而支持浑天说，并

---

  ① 一般认为，祖暅原名"祖暅之"，以《南史·冲之传（七二）》中的记录为证。但后世记录中包括本文所引《隋书·天文志》《开元占经》等文献中都用"祖暅"，这些文献距离祖暅生活年代也就 100多年，说明至少在唐代早中期就开始使用这一名字。另外，当代中古史专家罗继祖在 1987 年撰文《祖暅之》考证了宋代以后一些重要文献使用"祖暅"名称，认为后人遂以"不误之误"采纳之。基于上述理由，本文在此处及下文的论述中采用"祖暅"一名。

  ② 沈约. 宋书·天文志一. 北京: 中华书局, 2011: 673.

提出"难盖天八事"的极端事例。盖天说有《周髀算经》为证，数术俱存，浑天说虽然近得其情，但是在两者的争论中并没有占有足够的优势。究其原因，主要是由于它没有一套数理模型的支持，然而历史真的是这样吗？通过释读被辑入《开元占经》[①]的祖暅的《浑天论》一卷，我们发现祖暅在尝试构建浑天说数理模型方面做出了一系列工作，与《周髀算经》中盖天说数理模型有所照应，这为我们解构浑天说数理模型提供了若干思路。

然而，陈美东认为，中国古代的诸多宇宙学说大多缺乏明确的数学模型，而盖天说是一个例外[②]。他的观点代表了学术界对汉以后宇宙论的普遍认识。江晓原曾著书对浑天说和盖天说做出评价。他认为浑天说只是用文字叙述出来一个"浑天"的大致图像，既无明确的结构，也没有具体的数理，并不是一种宇宙的几何模型[③]。但他又指出只有浑天说可以和此后 2000 年中国的数理天文学相容[④]。曲安京则认为，中国古代历法缺乏一个明确的宇宙模型的支持，且古代数理天文学对宇宙模型的理论构建并不特别在意[⑤]。三位是探讨古代宇宙论和数理天文学用力颇深的学者，他们的观点在学术界具有代表性。同时也说明，关于历史上构建浑天说理论模型的尝试与失败原因至今没有受到学术界重视，特别是对祖暅的浑天论学说未引起足够注意。

依据"从张衡到祖暅，前后四百年，可以说是浑天说的全盛时期"的说法[⑥]，本文以张衡到祖暅约 400 年间浑天说的发展为线索，详细讨论历史上对浑天说数理模型构建尝试与失败的过程。

一、张衡初建浑天说数理模型

浑天说在西汉落下闳时代就已出现[⑦]，遗憾的是，相关的具体论述并没

① 《开元占经》卷一《天体浑宗》记录了从张衡到刘焯时期浑天说的相关论述，包括许多在正史中没有记录的史料。作者将它们与《晋书》《隋书》中的相关内容进行了比对，最后选择《开元占经》为本文许多原始文献的出处。

② 陈美东. 中国古代天文学思想. 北京：中国科学技术出版社，2013：90.

③ 江晓原. 《周髀算经》新论·译注. 上海：上海交通大学出版社，2015：45-46.

④ 江晓原. 中国古代天文观测与历法//江晓原. 中国科学技术通史. 第 2 卷. 上海：上海交通大学出版社，2015：5.

⑤ 曲安京. 中国古代数理天文学史研究的新进展——评《古历新探》. 自然科学史研究，1999，(3)：277-281.

⑥ 金祖孟. 中国古宇宙论. 上海：华东师范大学出版社，1991：53.

⑦ 汪荣宝. 法言义疏. 陈仲夫点校. 北京：中华书局，1987：320.

有传世。直到东汉时期，张衡才首次对浑天说进行了系统的阐述。在《浑天仪注》[①]中，张衡指出"周旋无端，其形浑浑，故曰浑天也"[②]，"浑"用来形容天的形状，即天是一个球体。该书还记载了浑天说天地结构，共有以下六条：

（1）浑天如鸡子，天体圆如弹丸，地如鸡子中黄。

（2）周天三百六十五度四分度之一，又中分之，则一百八十二度八分之五覆地上，一百八十二度八分之五绕地下。

（3）两端谓之南北极。北极，乃天之中也，在正北，出地上三十六度。……南极，天之中也，在南入地三十六度……两极相去一百八十二度半强。

（4）赤道，横带，天之腹，去南北二极，各九十一度十六分度之五。

（5）黄道，斜带，其腹出赤道，表里各二十四度。

（6）夏至去极六十七度而强，冬至去极百一十五度亦强。[③]

学术界对上述第（1）条的讨论主要包括地是球形[④]、半球形[⑤]还是平面形[⑥]三种观点，目前看来，由于前两种观点在古代数理天文学中未得到验证，所以，张衡浑天说中的"地平"说法更加可信，这也是下文讨论浑天说数理模型的一个重要前提。

从张衡的论述中可以看出，浑天说的天球模型已经形成，其中天球的五项数据包括：周天 $365\frac{1}{4}$ 度，北极出地 36 度，赤道距北极 $91\frac{5}{16}$ 度，黄赤交角 24 度，冬、夏至日太阳距北极各为 $115\frac{5}{16}$ 度和 $67\frac{5}{16}$ 度。后代除了由于观测

---

① 关于《浑天仪注》是否为张衡所作的问题，学术界曾有过激烈的争论。参见陈久金先生的论文《〈浑天仪注〉非张衡所作考》、陈美东先生的论文《张衡〈浑天仪注〉新探》。综合两位学者的研究，本文认为《浑天仪注》系张衡所著。

② 张衡. 浑天仪注//瞿昙悉达. 开元占经. 影印文渊阁四库全书. 第 807 册. 台北: 台湾商务印书馆, 1986: 171. 个别标点符号作者已校改.

③ 张衡. 浑天仪注//瞿昙悉达. 开元占经. 影印文渊阁四库全书. 第 807 册. 台北: 台湾商务印书馆, 1986: 172.

④ 郑延祖. 中国古代的宇宙论. 中国科学, 1976, (1): 111-119.

⑤ 唐如川. 张衡等浑天家的天圆地平说//科学史刊编辑委员会. 科学史集刊. 第 4 期. 北京: 科学出版社, 1962: 47-58.

⑥ 金祖孟. 中国古宇宙论. 上海: 华东师范大学出版社, 1991: 36-41.

精度的需要对部分数据进行修正外，以上数据概念和数值模型在历代历法中几乎没有变化，这奠定了浑天说的理论地位。

但是在汉至魏晋南北朝时期中国古代宇宙论激烈争论的背景下，浑天说仅有以上数据是不够的。与浑天说对立的《周髀算经》盖天说定义了天地直径为 81 万里，周长为 243 万里[①]。更重要的是，《周髀算经》建立了一套测算结合的数理模型方法，并用此模型来解释昼夜、四季及寒暑成因等问题。

张衡没有止步于《浑天仪注》。西汉扬雄撰《太玄》，其"玄首序"有"驯乎玄，浑行无穷正象天。阴阳毗参，以一阳乘一统，万物资形。方州部家，三位疏成。曰陈其九九，以为数生。赞上群纲，乃综乎名。八十一首，岁事咸贞"[②]。据该书点校者研究认为，张衡受到《太玄》的影响。张衡在另一部著作《灵宪》中说："在天成象，在地成形。天有九位，地有九域；天有三辰，地有三形；有象可效，有形可度。情性万殊，旁通感薄，自然相生，莫之能纪。于是人之精者作圣，实始纪纲而经纬之。"[③]天地有形有象可以度量。这本书给出了天地的直径数据，相关论述共有两处：

> （1）八极地维，径二亿三万二千三百里，南北则短减千里，东西则广增千里。自地至天，半于八极。
> （2）将覆其数，用重差钩股，悬天之景，薄地之仪，皆移千里而差一寸得之。[④]

《礼记·内则疏》记载，"依如算法，亿之数有大小二法。其小数以十为等，十万为亿，十亿为兆也。其大数以万为等，数万至万，是万万为亿"[⑤]。张衡在《灵宪》中用的就是"小数"法，所以天和地的直径在南北方向上为 231 300 里，在东西方向上则为 233 300 里。从第（2）条论述可以看出张衡的相关测量利用了重差法和"日影千里差一寸"这一古制。但由于缺少算法模型，这成为张衡浑天说的重要缺陷。

---

① 钱宝琮校点. 算经十书. 北京: 中华书局, 1963: 40.

② 扬雄. 司马光集注. 太玄集注, 刘韶军点校. 北京: 中华书局, 1998: 1-2.

③ 张衡. 灵宪//瞿昙悉达. 开元占经. 影印文渊阁四库全书. 第807册. 台北: 台湾商务印书馆, 1986: 169. 个别句读已由作者校改.

④ 张衡. 灵宪//瞿昙悉达. 开元占经. 影印文渊阁四库全书. 第807册. 台北: 台湾商务印书馆, 1986: 170.

⑤ 郑玄注. 礼记正义. 孔颖达正义. 吕友仁整理. 上海: 上海古籍出版社, 2008: 1113-1114.

二、"天高数"与"周天里数"的数理计算

天地尺度对应两个数据——"天高数"和"周天里数",前者对应天球半径,后者对应天球赤道的周长。浑天家们需要找到这个界限,如果这两个数据不能确定,天地的大小就不能确定,浑天说数理模型就无法建立起来。

除张衡外、陆绩、王蕃、祖暅等有关浑天著述以及《尚书考灵曜》《洛书甄耀度》《春秋考异邮》等纬书中也都记录了"天高数"与"周天里数",它们的不同之处有两点,即具体数值不同,数据推算参照的方法也不相同。按照这些不同点,本文将数据分为三组,见表1。

表 1　张衡到祖暅时期的"天高数"与"周天里数"表

天球	作者	著作	原始文献	数据
南北、东西径	张衡	《灵宪》	八极地维,径二亿三万二千三百里,南北则短减千里,东西则广增千里	天球南北径 231 300 里,东西径 233 300 里
天高数与周天里数	—	《尚书考灵曜》《洛书甄耀度》《春秋考异邮》	天地相去十七万八千五百里,一度二千九百三十二里千四百六十一分里之三百四十八,周天百七万一千里[①]	天高 178 500 里,周天 1 071 000 里
	陆绩	《浑天》	周天一百七万一千里,东西南北径三十五万七千里[②]	天球直径 357 000 里,周天 1 071 000 里
	王蕃	《浑天象说》	八万一千三百九十四里三十步五尺三寸六分,天径之半,而地上去天之数也。以周率乘之径率约之得五十一万三千六百八十七里六十八步一尺八寸二分,周天之数也[③]	天高 81 394.1030 里,周天 513 687.2277 里[④]
	祖暅	《浑天论》	辄因王蕃天高数,以求冬至、春分日高及南戴日下去地中数[⑤]	天高 81 394.1030 里,周天 513 687.2277 里

---

① 安居香山, 中村璋八. 纬书集成. 石家庄: 河北人民出版社, 1994: 344-358.

② 陆绩. 浑天 // 瞿昙悉达. 开元占经. 影印文渊阁四库全书. 第 807 册. 台北: 台湾商务印书馆, 1986: 174.

③ 王蕃. 浑天象说 // 瞿昙悉达. 开元占经. 影印文渊阁四库全书. 第 807 册. 台北: 台湾商务印书馆, 1986: 177.

④ 中国古代没有小数概念,为直观表示,该处及后文一些数据用现代数值表示。

⑤ 祖暅. 浑天论 // 瞿昙悉达. 开元占经. 影印文渊阁四库全书. 第 807 册. 台北: 台湾商务印书馆, 1986: 183.

三组数据存在很大的差异。从史料看，张衡、陆绩等只给出"天高数"和"周天里数"两个数据，没有清楚地说明它们的由来和本质。而纬书中的数据，查看《尚书考灵曜》原文，其中亦有"日影于地，千里而差一寸"[①]一句，似乎说明该书中的数据也是依据此古制而来的。

两汉时期，以阴阳五行、天人感应学说为基础的谶纬之学盛极一时，对当时的政治、社会、学术等都产生了极大的影响。王蕃在其《浑天象说》一书中就讲述了纬书中的"周天里数"等数值对后世学者的影响程度，"而《洛书甄耀度》、《春秋考异邮》皆云，周天一百七万一千里。至以日景验之，违错甚多。然其流行布于众书。通儒达士未之考正，是以不敢背损旧术，独摅所见"[②]，这里的"通儒达士"就包括陆绩，说明陆绩的数值极有可能照搬于纬书。王蕃的另一段评述就更为直接："又陆绩云，周天一百七万一千里，东西南北径三十五万七千里，立径亦然。此盖天黄赤道之径数也。浑天、盖天黄赤道周天度同，故绩取以言耳。"[③]这里进一步说明陆绩所取"天高数"和"周天里数"最早出自盖天说。在《周髀算经》中确实可以找到这两个数据及其含义，它们分别对应了盖天宇宙模型中的春秋分日道径 357 000 里和周长 1 071 000 里。

学术界历来对《尚书考灵曜》等纬书主张浑天说[④]还是盖天说[⑤]存在争议，近来也有学者指出《尚书考灵曜》中存在的是不同于浑天说、盖天说、宣夜说的汉代第四种宇宙学说[⑥]。这种情况足以说明《尚书考灵曜》等纬书中宇宙学说的混乱，它们极有可能同时参考了盖天说和浑天说的内容，所以我们才会看到纬书中"天高数"和"周天里数"与《周髀算经》的一致。

陆绩继承了张衡的浑天说，虽然批评盖天说"其为虚伪，较然可知"，但是在其《浑天》中兼述盖天说，而在文末最后两句直接采用了《周髀算经》的春秋分日道径和周长数值，当作浑天说模型的"天高数"和"周天里数"。这在一定程度上表明陆绩对这两个数据束手无策，鉴于这两个数据对浑天说模型十分重要，只好用他认为比较可靠的数据来收场。

① 安居香山，中村璋八. 纬书集成. 石家庄：河北人民出版社，1994：357.

② 王蕃. 浑天象说//瞿昙悉达. 开元占经. 影印文渊阁四库全书. 第 807 册. 台北：台湾商务印书馆，1986：176.

③ 王蕃. 浑天象说//瞿昙悉达. 开元占经. 影印文渊阁四库全书. 第 807 册. 台北：台湾商务印书馆，1986：176.

④ 陈美东. 中国古代天文学思想. 北京：中国科学技术出版社，2013：178.

⑤ 李天飞. 纬书《尚书考灵曜》中的宇宙结构. 扬州大学学报（人文社会科学版），2013，17（6）：62-73.

⑥ 刘宁. 论汉代第四种宇宙模式——《尚书考灵曜》"地动说"的正"本"与清"源". 山东大学学报（哲学社会科学版），2015，（5）：150-160.

　　张衡、陆绩等浑天家迟迟找不到合理的方法来推算"天高数"和"周天里数"，这个局面一直到王蕃才有所好转。三国时期的王蕃是一位坚定的浑天家，写有《浑天象说》，并制作了浑仪，他的工作既包括给出推翻盖天说模型数据的证据，同时也建立了浑天说"天高数"和"周天里数"的数理模型。

　　王蕃的工作分两个步骤。第一步，王蕃首先通过故按其数，更课诸数，以究其意，固定"周天一百七万一千里"不变，从一度里数和天球直径两个数据的准确性上验证其是否可靠。按照四分历的说法，周天 $365\frac{1}{4}$ 度，分"周天里数" 1 071 000 里，得一度为 2932.2382 里；至王蕃时，四分历已不合于天，他按照当时最为精密的《乾象历》，周天 $365\frac{145}{589}$ 度，分里为度，得一度为 2932.2689 里，这与按照古四分历法计算得数相比一度增加了 0.0307 里。其次，古圆周率"周三径一"，即 $\pi=3$，按此得到的天球直径为 357 000 里；王蕃按照《乾象历》中更为准确的圆周率"率周百四十二而径四十五"，即 $\pi=\frac{142}{45}$，得天球直径为 339 401.4085 里，与按照古圆周率计算得数相比减少了 17 598.5915 里。通过前后对照，王蕃否定了纬书以及陆绩的"天高数"和"周天里数"，进而也否定了盖天说的数据，认为其"尚不考验，虚诞无征，是亦邹子瀛海之类也"。

　　第二步，王蕃"以晷影考周天里数"。按照《周礼》记载，日至之景，尺有五寸，谓之地中①，郑司农认为颍川阳城是地中所在地，这是古代浑天说的一个重要概念，在王蕃看来以此为浑天的中心是理所当然的。《隋书·天文志上》"地中"有《周礼·大司徒职》："以土圭之法，测土深，正日景，以求地中。"此则浑天之正说，立仪象之大本②。《周礼》郑玄注凡日景于地千里而差一寸，景尺有五寸者，南戴日下万五千里也，阳城处夏至日影为 1 尺 5 寸，根据"日影千里差一寸"，太阳南戴日下与阳城的距离就是 15 000 里。"日影千里差一寸"成立的条件是太阳高度不变和大地为一平面的假设，从王蕃下面的具体术文"六官之职，周公所制，勾股之术，目前定数。晷景之度，事有明验，以求推之，近为详矣"③中可以看出他认同这一古制，这是先人直至汉代以来的重要经验，据此而得的夏至日影和南戴日下去地中距

---

① 郑玄注，贾公彦疏. 周礼注疏//阮元校刻. 十三经注疏. 北京: 中华书局，1980: 704.

② 魏徵，等. 隋书·天文志上. 北京: 中华书局，2011: 522.

③ 王蕃. 浑天象说//瞿昙悉达. 开元占经. 影印文渊阁四库全书. 第 807 册. 台北: 台湾商务印书馆，1986: 177-178.

离也是确定的。基于此，王蕃完成了浑天说"天高数"和"周天里数"的数理构建。王蕃结合两者的说法，给出了一套精密的测量"天高数"和"周天里数"的方法，他在《浑天象说》中说：

> 诚以八尺之表而有尺五寸景是立八十而旁十五也。南万五千里而当日下，则日当去其下地八万里矣。从日斜射阳城，则天径之半也。……以勾股法言之，旁万五千里则勾也，立八万里则股也，从日斜射阳城则弦也。以勾股求弦法入之，得八万一千三百九十四里三十步五尺三寸六分，天径之半，而地上去天之数也。倍之得十六万二千七百八十八里六十一步四尺七寸二分，天径之数也。以周率乘之径率约之得五十一万三千六百八十七里六十八步一尺八寸二分，周天之数也。①

如图 1 所示，由于 1.5 尺≪1.5 万里，故此处做近似处理。由上文得到，天高数 = 天径之半 = 弦 = $\sqrt{勾^2 + 股^2}$ = $\sqrt{15\,000^2 + 80\,000^2}$ = 81 394 里 30 步 5 尺寸 6 分=81 394.103 0 里；天径之数=2×天径之半=162 788 里 61 步 4 尺 7 寸 2 分=162 788.206 0 里；周天里数 = 天径之数 × $\frac{142}{45}$ = 162 788.206 0 × $\frac{142}{45}$ = 513 687 里 68 步 1 尺 8 寸 2 分=513 687.227 7 里。

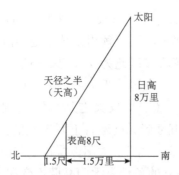

图 1　夏至表影长与夏至日高关系图

王蕃首先根据相似勾股形对应边成比例和"日影千里差一寸"得出夏至日高数，再根据勾股术求得夏至"天高数"和天球直径，进而根据《乾象历》圆周率得到"周天里数"。王蕃立足古代经典测量数据，利用当时最优秀的

① 王蕃. 浑天象说∥瞿昙悉达. 开元占经. 影印文渊阁四库全书. 第 807 册. 台北：台湾商务印书馆，1986：177-178.

历法《乾象历》作者刘洪对周天度数和斗分的新认识，特别是由此获得的新圆周率，非常漂亮地解决了夏至"天高数"和"周天里数"问题，在尝试构建浑天说数理模型上迈出了第一步。王蕃这套方法也被南朝的祖暅所继承。

祖暅在《浑天论》中批评《尚书考灵曜》中的"天高数"是"既不显求之术，而虚设其数，盖夸诞之辞，非圣人之旨也"[①]。王蕃的做法符合祖暅数理模型构建的期望，并且及时纠正了前人的错误，所以，祖暅直接沿用了王蕃测得的"天高数"。此外，在《浑天论》中，他利用晷影测量进一步计算了冬至、春秋分的日高数和南戴日下去地中数法：

> 令表高八尺，与冬至景长一丈三尺，各自乘并而开方除之为法，天高乘表高为实，实如法得四万二千六百五十八里有奇，即冬至日高也。以天高乘冬至景长为实，实如法得六万九千三百二十里有奇，即冬至南戴日下去地中数也。求春秋分数法，令表高及春秋分影长五尺三寸九分，各自乘并而开方除之为法，因冬至日高实而以法除之，得六万七千五百二里有奇，即春秋分日高也。以天高乘春秋分影长实，实如法而一，得四万五千四百七十九里有奇，即春秋分南戴日下去地中数也。[②]

汉魏至唐初，里、步、尺的换算关系为：1 里=300 步，1 步=6 尺[③]。以冬至法为例，天高 81 394.1030 里=146 509 385.3649 尺，表高 8 尺，冬至影长 13 尺，如图 2 所示，

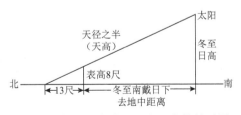

图 2　日高数和南戴日下去地中数关系图

① 祖暅. 浑天论 // 瞿昙悉达. 开元占经. 影印文渊阁四库全书. 第 807 册. 台北：台湾商务印书馆，1986：183.

② 祖暅. 浑天论 // 瞿昙悉达. 开元占经. 影印文渊阁四库全书. 第 807 册. 台北：台湾商务印书馆，1986：183.

③ 丘光明，邱隆，杨平. 中国科学技术史——度量衡卷. 北京：科学出版社，2001：23-24.

由相似三角形得 $\dfrac{天高}{冬至日高}=\dfrac{\sqrt{表高^2+冬至影长^2}}{表高}$ ，

所以， $冬至日高=\dfrac{天高\times表高}{\sqrt{表高^2+冬至影长^2}}=\dfrac{146\,509\,385.364\,9\times8}{\sqrt{8^2+13^2}}尺$

$=42\,658.439.8里；$

同理，因为 $\dfrac{天高}{冬至南戴日下去地中数}=\dfrac{\sqrt{表高^2+冬至影长^2}}{冬至影长}$ ，所以，冬至南

戴日下去地中数 $=\dfrac{天高\times冬至影长}{\sqrt{表高^2+冬至影长^2}}=\dfrac{146\,509\,385.364\,9\times13}{\sqrt{8^2+13^2}}尺=69\,319.964\,7里。$

祖暅延续王蕃的工作，进一步完善了浑天说数理模型。如果把王蕃夏至"日高数"和"天高数"视为浑天说数理模型的特例，那么祖暅依据浑天家的传统观念——日行黄道（即太阳附着在天壳上），直接将夏至"天高数"视为模型的定值。祖暅模型与《周髀算经》中的盖天说模型相比，用一个"天高数"和"周天里数"解释了二分二至共同拥有这个模型数据的合理性，也可以说是进步了，相关数据见表2。

表2　祖暅浑天说模型中的日高数和南戴日下去地中数

二分二至	日高数/里	南戴日下去地中数/里
春分	67 502.497 1	45 479.807 4
夏至	80 000	15 000
秋分	67 502.497 1	45 479.807 4
冬至	42 658.439 8	69 319.964 7

注：这里，它们共同的"天高数"是81 394.103 0 里。

三、汉魏南北朝时期浑天说数理模型的主要内容

从上文看出，张衡初步构建了浑天说数理模型，并提出计算浑天说天地边界的思想，但他没有给出推算"天高数"和"周天里数"的合理方法。通过400多年的努力，陆绩、王蕃、祖暅等浑天家在浑天说假设的范围内不断改进、优化这两个数据，使得它们的数理基础有章法可循。我们将汉魏南北朝之际浑天说数理模型的特征总结为以下几点。

第一，关于天地的形状，在张衡浑天说中，天为圆球，地在天中，是一个圆形平面。后世诸如蔡邕、陆绩、王蕃、祖暅等均认可张衡的圆球状天球，

其中祖暅强调"日去地中冬夏春秋晨昏昼夜，皆同度也"[①]，更是具有高度代表性和概括性。太阳与地中阳城的距离在任意时刻都相同，即浑天上任一点到地中的距离均相等。

第二，在岁差现象没有发现之前，中国古代学者一般认为太阳日行一度，所谓"日之所行与运周，在天成度，在历成日"[②]，这样一回归年的长度在数值上就等于黄道的度数，也相当于周天度数。因为它与浑天说数理模型有关，所以历史上许多主张浑天说的历算家直接参与了这个数值的测算，从他们主张的数值看，它有不断精密化的趋势[③]。例如，张衡基于东汉《四分历》规定周天为 $365\frac{1}{4}$ 度，刘洪《乾象历》定回归年长度为 $365\frac{145}{589}$ 天，王蕃在《浑天象说》中所采用的周天度数就是这一数值。

第三，关于"天高数"和"周天里数"的关系，通常在"天高数"确定的情况下，圆周率的精确度会影响到"周天里数"的大小。正如有学者说，中国古代研究圆周率有两种传统，其中一种就是以张衡、王蕃为代表，目的在于解决天文学问题[④]。在张衡前后的很长一段时期，天文学中所用的圆周率为 π=3，纬书和陆绩的取值即是如此。王蕃曾在《浑天象说》中指出精确圆周率的重要性，他根据陆绩的"周天 1 071 000 里"以及不同的圆周率值 π=3 和 $π=\frac{142}{45}$，推算得到的天球直径数据是不一样的，受此启发，他进一步给出了"天高数"的推算方法。值得指出的是，南朝何承天也在其著作《论浑象体》中利用了新的圆周率——祖冲之的约率 $\frac{22}{7}$ 计算"周天里数"，他在书中写道"周天三百六十五度三百四分之七十五。天常西转，一日一夜过周一度，南北二极相去一百一十六度三百四分度之六十五强，即天径也"[⑤]，他的计算如下：

$$365\frac{75}{304} = \frac{22}{7} \times 116\frac{65}{304}$$

① 祖暅. 浑天论//瞿昙悉达. 开元占经. 影印文渊阁四库全书. 第 807 册. 台北: 台湾商务印书馆, 1986: 183.

② 司马彪. 后汉书. 第一一册. 刘昭注补. 北京: 中华书局, 2011: 3055.

③ 陈美东. 古历新探. 沈阳: 辽宁教育出版社, 1995: 215.

④ 关增建. 祖冲之对计量科学的贡献. 自然辩证法通讯, 2004, (1): 68-73, 111.

⑤ 何承天. 论浑象体//瞿昙悉达. 开元占经. 影印文渊阁四库全书. 第 807 册. 台北: 台湾商务印书馆, 1986: 182.

到祖暅为止，天高数和周天里数分别为 81 394.103 0 里、513 687.227 7 里。

第四，北极和南极为天球的端点，天球绕南北极轴旋转。基于古四分历，地中阳城的北极出地高度为 36 度，南极入地高度也为 36 度。但是古代很长时间这个值是不变的[①]，对浑天家而言，如果不能正确地解释北极高的变化，则模型的构建是失败的。祖暅在《浑天论》中给出推算"北极高数"和"北极下去地中数"的方法，有"推北极里数法，夜于地中表南，傅地遥望北辰纽星之末，令与表端参合。以人目去表数及表高各自乘，并而开方除之为法。天高乘表高数为实，实如法而一，即北极纽星高地数也。天高乘人目去表为实，实如法，即去北戴极下之数也"[②]。仿照图 2 的方法，具体计算公式如下：

$$北极高数 = \frac{天高 \times 表高}{\sqrt{表高^2 + 人目去表数^2}}$$

$$北极下去地中数 = \frac{天高 \times 人目去表数}{\sqrt{表高^2 + 人目去表数^2}}$$

祖暅做了北极高的实际测量，通过"傅地遥望北辰纽星之末，令与表端参合"的方法确定人目去表数，这种方法计算出来的极高值是不固定的，因此具有一般性。

第五，天赤道离南北两极的距离相等，各为 $91\frac{5}{16}$ 度，黄道与天赤道在天球上相互交错，黄赤交角为 24 度。这些数据在张衡、蔡邕、陆绩、王蕃、祖暅等浑天家所处的时代并没有发生变化。

四、从祖暅的天文实践看他对浑天说数理模型的进一步构建

祖暅在《浑天论》开篇有，"仰观辰极，傍瞩四维。睹日月之升降，察五星之见伏，校之以仪象，覆之以晷漏。则浑天之理，信而有徵"[③]，这表达了他对浑天说数理模型的信念。祖暅对浑天说数理模型"信而有徵"的贡献不止于完成冬至、春秋分日高以及南戴日下去地中距离的补充计算。除此

---

① 陈美东. 中国古代天文学思想. 北京: 中国科学技术出版社, 2013: 146.

② 祖暅. 浑天论 // 瞿昙悉达. 开元占经. 影印文渊阁四库全书. 第 807 册. 台北: 台湾商务印书馆, 1986: 183.

③ 祖暅. 浑天论 // 瞿昙悉达. 开元占经. 影印文渊阁四库全书. 第 807 册. 台北: 台湾商务印书馆, 1986: 183.

之外，他还讨论了日月直径关系、四季寒暑成因、测地中之法等内容，这些可以看作是他对浑天说数理模型的进一步论证。

（一）测算日月直径关系

关于日月直径的大小，《周髀算经》采用相似勾股形的比例关系求得日月直径为 1250 里[①]。祖暅不同意此观点，他认为，"盖天乖谬，已详前识，无足采焉。以浑象言之，失于过大矣"[②]。

张衡等浑天家没有给出日月直径的数值，但是他将日月直径与天地尺度联系起来。祖暅记录道，"张衡日月其径，当周天七百三十六分之一，地广二百四十二分之一"[③]。钱宝琮[④]、莫绍揆[⑤]等人曾对这一术文进行校正，莫绍揆的校正为"当周天七百三十[半]分之一，地广二百三十[一]分之一"，按此得出的圆周率 $\pi = \dfrac{730.5}{231} = 3.1623$，与学术界公认的张衡圆周率 $\pi = \sqrt{10}$ 的结果一致。数学史界关注这句话主要为了复原张衡的圆周率，而我们更关心与之有关的祖暅下面一句："按此而论，天周分母，圆周率也。地广分母，圆径率也。"以日月径为度量起算点，天的周长与地的直径呈现的是"圆周率"与"圆径率"的换算关系。也就是说，天的周长是日月直径的 730.5 倍，地的直径为日月直径的 231 倍，张衡把日月直径看作是"天周"与"地径"共同的"率"，即 $\dfrac{天周}{地径} = \dfrac{日月直径 \times 730.5}{日月直径 \times 231} = \dfrac{730.5}{231} = 3.1623$，这是一个非常进步的思想。

祖暅在下文给出了日月直径的测量方法，"望日月法，立于地中，以人目属径寸之管而望日月，令日月大满管孔及定管长，以管径乘天高管长，除之即日月径也"[⑥]。如图 3 所示，如果设 h 是"天高数"，ϕ 是日月半径，l 是竹管长度，r 是竹管半径，那么由相似勾股形对应边成比例可得 $\dfrac{2r}{l} = \dfrac{2\phi}{h}$，

① 钱宝琮校点. 算经十书. 北京: 中华书局, 1963: 28.

② 祖暅. 浑天论 // 瞿昙悉达. 开元占经. 影印文渊阁四库全书. 第 807 册. 台北: 台湾商务印书馆, 1986: 184.

③ 王仁俊. 玉函山房辑佚书续编三种. 上海: 上海古籍出版社, 1989: 237.

④ 钱宝琮. 张衡灵宪中的圆周率问题 // 科学史集刊编辑委员会. 科学史集刊. 第 1 期. 北京: 科学出版社, 1958: 86-87.

⑤ 莫绍揆. 论张衡的圆周率. 西北大学学报(自然科学版), 1996, (4): 359-362.

⑥ 祖暅. 浑天论 // 瞿昙悉达. 开元占经. 影印文渊阁四库全书. 第 807 册. 台北: 台湾商务印书馆, 1986: 184.

则日月直径 $2\phi = \dfrac{2r}{l} \cdot h$。

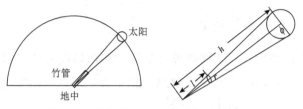

图3 日月直径与"天高数"的关系图

　　祖暅的日月直径大小计算依赖于"天高数"和管长，而且管长"及定"，即可以按照具体观测情况截取一定的长度，说明祖暅进行了实地观测后才有这一思想。按照祖暅的思想，"天高数"和日月直径共同受制于由天周与地径形成的浑天说数理模型。遗憾的是，祖暅没有给出日月直径的具体数值。

（二）解释四季寒暑成因

　　《汉书·天文志》记载，"日，阳也。阳用事则日进而北，昼进而长，阳胜，故为温暑；阴用事则日退而南，昼退而短，阴胜，故为凉寒也。故日进为暑，退为寒"[1]，中国古代的浑天说接受了这种说法[2]，认为四季寒暑可以归因于阴阳气的自行进退、消长。

　　祖暅作为浑天家，没有停留于接受传统的阴阳之气进退消长之说，而是提出了另外一种解释，他说：

> 　　日去赤道表里二十四度，远寒近暑而中和。二分之日，去天顶三十六度。日去地中，冬夏春秋晨昏昼夜皆同度也。而有寒暑者，地气上腾，天气下降，故远日下而寒，近日下而暑，非有远近也。犹火居上，虽远而炎；在傍，虽近而微。[3]

　　按照祖暅的说法，太阳在天球上运动，无论春夏秋冬，太阳距地中阳城

① 班固. 汉书·天文志. 颜师古注. 北京: 中华书局, 2011: 1294.
② 李申. 浑盖通说. 自然辩证法通讯, 1986, (5): 48-56, 80.
③ 祖暅. 浑天论 // 瞿昙悉达. 开元占经. 影印文渊阁四库全书. 第 807 册. 台北: 台湾商务印书馆, 1986: 183-184.

的距离都是一样的。之所以会有寒暑之分，是因为地气上升或天气下降而引起的，而地气或天气的运转则与南戴日下到地中阳城的距离有关。地中与南戴日下的距离近，天气就炎热；距离远，天气就寒冷。祖暅做了一个很形象的比喻，用"火居上"或"在旁"来表示太阳位置，这样，导致四季寒暑的直接原因是日高的大小，日在上，日高数大，天气炎热，反之寒冷。

祖暅的解释最终归因于日高的大小决定四季寒暑。而现代天文学认为，太阳高度的变化影响了地球上同一地点得到的日照能量，从而形成了春夏秋冬四季。也就是说，太阳直射点和太阳与地球的距离在不断变化，而这种观点可以与祖暅的解释相对应。如图 4 所示，日高数相当于太阳与地球上直射点处的距离，南戴日下到地中阳城的距离相当于地球上直射点处与地中阳城的距离，所以，祖暅说，"居上，虽远而炎"，"在旁，虽近而微"。祖暅的解释有一定的道理。虽然祖暅的"地平"观点与现代意义上的"地球"观念不同，但他将四季寒暑的成因与日高和南戴日下去地中距离联系在一起，也体现了他的独特见解。

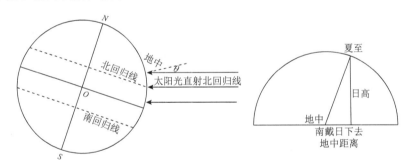

图 4　四季寒暑与日高和南戴日下去地中距离关系图

我们不妨回顾一下《周髀算经》中有关盖天说的观点，它认为，"日远近为冬夏，非阴阳之气"①，即四季寒暑取决于太阳的远近距离。可见，祖暅没有囿于盖天说的太阳远近导致四季寒暑的观点，而是把四季寒暑和"天高数"对应起来。

（三）尝试建立测量地中的物理模型

前文我们已经说明，"天高数"是浑天说数理模型中至关重要的一个数据，它代表的是地中到天球的距离，而这个数据是以精确的地中位置为基础

---

① 钱宝琮校点. 算经十书. 北京: 中华书局, 1963: 56.

的。依照古人的认识，地中是进行天文测量的理想地点，只有在地中进行的测量才最具权威性，数据才最可靠①。祖暅亦是如此，他在《浑天论》中所进行的观测、数据推算，都是以"立于地中"为根本。中国古代的浑天家认为阳城是大地的中心，王蕃就曾提到"天体圆如弹丸，地处天之半，而阳城为中"②。但阳城所代表的只是一个范围，它的几何中心，即真正的地中在哪里？祖暅的一项重要工作就是找到这个几何中心的精确位置。

《隋书·天文志》中记载有祖暅推地中所用的"五表法"，"其法曰：先验昏旦，定刻漏，分辰次。乃立仪表于准平之地，名曰南表。漏刻上水，居日之中，更立一表于南表影末，名曰中表。……进退南北，求三表直正东西者，则其地处中，居卯酉之正也"③。他通过漏刻与圭表的配合使用，来确定日中时刻日影与夜半北极方位对应的南表、中表、北表处于同一直线上，以定出地的"东西之中"；确定春秋分太阳的出没方位对应的东表、中表、西表位置，以定出地的"南北之中"；最后再依据中表的位置来定出地中。祖暅构建了一个理想的物理模型，试图精确测定地中位置。

"地中"概念以有限的地平说为基础。按照现代理论，在地球上的任何地点都可以测得正东西和正南北方向，任何地点都是当地的地中位置，所以祖暅的方法实际上并不能测出浑天的中心——地中，他给出的只能算是"影中"的测量方法，这也正是在史书中未能找到他给出的精确地中位置的原因。

五、"日影千里差一寸"与浑天说数理模型的终结与失败

从上文可知，在浑天说数理模型的构建过程中，王蕃根据《周礼》郑玄注的说法，应用"日影千里差一寸"算得夏至"天高数"，祖暅将这一数据拓展为普遍意义上的浑天说"天高数"。关于古制"日影千里差一寸"，《周礼》郑玄注、《周髀算经》盖天说以及张衡、王蕃、祖暅等浑天家们都深信不疑。冯立升就曾指出，这一说法是浑天说和盖天说共有的，以大地是平面为前提④。

我们进一步考察"日影千里差一寸"的具体含义，其一，当八尺表高固

---

① 关增建. 中国天文学史上的地中概念. 自然科学史研究, 2000, 19（3）: 251-263.
② 王蕃. 浑天象说 // 瞿昙悉达. 开元占经. 影印文渊阁四库全书. 第 807 册. 台北: 台湾商务印书馆, 1986: 177.
③ 魏徵, 等. 隋书·天文志上. 北京: 中华书局, 2011: 522-523.
④ 冯立升. 中国古代测量学史. 呼和浩特: 内蒙古大学出版社, 1995: 52.

定时，如果在同一地点不同季节所测正午日影长度相差一寸，那么两次测量南戴日下的位置相距一千里；其二，如果南北两地距离一千里，那么两地同一天的正午日影长度相差一寸[①]。既然"日影千里差一寸"是构建浑天说模型的重要依据，那它能不能适用于测算浑天说中任意位置的日高数据呢？根据上述两种含义，我们作图 5 加以说明。

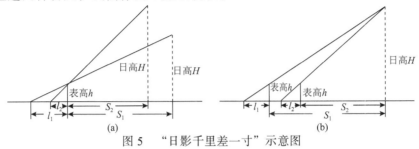

图 5　"日影千里差一寸"示意图

设 l_1、l_2 分别为两次测量的影长，S_1、S_2 分别为测量点到日下的距离，表高为 h，日高为 H。由于图 5（a）中两次观测的日高不相等，两次测量不构成直观的相似勾股形关系，那么，仅根据"日影千里差一寸"的第一种含义可得：

$$\frac{S_1 - S_2}{l_1 - l_2} = 1000 里/寸 \tag{1}$$

而根据图 5（b）所示的情况，由于日高为一定值，我们可以进一步得到以下关系式：

$$\frac{H - h}{h} = \frac{S_1 - S_2}{l_1 - l_2} = 1000 里/寸 \tag{2}$$

为了验证这两个关系式是否自洽于浑天说数理模型，我们将祖暅计算的二分二至日高数和南戴日下去地中数代入其中。

如图 5（a）所示，当观测地点位于地中阳城时，令 l_1 为冬至日影长，l_2 为夏至日影长，则 $\frac{S_1 - S_2}{l_1 - l_2} = \frac{69\,319.964\,7 - 15\,000}{130 - 15} = 472.348 里/寸$，与关系式（1）明显不符。

如图 5（b）所示，当两次观测地点分别位于地中阳城和阳城南 1000 里

① 冯立升. 中国古代测量学史. 呼和浩特: 内蒙古大学出版社, 1995: 35.

处时，以夏至日影为例，令 l_1 为阳城夏至日影长，l_2 为阳城南 1000 里处夏至日影长，则 $\dfrac{H-h}{h} = \dfrac{80\,000}{80} = \dfrac{S_1 - S_2}{l_1 - l_2} = \dfrac{1000}{15-14} = 1000$里/寸，与关系式（2）相符；以冬至日影为例，令 l_1 为阳城冬至日影长，l_2 为阳城南 1000 里处冬至日影长，则 $\dfrac{H-h}{h} = \dfrac{42\,658.4398}{80} = 533.230$里/寸，与关系式（2）不符，按此结果求得的 $l_2 = 128.125$ 寸，与 l_1 相差 1.875 寸。

祖暅曾经实测得到二十四节气晷影长度[①]，把这些数据逐一代入上述两个关系式，最终我们发现：只有按照第二种含义在夏至日测量时，同一天南北相距 1000 里处的日影差满足关系式（2），而其他节气的观测值均不符合关系式（1）和（2）。

实际上，按照"日影千里差一寸"的第一种含义，只有当日高 H 与表高 h 的比值为定值 1000 里/寸时，"日影千里差一寸"才能适用于浑天说模型中相关距离的计算。由于浑天说模型的"天"是一个球面，日高在不断变化，日高与表高的比值也在变化。除了夏至日观测的特殊情况外，"日影千里差一寸"并不适用于浑天说数理模型。而王蕃、祖暅等人均没有发现这一致命缺陷。王蕃利用夏至日影测量的特殊情况计算"天高数"，祖暅未加分析直接运用相似勾股形的比例关系，而在实际构建模型时罔顾"日影千里差一寸"的使用条件。但是值得肯定的是，祖暅重视实际测量，所以理论构建得心应手，他在北极高测量、日月直径关系、四季寒暑成因等模型构建方面有许多创建。

祖暅之后，一些学者对古制"日影千里差一寸"提出疑问。刘焯率先发难，"张衡、郑玄、王蕃、陆绩先儒等，皆以为影千里差一寸。言南戴日下万五千里。表影正同，天高乃异。考之算法，必为不可。寸差千里，亦无典说。明为意断，事不可依"[②]，指出这一古制不能用于"天高数"和南戴日下去地中距离的计算。一行更是通过实地测量证明了"日影千里差一寸"与实际情况不符。唐开元十二年（公元 724 年），一行组织了全国的天文大地测量工作，得出正南北方向上的滑州白马县到上蔡武津县的距离与影差关系为"大率五百二十六里二百七十步，影差二寸有馀"[③]，即南北相距 526 里

① 瞿昙悉达. 开元占经. 影印文渊阁四库全书. 第 807 册. 台北: 台湾商务印书馆, 1986: 209-211.
② 魏徵, 等. 隋书·天文志上. 北京: 中华书局, 2011: 521-522.
③ 欧阳修, 宋祁. 新唐书. 北京: 中华书局, 2011: 813.

270 步影差 2.05 寸。据此，一行认为"旧说王畿千里，影差一寸，妄矣"[①]，从而推翻了"日影千里差一寸"的历史说法。

在推翻"日影千里差一寸"之后，一行直接否定了王蕃推算的天地尺度数据。按照一行的说法，"一度之广，皆宜三分去二，计南北极相去才八万馀里，其径五万馀里，宇宙之广，岂若是乎？"[②]，王蕃的"天高数"理应只有 27 131（即"宜去三分之二"，$27131 = \left(1 - \dfrac{2}{3}\right) \times 81394$）余里，而天地绝不可能如此之小，所以他认为王蕃是"以管窥天，以蠡测海之义也"。

此外，浑天说持"地平"观点，浑天家没有考虑到其实地中以外的人所看到的"天高数"和"周天里数"并不相同。浑天家赓续古代的地中说，试图把它作为前提，实际上地中并不存在。这些都使得浑天说模型难以从逻辑上自洽，失败也就必然了。

王蕃推算"天高数"和"周天里数"的方法固然给浑天说数理模型提供了理论基础，但"日影千里差一寸"之说与浑天说模型并不相容，一行将"日影千里差一寸"和王蕃的数据推翻后，后世的浑天家们再没有找到新的方法测算准确的"天高数"，浑天说数理模型的构建也就以失败告终。

六、结论与余论

本文在史料基础上重点考证了汉魏以来 400 年浑天说数理模型的建立过程。张衡首先对浑天说进行了数理描述，他受西汉扬雄《太玄》的影响尝试推算浑天说的天地尺度，只给出了天地直径数据，而缺少相应的测算依据。在张衡之后，陆绩、王蕃、祖暅等浑天家先后加入到天地尺度的讨论中，王蕃首次基于一定的测算原理给出准确的"天高数"和"周天里数"。他的数理探索加进古代历法的最新成果，把浑天说与历算结合起来。祖暅认同王蕃的数据和方法，同时补充了冬至、春秋分的相关数据和北极高度测算过程等。

祖暅应用他的浑天说模型解释和论证了日月直径关系、四季寒暑成因、测地中之法等的原理，其中不乏他的个人实践与创造和模型严谨化的趋势，这也验证了他对浑天说数理模型"信而有征"的说法。本文的讨论有助于学术界建立对浑天说数理模型的新认知。

本文最后从数学模型的角度分析了"日影千里差一寸"的适用条件，认

---

① 欧阳修，宋祁. 新唐书. 北京：中华书局，2011：813.

② 欧阳修，宋祁. 新唐书. 北京：中华书局，2011：815.

为天地平行、日高固定是它的理想条件。由于浑天说模型的"天"是一个球面，因此日高在不断变化，日高与表高的比值也在不断变化。除了夏至日观测的特殊情况外，王蕃和祖暅并没有意识到"日影千里差一寸"在浑天说模型中根本不能成立，也没有发现这一致命缺陷，所以他们构建的数理模型以失败告终。古制"日影千里差一寸"作为浑天说的重要依据，到一行时被彻底推翻。

如文中所述，中国古代浑天说数理模型虽然只有少数浑天家参与建构，但是历史上参与或至少关注此事的不乏一些历算家，如张衡、刘洪、王蕃、何承天、祖冲之、祖暅、刘焯、一行等人，他们都有优秀的历法问世，其中张衡也曾经与周兴共同完成了《九道法》。历法推步不可避免地涉及周天度数、去极度、圆周率、日影测量、日月直径、北极出地等概念，这些概念和理论也是浑天说数理模型必须面对和解决的问题。由此可见，传统历算学与古代浑天说有着非同寻常的关系。应该说，浑天说在用数理解释周天度数、去极度、北极出地等方面比盖天说具有更明显的优势，特别是它的周天度、圆周率、黄道法及二分二至日所在、白道法、分度节次及昏明中星等一直跟进古代历算家的最新成果，这些要素都明显地优于《周髀算经》的数理模型。

（本文原发表于邓可卉，李淑浩. 浑天说数理模型的构建尝试与失败——以祖暅《浑天论》为中心. 自然科学史研究，2021，40（4）：409-423。）

祖冲之《大明历》法创设理路

祖冲之在他的《大明历》中有一系列新的发明。祖冲之对《大明历》的许多创设除了延续何承天的想法外，他的《上大明历表》和《驳议》更是表达了他本人的历法思想。通过分析祖冲之一系列创造性工作的源头——晷影漏刻的测算，论证了祖冲之"信而有征"的历法思想；祖冲之重视构建一个"数皆协同"的历法体系，主要体现在《大明历》中回归年、章闰和岁差等常数的取得上；祖冲之在测算的基础上产生了"形"与"数"相结合的数学思想；《大明历》又被称为七曜甲子元历，体现了"元值始名，体明理正"的历法整体思想。祖冲之创设《大明历》的目的不仅是要取合于当时，而且可以适用于将来。本文还分析了祖冲之关于"非为合验天"思想的新见解。

南朝祖冲之《大明历》问世后遭到当时宠臣戴法兴的攻击，为了澄清造历事实，祖冲之完成了千古名篇《大明历议》（以下统称为《驳议》）。学术界相关研究主要集中于 20 世纪 70 年代[①]。时至今日，中国古代历法的研究进入了一个新的历史时期，有必要对其再研究，全面了解并分析祖冲之历法改革的思想。祖冲之《驳议》以"撰正众谬，理据炳然"的姿态自信地陈述他的历法，并且指出前人之所以如此，是因为"匪谓测候不精，遂乃乘除翻谬，斯又历家之甚失也"，祖冲之认为前人的历法不是测候有问题，就是计算太繁杂，这些都是历法的失策。对于离他最近的何承天历出现的误差现象，祖冲之说"臣历所改定也"[②]。祖冲之的做法是追源畅要，目的是使"躔

---

① 柳冰. 祖冲之和"驳议". 兰州大学学报, 1975, (3): 5-11; 厦门大学数学系写作组. 祖冲之及其"历议"的革新精神. 厦门大学学报(自然科学版), 1974, (1): 5-9.

② 祖冲之. 驳议∥中华书局编辑部. 历代天文律历等志汇编(六). 北京: 中华书局, 1976: 1760-1771. 后面的相关文献均出自该书，后文以括注的形式标出。

次上通，晷管下合"。众所周知，祖冲之的《大明历》在历法史上占有重要地位的原因是他的一系列创造。但是祖冲之是如何"沿波以讨其源，删滞以畅其要"的？特别是他对于何承天历是如何继承吸收从而掌握历法的核心要素的？《大明历》中有哪些历法改革思想？其合理性如何？尤其是如何看待学术界最具争议的《大明历》中上元积年计算①。本文在前人研究的基础上，基于中国数理天文学史中上元计算是一种主流方法，所以有必要结合祖冲之的历法思想深入探讨这个问题；另外澄清《大明历》中的造历过程，探究祖冲之创设新法的思想，以期客观评价中国古代历法的测量与计算的理论问题。

一、重视测影验气及回归年常数的取得

大明六年（公元 462 年），祖冲之《上大明历表》曰："何承天所奏，意存改革，而置法简略"②，说明祖冲之熟知何承天历的主要内容，也承认这些内容本身具有革新意义。《南史》卷七十二祖暅有言"父所改何承天历时尚未颁行"③。以上内容说明祖冲之历法与何承天历有绝对的关系，那么这个关系如何呢？

何承天的《元嘉历》创于元嘉二十年（公元 443 年），祖冲之的《大明历》创于大明七年（公元 463 年），相距只有 20 年。而且这两部历法的观测地同在建康（今江苏省南京市）。《元嘉历》在历法史上的地位不容忽视④。其中与测影有关值得称道的是何承天在"上元嘉历表"中说的："案《后汉志》，春分日长，秋分日短，差过半刻。寻二分在二至之间，而有长短，因识春分近夏至，故长；秋分近冬至，故短也。杨伟不悟，即用之……何此不晓，亦何以云。是故臣更建《元嘉历》。"⑤

如果说这段话没有表达清楚何承天意思的话，那么再看《元嘉历》术文："元嘉二十年，承天奏上尚疏：'今既改用元嘉历，漏刻与先不同，宜应改

① 中国天文学史整理研究小组. 中国天文学史. 北京: 科学出版社, 1981: 81; 陈美东. 中国科学技术史·天文学卷. 北京: 科学出版社, 2003.

② 祖冲之. 上大明历表//中华书局编辑部. 历代天文律历等志汇编（六）. 北京: 中华书局, 1976: 1743-1744.

③ 李延寿. 南史·卷七十二. 北京: 中华书局, 2016.

④ 郑诚. 何承天天学研究. 上海交通大学硕士学位论文, 2007: 34.

⑤ 何承天. 上元嘉历表//中华书局编辑部. 历代天文律历等志汇编（六）. 北京: 中华书局, 1976: 1716.

革。按景初历，春分日长，秋分日短……今二至二分，各据其正。则至之前后，无复差异。'"①

在上面第一段话中，何承天表达了在他之前的两部重要历法——东汉《四分历》和杨伟《景初历》中对于二分二至日影变化的认识。东汉《四分历》在历史上第一个给出晷漏表，当时有八家参与改历，最后数据经过准确测量与对比，它的晷漏表各节气之间已经显露出一些规律性。何承天关注到了这一点。陈美东认为《元嘉历》的二十四节气昼漏刻几乎是取东汉《四分历》中对称两节气平均值而得到的②。

后一段直接澄清何承天历关于日影变化的规律性认识。它表达了两个意思，一是春秋分昼夜漏刻理应相等，二是冬至前后对称两节气昼漏刻理应相等，也即冬至前后对称各节气间昼漏刻的增减进退理应两两相等。不妨看一下《元嘉历》的"二十四气晷影漏刻表"，从中不难发现，表中春分和秋分的昼漏刻均是五十五刻五分；从冬至昼漏刻四十五刻向两边节气对称地有：相对两节气的昼漏刻增减差依次是六分、一刻一分、七分、二刻一分……，这样得到，两对称节气增减量相同，但是每两个节气间的增减量不等。值得注意的是，《元嘉历》以雨水为起点，所以在他的表中关于冬至的对称性需要耐心查找。

我们再回到祖冲之的《大明历》中。首先，《大明历》中二十四气晷影漏刻表中的昼、夜漏刻与《元嘉历》完全相同；二十四气冬至、夏至日影长两历相同，其余有差别，相差最多七八分，但是仍然保持对称节气日影长相同，并且与上一节气的增减量相等。这说明祖冲之认同何承天的两个晷影漏刻原则，在晷影漏刻问题上吸收了何承天的意见。

祖冲之也和何承天一样对东汉《四分历》倾注精力，获得的思想更是不一般。在《驳议》中记载了祖冲之推求东汉《四分历》冬至时刻和测算大明五年（公元 461 年）冬至时刻，进而由两时刻进一步求回归年长的过程。原文如下："四分志，立冬中影长一丈，立春中影九尺六寸。寻冬至南极，日晷最长，二气去至，日数既同，则中影应等，而前长后短，顿差四寸，此历景冬至后天之验也。二气中影，日差九分半弱，进退均调，略无盈缩，以率计之，二气各退二日十二刻，则晷影之数，立冬更短，立春更长，并差二寸，二气中影俱长九尺八寸矣。即立冬、立春之正日也。以此推之，历置冬至，

① 何承天. 元嘉历//中华书局编辑部. 历代天文律历等志汇编(六). 北京: 中华书局, 1976: 1739.

② 陈美东. 古历新探. 沈阳: 辽宁教育出版社, 1995: 226.

后天亦二日十二刻也。熹平三年，时历丁丑冬至，加时正在日中。以二日十二刻减之，天定以乙亥冬至，加时在夜半后三十八刻。"[①]

以上术文的前半段是祖冲之对东汉《四分历》影长规律的进一步认识。他指出，去冬至日数相同的立冬、立春晷影长本应该相等，但是却相差达到四寸，祖冲之因此认为东汉《四分历》冬至后天了。下面祖冲之更是机智巧妙地利用了刘洪等人实测的立冬和立春晷影长度。根据术文"二气中影，日差九分半弱"求得 $9\frac{7}{16} = 0.943\,75$ 日，按照"进退均调，略无盈缩，以率计之，二气各退二日十二刻"，所以冬至后天二日十二刻。又根据"熹平三年，时历丁丑冬至，加时正在日中"知，十一月丁丑日五十刻－二日十二刻＝十一月乙亥日夜半后 38.079 刻。

祖冲之测量大明五年冬至时刻的一套方法为学术界所重视。本文强调的是，他这个方法不是孤立出现的，它前面有何承天的二十四气晷影漏刻的规律性认识，后面有祖冲之本人通过研究东汉《四分历》获得的进一步认识，在意识到冬至后天的情况下，他在《驳议》中阐述了测量冬至时刻的科学方法。据记载，祖冲之以他的"臣测景历纪，躬辨分寸，圭表坚刚，暴润不动，光暑明洁，纤毫尽然"的铜表，测得大明五年冬至时刻为十一月三日夜半后三十一刻，具体测量方法如下："十月十日，影一丈七寸七分变，十一月二十五日，一丈八寸一分太，二十六日，一丈七寸五分强，折取其中，则中天冬至，应在十一月三日。求其早晚，令后二日影相减，则一日差率也。倍之为法，前二日减，以百刻乘之为实，以法除实，得冬至加时在夜半后三十一刻。"[②] 根据这段术文作如图 1 所示的示意图。

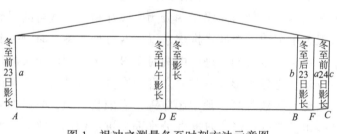

图 1　祖冲之测量冬至时刻方法示意图

于是，祖冲之所在的大明五年与熹平三年（公元 174 年）的冬至时刻相

① 祖冲之. 驳议 // 中华书局编辑部. 历代天文律历等志汇编 (六). 北京: 中华书局, 1976: 1766-1767.
② 祖冲之. 驳议 // 中华书局编辑部. 历代天文律历等志汇编 (六). 北京: 中华书局, 1976: 1767.

减，然后被间隔年数相除得：

(461 年 12 月 20 日 31 刻−173 年 12 月 22 日 38 刻)/288
=(288×365.25−2.07)/288=365.242 812 5 日

以上计算的理论依据是祖冲之《驳议》中说的："量检竟年，则数减均同；异岁相课，则远近应率。"两个不同年代的冬至时刻能够相减的前提是日影和时刻是均匀且连续变化的。上述实测值与《大明历》中实际采用的回归年长有微小的差别，因为依据《大明历》中岁余 9589，纪法 39 491，相除得到 0.242 814 8 日。后面这个值与新的章闰有关，是在新闰法的基础上推求的。正因为如此，学术界有观点认为历法中的回归年长是导出常数，具有一定的道理[①]。

但是，如何正确看待祖冲之的冬至晷影测量工作，它与推算值之间有什么联系呢？首先，祖冲之《大明历》中的测量值和计算值的误差范围都比较小，通过查找陈美东历代冬至时刻和回归年误差分析的数据表可知，《大明历》中前者误差范围是−20 刻，后者是−46 刻，而何承天《元嘉历》前者误差范围是−50 刻，后者是−382 秒。《大明历》中冬至时刻误差在历代首次减小，而它的回归年长度的误差更小，历史上精度超过它的只有北宋杨忠辅的统天历（−22 秒）和元代郭守敬的授时历（−23 秒）[②]。其次，他的这两组数据都是测量在先，计算基于实际天文测量。测量是取信的证据，也即"信而有征"；计算是为了维持系统的协调，也即"数皆协同"。祖冲之关于测量与计算之间有一个比较明确的处理准则，他在《上大明历表》中也说："亲量圭尺，躬察仪漏，目尽毫厘，心穷筹策。"他不但重视精细的测量，而且对测得的数据用心计算和分析，以明白其中的奥妙。

从祖冲之取得回归年长后说"臣因此验，考正章法"（《驳议》）不难判断，祖冲之的章闰改革与晷影测验有关，其直接动因是晷影测量发现的冬至后天。年代积累导致冬至日所在发生变化，就要重新给出一个安放的宿度，这就是祖冲之所说的"冬至所在，岁岁微差"。

二、考正章法

关于章闰改革的必要性，实际上何承天在"上《元嘉历》表"中已经讲

① 曲安京, 纪志刚, 王荣彬. 中国古代数理天文学探析. 西安: 西北大学出版社, 1994: 140.
② 陈美东. 古历新探. 沈阳: 辽宁教育出版社, 1995: 216, 221.

过了，"……然则今之二至，非天之二至也。天之南至，日在斗十三四矣。此则十九年七闰，数微多差。复改法易章，则用算滋繁，宜当随时迁革，以取其合"。他又说："又月有迟疾，合朔月蚀，不在朔望，亦非历意也。故元嘉皆以盈缩定小余，以正朔望之日。"[①]我们知道，何承天《元嘉历》为了简便，仍使用旧章法，五星各设近距历元，历元取雨水，他意识到月行迟疾，因此有意在历法中推定朔法。以上术文说明何承天是了解历法深意的。何承天的"随时迁革，以取其合"意在章闰与回归年常数之间建立一个动态的平衡，虽有进步性，但是"用算滋繁"显然不是他要考虑的问题，当然他也并不排斥。祖冲之对何承天的做法评论道："算自近始，众法可同，但《景初》之二差，承天之后元，实以奇偶不协，故数无尽同，为遗前设后，以从省易。"（《驳议》）明确指出杨伟、何承天的做法导致了奇偶不协，数无尽同。戴法兴也清楚《元嘉历》的做法，因为他说："景初所以纪首置差，元嘉兼又各设后元者，其并省功于实用，不虚推以为烦也。"（《驳议》）[②]

但是祖冲之是改革派，是个大胆革新的人，他说："臣生属圣辰，逮在昌运，敢率愚瞽，更创新历。"通过上文分析得知，祖冲之改革章闰的决心建立在他对晷影漏刻和回归年测算的基础上，那么他是如何得到新的章闰的呢？朱文鑫对李淳风之前的各历法章闰进行研究后认为，"元始以来章法，不过增损旧章，而加十一年及四闰"[③]，这句话的意思是，元始以来章法更迭频繁，但是它们都是在十九年七闰的基础上通过加十一年四闰的弱率，通过调日法而来，即

$$\frac{7 \times 20 + 4}{19 \times 20 + 11} = \frac{144}{391}$$

从而得到了《大明历》中的新章法，章岁 391，章闰 144。以上等式的原理也可以用上元积年算法解释如下。设章岁为 a，章闰为 b，则 $7a - 19b = 1$，或 $a \equiv 11$（mod19），$b \equiv 4$（mod7），可见，调日法中的 11 年和 4 闰相当于一次同余式方程组中的余数。《大明历》距何承天历只有 20 多年的时间，这样得到新的章闰，不仅践行了何承天改革章法的想法，而且很自然地把章闰计算纳

① 宋书·律历志中//中华书局编辑部. 历代天文律历等志汇编(六). 北京: 中华书局, 1976: 1716.

② 从这句话可以看出，戴法兴的批评是有主观意愿的。这里他为了批评祖冲之的甲子上元做法，反而认为各自立元的做法值得肯定，但是实际上对戴法兴这样的保守派来说认可上元做法才是其正宗。

③ 朱文鑫. 历法通志. 上海: 商务印书馆, 1934: 111.

入《大明历》的上元积年算法系统中。

正如祖冲之在《上大明历表》中所讲的："若夫测以定形，据以实效，悬象著明，尺表之验可推，动气幽微，寸管之候不忒。今臣所立，易以取信。但深练始终，大存整密，革新变旧，有约有繁。用约之条，理不自惧，用繁之意，顾非谬然。何者？夫纪闰参差，数各有分，分之为体，非细不密。臣是用深惜毫厘，以全求妙之准，不辞积累，以成永定之制。非为思而莫悟，知而不改也。"①祖冲之认为通过圭表、浑仪等仪器测量可以降低历法的误差，是实测依据，所以他说"测以定形，据以实效"，只有这样才能易以取信。他在《驳议》中也强调了天文数据"非出神怪，有形可检，有数可推"，可见祖冲之在测算基础上已经产生了"形"与"数"的概念，这与形数结合的西方数学思想不谋而合。但是他紧接着又强调了他的数学方法，即要做到"非细不密"。祖冲之的"深练始终，大存整密"即表达了他的历法整体思想。"非为思而莫悟，知而不改"显然是他对何承天的批评。下文将说明《大明历》中岁差值也是为实现这一目的而推算得到的。

三、岁差理论及岁差值的确定

祖冲之首次在历法中采纳岁差，此后历代历法中，岁差值成为必然考虑的一个历法常数，但是如何得到岁差常数呢？从历史上看，第一种方法是源于历代对冬至点日所在宿度的观测。晋代以前，中国天文学家们已经意识到冬至点的移动，如刘歆发现太初历所记载的冬至点位置与古代不同，东汉贾逵坚持认为冬至日在斗二十一度四分度之一，结果与前代天文记录相差明显。东晋虞喜开始讨论并提出岁差，也是由于冬至日所在"五十年退一度"。

何承天历在这个问题上表现得最为显著。虽然何承天历没有采纳岁差常数，但是学术界就他在"上元嘉历表"及《元嘉历》术文中的叙述得到不同岁差值。首先，认为何承天赤道岁差应是 100 年西退一度，其依据是"上元嘉历表"中的一段话："迄来二千七百余年，以中星检之，所差二十七八度"，当代很多学者支持这个观点②；其次，根据东汉《四分历》参考了西汉太初元年以来的观测记录以及当时的实测记录，认为冬至日在斗二十一度四分度之一，该历于元和二年（公元 85 年）颁行，去元嘉二十年（公元 443 年）

① 宋书·律历志中//中华书局编辑部. 历代天文律历等志汇编（六）. 北京：中华书局，1976：1744.

② 陈美东. 中国科学技术史·天文学卷. 北京：科学出版社，2003；朱文鑫. 历法通志. 上海：商务印书馆，1934；陈遵妫. 中国天文学史. 上海：上海人民出版社，2006：593.

358 载，冬至点移动 7.25 度，所以得到岁差约 50 年退 1 度[①]。朱文鑫《历法通志》曾支持这一值。

另外，根据"上元嘉历表"中："汉之《太初历》。冬至在牵牛初，后汉四分及魏景初法，同在斗二十一，臣以月蚀检之，则景初今之冬至，应在斗十七。……然则今之二至，非天之二至也。天之南至，日在斗十三、四矣。"[②]这里说的到底是斗十三度，还是斗十四度？太史令钱乐之等奏上《元嘉历》中明确说："今之冬至乃在斗十四间，又如承天所上。"如果取日在斗十四，那么又得到

（元嘉二十年 443–景初元年 237）/（17–14）=206/3 ≈ 68.7

这是另一个岁差值。何承天用中星法定岁差本意不错，但是他对岁差的态度莫衷一是，这不能不说是一件非常遗憾的事情，其原因何在呢？

祖冲之对岁差改革的态度和信心一方面来自他的实际测量，一是本文前面提到的晷影测量发现的冬至后天，二是二十八宿日所在的测量。祖冲之在《驳议》中驳斥了戴法兴的四个日所在宿度值，他利用了姜岌的"月蚀冲法"，具体方法是，他先给出元嘉十三年（公元 436 年）、十四年（公元 437 年）与二十八年（公元 451 年）和大明三年（公元 459 年）的四次月食尽时月球所在的宿度值，然后按照"月蚀冲法"推算出对面的日所在宿度值，均"纤毫不爽"地与《大明历》中的推断相符。他得到结论说："故知天数渐差，则当式遵以为典。事验昭晰，岂得信古而疑今。"

第二种方法如下。祖冲之将岁差（恒星年）引入历法，必然要使之在形式上成为构建理想上元的一部分，由此他把历法视作一个完整的系统。戴法兴也质疑《大明历》是"术体明整，则苟合可疑"，这或许可以说明一些问题。祖冲之岁差值"四十五年十一月，率移一度"，可以从其回归年岁实与周天数相较得出，即

$$回归年是 365\frac{9589}{39491} 日 = \frac{14\,423\,804}{39\,491} 日，周天 365\frac{10\,449}{39\,491} 度 = \frac{14\,424\,664}{39\,491} 度$$

二者相较差是 $\frac{860}{39\,491}$ 度 = $\frac{1}{45.92}$ 度，就是岁差值。其中周天分子 10 449 叫做虚分。

① 郑诚. 何承天天学研究. 上海交通大学硕士学位论文, 2007: 237.
② 宋书·律历志中 // 中华书局编辑部. 历代天文律历等志汇编（六）. 北京：中华书局, 1976: 1715-1716.

　　曲安京认为，"在中国传统历法的天文常数系统中，岁差（恒星年）是一个很重要的'导出常数'"①。而这个方法是由祖冲之首创的，这种从上元导出岁差常数的方法对后世产生了深远的影响。他仔细分析后认为，祖冲之首创用上元调整岁差常数的做法，由于取周天分为整数，往往需要较大的选择空间而导致精度不高，但是这些并不能反映出治历者的测算水准。可见对这一做法的评价是客观的。

　　陈美东认为，"祖冲之虽用了姜岌法，但所得结果却有较大的误差（其因不明），这样，他据以计算岁差的冬至点宿度变化量偏大了数度之值"②。上文分析或许可以解答"其因不明"，就是祖冲之首次采用由上元导出岁差的方法，使得其值误差较大。

　　祖冲之在《上大明历表》中提出"改易之意有二"包括了章闰和岁差两大改革，"设法之情有三"。其一，子为辰首，虚为北方。指出命起虚宿之事，"前儒虞喜，备论其义"，这说明祖冲之在引进岁差的概念时在观念、思想、算法方面均有所回应与体现。其二，日辰之首，甲子为先，历法上元，应在此岁。可见祖冲之设上元甲子，取其数字整齐，计算简易。其三，日月五纬，交会迟疾，悉以上元岁首为始。严敦杰分析后认为"《大明历》却把这上元统一起来。骤然看来，觉得《大明历》是凑合上元数，不如《元嘉历》。但实际上《大明历》的五星用数比《元嘉历》还密，说明并不是凑数。以上三种设法，其实为一，此中祖冲之必有创见，故特表而为三"③，肯定了祖冲之的做法。祖冲之对于其上元计算有充分的算理铺垫，并且前后呼应，这一点尤其体现在他的岁差值上。《大明历》中所有相关内容都具有理法上的关联性，这是何承天历没有做到的。

四、对"非为合验天"思想的新见解

　　在天文学史上，何承天曾经在晋代杜预的基础上重申"当顺天以求合，非为合以验天"的重要思想，在其《元嘉历》中为近点月、交点月以及五星各立后元，也反映了顺天思想。"非为合验天"的思想来源于汉代历法的某些弊端，如历法的内容必须符合图谶、黄钟之数等。到了元代，它发展出新的内容，如元代李谦在《授时历议》中写道："晋杜预有云：'治历者，当

---

① 曲安京. 中国历法与数学. 北京: 科学出版社, 2005: 128.

② 陈美东. 古历新探. 沈阳: 辽宁教育出版社, 1995: 263.

③ 严敦杰. 祖冲之科学著作校释. 沈阳: 辽宁教育出版社, 2000: 61-62.

顺天以求合，非为合以验天。'前代演纪之法，不过为合验天耳。"①这里明确指出"为合验天"的动机就是上元演纪。曲安京认为，何承天至李谦之间800余年中，鲜有傥言指责这种现象者，其原因在于各治历家无不潜心构算，努力使七曜并发上元，自然不便对自己的追求进行非议②。很明显，论述七曜并发上元与岁差有关，这也能从另一个角度说明，何承天对岁差语焉不详的隐衷就是他坚信不能"为合验天"。

那么祖冲之对这一思想的态度如何呢？显然，按照戴法兴的观点，祖冲之也是"冲之苟存甲子，可谓为合以求天也"，直截了当地指出祖冲之以甲子为历元就是以自己的主观意见来符合天意的。祖冲之在其《驳议》中阐述了以下观点，来说明他对"为合验天"思想的态度。首先对于《景初历》和《元嘉历》存在的至差三日，影当后天的现象，他批评道："至于中星见伏，记籍每以审时者，盖以历数难详，而天验易显，各据一代所合，以为简易之政也？"（《驳议》）他认为古代书本中以中星的始见和落下审定时令，是因为确定历数比较困难，相对而言，以天象验证很容易，所以每一朝代都据当时所见写下来，认为这是最简易的办法。但是这就够了吗？他又说："诚未睹天验，岂测历数之要。"（《驳议》）无论是《元嘉历》还是《景初历》，它们对应的闰法和二至时刻以祖冲之时代的天象看，都存在误差，也就是"未睹天验"，既然这样怎么谈得上"测历数之要"？可见祖冲之是同意"当顺天以求合，非为合以验天"的，但与此同时他也指出这句话在逻辑上是有问题的，即能验证当时的天象，但却不能验证未来的天象，即使他与《元嘉历》的年代相距只有20年，这个效果也是明显的。

其次，戴法兴提出，历法要"夫置元设纪，各有所尚，或据文于图谶，或取效于当时"的思想，也就是说"为合验天"一方面要符合图谶纬书，另一方面要符合当时的天象。但是在祖冲之看来不是这样的，他反驳曰："夫历存效密，不容殊尚，合谶乖说，训义非所取。虽验当时，不能通远，又臣所未安也。元值始名，体明理正。未详辛卯之说何依，古术诡谬，事在前牒，溺名丧实，殆非索隐之谓也。……以臣历检之，数皆协同，诚无虚设，循密而至，千载无殊，则虽远可知矣。备阅曩法，疏越实多，或朔差三日，气移七晨，未闻可以下通于今者也。元在乙丑，前说以为非正，今值甲子，议者复疑其苟合，无名之岁，自昔无之，则推先者，将何从乎？历纪之作，几于

---

① 元史·历志二//中华书局编辑部. 历代天文律历等志汇编(九). 北京: 中华书局, 1976: 3358.
② 曲安京. 中国历法与数学. 北京: 科学出版社, 2006: 51.

息矣。夫为合必有不合，愿闻显据，以核理实。"[1]（《驳议》）祖冲之认为历法主要考虑是不是与天文实际相符，并不是简单的凑数。谶纬所本的错误学说，不能拿来作证。历元以甲子开始，体例齐整，理论正确。用他的历法检验，并不凭空假设一些数据，而是自始至终遵循精密的计算，则推算上千年都没有什么不同，那么即使年代久远，也是可以知道的。可以看出，祖冲之立甲子历元是为了达到"体明理正"和"数皆协同"目的，他认为只有这样一部历法才能校验未来的天象，使得千载无殊，虽远知矣。

由此可见，祖冲之《大明历》中首重冬至晷影测量，运用数学方法解释和融通历法。参考陈美东的各项误差分析数表发现，《大明历》中五星会合周期高于它之前的所有历法，只有土星、木星精度不及《元嘉历》。《大明历》中交点月精度高于《元嘉历》，近点月误差较大[2]。客观地说，不是所有的常数精度都最好，但他的历法理论相对完善，为进一步强化中国古代历算学体系奠定了基础。

最后他说，"夫为合必有不合，愿闻显据，以核理实"，这里的所谓"理"就是围绕上元精密推算得到的一系列理论数据，包括回归年长度、章闰、朔实、岁差等，所谓"实"就是不厌其烦地测量获得的第一手依据，祖冲之认为只有这两件事是"显据"，他不但追求"诚无虚设"，杜绝谶纬，而且直接丢弃这些虚设的数字，强调了"理实"思想，即测量和推算的重要性。祖冲之对何承天等人的"非为合验天"思想提出了自己的看法，就是"为合验天"固然不对，但是如果单纯为了合于当时的天象，那么"为合必有不合"。可见，祖冲之对"非为合以验天"有了新的认识，它植根传统历算学的测算实践，也是一种进步。

五、结论与余论

祖冲之的《大明历》中有一系列创新。对于他的这几个创新点，祖冲之的大致工作顺序是先考校晷影，从而测算得两个跨越年代的冬至时刻，然后依据一定的规则计算得到相对准确的回归年长度，再依此算改旧章法，然后进一步通过观测验证月食冲时的日所在二十八宿赤道宿度值，获得改正岁差的实测依据，最后"通而计之"计算出新的岁差值。

---

① 祖冲之. 驳议//中华书局编辑部. 历代天文律历等志汇编(六). 北京: 中华书局, 1976: 1768-1769.

② 陈美东. 古历新探. 沈阳: 辽宁教育出版社, 1995: 238.

祖冲之是一位审慎而勤勉的改革派人物，这可以从他创作《大明历》的过程中得到验证。本文首先通过两条史料证实了祖冲之《大明历》中学习并继承了何承天的相关历算学思想。其次，祖冲之不盲目效仿前人的工作，他非常重视并亲自进行天文测量，其中，重新考正东汉《四分历》的晷影漏刻长度是他的回归年长和改正章法工作的核心依据，而二十八宿冬至日所在的测量是他获得岁差改正的实测依据，实现了祖冲之的"测以定形，据以实效"和"信而有征"的历法思想。最后，《大明历》构建了一套包括冬至时刻、回归年长、新的章闰、岁差值和历元起算等内容的体系，实现了祖冲之的数皆协同和体明理正思想。祖冲之历法思想中重视实际测量，进行数学解释，实现对历法各项内容的融通，反映出祖冲之历算探索的数理天文学倾向。在此过程中，上元计算是实现他的历法系统性、完整性的重要环节，他借助实际观测和数学手段实现上元计算具有一定的合理性，是他在上元计算史上的一次思想革新。另外，祖冲之在测算基础上产生了"夫为合必有不合，愿闻显据，以核理实"的思想，这里的"理实"既包括围绕上元推算得到的一系列理论数据，也包括天文测量获得的实测依据。

祖冲之生活年代距今已有 1500 多年，本文尽可能梳理并澄清了《大明历》中的若干天文理论问题，对祖冲之的天文测算工作给予了充分的肯定。学术界最有争议的是它的岁差精度不高和上元积年问题。通过分析《大明历》中的相关内容，结合他本人的言论，我们也对这两个问题做了回应，客观再现了祖冲之的历法思想。

（本文原发表于邓可卉. 由祖冲之《驳议》看大明历法创设理路. 中国科技史杂志，2021，42（3）：394-402。）

近代（明清）篇

中西方科学的交汇

一、《至大论》在中世纪的地位和影响

在欧洲，《至大论》（公元150年）中的数理天文学建立在一套系统化的逻辑演绎基础之上。在古代所要求的精度范围内，托勒密地心说成功地用一套几何模型方法解释观测现象，而它所依据的主要原则和方法是"算术和几何学的无可争辩的方法"①。所有这些使得托勒密地心说在古代直至中世纪长达15个世纪内处于统治地位。关于这一点，明末来华的耶稣会士也非常清楚。

托勒密地心体系是亚里士多德式的科学，又加之它与经院哲学的神学目的——地心说一致，因此被经院哲学利用。亚里士多德学派的托马斯主义代表人物托马斯·阿奎那（Thomas Aquinas，约1225—1274）接受了托勒密天文学，但是他仅把它当作一个工作假设——"这不是证明，而是假设"，这句话是非常深刻的，遗憾的是被教会忽略了。

早期的教会调整自身去适应罗马文化环境，包括天主教词汇的希腊语与拉丁语的表达法，越来越多地注入了天主教的含义，直到最后拉丁语成为教会的官方语言。天主教教义与早期基督教神学同时成长，但随着文艺复兴前宗教改革的洪流，天主教教义又注入了新的生机与活力。科学思想上的一个重大变化是，过去的事事都本着压倒一切的动机去观察的神学气氛消失了，取而代之的是主张凡事都可基于理性的眼光自由讨论。宗教改革的一个重要目标就是放松教义控制，准许个人在一定程度上根据《圣经》做出自由的判断。这一目标是文艺复兴后，宗教改革中人文主义因素的真正推动力。

① Ptolemy C. Ptolemy's *Almagest*. Toomer G J (trans.). London: Gerald Duckworth & Co. Ltd., 1984: 36.

植根于罗马帝国的天主教会内部也进行了重大改革，后者不仅继承了前者的组织结构，而且承袭了大一统主义的理想。其具体表现就是在世界范围内扩大天主教的传播。

天主教会内部改革派的一支重要力量就是耶稣会，其由西班牙人依纳爵·罗耀拉（Ignacio de Loyola，1491—1556）在1534年创立于巴黎。耶稣会反宗教改革，本身又是罗马公教内部的改革力量。在很长一段时间内，耶稣会士们被控告为背叛者，因为他们对信仰做出了妥协和退让[①]。事实上，耶稣会士们努力尝试恢复天主教的真正理想，恢复天主教传教事业的真正特点；使"文化适应"这一在天主教早期发展阶段曾经发挥过显著作用的方式得以复活。罗耀拉制定的修正规则，对它的追随者的传教方式不做狭隘、严格的限定，并且要求它的成员必须学会其所在国的语言。

耶稣会派往海外特别是东方古国传教的成员都被要求受过良好的教育，具有较高的神学、人文和自然诸学科素养，必须发三大誓愿——神贫、贞洁、服从，努力使用当地语言并适应异域政情民俗进行宣教。

表1是罗马学院开设的科学课程。其余时间研习钟表以及与宗教活动有关的计算问题。

表1 罗马学院开设的科学课程

学年	科学课程	学习时长
第一学年	算术	一年
第二学年	《几何原本》前4卷	四个月
	实用算术	一个半月
	地球仪	两个半月
	地理学	两个月
第三学年	古观测仪	两个月
	行星论	四个月
	透视画法	三个月

耶稣会士所到国家采纳的天文学课程读本是在1592—1606年耶稣会在葡萄牙科因布拉大学（University of Coimbra）的学院出版的一系列拉丁语课本及对亚里士多德重要著作的评述，这些书被带到中国。

本杰明·艾尔曼认为："耶稣会士及其合作者也把亚里士多德（Aristotle）

① 邓恩. 从利玛窦到汤若望——晚明的耶稣会传教士. 余三乐, 石蓉译. 上海: 上海古籍出版社, 2003: 13.

的诸多自然哲学著述译成文言文。这些译著以托马斯主义的方式介绍了学校、课程、考试、学位等制度，它们以罗马学院耶稣会士的教学和葡萄牙语的课本为基础，这些都象征着亚里士多德著述和托马斯·阿奎那（Thomas Aquinas，1225—1274）论说的一种新结合。"①在这两层意义上，我们认为《至大论》既属于古典科学，又属于中世纪的科学。事实上，明末清初西学传入的也是欧洲古典与中世纪以来的学问。

二、中世纪及其对自然哲学的改造

历史上很长一段时间，"中世纪"是指自古代文化衰落到意大利文艺复兴1000年的整个漫长时间。但近来人们发现13—14世纪的艺术宗教已有一种新的文明出现，因此对于中世纪前期的"黑暗时期"及其后直到文艺复兴以前的400年间应该区别对待。

西欧的"黑暗时期"结束正好与中国宋末元初相当，而"中世纪"的结束大致与明朝的结束相对立。恩格斯在《德国农民战争》中说："中世纪是从粗野的原始状态发展而来的。它把古代文明、古代哲学、政治和法律一扫光，以便一切都从头做起。"如果从社会性质区分，中世纪对应了古代的封建社会。从地域和时间上来看，中国有过漫长的中世纪，大概从公元3世纪开始，经历了15个世纪。朱维铮说，中国的中世纪开端早于西欧200年以上，而结束比西欧晚了3个世纪②。

可以肯定的是，学术界对中世纪的定义更能反映由古代学术衰落到文艺复兴时期学术兴起的1000年，人类思想由古希腊思想和古罗马统治的交锋落下来，再沿着现代知识的斜坡挣扎上去所经过的一个阴谷。如果以早期全球化视眼重新看待16世纪的话，是不是可以认为中国在16世纪以前处于传统科学与思想的上升期，在16世纪后相应时期内的各种科学、文化、艺术的发展与西欧可以进行平等对话，而在以后，中国的传统科学开始走下坡路，与西方的发展差距越来越大。这个过程及划分法是发人深省的，对了解中国的历史以至世界历史的进程非常重要。本文一方面以探讨中国古代数理天文学和宇宙论的传统为主，另一方面就是聚焦于16、17世纪前后近150年在西方天文学影响下的中国天文学的发展。

---

① 本杰明·艾尔曼. 中国近代科学的文化史. 王红霞，姚建根，朱莉丽，等译. 上海：上海古籍出版社，2009：19.

② 朱维铮. 走出中世纪. 上海：复旦大学出版社，2007：1-50.

数学化和实用性是中世纪对自然知识改造的目标。在中世纪，几何最重要的应用领域是天文学。算术由于是数学科学之首，也是一切比例计算的来源，因而是天的运动的可公度性和天球和谐的原因。亚里士多德的理论知识——形而上学、数学、自然哲学在中世纪新柏拉图主义的影响下发展出了更加抽象的学说。

在科学技术方面，晚明处于近代化的前夜，已有的一些科技成果成熟了，正在向一个突破点逼近，面临新的转型。这时发生的西学东渐的动因很大程度上来自中国的内需，而不是传教士，这也是大背景、大环境下的逻辑发展。对中国来说，出现了一个中西学术同步发展的机会，换句话说，东西方科学经过长期各自独立发展后，一同走到了近代化的边缘。与此同时，明末清初形成了译、学、传、用西学的社会风气，进一步在思想上出现了实证、实用的实学思潮。李约瑟在他的《中国科学技术史》著作中强调，这时的西学不如说是"新学"，可见他更加重视从中国科学自身发展的角度看问题，接受外部的知识对当时的中国而言各方面已经准备好了。

晚明人们对王学末流进行批判的同时，兴起了一股经世致用的实学思潮，其主要精神就是"舍末求本，弃虚务实"。其中"舍末""弃虚"是指对宋明理学、陆王心学的批判；"求本""务实"是指实学思潮的兴起[1]。徐光启说："算术之学特废于近世数百年间耳。废之缘有二：其一为名理之儒，土苴天下之实事；其一为妖妄之术，谬言数有神理。"[2]这里，"名理之儒"指的就是推崇宋明理学、陆王心学这样一些理学家。

三、明末清初中国科学的历史定位

明末清初，以耶稣会士为主体的西方科学文化大举传入，学术界对于这一时期具体的科学文化交流与比较研究方兴未艾，然而对相关理论问题的探讨尚没有形成统一的思想，梁启超最早将明清之际的科学文化与文艺复兴相类比，这一观点得到学术界的呼应，认为这时的中国处于近代化的前夜，但与此同时，也有学者提出，"明清之际是以儒学为主体的传统文化的自我调整"，而不是启蒙文化。要回答这个问题，涉及许多具体问题。例如，如何看待这一处于剧烈社会变革时期的中国社会性质，如何考量西学冲击与影响下中国传统科学的性质，如何把这一时期的科学发展与西方文艺复兴后的资

---

① 杜石然. 历史文化背景下中国科技潮起潮落. 光明日报, 2007-06-06(理论版).
② 徐光启. 刻同文算指序 // 朱维铮. 利玛窦中文著译集. 上海: 复旦大学出版社, 2007: 647.

产阶级革命的背景与传入的西学建立联系，等等。总之，对如何看待这一前近代形态的科学转型与科学萌芽，笔者认为有以下几点需要认真对待。

首先，在明代嘉靖、万历年间，新大陆已经发现，绕过好望角的新航路也已经打通，西班牙与葡萄牙是最早向外拓展的两大势力，接着是荷兰和英国。另外，晚明时期中国城镇的兴起与发展是成规模的，江南的文学、艺术、工艺、技术的繁荣发展就是证明。16世纪以后，整个中国的经济快速发展，横轴线是长江流域，纵轴线是大运河，沿这个十字轴心线向外扩展。从北京到南京，从苏州到杭州，整个东南沿海，一直到福建与岭南，新的商品经济和通俗文化都得到了长足的发展。它们以北京为全国的政治中心，形成了以南京、苏州、杭州为核心带动周边城镇发展的一派繁荣的景象。

在这一时期，资本主义的生产关系与生产方式在中国萌芽和产生。例如，出现了"机户出资，机工出力"的雇佣方式，反映了资本主义手工工场的特点；又如，"商户既多，土田不重"显示了商品经济达到空前活跃与发展①；再如，以商品流通为重点的市镇大量出现，白银流通量剧增，促进了商贸的流通。安德烈·贡德·弗兰克（Andre Gunder Frank，1919—2005）在《白银资本》中认为，19世纪初期以前，中国是世界上最大的贸易国。16—18世纪流入中国的白银占世界产量的一半，而与此同时大量的白银在美洲出现，在西班牙的统治下，秘鲁、墨西哥的矿藏变成白银通货，流到欧洲，再流入亚洲，造成了全球的货币革命。白银成为国际贸易中的硬通货。弗兰克这本书对重新认识明末资本主义生产方式在世界经济中所占份额具有举足轻重的地位。

其次，明清之际人们的个体意识倾向明显增强，这也多少呼应了欧洲文艺复兴唤醒了人们的人文主义思想。瑞士历史学家雅各布·布克哈特（Jacob C. Burckhardt，1818—1897）在考察意大利文艺复兴前后人们的意识形态的变化后认为，"人类只是作为一个种族、党派、家族或社团的一员——只是通过某些一般的范畴而意识到自己"，到了文艺复兴时期，"人成了精神的个体，并且也这样认识自己"②。从明末李贽的"天生一人，自有一人之用"，到清初王夫之的"我者，大公之理所凝也"，反映了封建制度下的文人肯定自我价值，反对正统儒学中的"无我"论的意识觉醒，孕育出一种新思想与新

---

① 李伯重. 江南的早期工业化: 1550-1850. 北京: 中国人民大学出版社, 2010; 李伯重. 多视角看江南经济史(1250-1850). 北京: 生活·读书·新知三联书店, 2003.

② 雅各布·布克哈特. 意大利文艺复兴时期的文化. 何新译. 北京: 商务印书馆, 1979: 381.

人文。15 世纪之后特别是 16 世纪，阳明学派蓬勃发展，其中以"泰州学派"的影响最为深刻。"泰州学派"的王艮表现得比较激烈，他按照孟子与王阳明的每个人都应该是性善的说法，回到自己的本心，发挥自己的良知良能，所以认为"满街都是圣人"。王艮、颜钧、罗汝芳这一派特别强调个人的自主性，他们的思想在当时的社会十分流行。晚明时期的"士""商"互动与阳明学派的兴起也具有直接的关系。

从中国内部思想发展而言，15 世纪阳明学派兴盛，人们回归良知，肯定自我，聚讲传道，精英文化与通俗文化之间有了一个交汇，"士"与"商"的分界模糊，形成了"满街都是圣人"的局面。余英时综述中国思想史的四次突破，指出阳明学与晚明士商互动的关系，是中国思想史的最后一次大突破，即涉及经济富裕与思想开放的互动。

最后，晚明的文化现象也折射出当时的世风与人们的心理变化。这时的小说《金瓶梅词话》，讲的是沿着大运河的山东的繁华生活，《三言二拍》的故事则大多发生在江南，以苏州、杭州、南京为中心，彰显了当时商品经济的发展与生活形态的开放。中国四大名著中有三部就是明代的作品，如《三国演义》、《水浒传》和《西游记》。昆曲这个剧种出现在明代的江南，昆曲兴起的社会背景，离不开嘉靖、万历年间社会富裕的环境，江南的文人雅士由于生活富裕而产生了闲情逸致，开始专注物质和精神享受，追求审美品位的精致化。明末精英文化与通俗文化相互渗透，小说和戏曲的写作蓬勃发展，戏曲舞台的表演兴盛，渗透到社会各个阶层，与阳明学派心性自主想法的普及不无关系。到了清朝，出现了大量著名的优秀昆曲作品，洪升的《长生殿》及孔尚任的《桃花扇》即写于康熙年间。

钱穆在《国史大纲》中指出，明代的专制政权导致其是中国历史上最为黑暗的时期，因为从政治制度上，朱元璋废除了宰相制度，而代之以皇帝的独裁，是一个专制独裁的政治体系。明朝的皇帝，从正德、嘉靖，到万历、天启 100 余年间，皇帝基本上不管国家大事，甚至都不上朝。张居正死后，万历朝政一塌糊涂，助长了派系斗争，朝廷内相互牵制、互相制衡，社会文化反而出现了相对独立而空前的发展。

近来对明万历年出现的资本主义生产方式的萌芽有了新的认识，学术界更倾向于把中国近代史从晚明开始讲起，原因是 16 世纪是一个早期全球化的时期，出现了近代全球化的雏形。

对我们来说重要的是从第一次全球化发展的观点考虑问题，而不是以往的强调科学文化的单向输入，打破所谓全球化由西方主导的观点，强调被西方影响和征服的地区对全球化的作用同样也非常大。始于英国工业革命的西方近代化，不仅是资本主义发展导致的，还有美洲、亚洲和非洲的资源使得西方积累了财富。从科技史角度来说，如果没有中国、印度、伊斯兰地区的技术传入，英国工业革命的进程恐怕会变慢。

从科技史、文化史的角度考虑问题，"近代化"不能由西方主流观念指导。如果我们说中国的近代史从鸦片战争开始（即所谓的 1840 年论），那么解释不了中国为什么落后，中国传统文化为何处于劣势等问题，也解释不了为什么欧洲突然崛起，成为统治世界的强权，因为这时的中国弱、西方强的反差是明显的。如果把时间往前推到 16 世纪，即晚明时期，当中西文化初次有了大规模的直接接触后，我们看到的是，中国文化的强盛与西方对中国文化的推崇。

四、中西传统天文学的接轨

在世界古代天文学发展过程中，数学占有重要的地位。古代天文学是建立在观测基础上的数理天文学，这与近代以来的物理天文学不同。西方古代天文学直到开普勒以前一直都是数理天文学，并且以《至大论》为标准，其主要内容依次是：论证三角学与球面几何学的建立准则与必要的地理学基础知识，阐明宇宙论观点及其哲学依据，以几何模型方法论证太阳理论、月球理论、视差理论、恒星理论、日月食理论、行星理论、行星的逆行与留的现象、行星的纬度理论、行星的始见和始伏等内容。

中国古代重视历法的修订与颁布，历法的制定过程极大地依赖天文观测与代数计算，其主要内容从唐代《大衍历》开始明确下来，包括七个部分，依次是步气朔、步发敛、步日躔、步轨漏、步月离、步交食、步五星。其中，"步气朔"讨论太阳与月球的平运动；"步发敛"主要包括二十四节气太阳的补充计算，比如某一节气距子夜的时间，或者某一节气距合朔的时间，也涉及一些五行卦象的内容；"步日躔"讨论太阳运行理论；"步轨漏"讨论晷影与漏刻等有关时间与太阳运行轨道的问题；"步月离"讨论月球运动理论；"步交食"讨论日月食理论；"步五星"讨论行星理论。中西方古代数理天文学的主要内容是非常接近的，其方法主要是数学，但是，西方古代天文学主要是几何传统，而中国古代重视的是代数传统。

学术界已经深入探讨了中国古代在解决实际天文学问题中应用的各种算法与算理机制。例如，以"中国剩余定理"解决古代上元积年的计算问题；

以实数的有理逼近解决关于连分数的"调日法"问题；以计算数学中的内插法理论解决日、月、五星等天体的非匀速运动以及晷影长度变化；等等，这涉及一系列数表，而这些算法与数表是一脉相承的；还有以弧矢割圆术解决相当于古希腊球面三角学的球面计算问题等。

本书提及的古代天文学包括古典的与中世纪以来的天文学。明末清初耶稣会士入华传教，随之而来的大量欧洲古典与中世纪以来的数学、天文学知识传入中国，那么如何看待与评价这一现象呢？数学与天文学是中国传统科学的两大优势学科，已经在中国古代得到长足的发展，在这种情况下，与西方传来的数学、天文学发生了第一次正面交锋。对中国来说，面对西方科学，与其说是"西学东渐"，不如说是中西两大传统科学的接轨，因为在这个近150 年的过程中，知识的内容、性质、研究手段都属于中世纪范畴，中西科学是在一个拥有各自科学传统、系统的知识体系背景下发生碰撞的，在这场较量中产生了新知识与新方法。

为什么要引进西方天文学呢？关于其原因大致有以下几点：中国皇权体制下是禁止个人私习天文的，即使是历法原理，也只有少数官方历算家掌握，对普通民众是保密的。官修二十四史中的《天文志》《律历志》有"纪事而不创"的传统，仅仅展示历法的推步方法，而对于其背后的算法构造与原理是秘而不宣的。另外一个原因是，到了明代由于不仅严厉禁止私习天文，也不准私习历法，数理天文学的传统中断了，历局中能够真正掌握传统历算原理并能够熟练运用的人少之又少。直到明末，一直沿用在元代《授时历》基础上改编而成的《大统历》，这个历法由于年代久远，已经产生了很明显的误差，其中日月食预报误差达到 1—2 天，所以历法改革势在必行。

在徐光启等明末有识之士的极力倡导下，从崇祯二年（1629 年）至崇祯七年（1634 年），由徐光启领导历局，邀请耶稣会士汤若望、罗雅谷和邓玉函等人和中方 50 余人共同编撰完成了百余卷的大型天文历算书籍《崇祯历书》。按照徐光启提出的历法改革原则，他说："故臣等窃以为今兹修改，必须参西法而用之，以彼条款，就我名义，从历法之大本大原，阐发明晰，而后可以言改耳。臣等藉诸臣之理与数，诸臣又藉臣等之言与笔，功力相倚，不可相无。"[①]所以，在改历之前，首先要阐发明晰历法的理论和本原；在修正历法中，耶稣会士负责用汉语讲解西法的理与数，中方学者负责笔录和文本的汉语翻译。

---

① 徐光启. 徐光启集. 下册. 王重民辑校. 上海：上海古籍出版社，1984: 344.

　　《崇祯历书》较为系统地介绍了古代到中世纪著名的天文学家托勒密、哥白尼、第谷、开普勒、伽利略等的学说和最新成果。《崇祯历书》由于引进了西方的宇宙论和几何模型方法，引起了保守派的强烈攻击。他们以"未入大统之型模"为借口，力阻《崇祯历书》的颁行，优柔寡断的崇祯皇帝拿不定主意。崇祯十六年（1643年）八月，他终于下定了颁布新历的决心，但这时明朝政权已面临崩溃，再也无力顾及历法的事情了。

　　《崇祯历书》的编撰完成标志着西方古典和中世纪天文学的传入。一方面，传入许多新知识、新方法，具有近代科学的特点，与传统科学形成明显的反差，为中国学者进一步学习了解西方天文学打下了基础。另一方面，中国学者在学习过程中对其中的一些知识进行了改造，以适合他们的认知方式与认知传统，其中有的内容彻底改变了他们过去的知识结构，但有的内容被中国学者进一步"会通"，产生了会通知识。

　　入清以后，汤若望把《崇祯历书》改头换面为《西洋新法算书》后献给他新的主人——大清帝国顺治皇帝，并决定在中国开始采用第谷宇宙体系和几何模型计算方法，使新历精度大为提高，第谷体系在中国一直行用约100年。

五、托勒密体系在中国

（一）汉译文献中关于托勒密体系的内容

　　托勒密的《至大论》是古希腊关于宇宙几何模型理论与方法的经典之作，其中的几何模型方法被近代天文学继承并发扬光大，而《至大论》也成为其后近15个世纪西方天文学的标准课本。《至大论》中的几何模型方法及其相关知识在明末传入中国后产生了重要影响，引起了传统知识的变革，这种影响与变革是渐次进行的，值得深刻研究与思考。

　　首先是历法改革所需要的基础知识，包括基本天文学测量中用到的球面天文学和球面三角学知识等。这些知识在历法改革的大量天文测量和计算中被广泛应用。《崇祯历书》中编入的《大测》二卷、《测量全义》十卷、《测天约说》二卷，其采用由简到繁、由易到难的体例，系统讲授了西方天文测量学。其中，球面天文学是以测量与计算为主，其建立的基础是公理化的几何学；而球面三角学是在球面天文学的基础上发展起来的。

　　其次是《崇祯历书》中的《日躔历指》《月离历指》《恒星历指》《五纬历指》《交食历指》，这五部分涉及"法原"，是关于日、月、恒星、五纬星和交食理论的探讨，基本上都以《至大论》中的几何模型方法为基础，涉及的具体内容我们以《日躔历指》为例进行说明。

《日躔历指》有："历象以齐七政,今首日躔者,何也?曰:'七政运行,各有一道、二极,各有三百六十经纬度,其度分又各有实经纬、视经纬,其会合有实会、视会;实望、视望,樊然不齐。首日躔者,乃所以齐之也'。日躔之能齐七政,奈何?曰:'凡测量之法,必自其根始,如度树之短长,地其根也;度舟行之远近,水次其根也。度天行之根有二,其一,在天行之内,岁首是也。……其一,在天行之外,历元是也。……行之两根,舍日躔皆无从取之矣。'……故自昔名历家先测太阳,定其行度、经度,次及月、五星、恒星之行度、经纬度,以为定法。是知日行者,诸行之本也。"[①]

这段话表达了西方古代天文学研究日月五星之前首先研究太阳运动的理由。这与《至大论》中强调的编排逻辑顺序是一致的。

《崇祯历书》"法原"内容不仅编排顺序考虑到知识的系统性,在日、月、恒星、五纬星每一个具体理论中也注重知识的系统性、逻辑性,有关内容按照"有理、有义、有法、有数"的标准展开论证和介绍,因为按照徐光启的思想,"理不明不能立法,义不辨不能著数。明理辨义,推究颇难;法立数著,遵循甚易"[②]。

徐光启对于改革历法的整个过程以及所要实现的目标具有科学认识。这与中国历朝历代修订历法的宗旨、做法、目标大相径庭。此后一直到清代,中国学者都以《崇祯历书》为样本,认真学习钻研西方古典天文学几何模型方法所代表的本轮—均轮体系,取得了重要成果。

(二)中国学者的理解与接受

自幼爱好地理图解的李之藻(1565—1630)在杭州认识了利玛窦,这一年是万历二十九年(1601年)。后来利玛窦向他传授简平仪的原理,在此基础上,他们合作完成了《浑盖通宪图说》三卷(1607年),这是早期的一部西方实用天文学书籍。中国传统圭表测量与西方文献中所提及的圭表测量在功能和方法上没有太大的不同,但是西方的测量方法有一套天文学理论的支撑,即能为测量"立义"。李之藻向万历皇帝提出需重视西学,翻译西方天文历法、数学、测绘等方面的书籍,这可见于他在 1613 年撰写的《请译西

---

① 罗雅谷. 日躔历指//徐光启编纂. 崇祯历书——附西洋新法历书增刊十种. 潘鼐汇编. 上海: 上海古籍出版社, 2009: 39-40.

② 徐光启. 徐光启集. 下册. 王重民辑校. 上海: 上海古籍出版社, 1984: 358.

洋历法等书疏》，其疏曰：

其言天文历数，有我中国昔贤所未及者，凡十四事：一曰天包地外，地在天中，其体皆圆，皆以三百六十度算之。地径各有测法，从地窥天，其自地心测算与自地面测算者，皆有不同。二曰地面南北，其北极出地高低度分不等，其赤道所离天顶亦因而异，以辨地方风气寒暑之节。三曰各处地方所见黄道，各有高低斜直之异，故其昼夜长短亦各不同。所得日影有表北影，有表南影，亦有周围圆影。四曰七政行度不同，各自为一重天，曾曾（层层）包裹，推算周径，各有其法。五曰列宿在天，另有行度。以二万七千余岁一周，此古今中星所以不同之故，不当指列宿之天为昼夜一周之天。六曰月五星之天，各有小轮，原俱平行，特为小轮旋转于大轮之上下，故人从地面测之，觉有顺逆迟疾之异。七曰岁差分秒多寡，古今不同。盖列宿天外别有两重之天，运动不同：其一东西差出入二度二十四分，其一南北差出入一十四分，各有定算，其差极微，从古不觉。八曰七政诸天之中心，各与地心不同处所，春分至秋分多九日，秋分至春分少九日，此由太阳天心与地心不同处所，人从地面望之，觉有盈缩之差，其本行初无盈缩。九曰太阴小轮，不但算得迟疾，又且测得高下远近大小之异，交食多寡，非此不确。十曰日月交食，随其出地高低之度，看法不同，而人从所居地面南北望之，又皆不同；兼此二者，食分乃审。十一曰日月交食。人从地面望之，东方先见，西方后见，凡地面差三十度，则时差八刻二十分，而以南北相距二百五十里作一度。东西则视所离赤道以为减差。十二曰日食与合朔不同，日食在午前，则先食后合；在午后，则先合后食。凡出地入地之时，近于地平，其差多至八刻；渐进于午，则其差时减少。十三曰日月食所在之宫，每次不同，皆有捷法定理，可以用器转测。十四曰节气当求太阳真度，如春秋分日，乃太阳正当黄赤二道相交之处，不当计日匀分。凡此十四者，臣观前此天文历志诸书皆未论及。[①]

上述引文中所论及的十四点有关天文历法的内容，李之藻指出这些西方天文学知识未曾见于中国传统天文学之中。明末《表度说》（1614 年）从理

---

① 李之藻. 请译西洋历法等书疏//陈子龙. 明经世文编. 第 6 册. 北京: 中华书局, 1962: 5321.

论证明到基于理论基础给出的测量方法，这十四点内容多有涵盖，有学者就此提出，李之藻的此篇奏疏可能是在对《表度说》《天问略》等译著的内容大致了解之后写成的[①]。另外，在此时传入的天文学理论中，"地圆说"是一条很鲜明的主线，贯穿于这一阶段的西方天文学著作中。

以上"十四论"逐次表达了李之藻对西方天文学理论和原理的认识，前三个是关于地球和天球周度的划分、视差原理、地球南北方向北极出地度不同而造成了寒暑不同，以及地球上各处昼夜和表影长短不同的原因，是对地球宇宙空间位置的正确认识。接下来四个是关于七政天球周径、恒星天球运动以及岁差周期和产生的影响、岁差的南北和东西差值。八、九两个说明了七政运行轨道都是偏心圆，即所谓"七政诸天之中心，各与地心不同处所"，所以都作非匀速运动；而月球的运动不仅有快慢，还有高低远近大小之分，所以更加复杂。十到十三是关于日月食，在地球上不同地方观测影响到食分的大小、地球东西差即时差以及它与地理经度的大小关系。最后一个指出节气当求太阳真度，实际上就是使用定气的道理。他指出以上内容都是传统历法中没有的，即便有也没有说清楚原因；关于七政各有一重天并各有周径大小的描述显然带有中世纪宇宙论的影响。

徐光启（1562—1633），字子先，号玄扈，上海人。他出生于小商人兼小土地所有者家庭。1604 年中进士，晚年位至文渊阁大学士。他于 1600 年在南京初次遇到利玛窦，1603 年即加入天主教。万历四十年（1612 年），他认为天主教胜于儒学和佛学，可以"补儒易佛"，而最令他感兴趣的是天主教的"更有一种格物穷理之学"[②]。他推进西学倡导的实心、实行、实学，所以当他在北京任职期间，和利玛窦一起研究天文、历法、数学、测量等，合作翻译科学著作，介绍西方科学知识。除了和利玛窦一起翻译了《几何原本》前六卷（1607 年刊印）外，在这个阶段，他还通过学习研究《几何原本》，清楚地认识到了西方公理化的数学逻辑体系的严密性和完整性。

徐光启的改历思想源于他和利玛窦翻译《几何原本》获得的认识。以徐光启翻译《几何原本》卷 1 为例，其中有 36 个"界说"、4 个"求作"、19个"公理"和 48 道"题"，每题包含几何作图"法"和"论"，每题还建立了几何和证明，分为"解"和"论"，"论"下又有"系"（推论）。其

① 姚立澄. 关于《天问略》作者来华年代及其成书背景的若干讨论. 自然科学史研究, 2005, (2): 156-164.

② 徐光启. 泰西水法序//徐宗泽. 明清间耶稣会士译著提要. 上海: 上海书店出版社, 2010: 235.

他各卷体例基本相同。在徐光启的知识结构中，数学是关于"度"和"数"的学问，所以按照当时翻译《几何原本》的宗旨，"几何"就是关于数学的学问；与今天的"几何学"中的"几何"含义完全不同。这也是在《崇祯历书》中许多与数学有关的内容都用"度数之学"代替，而"几何"一词很少被提及的原因。

《几何原本》的翻译标志着中国学者首次认识并在实践中尝试运用演绎推理。徐光启在翻译完成《几何原本》后与利玛窦合作完成了《测量法义》。《测量法义》是利玛窦传授给徐光启的应用几何学著作，诸题均以夹注的方式引证《几何原本》的公理定理。此后，徐光启又撰《测量异同》和《勾股义》各一卷，这两部书是学习西学，特别是欧几里得几何学公理体系后的最初诠释。徐光启等人通过对《测量异同》和《勾股义》中中西数学的比较，明确认识到传统知识的薄弱之处是含混、杂乱，其主要原因就是缺少演绎推理。与此同时，在数学术语的翻译中，大量采用中国传统术语，并以"测量"作为他的书名。徐光启、李之藻、利玛窦等人进一步产生了会通中西学术的基本思想。

在《同文算指》中，李之藻尝试运用演绎推理的方法与原则会通中西算学，形成一个新的算学体系，深受徐光启的认可。万历三十九年（1611 年），熊三拔将其所试制的简平仪拿给徐光启看，并要求徐光启做解说，由此，熊三拔完成了《简平仪说》一书，徐光启为之作序[1]。这篇序言在徐光启的思想生涯中很重要，表达了他对西方学术的推崇。由此，徐光启也开始重视历法改革中的天文实测和验证。

徐光启奉命编修《崇祯历书》，他"释义演文，讲究润色，校勘试验"[2]，组织历局，负责《崇祯历书》的编修工作。在其领导下，中西方学者在制造观测仪器、校验推算和实际观测方面做了不少的工作。徐光启在中国第一次制造和使用了望远镜。根据实际观测结果，徐光启又主持绘制了"赤道南北两总星图"，这是当时最完备和最精确的星表星图，也是我国目前所知最早的包括南极天区的全天星图。

受《几何原本》的影响，他曾多次在修历奏疏和计划中强调，历法改革要"有理、有义、有法、有数。理不明不能立法，义不辨不能著数。明理辨

---

① 徐宗泽. 明清间耶稣会士译著提要. 上海：上海书店出版社，2010: 203-204.

② 明代提议改历过程也可参见张荫麟. 明清之际西学输入中国考略. 清华大学学报（自然科学版），1924, 1（1）: 35-45.

义，推究颇难，法立数著，遵循甚易"。徐光启上疏"历法修正十事"有：

> 已而光启上历法修正十事：其一，议岁差，每岁东行渐长渐短之数，以正古来百年、五十年、六十年多寡互异之说。其二，议岁实小余，昔多今少，渐次改易，及日景长短岁岁不同之因，以定冬至，以正气朔。其三，每日测验日行经度，以定盈缩加减真率，东西南北高下之差，以步日躔。其四，夜测月行经纬度数，以定交转迟疾真率，东西南北高下之差，以步月离。其五，密测列宿经纬行度，以定七政盈缩、迟疾、顺逆、违离、远近之数。其六，密测五星经纬行度，以定小轮行度迟疾、留逆、伏见之数，东西南北高下之差，以推步凌犯。其七，推变黄道、赤道广狭度数，密测二道距度，及月五星各道与黄道相距之度，以定交转。其八，议日月去交远近及真会、视会之因，以定距午时差之真率，以正交食。其九，测日行，考知二极出入地度数，以定周天纬度，以齐七政。因月食考知东西相距地轮经度，以定交食时刻。其十，依唐、元法，随地测验二极出入地度数，地轮经纬，以求昼夜晨昏永短，以正交食有无、先后、多寡之数。因举南京太仆少卿李之藻、西洋人龙华民、邓玉函。报可。九月癸卯开历局。三年，玉函卒，又征西洋人汤若望、罗雅谷译书演算。光启进本部尚书，仍督修历法。[①]

在 100 余卷的《崇祯历书》中，徐光启把阐明天文学和数学基本原理的"法原"部分看作是治历的根本，在基本五目中突出了天文学基本理论，即法原的重要性，它占了 40 卷，约占全书的 30%。徐光启亲自参加撰写和编译的书目有：《历书总目》一卷、《治历缘起》八卷和《历学小辨》一卷；与龙华民、邓玉函合译《测天约说》二卷、《大测》二卷；《元史揆日订讹》一卷、《通率立成表》一卷、《散表》一卷；与李之藻、罗雅谷合译《日躔历指》一卷、《测量全义》十卷、《比例规解》一卷、《日躔表》一卷。

1633 年，徐光启病逝，《崇祯历书》于 1634 年全部修订完毕。这部历书虽不是徐光启最后完成的，但他对新历的贡献和倡导的新思想却无人能够替代。徐光启作为明末历法改革的领导者，改历开始就提出要"熔彼方之材质，入大统之型模"[②]，确立了在《崇祯历书》中弱化西法的新颖性，而强

---

① 明史·历志一//中华书局编辑部. 历代天文律历等志汇编(十). 北京：中华书局，1975: 3540.
② 徐光启. 徐光启集. 下册. 王重民辑校. 上海：上海古籍出版社，1984: 374-375.

调它的准确性的原则。这是一种融汇西方和中国知识的策略，也可以视作徐光启首创的会通中西科学的思想。

王锡阐（1628—1682），字寅旭，号晓庵，江苏吴江人，是明末清初一位杰出的天文历算家。他的主要历算著作有《晓庵新法》和《五星行度解》。他的著作多从《崇祯历书》悟入，吸收了其中优秀的数理天文学思想，但是在某些方面又超越了它。他对西法交食计算中的以交纬定入交之深浅，以两经度定食分大小，以实行定交食亏起和复圆的快慢，以升度定方位之偏近，以地理经度定时刻的早晚都深刻地认同。他正确地指出，利用本轮体系计算月球运动时，除了定朔和定望时刻外，其余都要加上改正数。但是他也指出《崇祯历书》编撰中出现的前后矛盾、相互抵触之处。

薛凤祚（1599—1680），字仪甫，号寄斋，山东益都（今淄博市）金岭镇人[①]。薛凤祚与王锡阐齐名，二人在清初享有盛誉。明末，薛凤祚先向魏文魁学习中国传统天文学、数学知识，后又与传教士罗雅谷、汤若望等人接触，向他们学习西方的天文学和数学知识。入清以后，他于顺治九年（1652年）到达南京，与传教士穆尼阁相遇，向他进一步学习西洋天文学、数学知识。之后，薛凤祚完成了他最主要的著作《历学会通》。

梅文鼎（1633—1721），字定久，号勿庵，安徽宣城人，是清初影响很大、受到康熙皇帝隆重礼遇的一位数学家、天文历算家。梅文鼎曾经参与编撰并审定《明史·历志》，几次进京进行历算交流，结交甚广。梅文鼎一生著述颇丰，他对明末传入中国的数学和天文学知识进行了深入学习和领会，并写出如《笔算》《平三角举要》《弧三角举要》《环中黍尺》《堑堵测量》《度算释例》等著作。在天文历法方面，他建立了自己的太阳系模型，对交食原因、亏起方位等进行研究，他的恒星观测和日影测量工作影响了后世的天文工作。他接受了地圆学说，对地理经纬度进行测量，并且把它和三角学的相关知识运用到他的天文计算中。

在译书过程中，翻译的知识体系中对应的汉语词汇与术语存在意译和音译相结合的现象。例如，西学中的 philosophy（哲学）一词，由艾儒略（Giulio Aleni，1582—1649）首先给出"费录索费"的音译，后在中国学者的帮助下，把它与汉语中的表示哲学的词汇对应起来。又如，毕方济（Francesco Sambiasi，1582—1649）把"哲学"译为"格物致知学"，高一志（Alfonso Vagnone，1568—1640，又译王丰肃）认为西方拉丁语的"科学"与中国古

---

① 袁兆桐. 清初山东科学家薛凤祚. 中国科技史料，1984，5（2）：88-92.

代的"格物致知"对应。能够找到对应的词汇说明天主教欧洲与明代中国、中国学者与耶稣会士之间在发生知识碰撞的核心处的知识相通,他们试图以此消除差异,但事实上,每一方都打算要达到相反的结果。本杰明·艾尔曼说:"中国人和耶稣会士双方都称两词意思完全一致,试图以此消除差异,但事实上每一方都打算要达到完全相反的结果。耶稣会士用西欧的自然研究抹去格物的中国式内容,试图通过这种方式使中国人了解并接受教会;而中国人反过来用本国格物致知的传统淡化西学,以此让人们坚信欧洲的学问来源于中国。"①这无疑成为理解明末清初西方科学传入及其流布和影响的一条线索。

---

① 本杰明·艾尔曼. 中国近代科学的文化史. 王红霞,姚建根,朱莉丽,等译. 上海:上海古籍出版社,2009: 26.

晚明耶稣会士的"适应政策"
与早期科学书籍的翻译

从世界史来看，晚明是走出黑暗中世纪的起点，这时发生的中西科学文化交流应予以关注。本文分析了明末西方科学传播的动因即耶稣会提出的"适应政策"，科学传教就是其重要组成部分。此外，明末实学与启蒙精神的兴起，以及耶稣会士为传教而采取的一系列实用手段，徐光启等人的认知架构转变等几方面，促成了耶稣会士传播西学的可能性。本文讨论了利玛窦所做的努力和早期从事的科学活动，以及其与诸传教士翻译科学书籍的主要内容及特征。

16 世纪末至 17 世纪初在中国发生的重要事件是耶稣会士的东来。据研究，自初唐至晚明的 900 多年间，西方基督教曾经三次入华传播，其中第一次是唐贞观九年（635 年），明代天启年间在陕西西安出土的唐代《大秦景教流行中国碑》可以为证，第二次是元朝随景教一起传入的罗马天主教圣方济各派，第三次是明末传入的罗马天主教，但只有第三次入华站稳了脚跟。利玛窦（Matteo Ricci, 1552—1610）是第三次入华的耶稣会士之一，他是成功在中国传教的第一位耶稣会士。他编成一部以儒释耶的神义论著作《天主实义》，为了迎合中国人的喜好而编成《交友论》与《西国记法》等书籍，说明他散布天主教义的良苦用心。本文论述了"文化适应"政策提出的历史语境及其具体内容，探讨了西方科学在中国传播的可能性与合理性，对晚明早期科学书籍翻译的主要内容和特征进行了论述。

一、晚明耶稣会士的"文化适应"政策

整个明代适逢中世纪，而晚明对应了欧洲中世纪即将结束的时期。在世

界文化史上对中世纪的认识与评价可以概括为，是资产阶级革命即将开始，封建社会即将结束之前的一个前所未有的"黑暗"时期。在欧洲走出黑暗中世纪伊始，中国明清之际发生的和东西方文化交流有关的最重要事情就是罗马天主教耶稣会士的大举来华。而其中起重要作用的是耶稣会士的"文化适应"策略和中国进步知识分子的开明开放精神。

耶稣会"适应政策"的最先提出者是耶稣会士范礼安（Alexander Velignano，1538—1606，意大利人），他经过仔细观察和研究后，给耶稣会总长的信中就提出了在中国采取调适策略。美国著名历史学家、耶稣会士邓恩认为，"适应政策"的更进一步解释就是"文化适应"，在面对和跨越中西两大不同文明的鸿沟时，"文化适应，是以尊重当地文化为基础的，它植根于谦虚的精神和对无论何方的人民都有同等价值的理解之中"[①]。

（一）以儒释耶

利玛窦是第一个深入到中国内陆并进行终身传教的耶稣会士。自 1582 年利玛窦进入澳门起，就开始学习中文、广泛了解中国风土人情了。他盛赞儒学，认为儒学是一种道德的学问，其绝大部分内容与天主教道义是不矛盾的。正如后来法国传教士李明（Louis le Comte，1655—1728）写道："无论如何，中国的道德是颇具魅力和包罗万象的。但是，它所表现出来的理智光芒是微弱的和极其有限的。当这种光芒减弱直至消失的时候，他们就会得到天主教所带给我们的那种神的启示了。"[②]

1589 年 8 月，利玛窦随其他天主教徒一起搬到韶州。通过长期的学习，利玛窦已经能够区分早期儒家经典学说和后来朱熹学派对其注释和诠释的不同。为了使天主教深入中国人的生活，他开始在古代儒家经典著作中寻找儒学与天主教的接触点。利玛窦将接受与再解释置于表达之先。随着他对儒家经典的了解，意识到中国具有独立而完备的文化结构，其文化的排他性是与文化发展程度成正比的。对利玛窦而言，明智的做法不是运用自己的经典，向他文化表述己文化的合理性，而是借助他文化的经典，对己文化进行再解释，谋求交融的可能，实现己文化的传播[③]。利玛窦在他 1603 年刊刻的《天

---

① 邓恩. 从利玛窦到汤若望——晚明的耶稣会传教士. 余三乐，石蓉译. 上海：上海古籍出版社，2003：4.

② 李明. 中国近事报道(1687-1692). 郭强，龙云，李伟译. 郑州：大象出版社，2004：366.

③ 于卉. 从明末清初天主教传教看中西两种文化的冲突. 儒家基督徒论坛(学术版)，2006：3.

主实义》中引用了《中庸》《周颂》《商颂》《雅》《易》《礼》《春秋传》等多部中国典籍，他在书中许多地方把天主与上帝等同，他说："吾天主，乃古经书所称上帝也。""天地之主，或称谓天地焉，有原主在也。吾恐人误认此物之原主，而实谓之天主，不敢不辨。"①在一封意大利传教士写的信中有："他们把遵奉的 Dieu 称为'天'、'上天'、'上帝'、'造物者'以及'万物主宰'。他们告诉我这些称呼取自中国书籍，用以表示上帝。"②利玛窦认为中国的"天"不是自然的苍天，而是超自然的具有意志力的神。

（二）利玛窦的《交友论》与《西国记法》

利玛窦来华近 30 年间写下了 20 余种汉文著作。1595 年，他完成了中文短篇著作《交友论》，这个题目很吸引中国学者，原因是中国传统经传中历来重视世俗人伦关系，同时也涉及晚明士大夫的关注点③。这本书在士大夫中广泛传阅，在多个地方重印出版。此书后于 1914 年以连载的形式出现在《神州日报》④上，可见它长久不衰的影响力。利玛窦把注意力放在晚明士大夫的关注重点上，对于耶儒的共通点以及中国人易理解且感兴趣的方面，如关于伦理的教义等，利玛窦先行介绍，对于那些中国人一时无法理解的问题，哪怕是最核心的内容，也暂且缄口不谈。利玛窦的这种"文化适应"策略为进一步论证天主思想赢得了相当一部分读者群。

利玛窦对儒家经典熟悉到了一定程度后，对于学习汉语也掌握了一定的技巧。他利用各种集会，展示了自己对儒家经典的熟悉以及他的高超记忆力。利玛窦整理出版的《西国记法》顺应了中国科举考试的传统。

以利玛窦为代表的耶稣会士在深入研究中国的文化与风俗后，尝试将儒家思想作为基督教教义的载体，以儒释耶，并以中国上层士大夫作为切入点，借科学与道德的名义，开始传教活动。"文化适应"的具体表现是讲华语、穿儒服，注重智力传教。

---

① 利玛窦. 天主实义//朱维铮. 利玛窦中文著译集. 上海: 复旦大学出版社, 2007: 21-23.

② 杜赫德. 耶稣会士中国书简集——中国回忆录. 第二卷. 郑州: 大象出版社, 2001: 13.

③ 利玛窦. 交友论//朱维铮. 利玛窦中文著译集. 上海: 复旦大学出版社, 2007: 107-121.

④ 辛亥革命时期中国资产阶级革命派创办的大型日报。1907 年 4 月 2 日在上海创刊，创刊人于右任，读者对象侧重于青年学生和军人，筹备过程中得到孙中山的支持，孙中山要求把它办成革命的机关报。此报抨击清政府的黑暗统治，揭露帝国主义的侵略，宣传民族民主革命思想，受到爱国进步读者的欢迎。

（三）学社的建立与科学传教

利玛窦通过与韶州的一位叫瞿汝夔的知识分子交往，对中国乐于接受新思想的知识分子以及他们组织的"学社"有所了解。在明朝最后 50 年里，一些文学和哲学社团"以文会友"，以期互相帮助，后来逐渐发展成全国性的团体，其中影响最大的是"东林学社"，或者称之为"东林党"。这是一批爱国而清廉的知识分子面对现实社会的种种弊端而为了振作精神，集结成社的一种社会团体活动。事实证明，明朝最后 40 年，所有杰出的学者阶层和天主教皈依者都出自东林学社[①]，天主教"三大柱石"之徐光启、李之藻和杨廷筠等人都出自这些学社。利玛窦以这些人为媒介，把新理论、新知识介绍到了中国。

与"文化适应"政策同等重要的是科学传教，科学在耶稣会传教事业中的作用主要有：第一，通过显示传教士们在科学，特别是在天文学领域的知识与才能，使中国的知识阶层直到皇帝本人，都觉得离不开他们，然后再慢慢地、最后公开地容忍他们在中国传教。第二，借助科学减少中国人对耶稣会士的偏见，提高耶稣会士的威望；第三，也是最重要的，从利玛窦在世时就看到了，利用自然科学，特别是地理学和天文学方面的知识，可以打开中国人的眼界，破除他们的"中国中心论"，为传教做准备。

二、西方科学在中国传播的可能性

利玛窦来华早期宣讲道德、科学与哲学，他发现，中国上层知识分子对于西方的道德和科学非常感兴趣。利玛窦这一行为正好应和了晚明实学风气的兴起。

（一）明末的实学与启蒙精神

晚明时期，明中叶所兴起的王阳明心学开始分化。在人们对王学末流的批判过程中兴起了一股经世致用的实学思潮，其主要精神就是"舍末求本，弃虚务实"。其中所说的"舍末""弃虚"，指的就是对宋明理学、陆王心学的批判；"求本""务实"，指的就是实学思潮的兴起。

西学的传入和实学思潮的兴起几乎是同时发生的。如果没有实学思潮的兴起，即使有传教士的努力，西学的传入仍然是不可想象的。徐光启在评论

---

① 小野和子. 明季党社考. 李庆, 张荣湄译. 上海: 上海古籍出版社, 2006.

耶稣会士时曾经说："泰西诸君子以茂德上才，利宾于国。其始至也人人共叹异之；及骤与之言、久与之处，无不意消而中悦服者，其实心、实行、实学，诚信于士大夫也。"①徐光启所看重的正是一个"实"字。王徵与传教士邓玉函（Jean Terrenz，1576—1630）于天启七年（1627年）出于"国计民生"的需要，合作翻译一部介绍西方各种机械知识的书——《远西奇器图说》。王徵在此书序言中说："学原不问精粗，总期有济于世……兹所录者，虽属技艺末务，而实有益于民生日用，国家兴作，甚急也。"②徐宗泽也说："其所以致此者，盖当时儒士所谈者仅一种空疏之论，而于实用之学盲然未知，今西士忽输进利国利民之实学，士大夫之思想能不为之一新。"③

李之藻于1628年刻《天学初函》，该书收录了耶稣会士与国人翻译的20种书籍，分为理编、器编，每编10种。《天学初函》在明末时期流传极广，其影响一直延续到清代，对宣传和普及早期传入中国的西学起了重要作用。李之藻在题辞中说："天学者唐称景教……皇朝圣圣相承，绍天阐绎，时则有利玛窦者，九万里抱道来宾，重演斯义……自须实地修为，固非可于说铃、书肆求之也。"④《天学初函》的编撰，是李之藻将天学实学化的一种表现形式。

（二）耶稣会为传教采取的实用手段

耶稣会针对中国上层社会在伦理与科技两方面的实用目的，在传教过程中也采取了实用的手段。明万历二十二年（1594年），由耶稣会会长建议，在澳门开办了远东第一所专门培养赴华传教士的高等学府——圣保罗学院（Colegio Sao Paulo，1594—1835年），开设拉丁文、神学、哲学、数学、医学、物理、音乐、修辞学等课程，其显著特点是把汉语作为一门必读课程，这所学校重视中国的语言、文化、礼仪及人际关系的处理等方面的教育。从16世纪末到18世纪末，从圣保罗学院毕业到中国内地传教者多达200余人，传教士熊三拔、艾儒略、金尼阁、汤若望、穆尼阁、南怀仁等都毕业于这所学院，他们中有的还担任过该学院的老师⑤。

① 徐光启. 泰西水法序 // 徐宗泽. 明清间耶稣会士译著提要. 上海: 上海书店出版社, 2010: 235.
② 王徵. 远西奇器图说"序" // 张柏春, 田淼, 马深孟, 等. 传播与会通——《奇器图说》研究与校注. 下篇. 南京: 江苏科学技术出版社, 2008: 22.
③ 徐宗泽. 明清间耶稣会士译著提要. 上海: 上海书店出版社, 2010: 1.
④ 李之藻. 刻《天学初函》题辞 // 李之藻. 李之藻集. 郑诚辑校. 北京: 中华书局, 2018: 109-110.
⑤ 朱晓秋. 澳门第一所高等学府——圣保罗学院. 广东史志, 1999, (4): 13-17.

金尼阁（Nicolas Trigault, 1577—1628）与对神学和科学很有造诣的邓玉函（Jean Terrenz, 1576—1630），专程前往当时以印书著称的里昂、慕尼黑、法兰克福、科隆、奥格斯堡等城市购置或征募图书，最后加以精心选择，"重复者不入，纤细者不入"，并耗费精装，共计带来中国的书籍多达 757 部，629 册，学科门类广泛。据徐宗泽的《明清间耶稣会士译著提要》，从万历到乾隆年间，西方自澳门携带进入中国内地的科学技术书籍就多达 180 余种，内容包括数学、物理学、天文学等。这批书首先运抵澳门，后又运到北京，成为北京天主堂图书馆的首批藏书。这些书籍在贯彻学术传教的方针中发挥了积极作用。

（三）徐光启等人的认知架构

《几何原本》的翻译对徐光启产生了极大的影响。徐光启说："《几何原本》者，度数之宗……独谓此书未译，则他书俱不可得论。"[①]度数之学成为徐光启晚年奋斗的理想。利玛窦说："这本书大受中国人的推崇，而且对于他们修订历法起了重大的影响。"[②]利玛窦在"译《几何原本》引"中说："曰'原本'者，明几何之所以然，凡为其说者，无不由此出也。……题论之首先标界说，次设公论，题论所据；次乃具题，题有本解，有作法，有推论，先之所征，必后之所恃。"[③]徐光启与利玛窦合译《几何原本》后，深刻地认识到西学中演绎推理的重要性。从此以后，中西认识论开始会通，演绎推理开始渗透到中国学术界。

《测量法义》是徐光启在学习利玛窦传授给他的应用几何学知识基础上撰著而成的。诸题均出夹注引证《几何原本》的公理、定理。徐光启"题测量法义"有："法而系之义也……于时《几何原本》之六卷始卒业矣，至是而后能传其义也。是法也，与《周髀》、《九章》之句股测望，异乎？不异也。不异何贵焉？亦贵其义也。"[④]此后，徐光启又撰《测量异同》和《勾股义》各一卷，是学习西学，特别是欧几里得几何学体系后的最初诠释。前者是一部中西应用数学的比较，后者是徐光启对传统书籍《周髀算经》和《九章算术》中勾股术的重新注解。徐光启明确认识到传统科学"知其然而不知

---

① 徐光启. 刻《几何原本》序 // 朱维铮. 利玛窦中文著译集. 上海：复旦大学出版社, 2007: 303.

② 利玛窦, 金尼阁. 利玛窦中国札记. 何高济, 王遵仲, 李申译. 北京：中华书局, 2010: 518.

③ 利玛窦. 译《几何原本》引 // 朱维铮. 利玛窦中文著译集. 上海：复旦大学出版社, 2007: 300-301.

④ 徐光启. 题测量法义 // 朱维铮. 利玛窦中文著译集. 上海：复旦大学出版社, 2007: 638.

其所以然"的缺陷，而主要原因就是缺少演绎推理。

在《同文算指》中，李之藻尝试运用演绎推理的方法与原则会通中西算学，旨在形成一个新的算学体系。徐光启注重"度数旁通十事"，他关注事物现象的规律，并力求用数学原理来表达他们的思想，反映了他追求"自然哲学的数学原理"的认识倾向。

三、早期科学书籍的翻译及其特征

（一）世界地图和科学仪器

利玛窦和其他传教士在科学领域具有良好的声望，他不断请求罗马教会派遣在科学特别是天文学方面有造诣的神父或修士来北京。利玛窦的世界地图几乎不约而同地引起了徐光启和李之藻的注意。徐光启之所以成为天主教徒，这幅地图起了很大作用。1599 年，李之藻被调到京城任职，在那里结识了利玛窦，利玛窦的世界地图使他大开眼界。

利玛窦在万历十一年（1583 年）抵达肇庆后就开始制作地图，并赠送于当道。在南京，他应一部分上层人士的请求，重新修订和补充了绘制的世界地图。他说过，这种地图被印制了一次又一次，流传到中国各地，为我们赢得了极大的荣誉①。万历十二年至三十六年（1584—1608 年），除了他自绘自刻外，利玛窦来中国绘制的世界地图不断得到国人的翻刻，版本达 13 个之多②。

利玛窦在肇庆时经常组织陈列科学仪器，他对地球仪、日晷、星盘、天球仪、太阳象限仪、分光棱镜和自鸣钟等都很了解，利玛窦自己就能够检测和调试。其中，自鸣钟、日晷、三棱镜等经常被作为礼物赠送给皇帝及朝廷官员等。

利玛窦从韶州一路北上的过程中，测量了所经过的大城市如北京、南京、大同、广州、杭州、西安、太原、济南等地的经纬度③。《明史·天文志》记载的若干地理纬度实测值和推导值④，参考了利玛窦等人的工作。

---

① 利玛窦，金尼阁. 利玛窦中国札记. 何高济，王遵仲，李申译. 北京：中华书局，2010.

② 方豪. 中西交通史. 上海：上海人民出版社，2008：576.

③ 方豪. 中西交通史. 上海：上海人民出版社，2008：579.

④ 张廷玉. 明史·天文志一. 北京：中华书局，1975：363.

（二）早期科学书籍的翻译及特征

明末清初耶稣会士的译书分为两个阶段。第一阶段就是本文所指的早期，时间是在编译《崇祯历书》之前。这时改历还没有开始，耶稣会士主要宣讲亚里士多德水晶球体系的宇宙论，并且以介绍西方中世纪的学科体系为主，同时考虑到明末实学的兴起与需要，突出反映在天文学、数学、医学、力学和水利学等方面。

1577 年 5 月，利玛窦在科因布拉大学（University of Coimbra）参与了编撰《亚里士多德评述注》的工作，到中国后，他与中国学者一起将此书的一部分译成了中文。1584 年，利玛窦与一位福建的秀才把罗明坚（Michele Ruggieri，1543—1607）写的一本传教著作《问答集》译成了中文。这是利玛窦第一次为寻找恰当的中文词汇来表达天主教思想而绞尽脑汁的经历。出版后的中文版书名改为《天主圣教实录》。在广东肇庆期间，利玛窦编纂了《中葡词汇表》。

利玛窦与南昌学者章潢结交并成为很好的朋友。后者出版了一本学术著作《图书编》，全书共 127 卷，是一部关于地理学、天文学、制图等的百科全书，被收入《四库全书》。其中许多内容取材于利玛窦的《世界图志》、《舆地图》和《昊天浑圆图》。而章潢关于制图学方面的知识，又给利玛窦绘制世界地图提供了一种方便的方法。

1601 年 5 月，利玛窦到达北京。他在这里口授制作地球仪和天球仪的方法，讲解地球位置和各天球轨道，1602 年李之藻刊印了利玛窦的书《坤舆万国全图》。以奥特柳斯（Abraham Ortelius，1570 年）的《地球大观》（Theatrum Orbis Terrarum）为蓝本。

随后，1605 年在南京刊刻《乾坤体义》，由利玛窦、李之藻编译。日本学者今井溱考证，它是摘自克拉维斯 1561 年出版的《萨克罗伯斯科〈天球论〉评注》（In Sphaeram Ioannis De Sacro Bosco Commentarius）。其目次为：天地浑仪说，主要讲述地球与天体构造；地球比九重天之星远且大几何，浑象图说，四元行论；地球和日月五星相互关系的原理以及日球大于地球，地球大于月球等。

李之藻与利玛窦合著了一篇很短的几何学论文《圜容较义》（1608 年），该文底本出自克拉维斯的《萨克罗伯斯科〈天球论〉评注》一书的《天为球形》（Coelum Esse Figurae sphaericae），《圜容较义》主体为其中的专门注释《论等周形》（Trattato della Figura isoperimetre），专论圆内接与外接形，引申了《几何原本》。他们还共同翻译了《同文算指》十一卷——底本取自克拉维斯的《实用数学》，这两部书直到 1614 年才发表。

《浑盖通宪图说》是由利玛窦口授、李之藻笔录完成的，节译自克拉维斯的《星盘》（Astrolabium），涉及平仪理论。其中李之藻个人的不少发挥体现了他会通中西科学的精神实质。该书发表于 1607 年，后来被收录到《四库全书》中。

徐光启 1604 年在北京考取了进士，在以后的三年里，他一直和利玛窦在一起，共同翻译了数学、水利、天文和地理方面的学术著作。其中最有影响的是《几何原本》前六卷，几经修改，于 1611 年出版。

阳玛诺（Emmanuel Diaz, 1574—1659）和中国学者一起翻译了《天问略》，此书不同于利玛窦所介绍的水晶球体系，阳玛诺将利玛窦十一重天中的第九重"无星天"分为"东西岁差""南北岁差"两重，从而构成了十二重天[①]。

1623 年，艾儒略（Giulio Aleni, 1582—1649）出版了《西学凡》。其中论述了选择翻译西书的原则，说明传教士编译的书经过精心选择，旨在使之成为一个学科体系。

龙华民（Niccolò Longobardi，1559—1654）是接替利玛窦负责北京地区传教的人，1624 年他完成了《地震解》一书，书用问答体，龙华民应李崧毓邀请，分九端答之。书中多有不合今日地震学的地方，但据安文思言，此书在当时颇受中国学人重视。

传教士熊三拔（Sabbatino de Ursis，1575—1620）和庞迪我（Diego de Pantoja，1571—1618）曾经一度被指派翻译历书，但是在礼部奏疏遭到反对后被迫停了下来。熊三拔利用这段时间，将他的重心转到了水利机械制造方面，他于 1612 年出版了六卷本的《泰西水法》，介绍了欧洲的水利学，总共五法二十余图，徐光启《农政全书》的水利部分基本出自此书。他先后与徐光启、周子愚，卓尔康等人合作翻译了《简平仪说》（1611 年）和《表度说》（1614 年）。

艾儒略于天启三年（1623 年）撰《职方外纪》，共五卷，卷首一卷。此书远较利玛窦介绍的世界地理详细，得自各同志之见闻，对于欧洲各国记载详细，尤其是它们的出产、风俗、武卫、政教、技艺等，弥补了金尼阁未能实现的扩大世界地理编著计划的缺憾，更为可贵的是记录了中西交通的海舶与海道。

---

① 孙承晟. 明末传华的水晶球宇宙体系及其影响. 自然科学史研究, 2011, 30（2）: 170-187.

《寰有诠》是李之藻和傅汎际（Francisco Furtado，1589—1653）合作翻译的第一部系统介绍亚里士多德宇宙论和中世纪正统宇宙学说的译著，底本是科因布拉大学所编写的一套名为《耶稣会立科因布拉大学注解》讲义中的一本，此即亚里士多德的《论天》，以《形而上学》《物理学》《气象学》《生灭论》作为补充。涉及西方天文学产生背景，论述了天体运动的层次和它们的速度，明确提出了一些无神论的思想。例如，《寰有诠》公开否定了固体天体概念，认为天体层次之间可以相通；天体运动之力是一"能动之力，此能力在太阳之体中也"。该书于 1628 年刊印。

1627 年，李之藻与傅汎际开始合作翻译《名理探》，1631 年，前五卷在杭州刊印。该书底本也是《耶稣会立科因布拉大学注解》中的一本，主要讲述了关于逻辑学与辩证法的知识。翻译过程要求中西学者以各自原有观念、知识为基础，相互协调，达成共识。《名理探》主要介绍了亚里士多德哲学，把人类的全部知识按照其"所向"，即功能进行划分，例如，"辨学"包括辩证法和逻辑学。

汤若望（Johann Adam Schall von Bell，1591—1666）、李祖白译《远镜说》，于天启六年（1626 年）发行。该书介绍了伽利略的望远镜及其制法、用法等，近来学者考证了其底本不是 1618 年出版的齐罗兰姆·西尔图利（Girolamo Sirturi）的《望远镜》（*Telescopio*）一书，而是汤若望根据自己所掌握的有关望远镜及其天文新发现的知识而独立编纂的一部著作[①]。

王徵、邓玉函合译的《远西奇器图说录最》是我国第一部机械工程学著作，天启七年（1627 年）刻于北京。卷一导言中列举了治机械学必须先修之七科，并列举了参考书，其中包括前文介绍的书。该书发明了许多汉译机械学名词，有的沿用至今。关于该书的底本，卷一、二两卷取材于西蒙·斯蒂文（Simen Stewin，1548—1620）的《备忘录》（*Hypomnemata*）一书之下册；采纳维特鲁威（Vitruvius）著《建筑术》（*De Architectura*）第十章中诸器；卷三"图说"，则采自阿戈斯蒂诺·拉梅利（Agostino Ramelli，1531—1590）之书，约有 20 幅图与其相同。此三人的著作皆见于北京北堂图书馆，且均刊行于邓玉函离欧来华之前。

邓玉函与毕拱辰于 1628 年在李之藻杭州的住所合作翻译了《泰西人身说概》（约于 1635 年问世）二卷，是关于人体解剖学的理论及技术。另外，

---

① 石云里. 明末首部望远镜专论《远镜说》补考. 安徽师范大学学报（自然科学版），2018, 41（4）：307-313.

这一时期涉及医学、解剖学方面的书还有《寰有诠》、《名理探》、艾儒略的《性学粗述》（1623 年）、毕方济（Francesco Sambiasi，1582—1649）的《灵言蠡勺》（1624 年）、汤若望的《主制群征》（1629 年）和高一志（王丰肃，Alponso Vagnoni，1568—1640）的《修身西学》（1630 年）等。

　　西洋火器大概于明代传入中国。利玛窦在"译《几何原本》引"中就介绍了西洋火器与军事学内容。天启元年（1621 年）金尼阁的报告中记载了有关内容，巴尔托利（Bartoli）的《耶稣会史》、卫匡国（Martino Martini，1614—1661）的《鞑靼战记》、祁维材的《1620 年报告》、曾德昭（P. de Semedo）的《大中国全史》中也记载了相关内容。

　　总之，明末耶稣会士的"文化适应"政策为早期科学书籍的翻译奠定了基础。以上书籍中工艺力学方面以中世纪的畅销书籍为底本，科学、自然哲学、逻辑学等以罗马学院的教材为底本，内容有欧洲最新发现发明，如伽利略的望远镜知识、西蒙·斯蒂文的力学以及阿戈斯蒂诺·拉梅利的工艺机械知识。这些都是这一时期译书的特征。另外，这一时期不仅输入了天文历算、数学、地舆、炮铳、水利、医药及格物致知之学等，还传入了西方的乐器、绘画、文字、建筑等内容。

《崇祯历书》中的度数之学

　　明末历法改革中大规模引进西方天文学知识，同时利用了当时先进的数学和测量学知识。《崇祯历书》对这些知识集中译撰，其主要负责人是徐光启。徐光启在开始接触西学到领悟西学要旨的过程中，《几何原本》起了重要的作用。在改历的实践中，他大力倡导度数之学的重要性。本文分析了度数之学的来源及其含义，结合《崇祯历书》主要卷章的相关内容，认为它是徐光启编撰历书的一个重要思想。首先，徐光启针对中国历代改历频繁，一时合天，久则仍错，基本理论不清楚的弊病，提出了引进西法的观点。西法的优点是，千百为辈，传习讲求而成，后人越来越精进；义理晓畅，法数清晰，由简到繁的逻辑演绎体系有助于流传学习。这些都是度数之学的特点和功用。其次，在《大测》《测天约说》《测量全义》等书中系统地引进了西方的度数之学，为历法改革提供了基础知识。例如，《大测》从中国传统历法的困境出发，其目的是解决"以弧求弧"这样一个球面三角学问题，其中"割圆篇"是符合徐光启改历中提出的"以彼条款，就我名义"一个典型案例。其中"六宗率"和"三要法"皆度数之正义，最后给出大测表，又名度数表。《测量全义》较为系统地介绍了欧洲最新的平面三角学和球面三角学公式，讨论了各种几何图形的测量，涉及面积、体积测量和有关平面三角、球面三角、球面天文的基础知识以及测绘仪器的制造等。最后，从度数之学所产生的概念来源看，它包含了几何学演绎逻辑体系，在天文历法方面的应用主要是建立各个天体的几何模型假设、几何证明、通过观测数据给出模型参数以及检验模型的正确与否。

一、度数之学及徐光启改历思想的产生

　　《崇祯历书》编撰之前，利玛窦与徐光启已经合译《几何原本》前六卷，

他们各自完成一篇"译《几何原本》引"和"刻《几何原本》序"，对度数之学进行解释和说明。

利玛窦在"译《几何原本》引"中定义了几何家："几何家者，专察物之分限者也，其分者若截以为数，则显物几何众也；若完以为度，则指物几何大也。"①稍后，利玛窦针对度与数或与物体分离，或系与物体两种情况进行讨论，并强调其逻辑演绎的特征。这种分类体系也在《崇祯历书》中得到继承，"系与物体"实际上就是把数学应用于具体的天文学，利玛窦认为天文历家总的归属于几何家。接着，他在形式上界定了"几何"与"原本"的含义。他说："曰'原本'者，明几何之所以然，凡为其说者，无不由此出也。……题论之首先标界说，次设公论，题论所据；次乃具题，题有本解，有作法，有推论，先之所征，必后之所恃。"②也即前面证明的是后面的依据，形成环环相扣、缜密的逻辑体系。他认为"这本书大受中国人的推崇，而且对于他们修订历法起了重大影响"③。

徐光启在其序中说："《几何原本》者，度数之宗"，在翻译西书之时，"利先生独谓此书未译，则他书俱不可得论"。徐光启后来又完成《几何原本杂议》，其中他说："凡人学问，有解得一半者，有解得十九或十一者。独几何之学，通即全通，蔽即全蔽，更无高下分数可论。"④在此基础上他坚信《几何原本》是一切知识的出发点，也是构建新知识的基础。徐光启认为，该书有"四不必"、"四不可得"和"三要三能"。这反映了他对《几何原本》逻辑演绎体系的认识。

徐光启把度数之学思想应用于历法改革实践中。首先，徐光启认为遵循西法的发展规律，如果明白通晓其"基本"原理及其"不易之法"，他日可以随地异测，随时异用；可以实现"今之法可更于后，后之人必胜于今者也"⑤。要掌握"基本"原理，就要研习西方历法的许多数学天文学基础理论书籍，而在这方面《大统历》的有关书籍绝少，这是中西历法不能相比的。因此，徐光启把《崇祯历书》分为"节次六目"和"基本五目"，前者由易到难依次为日躔、恒星、月离、日月交会（交食）、五纬星、五星交会等历，后者包括法原、法数、法算、法器和会通。他说："有六节次，循序

① 利玛窦. 译《几何原本》引//朱维铮. 利玛窦中文著译集. 上海：复旦大学出版社，2007：299.
② 利玛窦. 译《几何原本》引//朱维铮. 利玛窦中文著译集. 上海：复旦大学出版社，2007：300-301.
③ 利玛窦，金尼阁. 利玛窦中国札记. 何高济，王遵仲，李申译. 北京：中华书局，2010：617.
④ 徐光启. 几何原本杂议//朱维铮. 利玛窦中文著译集. 上海：复旦大学出版社，2007：305.
⑤ 徐光启. 徐光启集. 下册. 王重民辑校. 上海：上海古籍出版社，1984：377.

渐作，以前开后，以后承前，不能兼并，亦难凌越。五基本，则梓匠之规矩，渔猎之筌蹄，虽则浩繁，亦须随时并作，以周事用。"①

其次，徐光启于崇祯二年（1629 年）七月二十六日所上《条议历法修正岁差疏》中历数"度数旁通十事"②，这是对他度数之学思想的升华。他倡导把《几何原本》的数学思想和理论方法推广到天文地理、水利测量、乐律、兵家、会计钱粮、营造建筑、制作器具、舆地测量、医药学和造作钟漏等实践中，特别是历法改革方面。

最后，徐光启对改历提出三种不同层次目的的建议，其中第三层次即是"一义一法，必深言所以然之故，从流溯源，因枝达干，不止集星历之大成，兼能为万务之根本"③，但是在改历的具体实施过程中，他没有选择直接照搬西法的日月食历表，而是折中采取了第二种方法，即"依循节次，辨理立法，基本五事，分任经营"。徐光启之所以上疏历陈三个不同层次的改历目标，一方面反映了改历工程浩大、时间仓促，而西历又不能直接搬用的现实问题，另外从第三层次目标可以看出，他深信如果完备深入地探究原理和方法，就从根本上解决了治历之道，可以随时进行历法修改与实测。这实际上反映了徐光启对西方以《几何原本》度数之学为代表的公理化科学的认识深度，就历法而言，就是探究数理天文学的原理和方法。在《崇祯历书》的许多卷册中可以看到，徐光启的历法改革实际上已经对第三层次目标有所企及。

二、《大测》、《测量全义》与《测天约说》中的度数之学

邓玉函编撰完成《大测》二卷（《崇祯历书》第一批进呈，1631 年 2 月）、《割圆八线表》六卷（1631 年 2 月）。《大测》序有："大测者，测三角形法也。……三角形之理，非句股可尽，故不名句股也。……测天则圆面、曲线，非句股所能得也。故有弧、矢、弦割圆之法，弧者，曲线，弦、矢者，直线也。以弧求弧，无法可得，必以直线、曲弧相当相准，乃可得之，相当相准者，围径之法也。而围与径，终古无相准之率。""测天者所必须大于他测，故名大测。"④

① 徐光启. 徐光启集. 下册. 王重民辑校. 上海: 上海古籍出版社, 1984: 376.
② 徐光启. 徐光启集. 下册. 王重民辑校. 上海: 上海古籍出版社, 1984: 376-377.
③ 徐光启. 徐光启集. 下册. 王重民辑校. 上海: 上海古籍出版社, 1984: 377.
④ 邓玉函. 大测 // 徐光启编纂. 崇祯历书——附西洋新法历书增刊十种. 潘鼐汇编. 上海: 上海古籍出版社, 2009: 1173-1174. 以下涉及的《大测》《测量全义》《几何要法》《浑天仪说》《筹算》《月离历指》中的内容都出自该版本，不再一一注明。

以上阐明编撰《大测》的主要目的，是为了解决测天中遇到的"以弧求弧"问题，同时也指出传统的弧矢割圆法的一个前提是以上术文的"必以直线、曲弧相当相准"，然而事实上"围与径，终古无相准之率"，这里的"围"即指圆周，"径"是指直径。"相准之率"实际上暗示了历代圆周率的发展，《大测》译撰者已经从其各自历史发展过程中获得，祖率实际上是圆的外切线与直径的比，非圆周；徽率实际上是圆的内弦与直径的比，也非圆周。至于传统的"径一围三之法"，是通过勾股开方得到的，对实现以弧求弧的计算，误差是太大了。

所以，传统的弧矢割圆法在这里并不能满足近代以来数学计算的精度要求，要实现以弧求弧，必须引进西学中的三角函数，即《大测》中的割圆八线。

《大测》到底是一部什么性质的书？首先，《大测》只是从原理上阐明了基于《几何原本》的度数之学与三角学之间的关系。在"因明篇"中依次定义了三角形及其各边与角、圆、半圆界、圆弧、余弧、较弧（差弧）；交角、较角（差角）；直角三角形、斜角三角形；这些内容依次来自《几何原本》第1卷第15题、第32题、第47题，《几何原本》第一卷第五题，《几何原本》第六卷第四题，《几何原本》第六卷第五题等。而"论球上三角形二十条"应该是从球面三角发展而来的，是引自毕的斯克斯（B. Pitiscus，1561—1613）的原文。"六宗率"中关于圆内接正六边形、正四边形、正三边形、正五边形、正十边形、十五边等切形等内容分别来自《几何原本》卷4、卷13、卷6。"三要法"是三条关于三角函数的基本定理，其证明形式采纳了《几何原本》，如"三要法"及"二简法"的证明都以"题""解曰""论曰""系""次系"的形式展开。

其次，《大测》以《几何原本》为出发点介绍了三角形测量的各种概念及其关系。进一步给出球面（上）三角形各种弧的概念（"因明篇"）、割圆八线的概念（图1）及其关系与证明（"割圆篇"），主要利用了《几何原本》卷1的内容，利用了传统的弧、弦、矢、半径概念，提出了比例法、三率法、中数、全数概念，《大测》开篇提到的二径六弦，根据原文应该是指全径、半径、通弦、半弦（正、倒弦）、从半弦、余弧弦、较弦、差弦等概念。

正如《大测》曰："今西法以周天一象限分为半弧，而各取其正半弦，其术从二径六弦始，以次求得六宗率，皆度数之正义，无可疑者；次用三要法，相分相准，以求各率而得各弧之正半弦，又以其余弧之正弦为余弦。以余弦减半径，为矢弧之外与正弦平行而交于割线者为切线。以他半径截弧之

图 1　《大测》中的割圆八线

一端而交于切线者为割线。其与余弦平行者，则余切线也。即正割一线交于余切线而止者，余割线也。"[1]

《大测》不仅指出计算割圆八线的方法"皆度数之正义"，也客观地指出"大测表，不得谓其不差，但所差甚少，不至半径全数中之一耳"[2]，即大测表的误差是 1/10 000。

《大测》首次将西方三角学原理传入中国。《大测》中使用最多的是"测三角形之法"，并且论述八线源于测三角形法的道理，据考，《大测》底本是毕的斯克斯的《三角学或三角形测量》(*Trigonometriae Siue*, *De Dimensione Triangulae*) 以及西蒙·斯蒂文（Simon Stevin）的《数学记录》(*Memoires Mathmatiques*)[3]。在 1595 年这部著作出现之前，没有任何明确涉及真正的平面三角形求解问题，是毕的斯克斯发明了"三角学"（trigonometry）这一术语[4]。数学史家李俨（1955 年）把明末西方传入的有关内容命名为"三角术"[5]。

最后，《大测》对如何制作三角函数表进行了实例说明。利用的方法主要是关于圆内接正多边形的计算，即"六宗率""三要法"，反映在"表原

① 邓玉函. 大测 // 徐光启编纂. 崇祯历书——附西洋新法历书增刊十种. 潘鼐汇编. 上海: 上海古籍出版社, 2009: 1174.

② 邓玉函. 大测 // 徐光启编纂. 崇祯历书——附西洋新法历书增刊十种. 潘鼐汇编. 上海: 上海古籍出版社, 2009: 1185.

③ 白尚恕. 介绍我国第一部三角学——"大测". 数学通报, 1963, (2): 48-52.

④ V. J. Katz. 数学史通论. 2 版. 李文林, 邹建成, 胥鸣伟, 等译. 北京: 高等教育出版社, 2004: 314.

⑤ 李俨. 三角术和三角函数表的东来 // 李俨. 中算史论丛. 第 3 集. 北京: 科学出版社, 1955: 493-495.

篇"和"表法篇"中。"表法"给出三要法,是关于弧弦之间计算的三个基本转换公式及其"简法",以及"解""论""系""次系"等。其中,"要法二"曾以"托勒密定理"加以完善,在《大测》中称为"多罗某之法"。托勒密在《至大论》中给出的一张 0°—90°每隔 0.5°的"弦表"是他全书三角函数计算的基础。他的表中全部取全弦,而中世纪以后正弦表是基于半弦的,无论全弦还是半弦,化成比例后不影响计算结果,关于这一点,《大测》有明确说明。另外,在《至大论》中大量的正弦函数计算都使用插值法,在《大测》中也有引用。

三角函数计算实例("表用篇")给出了解平面三角形("测平篇")的方法。这些内容作为"法原"放在《崇祯历书》中,是为了用于改历中的天文学测量与计算。为了体现度数表的来源和实用性特点,指出大测表,一名三角形表,一名度数表,可以看出译者徐光启、邓玉函等人在这个问题上达成了共识,承认这里的内容乃"数其截者,度其完者"和"总物以为度,截物以为数"的特点。

《大测》中多处提到中算的"弧矢割圆术",并且把介绍西方先进的三角函数的一节命名为"割圆篇",具体内容按照"论曰""系""解曰"的逻辑顺序进行论证。这是一个"以彼条款,就我名义"的典型例子。众所周知,"弧矢割圆术"是郭守敬《授时历》"创法凡五事"之一,目的是解决球面三角形中弧角相求问题。邓玉函在"割圆篇"中把三角学中的基本线定义为"割圆八线",用来对应西方三角函数中的正弦线、余弦线、正切线、余切线、正割线、余割线,以及现代已经不用的正矢线和余矢线。

《大测》中的三角函数法在入清以后被中算家广泛用于日晷晷面刻画的计算中,中算家不仅了解其原理,而且能够将其熟练用于日晷晷面作时刻线和节气线中。其中使用最多的是正弦线和正切线,并且这二者有相应的三角函数表便于查考。《大测》中还提到一个非常有用的方法——"三率法",原文有:"测三角形必籍同比例法。同比例者四率同比例,先有三而求第四也。故三角形之六率,其比例欲定,其分数欲明。"①这个方法在《崇祯历书》各主要卷的"法原"及日月五星几何模型计算中使用频繁,它貌似算术,实则几何,起源于三角形测算,是一种兼具度与数的数学测量规则。

《大测》总共六篇,从实际天文测量出发,对割圆八线进行了几何学上

---

① 邓玉函. 大测 // 徐光启编纂. 崇祯历书——附西洋新法历书增刊十种. 潘鼐汇编. 上海: 上海古籍出版社, 2009: 1180.

的解释。其内容全部涉及《几何原本》，笔者统计其有关知识点，如表 1 所示。这使人深信测三角形法源于《几何原本》，在度数之学基础上发展起来。

表 1　《大测》各篇主要概念及其《几何原本》来源

篇名	概念和名词术语	来源
因明篇	边、角、圆、半圆界、圆弧、余弧、较弧（差弧）；交角、较角（差角）；直角三角形、斜角三角形	《几何原本》第 1 卷第 15 题、第 32 题、第 47 题，第 1 卷第 5 题，第 6 卷第 4 题，第 6 卷第 5 题
	大圆、相交直角、对角、余角、球上三边形、锐角、钝角（"论球上三角形二十条"）	梅内劳斯《球面学》（*Sphaerica*）
割圆篇	割圆八线的概念及其关系与证明，弧、弦、矢、全径、半径；通弦、半弦（正、倒弦）、从半弦、余弧弦、较弦、差弦；比例法、三率法、中数、全数	《几何原本》第 1 卷第 34 题、第 47 题、第 32 题；《授时历》"弧矢割圆术"
表原篇	圆内接正多边形计算——"六宗率"	《几何原本》第 4 卷第 15 题、第 6 题，第 13 卷第 2 题、第 9 题，第 6 卷第 30 题、第 1 卷第 47 题，第 13 卷第 10 题，第 4 卷第 16 题
表法篇	"三要法""二简法"	其中"要法二"就是"托勒密定理"，来自《至大论》[①]，证明形式来自《几何原本》，包括"题""解曰""论曰""系""次系"
表用篇	三角函数计算实例	如何使用三角函数表，没有直接源于《几何原本》的内容
测平篇	解平面三角形方法	《几何原本》第 6 卷第 4 题，第 3 卷第 35 题，第 1 卷第 15 题、第 32 题

　　罗雅谷等编撰的《测量全义》十卷（1631 年 8 月）是《崇祯历书》第二批进呈书籍。《大测》主要讨论了三角八线的性质与三角函数表的造法和用法，并且它从理论上解决了《几何原本》与三角形测量之间的联系，但未涉及球面三角学内容。《测量全义》较为系统地介绍了欧洲最新的平面三角学和球面三角学公式，此外，还讨论了各种几何图形的测量，涉及面积、体积测量和有关平面三角、球面三角、球面天文的基础知识以及测绘仪器的制造等，正如原文有："故繇线而面而体，繇直线而曲线，平面而曲面，方体而圆体，譬之跬步，前步未行，后步不可得进也，是测量之全义也。"[②]

---

① Ptolemy C. Ptolemy's *Almagest*. Toomer G J (trans.). London: Gerald Duckworth & Co. Ltd., 1984: 50-51.

② 罗雅谷. 测量全义卷六 // 徐光启编纂. 崇祯历书——附西洋新法历书增刊十种. 潘鼐汇编. 上海：上海古籍出版社, 2009: 1383.

《测量全义》在《崇祯历书》中属"法原"和"法器"部[①]。《测量全义》卷三也有少量的三角函数表，在法器中有测量仪器及计算工具，主要体现在卷十中。此书为后面的天文测量奠定了理论基础，被《崇祯历书》后面其他卷广泛援引。欧洲中世纪以后为了适应学校教材，在文本中采用前后参照的引用形式[②]。可见这种引用形式被继承，是对经典数学著作《几何原本》的内容和方法的推广、学习和吸收。

罗雅谷对译撰《测量全义》一书的主旨有如下说明："夫历法之原有二，其一，则象纬之原也，天事也，其一，则推测之原也，人事也……此书所论则推测之原也。古今言推测者又有二，其可以形察者，可以度审者，谓之更术，不可以形察，不可以度审者，谓之缀术。此所论者，又缀术也。缀术之用，又有二，其一总物以为度，论其几何大，曰量法。其一截物以为数，论其几何众，曰算法。历象之家，兼用二法，如鸟之缚两翼也，则无所不可之矣。"[③]这里对"缀术"和"又缀术"分别从抽象和具体两方面进行区分，具体而言就是度与数，即量法和算法。这很容易让人想到宋代数学家秦九韶说的："今数术之书尚三十余家，天象、历度谓之缀术，太乙、壬甲谓之三式，皆曰内算，言其秘也；《九章》所载，即周官九数，系于方圆者为术，皆曰外算，对内而言也。"[④]

以上引文说明明末西学传入以后，对于内算与外算的区分与传统分类有较大的差异，焦点就在于对天文历法的认识和归属发生变化。可以看出，历象学至宋元时期仍然属于内算，是和传统的数术并列的；但是《测量全义》中认为历象属于另一种缀术——"又缀术"，其可以通过兼用量法和算法，即度数之学获得新知。这些比较说明，在人们的认知领域，天文历象已经从传统的数术转变为一门度数之学，而这种转变正是在明末发生的。

在《测天约说》中这种说法又有改变："度数之学凡有七种……初为二本，曰数，曰度。数者，论物几何众，其用之，则算法也。度者，论物几何大，其用之，则测法、量法也。（测法与量法不异，但近小之物寻尺可度者，谓之量法；远而山岳，又远而天象，非寻尺可度，以仪象测知之，谓之测法。

① 徐光启. 徐光启集. 下册. 王重民辑校. 上海：上海古籍出版社，1984：385.

② 安国风. 欧几里得在中国——汉译《几何原本》的源流与影响. 纪志刚，郑诚，郑方磊译. 南京：凤凰出版传媒集团，江苏人民出版社，2008：117.

③ 罗雅谷. "测量全义序目"∥徐光启编纂. 崇祯历书——附西洋新法历书增刊十种. 潘鼐汇编. 上海：上海古籍出版社，2009：1295.

④ 秦九韶. 数术九章序∥靖玉树. 中国历代算学集成. 济南：山东人民出版社，1994：467.

其量法，如算家之专术，其测法，如算家之缀术也。）"[1]这里提出度数之学源于算法和量法，括注解释了近小与远大之物都属于测量学，就天文历象而言，已经看不到专术与缀术的区别，认为它是兼及二者的度数之学。

通过以上分析发现，《测量全义》之所谓"测量"兼具形、算（"量法"和"算法"），也即几何与算术。它关乎测量，为了测量，但又不全是测量，乃是西方逻辑抽象的数学理论之精核。具体地说，该书是为制定历法和测量提供数学理论和计算方法而作，以《测量全义》卷一为例，专论三角形，陈述的体例继承了《几何原本》，但与《几何原本》中注重边角关系及抽象的三角形性质和三角形之间相互关系的探讨方式不同；为了提供制定天文历法的"推测之原"而撰写的《测量全义》，提供了具体解三角形的方法。

至于该书为什么取"义"作为题名，我们可以回顾一下徐光启等人在《几何原本》基础上的若干早期著述，例如他的《测量法义》《测量异同》《勾股义》，以及李之藻的《圜容较义》等都是为应用和引证《几何原本》而作的。《测量全义》就是针对中国传统历算学"能言其法，不能言其义"的弊端而作的，因为"法而系之义"，所谓"法"，是指历算学中的推算方法，"义"是指事物的内在规律，或能够揭示事物内在规律的道理，只有在演绎化的体系中它才有完整而独立的意义。所以，揭示事物"义"的方法，是会通中西的手段之一，中算家在会通中西过程中试图以西法之"义"补中法之不足。

《测天约说》二卷，其采用由简到繁、由易到难的体例，系统讲授西方天文测量学。其建立的基础是公理化的几何学。在《测天约说》叙目中有"此篇虽云率略，皆从根源起义，向后因象立法，因法论义，亦复称之。务期人人可明，人人可能，人人可改而止，是其与古昔异也"。稍后，又强调了度数之学的重要性，"或云诸天之说无从考证，以为疑义，不知历家立此诸名，皆为度数言之也。一切远近、内外、迟速、合离，皆测候所得，舍此即推步之法无从可用，非能妄作，安所置其疑信乎？"[2]这种论述方式与徐光启《几何原本》序的语气非常相似。

《测天约说》不仅强调度数之学的基础性和重要性，也对度数之学的含义进行了分析。"度数之学凡有七种，共相连缀。初为二本，曰数，曰度。……七者在西土庠士俱有专书，今翻译未广。仅有《几何原本》一种，或多未见

---

① 邓玉函. 测天约说. 卷上// 赵友钦, 等. 中外天文学文献校点与研究. 邓可卉点校. 上海: 上海交通大学出版社, 2017: 217.

② 邓玉函. 测天约说// 赵友钦, 等. 中外天文学文献校点与研究. 邓可卉点校. 上海: 上海交通大学出版社, 2017: 216.

未习，然欲略举测天之理与法，而不言此理此法，即说者无所措其辞，听者无所施其悟矣。"①可见《几何原本》的度数之学是该书的重要依据：该书承袭《几何原本》的"理与法"，然后再详述"测天之理与法"，认为如果没有前者的基础，后面测天的学问就无从建立。

《测天约说》二卷系统讲授西方数学、视学、球面天文学和天体测量学。在卷上依据《几何原本》论线、论面、论体的形式，根据学科需要，论线涉及较复杂的独线和两线，论体涉及球内、球外各种线。其七种度数之学归为四大类，其中数学、视学、测地学都是为测天学服务的，为全书奠定了球面天文学和天体测量学的基础。在"测天本义"中阐述了第六种度数之学，即所谓日、月、星三曜形象大小之比例，以及其去离地心、地面各几何，其运动自相去离几何，其躔离、逆顺、晦明、朓朒及其会聚等相互位置关系的理论。"或云诸天之说无从考证，以为疑义，不知历家立此诸名，皆为度数言之也。"从内容来看，天文测量学建立的基础是公理化的几何学，同样强调度数之学的重要性。

三、《崇祯历书》其他卷册中的度数之学

《几何要法》（1631 年）由艾儒略编译，后被编入《崇祯历书》中。此书由于言简意赅、明白晓畅而流传极广。汤若望对它极为重视，在其《新法历书》中对几何与算术进行区分，关于数的学问是算术，关于形的学问是几何。《几何要法》提出，"几何者，度与数之府也"，它认为，"几何家者，脱物体而空穷度数，数其截者，度其完者。度有三，曰线，曰面，曰体"②。可见该书是关于纯几何学问题的，首先围绕几何学建立一系列基本概念，体现在"界说"章，涉及各种几何形定义以及和天文有关的如圆线和圆线夹角的定义；其次对几何学的基本作图工具进行系统介绍，"备器"章主要介绍了尺、规、矩三种作图器具。作为一部纯几何学的著作，该书个别地方提到了天文历法，如"造历恒用规，依比例法分线、分圆"，所以该书关于规的若干用法就很有针对性，这些内容用于日晷制作及浑仪各圈环的刻度划分非常实用。第三部分内容是"要法"，主要解决了如何用尺规作图的问题。"要

① 邓玉函. 测天约说 // 赵友钦，等. 中外天文学文献校点与研究. 邓可卉点校. 上海：上海交通大学出版社，2017: 217.

② 艾儒略. 几何要法 // 徐光启编纂. 崇祯历书——附西洋新法历书增刊十种. 潘鼐汇编. 上海：上海古籍出版社，2009: 1908.

法"是这部书的核心，作图程序条理性强，包含逻辑证明，体现了几何学知识的系统性。《几何要法》针对中国人如何学习和吸收西方公理化的几何学知识而编撰，因此对许多西方几何学知识以国人易于接收的方式进行讲解。

《浑天仪说》早年由汤若望编撰，入清后作为十部增刊之一被编入《西洋新法算书》中。其序有："夫晰其理者求其故，考其数者步其行，器固未可废也，而用斯要焉。"①主要简述了浑天仪可以演示各个星辰的运行以及它们的各种行度。原文特别提到了"度数家"可以依此进行测与算。浑仪的数学计算功能反映在各个圈环的大小正斜设置与刻度的度量计算中。

《筹算》的作者是罗雅谷，它被编入《崇祯历书》的一个重要原因是进一步发展了传统算术。它提到算数之学和度数之学，原文有："算数之学，大者画野经天，小者米盐凌杂，凡有形质、有度数之物与事，靡不藉为用焉。"②这是关于算术和几何关系与区别的一个议论。

罗雅谷的《比例规解》成书于明崇祯三年（1630 年），其系统介绍了比例规尺，罗雅谷在《比例规解》提要中说明了设计比例规的数学原理和主要功能。

> 天文历法等学，舍度与数则授受不能措其辞，故量法、演算法恒相符焉。其法种种不袭而器因之。……今系《几何》六卷六题，推显比例规尺一器，其用至广，其法至妙，前诸法器不能及之。因度用数开合其尺，以规取度得算最捷。或加减，或乘除，或三率，或开方之面与体，此尺悉能括之。又函表度、倒影、直影、日晷、勾股弦算、五金轻重诸法及百种技艺，无不赖之，功倍用捷，为造玛得玛第嘉（数学）最近之津梁也。③

从序言内容来看，不仅说明了比例规尺来源于《几何原本》，主要原理

① 汤若望. 浑天仪说. 李天经序//徐光启编纂. 崇祯历书——附西洋新法历书增刊十种. 潘鼐汇编. 上海: 上海古籍出版社, 2009: 1801.

② 罗雅谷. 筹算自序//徐光启编纂. 崇祯历书——附西洋新法历书增刊十种. 潘鼐汇编. 上海: 上海古籍出版社, 2009: 1193, 1513.

③ 罗雅谷. 比例规解//赵友钦，等. 中外天文学文献校点与研究. 邓可卉点校. 上海: 上海交通大学出版社, 2017: 272.

是"因度用数"和"以规取度"，主要功能是代替加减、乘除、比例运算，甚至面积与体积的开方等，在天文学方面可用于圭表测影和日晷制造，诸如其中涉及表度、倒影、直影、日晷、勾股弦算等，在物理学方面可以计算五金的轻重。总之，比例规尺的用途非常广泛，百种技艺无不赖之，可谓功倍用捷。

为了把"度数之学"和实际测量结合起来，梅文鼎配合《崇祯历书·比例规解》仔细研读了《表度说》和《简平仪说》。梅文鼎的《度算释例》及后来其孙梅毂成完成的《数理精蕴·比例规解》，反映了中国学者对于西方传入比例规的学习和吸收，是西方数学天文学传入中国的很好案例。

四、几何模型方法

古希腊数理天文学中的几何模型方法自《崇祯历书》始随着对托勒密、哥白尼、第谷等人宇宙体系的介绍传入中国。几何模型建立在观测数据的基础上，不但把观测和理论很好地结合起来，而且可以通过观测对理论不断地进行检验和修正。徐光启作为历法改革的主要倡导者在改历之初就提出要"议用西历"，认为"今若翻译成书，固可事半功倍。……著述则有法有论，有度有数，讲究推步，动经岁月"[1]。

在明末历法改革中，由于历代天文观测数据过于粗疏而无法利用，故许多天体几何模型的建立只好依赖西方古代的观测数据。徐光启针对这种传统天文学的特点，提出严厉的批驳。《崇祯历书》中几何模型方法具有自洽性。《崇祯历书》依次介绍托勒密、哥白尼、第谷等人的几何模型方法和他们的宇宙体系，在清代钦定第谷体系为官方采纳，此后一直到近代天文学传入之前几何模型方法成为中国历算家历法推步之基础。

下面以月球理论为例，围绕建立月球几何模型精心选择月食观测、几何模型等价性证明等一些公理化思想方法。

（一）计算月平行的"择食之法"——两个理想假设的引进

《月离历指》卷一第二个问题对引起月球不平行的三个原因利用"择食之法"进行分别排除，原文有："所以然者，其缘又有三，三缘者，其二在月，

① 徐光启. 徐光启集. 下册. 王重民辑校. 上海：上海古籍出版社，1984：331.

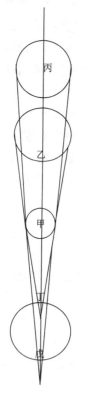

图 2 "去其不齐之缘"

其一不在月。不在月者，日躔经度是也。"①这句话主要说明由于日躔运动的不均匀，所以在考虑月食的发生时，日躔经度的不均匀必定导致月球的不平行。而月球本身的迟疾和月转最高最卑，是月球不平行的另外两个原因。

因此，"是故历家设择食之法，择者，导则也。去其不齐之缘，以求其齐也。第一在日躔经度……则择食之第一法，宜择两食之日躔经度所在等，既免此缘，则余二缘在月之本行本轮，日无与也"②。对于第一缘的"齐"，可以见图 2，在下文中解释为是"前后两会望皆全食，又两食之黄道同度，即两景之大小等，两过景之加时等，又得其月离之距地心等，即其本轮之转分所至亦等"。对于第二缘的"齐"是指"两食之经度等，加时等，即其或在左或在右亦等，既得月转分之所在等，即可测食前月体之径，若径等，即其距地必等"③。这样就可以免去由于日月不平行之差。

据笔者考察，这里的"择食之法"源自托勒密的《至大论》。托勒密在其《至大论》中谈到喜帕恰斯的工作时说："前人决定周期的方法不是简单和容易掌握的，必须非常小心。他在以下两个假定前提下考虑两个间隔完全相等的两次月食。他说，一方面，除非太阳不受非匀速运动的影响，只有这样，月球经过两个间隔的弧度才可能相等，太阳匀速运动经过这个间隔的弧也相等。"他又说："不要太注意月球速度的变化，因为在许多情况下月球在相等的时间里经过相等的弧是可能的。"④

从《至大论》的原文看，托勒密认为选择两个满足所有观测的完全相等

① 罗雅谷. 月离历指∥徐光启编纂. 崇祯历书——附西洋新法历书增刊十种. 潘鼐汇编. 上海: 上海古籍出版社, 2009: 134.

② 罗雅谷. 月离历指∥徐光启编纂. 崇祯历书——附西洋新法历书增刊十种. 潘鼐汇编. 上海: 上海古籍出版社, 2009: 135.

③ 罗雅谷. 月离历指∥徐光启编纂. 崇祯历书——附西洋新法历书增刊十种. 潘鼐汇编. 上海: 上海古籍出版社, 2009: 135.

④ Ptolemy C. Ptolemy's *Almagest*. Toomer G J(trans.). London: Gerald Duckworth & Co. Ltd., 1984: 176-178.

的月食间隔是不可能的，必须在一定条件下考虑，这个条件就是他的两个"假设"，在《月离历指》中体现为两个"择食之法"。

（二）"七政本轮异名同理"——偏心圆和本轮等价性证明

《月离历指》卷一"通论七政本轮异名同理第五"进一步详细论述了月球模型符合"不同心圈，其与本轮异名同理"的道理，这实际上是关于偏心圆和本轮等价性的证明。关于偏心圆，在《月离历指》中被称为"不同心圈"；关于本轮，在《月离历指》中被称为小轮，两种不同的模型如图 3 所示。

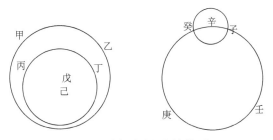

图 3　不同心圈和小轮模型

对于太阳偏心圆和本轮等价性的证明，体现在如下一段文字中："又如上一图（图 4）用不同心圈，午为日，从地心戊，本圈心酉，各作线至午，成戊酉午三角形；如二图，用小轮，子为日，子癸为小轮半径，从地心戊作戊子线成戊子癸三角形，其戊酉午形，与戊癸子等，戊酉与子癸等，子丑弧与午乙等，即子癸丑角与乙酉午角等。其余角午酉戊与子癸戊亦等，戊午戊子两边等。则戊酉午与子癸戊，两形等，形等，则所求之日距地心若干，太阳平行自行之差，日体大小之类，或用不同心圈，或用小轮，其得数同也。"[①]

由于月球运动的复杂性，托勒密对月球的类似等价性给出了一个附加条件，但在《月离历指》中没有进一步介绍。

由此可见，古希腊对月球理论的各个几何模型概念和几何解释在《月离历指》中已经初步形成，托勒密在观测和假设之间建立的科学方法已经显现出来，建立在欧几里得几何学基础上的证明已经渗透进来。

---

① 罗雅谷. 月离历指 // 徐光启编纂. 崇祯历书——附西洋新法历书增刊十种. 潘鼐汇编. 上海：上海古籍出版社，2009：141.

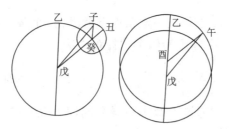

图 4　太阳偏心圆和本轮等价性的证明

五、结语

度数之学的提出始于《几何原本》前六卷的翻译，其在实践中的应用当首推天文历法的数学计算与证明。除了数学计算外，度数之学包含有一套不可疑的逻辑演绎体系，它的存在与确认需要数学证明，数学证明渗透在其理论建立的每一个环节。本文以《崇祯历书》为例重点分析"度数之学"在天文历法改革中的重要性；在分析《崇祯历书》主要卷章相关内容后认为其中的度数之学来源于《几何原本》，进一步认为它是徐光启编撰历书的一个重要思想。从广义和狭义两个不同角度对"度数之学"含义进行讨论。

首先，从狭义度数之学的定义来看，是指纯几何学内容，如《几何要法》认为，它是指几何家脱物体而空穷度数。另外，《测量全义》中各种几何图形如线段、面积、体积的测量也是纯几何学内容。当纯几何学系与物体时，是指《崇祯历书》中大量有关天体的几何模型知识，包括提出几何模型假设、证明其合理性、通过观测数据求模型参数以及检验模型的正确与否。

狭义的度数之学还包括三角、算术、比例内容，前者体现在《大测》和《测量全义》中。《大测》立足于《几何原本》，阐明大测表的理论来源，定义了"六宗率""三要法"等。《测量全义》系统介绍了平面三角学和球面三角学公式。三角学和比例知识在天文历法实践中的应用体现在《测量全义》、《测天约说》和《比例规解》中，这涉及"有形质、有度数之物与事"的度数之学，如球面天文的基础知识与计算、天文测量学以及比例规的应用等。另外还有《浑天仪说》中关于浑仪的计算，如北极出地度和黄道各弧出没升降度、求浑仪上各圈环相交度数等，也有球面三角形计算的内容。

至于广义的度数之学含义，是指按照公理化的数学方法对事物进行定量化研究，以及有关改历思想的产生过程中形成的一套系统化的理论方法，具体来说，它渗透到徐光启历法改革思想产生前后的许多言论中，诸多内容正文中已经涉及，这里就不再赘言。

（本文全文于 2017 年 10 月在中国科学技术大学和浙江大学主办的"《崇祯历书》与明清之际历算学"专题研讨会上作报告，2018 年 12 月在西北大学主办的第二届数学与天文学史国际会议上作大会报告。）

明清之际西方地圆说的受容

西方地圆说思想的产生可以追溯到公元前 6 世纪，古希腊数学家毕达哥拉斯第一次提出"地球是球体"这一概念，亚里士多德给出 3 个例证进一步证明了地球是球形。地圆说是西方古代乃至近代天文学的基础。

西方地圆说不仅包括"大地为球形"这一观点，还与整个西方天文学理论密切相关。地圆说除了球形大地之外，还包括宇宙与大地的大小尺度、地球与太阳等其他天体的大小比例、地球与其他天体的相对位置关系等问题。明末，西方传教士带来了西方古代和中世纪的系统化天文学知识，以利玛窦为主的耶稣会士们还带来了世界地图，它与地圆说一起，对中国人天文地理观念的形成产生了重要的影响。据研究，利玛窦带来的地图在明万历年间就有许多刻板，包括他本人自刻和国人的许多翻刻[①]。

一、什么是地圆说？它产生的判断依据是什么？

中国古代涉及"天体地体浑圆说"的主要观点包括如下几条。公元前 4 世纪的中国法家思想家慎到认为，"天形如弹丸，半覆地上，半隐地下，其势斜倚"，慎到认为天体是圆球形的，沿着倾斜的极轴在不停地转动。战国时期的另一位思想家惠施说："天与地卑，山与泽平……天地一体也"，认为既然天体是球形的，那大地也应如此。东汉张衡主张浑天说，在其所著《浑天仪注》中有："浑天如鸡子，天体圆如弹丸，地如鸡子中黄，孤居于内。天大而地小，天表里有水，天之包地，犹壳之裹黄。"[②]东吴王蕃是一位坚定的浑天家，在他所著的《浑天象说》中进一步阐发了张衡浑天说的思想：

---

① 方豪. 中西交通史. 上海：上海人民出版社, 2008: 576.
② 晋书·天文志上 // 中华书局编辑部. 历代天文律历等志汇编(一). 北京：中华书局, 1975: 167.

"天地之体，状如鸟卵，天包地外，犹壳之裹黄也，周旋无端，其形浑浑然，故曰浑天也。周天三百六十五度五百八十九分度之百四十五，半覆地上，半在地下，其二端谓之南极、北极。"[①]

　　中国学术界对张衡等人浑天说中"地如鸡子中黄"的解释产生了严重的分歧。其中一派以郑文光等人为代表，他把战国时期惠施的哲学思辨与浑天说言论混为一谈，认为张衡提出浑天说里的大地是球形的。他认为从"南方无穷而有穷"这一描述至少可知地球是球形的。他从张衡对月食产生原因的探讨，以及"月亮本身不发光"这一现象的描述，追本溯源，可知与古希腊时期亚里士多德所认为的"从月食现象可得到地球是球形的"观点基本一致[②]。郑文光还指出在解释"地球运动"和"宇宙的有限和无穷的统一"问题上，浑天说的理论是优于"亚里士多德-托勒密地球中心说"理论的。

　　另一派以唐如川[③]和金祖孟为代表，特别是金祖孟在相当长时期持完全相反的观点。他认为，张衡在《浑天仪注》中所表述的"天如鸡子，地如鸡子中黄，孤居于天内，天大而地小"，并没有说明地球是球体，只是一种比喻。张衡观念里的"地"有广义和狭义两种：广义上即包括平面的陆地和周围的海洋；狭义上即是一块"中高外卑"的陆地而已。无论是哪一种，都没有明确表明地为立体的地圆说观点。金祖孟罗列了九条有关浑天说的叙述，经分析，只有认为当"地"是指"地面"，并且认为它是圆而平的，才能一一符合浑天说的观点[④]。这些观点陈自悟也有相似的概述[⑤]。

　　江晓原认为，中国古代是否有地圆说不能以是否将地球看作球体来判断，这是片面、孤立的[⑥]。笔者同意这一观点。要探讨古代是否有地圆说，必须看它是否在地圆概念基础上，能够解释一些必要的天文地理现象。即使认为张衡浑天说里所表述的"地如鸡子中黄"是主张地圆的，但在其后的发展中丝毫未见其影响之存续，所以说它的存在是孤立的。另外，从中国古代一系列天文观测和几次重要的大地测量来看，许多理论与地圆说没有关系，更不是建立在地圆说的基础上。所以，我们认为中国古代没有产生地圆说。

---

①　晋书·天文志上//中华书局编辑部. 历代天文律历等志汇编(一). 北京: 中华书局, 1975: 171.

②　郑文光. 试论浑天说//《中国天文学史文集》编辑组. 中国天文学史文集. 第一集. 北京: 科学出版社, 1978: 118-144.

③　唐如川. 张衡等浑天家的天圆地平说. 科学史集刊, 1962, (4): 91-96.

④　金祖孟. 试评"张衡地圆说". 自然辩证法通讯, 1985, (5): 57-60, 80.

⑤　陈自悟. 浑天说不是地圆说——兼述金祖孟《中国古宇宙论》. 天文爱好者, 1996, (3): 22.

⑥　江晓原. 中国古代到底有没有地圆学说? 中国典籍与文化, 1997, (4): 84-88.

需要强调的是，中国古代天文学的发展直接或间接地涉及地圆问题，但是这个学说却始终没有独立地在中国发展起来，其原因是多方面的。其中，东汉张衡在探讨月食的形成时涉及地圆问题，他说："当日之冲，光常不合者，蔽於地也，是谓暗虚。在星星微，月过则食。"①这句话代表了中国人认识月食的主要思想。但是这里实际上没有明确涉及地球为球体的思想。后代学者曾经从暗虚所形成的物理机制方面进行进一步阐释，例如，晋代的刘智否定了暗虚为地影的观点，还有刘焯、朱熹、赵友钦等人涉及暗虚，但是这些都被学术界认为是对张衡原意的不正确发挥，更谈不上确立地圆说。

二、地圆说传入中国的证据是什么？

有人说中国人最初接触西方地圆说的时间是在唐代，依据之一是隋唐墓葬出土的东罗马金币就铸有地球的图案。这显然不足为证，究其原因，一是隋唐出土的东罗马金币上的地球图案是一件孤立的事情，此外再没有任何别的相关说明，二是隋唐时期的中国人在他们的天文地理讨论中没有表现出任何接受了这一观点的迹象。同样在元朝，在《元史·天文志》中明确记载了札马鲁丁带来的七件天文仪器中就有地球仪，札马鲁丁曾经负责元上都天文台，而且极有可能当时已经出现了实物地球仪，但是从历史文献或者中阿天文学交流史中并没有相关的地球仪对中国人产生影响的证据，所以我们仍然很难下结论说地圆说传入中国了。在元代赵友钦的《革象新书》中也涉及地圆的思想，但是这些内容在中国仅昙花一现，没有在主流科学中发挥其作用②。耶律楚材的里差概念等价于地理经度，但是这一认识仍然没有撼动中国人，让他们产生地球是球体的概念。

地圆说传入中国发生在明末利玛窦来中国以后，当时有对地圆说的宣讲以及利玛窦带来的地球仪和世界地图。明末传入的西方天文学理论都建立在地圆说的基础上，如果没有地圆说做基础，所有的理论就无法建立起来。例如，它能解释不同纬度北极高度变化的原因、日月食发生的原理，解释圭表测量与日影长度计算方面的理论，解释和地理经纬度有关的一系列问题等。由此可见地圆说在整个科学体系中的重要性。然而，地圆说对中国人而言是新鲜事物，要让他们彻底改变 2000 多年的顽固的陈旧观念是非常困难的，

① 续汉书·天文志上//中华书局编辑部. 历代天文律历等志汇编(一). 北京: 中华书局, 1975: 114.
② 石云里. 从《革象新书》看"地圆说"在元朝的传播//王渝生, 赵慧芝. 第七届中国科学史国际会议论文集. 郑州: 大象出版社, 1999: 123-126.

这种对地圆说抵触情绪的状况可以参考学术界已有的两篇论文①，从中可以看出，中国人接受地圆说充满了曲折离奇的故事。不少明末翻译的科学书籍精心安排专门介绍地圆说，下文将对这些内容进行重点介绍。

三、明末《坤舆万国全图》中译介的地圆说

西方近代以前的宇宙论传入中国分两个阶段，以《崇祯历书》的编撰为分水岭。第一阶段是围绕亚里士多德的宇宙论展开。这个阶段，作为方法论体系和"众用之基"的数学著作——《几何原本》前六卷翻译完成，这在论证方式和公理化体系方面极大地影响了当时及后来的学者。第二阶段是围绕《崇祯历书》的编撰展开的，其中不但介绍了托勒密地心说的数理几何模型方法，而且也介绍了哥白尼日心说和第谷的地-日心说体系。不管哪个时期，地圆说的出现对中国传统天文学形成了冲击，人们的思想观念因此产生了变革。

地圆说是随利玛窦传入中国的，最早的文献是利玛窦与李之藻合译的《坤舆万国全图》（1602 年）。《坤舆万国全图》篇幅不长，从题目来看，以介绍世界地图为主；此外，以亚里士多德宇宙论为基础，结合中国天文和宇宙论方面的知识展开。例如，"地与海本是圆形而合为一球，居天球之中，诚如鸡子，黄在青内。有谓地为方者，乃语其定而不移之性，非□（语）其□□（形体）也"②。这是利玛窦借用了张衡浑天说的表达，但实际上在宣讲西方地圆说。他说"天球"的同时，也说"地球"，"地球"这一名称就顺应而生了。

又如，对于宗动天各层相包思想的介绍，结合了宋儒蚁行磨上之比喻，但当时并不知天有九重；有对《元史》中昼夜长短各处不同认识的总结。日影测量是中国古代天文学的重要内容，这里以元代为例，提到了元代郭守敬等天文学家奉命对南起南海，北至铁勒、北海的跨度达 50°纬度地方进行的远距离日影测量，并给予肯定。但是，译者更加强调的历史事实是，虽然元代测景范围扩大，但仍没有得出"地圆"的概念。可以看出，为了引出地圆

① 郭永芳. 地圆说在中国//《中国天文学史文集》编辑组. 中国天文学史文集. 第四集. 北京: 科学出版社, 1986: 154-163; 祝平一. 跨文化知识传播的个案研究——明末清初关于地圆说的争议, 1600-1800. "中央研究院"历史语言研究所集刊, 1998: 69.

② 利玛窦, 李之藻. 坤舆万国全图//朱维铮. 利玛窦中文著译集. 上海: 复旦大学出版社, 2007: 173-176. 本页和下页有关原文均出自此书。

说并强调它对建立天文学理论的重要性,利玛窦与李之藻合译《坤舆万国全图》的良苦用心。

《坤舆万国全图》对中国产生的最重要的影响是地圆说。其中,除了结合图形说明天球和地球的各极点和圈环结构相对应以外,还指出"故谓地形圆而周围皆生齿者",解释了地球经度和纬度的含义,指出"用纬线以著各极出地几何,盖地离昼夜平线度数与极出地度数相等","用经线以定两处相离几何辰也"。以上两点可以认为是地圆说的衍生定理。第一条指出了北极出地与各地地理纬度的相等关系,以及各地北极出地不同导致了它们昼夜长短的不同。这两点涉及古代天文学测量的重要内容。第二条关于两地的距离本来是地球上建立经度概念的基础,但是这里却说"相离几何辰"。这显然是地球上的时差问题,对计算天体的时差特别是日食时差很重要,其本质仍是经度差。如果没有地圆说,没有这两个衍生定理,许多天文学现象就无法解释清楚。由此可见,关于地理经度和纬度的引介不仅仅是从它们的地理学概念角度进行定义,而更多的是从天文学应用方面展开的。

中国古代对于这两个衍生定理的认识是经验性的,古人只是通过实际测量,研究和讨论了地理经纬度所产生和引起的现象,而始终没有发现引起现象的原因。即使唐朝一行和元朝郭守敬作为他们那个时代朝廷一流的学者,也是如此。

《坤舆万国全图》中的地理经纬度概念是许多实际操作的依据。《坤舆万国全图》结合地图赤道线论述了昼夜长短的不同;对地图上南北直度和东西时刻差异解释道:"盖知分秒之广狭,而里数可推也。"此外,对于"用纬线以著各极出地几何",《明史·天文志》指出,李之藻在万历年间撰《浑天仪说》时,指出他的浑仪与古法没有二致,只是古法北极出地,铸为定度,而他的子午提规可以随地度高下,于用为便耳[1]。

和地圆说关系最密切的还有日月食现象的解释。利玛窦来到中国后,就发现中国人异乎寻常地关心日月食现象,因而格外重视日月食预报的准确性。他在南昌时记述了中国人"相信地是方的,任何不同的思想或观念都不容接受",而对于"月食的成因"和"夜的形成"的认识非常混乱,认为"太阳只不过比酒桶底大一点而已"[2]。这是利玛窦初到中国时的一些看法,他和李之藻翻译书时,便针对"地是方的"的传统认识进行了批驳。

---

[1] 明史·天文志一 // 中华书局编辑部. 历代天文律历等志汇编(四). 北京: 中华书局. 1975: 1263.

[2] 利玛窦. 利玛窦书信集. 卷上. 罗渔译. 台北: 台湾辅仁大学出版社, 光启出版社, 1986: 209.

《坤舆万国全图》的内容包括地球五带和五大洲的划分、"论日月食"、"论日与大地"、"论地球比九重天之星远且大几何"，由地球上每度二百五十里，可以进一步计算得到它的周长，进而得到半径；然后给出了各重天的半径，恒星六等星各曜大于地球的倍数，各纬星大于地球的倍数等。正文之外还有世界地图，它采用平面投影法绘制，即地图的纬线是平行线，经线是曲线。在空隙和边缘处还有图表若干，其中包括"天地仪""日月食图"，还有太阳在黄道上二十四节气投影图，这个投影图又名"曷捺楞马"，在明清时期的日影测量中扮演了重要角色。"曷捺楞马"名称一说来源于托勒密的著作《日晷论》（*Analemma*）的音译。若干图表中还有"看北极法"和"看北极法又法"，主要介绍了一件叫做"天地仪"的仪器，按照释文还附有"太阳出入赤道纬度表"；有"日月食之理"和"日大于地，地大于月"的原因；后面有"原图释文"和"图表释文"等。

《坤舆万国全图》是一部由利玛窦撰写的阐述以地球为中心的宇宙论和在此基础上形成地图说的介绍性中文著作，重点解释天文现象，有的内容针对中国古代的天文思想展开，在中国所产生的影响远在历史地理学和地图学之外。

《坤舆万国全图》完成后，从学者的言辞可以看出他们的理解与接受，同时也更加说明了地圆说传入的意义。在序言中，李之藻回顾了唐代测量子午线 1 度弧长以来的历史，包括沈括对于极星的认识，以及元代测景范围已达到北极高所差 50 度的范围，但是"纪载止备沿革，不详形胜之全"，说明中国古代这些天文测量知识不讲理论，是不完整的。他指出像利玛窦"上取天文以准地度"的《万国全图》这样的书，中国还没有。李之藻认为，"其南北则徵之极星，其东西则算之日月冲食种种，皆千古未发之秘。所言地是圆形……惟谓海水附地共作圆形，而周圆俱有生齿，颇为创闻可骇"。另一位学者吴中明认为："其国人及拂郎机国人皆好远游，时经绝域，则相传而志之，积渐年久，稍得其形之大全。然如南极一带，亦未有至者。要以三隅推之，理当如是。"[1]在比较、议论、惊讶之后，李之藻接受了这个学说。他说："今观此图，意舆暗契，东海西海，心同理同，于兹不信然乎！"[2]至于地圆说最直接的好处，他认为可以"明昼夜长短之故，可以挈

　　[1] 利玛窦, 李之藻. 坤舆万国全图. 附录二. 吴中明跋∥朱维铮. 利玛窦中文著译集. 上海: 复旦大学出版社, 2007: 223.

　　[2] 利玛窦, 李之藻. 坤舆万国全图. 李之藻序∥朱维铮. 利玛窦中文著译集. 上海: 复旦大学出版社, 2007: 179-180.

历算之纲"[①]，可见他是从中国历算的实用角度理解地圆说的。

四、《乾坤体义》中引介的地圆说知识

利玛窦在到达北京之前，在普及地球仪和地圆说上就和普通民众有多方接触，后来在系统翻译有关天文学理论的书籍时，采用了欧几里得几何论证方式来表达他的观点。他与李之藻共同译撰的《乾坤体义》（1605年撰著）卷上介绍了"天地浑仪说""地球比九重天之星远且大几何""浑象图说""四元行论"等内容，还介绍了西方中世纪的天地几何与物质结构，为了便于中国人接受，采用的术语尽可能地中国化。

《乾坤体义》卷下[②]介绍了"日球大于地球，地球大于月球"，提到托勒密的《至大论》（译为《大造书》）中推算各重天远近厚薄，并利用托勒密的方法计算日球、月球、地球的直径，下面共有6题论述了日球、月球、地球三者的光学原理。日球、月球、地球之间的大小关系是地圆说之下的一个问题。有几种论证方法：一是逻辑推理。《乾坤体义》卷下指出其方法是："今余不设量几倍之法，惟明证日球大于地球，地球大于月球，借视照法六题易晓者，以破其疑，故先解六题，而后可指三球之大小相比何如云。"[③]二是实际测量，这在《崇祯历书》编撰各卷内容中反映出来。

第一题，"物形愈离吾目，愈觉小"。

对这个题目作图论证，利用了等腰三角形的顶角越大，物越大，而顶角越小，则物越小的定律，如果两物和人的视线分别构成两三角形的顶角相等，那么这两物必等大。这里的作图和论证过程存在不严密的缺点，后来在其他书中进行了修正，可以参见《崇祯历书·月离历指三》，里面的内容愈加完善。这些内容是从数学计算和观测经验进行双重证实，是对应用几何学的发挥，具有理论说服力，所以才被中国人接受。

第二题，光者照目者，视惟以直线已——光是沿直线传播的。

第三题，圆尖体之底必为环——是说按照直线传播原理，物体形成的圆锥影，其底面是一圆（环）：光在四周的缘故。环的大小是由物的影像决定的。

---

① 利玛窦，李之藻. 坤舆万国全图. 李之藻序//朱维铮. 利玛窦中文著译集. 上海：复旦大学出版社，2007：180.

② 据笔者查证《四库全书·乾坤体义》，发现此处朱维铮一书是"卷下"，原因是朱维铮把四库全书中原《乾坤体义》卷下"圜容较义"部分单列出来，在辑入时把《乾坤体义》"卷中"改为了"卷下"。

③ 利玛窦，李之藻. 乾坤体义. 卷下//朱维铮. 利玛窦中文著译集. 上海：复旦大学出版社，2007：536.

第四题，圆光体者，照一般大圆体，必明其半（月食均可见）；而所为影广于体者，等而无尽。这里利用了《几何原本》解说三十四，由于"等"而形成了平行的光线。

第五题，光体大者，照一小圆体，必其大半明，而其影有尽，益近圆体益大。

第六题，光体小者，照圆体者大。惟照明其小半，而其影益离原体益大而无尽。①

在《崇祯历书·测天约说》中有"视学一题"，指出，"凡物必有影，影有等、大小，有尽、不尽"②。

然后说明了日月食发生的机制："日食非他，惟朔时月或至黄道，日所恒在也，则既在日之下，便掩其光，而吾不能见日，谓日蚀也。……惟望时月或至黄道，与太阳正相对，则地球障隔其光，而不得照之，故月失光矣。"③

《乾坤体义》卷下进一步解释了日月食的成因，附有"月蚀图"、"日蚀图"和"视差图"，是关于日月食理论的知识，这个编排可能针对当时中国人对日月食形成原因解释非常混乱而设。

"论日球大于地球"中用反证法进行证明。最终给出地球大于月球的计算结果与托勒密的基本相同，即地大于月 39 倍；日大于地 160 倍。但在同书《理法器撮要》④中两个对应数值分别为 $33\frac{1}{3}$ 倍和 $165\frac{3}{8}$ 倍，尚无法考证其来源。

利玛窦刻《两仪玄览图》（图 1）⑤时，进一步配合地图学展开论证，他在地图两边加绘了南北半球图，并且结合当时先进的麦卡托圆锥投影制图方法进行说明和介绍。他解释说："南北半球之图与大图异式而同一理。小图之圈线即大图之直线，所以分赤道南北、昼夜长短之各纬度者也。小图之直线即大图之圈线，所以分自东至西之经线者也。稍为更置纵横，可以互见。

① 利玛窦，李之藻. 乾坤体义. 卷下 // 朱维铮. 利玛窦中文著译集. 上海：复旦大学出版社，2007：542-543.

② 邓玉函. 测天约说 // 赵友钦，等. 中外天文学文献校点与研究. 邓可卉点校. 上海：上海交通大学出版社，2017：227.

③ 利玛窦，李之藻. 乾坤体义. 卷下 // 朱维铮. 利玛窦中文著译集. 上海：复旦大学出版社，2007：543.

④ 据研究，这是一个传抄本，时间大概是 1578 年。

⑤ 刻于明万历三十一年（1603 年），由八条屏幅组成。每幅纵 200 厘米，宽 55 厘米，通宽约 442 厘米。此图以《坤舆万国全图》为蓝本，但二者又有一些不同。此图现藏辽宁省博物馆，文中图片来自 http://tieba.baidu.com/p/1052435417。

若看南北极界内地形与夫极星出地高低度数，则小图更为易睹云。"[1]自此以后，经纬度制图法引入中国。

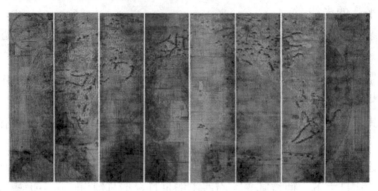

图1   1603年刻本《两仪玄览图》

李之藻和利玛窦完成的《浑盖通宪图说》《乾坤体义》以地圆说为出发点，讨论了有关太阳实测运动规则、日月食等的几何学原理和方法。地圆说也是日晷理论的基础，是讲解各种日晷、星盘等天文仪器的基础。

五、《圜容较义》和《简平仪说》中引介的地圆说

李之藻曾经翻译《论等周形》（ *Trattato della Figura isoperimetre* ），这是包含在克拉维斯《萨克罗伯斯科〈天球论〉评注》中的一篇专论。内容不多，只有5个定义和18个命题，主要是证明周长相等的所有图形中，圆的面积最大；表面积相同的所有立体图形中，球的体积最大。克拉维斯把等周图形用于解释天文学的现象，如天体浑圆的原因。这种方式影响到了李之藻，他在《圜容较义》序中关于天穹有更生动的描述。他认为这里的"圆"除了数学的含义外，还能够表示"天穹"。由此他接受了天圆、地圆的思想，他说："即细物可推大物，即物物可推不物之物，天圆、地圆、自然、必然，何复疑乎？第儒者不究其所以然，而异学顾恣诞于必不然。"[2]

李之藻"圜容较义序"有："昔从利公研穷天体，因论圆容，拈出一义，次为五界十八题，借平面以推立圆，设角形以征浑体。探原循委，辨解九连之环；举一该三，光映万川之月。测圆者，测此者也；割圆者，割此者也。

① 利玛窦，李之藻.《坤舆万国全图》图表释文//朱维铮. 利玛窦中文著译集. 上海：复旦大学出版社，2007：221.

② 李之藻. 圜容较义序//朱维铮. 利玛窦中文著译集. 上海：复旦大学出版社，2007：581.

无当于历，历稽度数之容；无当于律，律穷糜黍之容，存是论也，庸谓迂乎？"①可见，他仍然是在传统数学的模式下面讲述西方数学，他的特殊视角表现在，他认为西方关于圆和球的论述与传统的"测圆"和"割圆"之法基本相合。

《圜容较义》以几何方式勾勒出可视的"天穹"模型，受到《四库全书》纂修官的高度评价。特别提到《圜容较义》虽然篇幅短小，但"其言皆验诸实测"。

《简平仪说》（刻于 1611 年）是明末意大利传教士熊三拔（Sabatino de Ursis，1575—1620）所撰，主要讲解了西洋天文观测仪器——简平仪的各项构造以及使用方法，此著作依旧采用第谷体系，书中介绍了关于简平仪的相关命名术语十二则，使用方法十三条②。

在"用法"第十二"论地为圆体"中，写道："今欲证地圆之义，试如有人居满剌伽国，正当赤道之下……次令此人北行二百五十里，即转一度，二万二千五百里即转九十度。随其所至，人恒如天顶线立，恒以足抵轴心，故地如轴心，当为圆体，乃得每行二百五十里而更一度为平差也。其天顶线依轴心环转一周，即人环行地球一周之象。"③这段文字旨在证明地为球体，采用的方法是假设人站立的方向始终是头向天顶，足抵地心，人每向北方行走二百五十里，则可测得北极出地一度；反之，南极出地一度。由此可推理：若人环绕着地球一周而走，那么过人所作的天顶线即会围绕（地）轴旋转一周。在后文中作者有反证道："若地是平体，居于天半，即如此仪，将地平线实粘下盘极线，不令旋转，即满剌伽国人行至北地尽处，亦宜常见南极，行至南地尽处，亦宜常见北极……"④也就是说，假设地不是球体而是平面状，那么就算是人从赤道开始，走到北边的尽头，也能看见南极；反之，也能看见北极。所以正反两证，说明了"地为圆体"的事实。

在此所引用到的方法和数据，用到了唐代僧一行大地测量过程和结论：在《旧唐书·卷三十五·天文志》中记载了有关一行所创制的"复矩图"："以复矩斜视，北极出地"，一行利用复矩图，可以直接测得北极高度。经过一行等人的艰辛努力，最后得到"大率三百五十一里八十步而极差一度"

① 李之藻. 圜容较义序//朱维铮. 利玛窦中文著译集. 上海: 复旦大学出版社, 2007: 581-582.

② 熊三拔. 简平仪说. 北京: 中华书局, 1985: 39-40.

③ 熊三拔. 简平仪说. 北京: 中华书局, 1985: 40.

④ 熊三拔. 简平仪说. 北京: 中华书局, 1985: 40.

的结论①。一行的子午线一度弧长测量工作在世界天文学史中具有重要意义，但是遗憾的是，一行并没有认识到他自己工作的意义，没有把它理解为是子午线测量②。

六、《表度说》中的地圆说引介

《表度说》是意大利传教士熊三拔于明万历四十二年（1614 年）口授，周子愚笔录所完成的。同年，由熊明遇为其作序。《表度说》属于"天文历算"类书籍，虽篇幅较短，但是它所建立的宇宙模型和圭表测影的方法，是对中国传统圭表测量法的一个重要补充。

在《表度说》的论题四"地为圆体"这一节中，定义了地球的形状：书中认为地球是一个球体，首先根据人们平日里显而易见的现象来说明："日月诸星，虽每日出入地平一遍，第天下国土非同时出入，盖东方先见，西方后见，渐东渐早，渐西渐迟。"③在东西方向不同两地，日月星辰的出没时间不同。昼夜更替的时间正好是一日，相当于古代十二时辰（古代计时的标准是把一昼夜按照十二地支划分成十二个时段）。只有当地球为球体时，才会出现渐东渐早的时差；有的地方是夜半时，而它对面的地方是正午。这就说明了地球东西方向为球体。

如图 2 所示，"令日轮出地平，在卯，人居丁，得午时，居乙，得子时矣"，原文给出的解释是"地为圆体，故日出于卯，因甲高于乙，障隔日光不照，故丁之日中，乙之半夜也"④，所以，当两地相差 180 度时，则两地有 6 个时辰的时差，解释了产生时差的原因。

若地为方体，则"甲乙丙丁则日出卯，凡甲乙丁地面人宜俱得卯日，入酉，宜俱得酉，不应东西相去二百五十里而差一度，又七千五百里而差一时也"⑤。如图 3 所示，也就是说，对东西不同的地点，日出时间都是卯日，不存在所谓"东西相去二百五十里而差一度，又七千五百里而差一时"的现象，也即每 30 度差 1 个时辰的现象。

---

① 这个子午线长度换算为今值相当于二百五十里。

② 金祖孟. 一行不是浑天家//《中国天文学史文集》编辑组. 中国天文学史文集. 第四集. 北京: 科学出版社, 1986: 152.

③ 赵友钦，等. 中外天文学文献校点与研究. 邓可卉点校. 上海: 上海交通大学出版社, 2017: 139

④ 赵友钦，等. 中外天文学文献校点与研究. 邓可卉点校. 上海: 上海交通大学出版社, 2017: 139

⑤ 赵友钦，等. 中外天文学文献校点与研究. 邓可卉点校. 上海: 上海交通大学出版社, 2017: 139

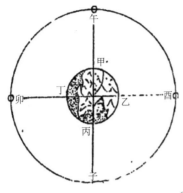

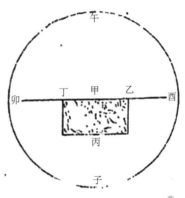

图2　地为球体是产生时差的原因[①]　　图3　地为方体则不存在时差[②]

另外，还可以通过月食食分来说明地球东西向为球体。"每测得一处，月食甚于子，即他处在其东者，必食甚于丑矣。在其西者，必食甚于亥矣。可见此一方之子时，乃东方之丑时，西方之亥时也。"[③]这其实也是一种利用地理时差概念的论证法。

在《表度说》理论部分的五大论题中，地圆说所占的篇幅最长，叙述的内容较为丰富，且论证的过程也较为详尽。《表度说》以介绍西方测影技术为主要内容，测影理论建立在地圆说基础上，所以地圆说在《表度说》中具有重要性。

《表度说》的底本难觅。在熊三拔口述过程中稍有"润色"，又通过中国学者的理解贯通，所以其最终呈现的版本具有中西会通的特点。例如，引入了僧一行所主持的全国天文大地测量而由此计算出的子午线长度，大概三百五十一里八十步而极差一度，这样做的理由，一方面为了便于中国人接受外来的新理论，另一方面增加了外来地圆说的合理性和可靠性。又如，熊三拔引入了月食的观测现象论证地圆说，一个重要原因是中国古代非常重视日月食的观测，将月食现象作为观测证据，让当时的君臣百姓接受，再合适不过了。

南怀仁（Ferdinand Verbiest，1623—1688）于康熙十三年（1674年）绘制《坤舆全图》，从其内容上看，也有对"地圆说"的论证："地水同为一圆球，以月食之形可推而明之。夫月食只故由大地在日月之间，日不能施照于月，故地射影于月面亦成圆形，则地为圆可知。"[④]南怀仁这个例证与古

① 赵友钦，等. 中外天文学文献校点与研究. 邓可卉点校. 上海: 上海交通大学出版社, 2017: 139.
② 赵友钦，等. 中外天文学文献校点与研究. 邓可卉点校. 上海: 上海交通大学出版社, 2017: 139.
③ 赵友钦，等. 中外天文学文献校点与研究. 邓可卉点校. 上海: 上海交通大学出版社, 2017: 140.
④ 南怀仁. 坤舆图说∥王云五. 丛书集成初编. 上海: 商务印书馆, 1937: 18.

希腊亚里士多德的地球是球体的论据之一相同，只不过解释得更加详细，显然也是为了中国人的受容。

随后，他先后论证了地球东西方向为球形，他写道："日月诸星，虽每日出入地平一遍，第天下国土非同时出入，盖东方先见，西方后见，渐东渐早，渐西渐迟"，"若人在平面之丁，即得俱见南北二极之星，其在戊在己亦如。南北极诸星何由得渐次隐见乎？"[①]他作的辅助图如图 4 所示，该图与引文和《表度说》中的一致，说明南怀仁的《坤舆全图》在"地圆说"的立说部分很大程度上参考了《表度说》的内容。

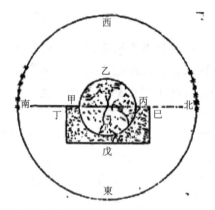

图 4   《表度说》中证明地球南北为球体的图例

七、《崇祯历书》中与地圆说有关的理论

《测天约说》（1630 年）由德国传教士邓玉函和徐光启共同翻译，是作为天文测量学的基础知识被编入《崇祯历书》中的。它的卷上"测地学四题"分别是"地为圆体，与海合为一球"、"地在大圆天之最中"、"地之体恒不动"和"地球在天中止于一点"[②]，对每一题都以"何以证之"开头，不仅从逻辑学角度简要解释了其中的道理，而且在利玛窦对于地球的全面论述的基础上，着重阐述了托勒密地心说中的地球四个特性[③]，成为后面天文历算学的基础知识。

邓玉函编撰的《月离历指》中论述了"三圆比例说"，已经把地圆说和

① 南怀仁. 坤舆图说//王云五. 丛书集成初编. 上海: 商务印书馆, 1937: 14-15.

② 邓玉函. 测天约说//赵友钦, 等. 中外天文学文献校点与研究. 邓可卉点校. 上海: 上海交通大学出版社, 2017: 228-229.

③ 这四点内容与托勒密《至大论》卷 1 中的论述相似。

日球、月球、地球三者大小比例作为"诸历名家测验推算，以理以数反复论定"的结论接受下来，这一学说可以适用于其他如《五纬历指》和《交食历指》中的五星理论、交食理论。《明史》曾经指出，《崇祯历书》中七政距地比例最终采用了第谷的数据。

《交食历指》卷二"影之形势第三"中也利用逻辑推理证明了日球、月球、地球三者的大小，包括日月视径大小和日月实体大小、第谷的太阳实体大小等。

《交食历指》卷三在计算"实会"时刻时，阐明原因："前所得实会时刻，虽则合于天，于人目所见、仪器所测，未尽合也。所以然者，太阳行度、赤道交子午圈，有升度差，随时变异，日日不均。"为什么会产生这种现象，进一步解释其原因如下："但依本地所定子午线，其在地方不同子午线者，难可通用，故又用里差①加减，以求诸方所见所测之实时也。"②可见在交食计算中，"实时"与地球上各地子午线有关，讨论三体交会的时刻要以"实时"为依据。

其中与地圆说有关的论述如下："月食分数天下皆同，第见食时刻随地各异。何也？"③"今以顺天府推算本食，因定各省直之食时。宜先定各省直视顺天子午线之里差几何，后以其所差度数化为所差时刻，每一度应得时四分，向东以加于顺天推定时刻，向西则减，乃可得各省直见食时刻也。"④这是地圆说基础上地理经度差转化为各地时差的问题。"日食则其食分多寡、加时早晚，皆系视差，东西南北，悉无同者。必须随地考北极高下，差其距度。随地测子午正线，差其经度，乃可定其目见器测之视时。"⑤强调了具体观测日食发生的时刻也因地而异。在清初汤若望删改《崇祯历书》敬献给顺治皇帝的《西洋新法历书》中，他撰写的《测食》二卷中也有相关的理论问题。

---

① 这里多次提到"里差"或"子午线之里差"。元代耶律楚材首次发现里差，《崇祯历书》中沿用了他的这个术语，实际上就是地理经度差。

② 汤若望. 交食历指 // 徐光启编纂. 崇祯历书——附西洋新法历书增刊十种. 潘鼐汇编. 上海：上海古籍出版社，2009：252.

③汤若望. 交食历指 // 徐光启编纂. 崇祯历书——附西洋新法历书增刊十种. 潘鼐汇编. 上海：上海古籍出版社，2009：252.

④ 汤若望. 交食历指 // 徐光启编纂. 崇祯历书——附西洋新法历书增刊十种. 潘鼐汇编. 上海：上海古籍出版社，2009：253.

⑤ 汤若望. 交食历指 // 徐光启编纂. 崇祯历书——附西洋新法历书增刊十种. 潘鼐汇编. 上海：上海古籍出版社，2009：253.

《月离历指》有关于"地半径差"的详细论述，其中有"月天最小，距地甚近，即地球与其本天有小大之比例。乃测器之心不居地心，而居地面，则所得月轨高乃地面之视高，非地心之实高也"[1]。这里必须利用地球与月天距离之比例计算地半径差，已经是在地球为球体的情况下考虑问题了。

中国人对于日球、月球、地球大小的认识伴随着地圆说传入和接受的整个过程。地圆说是《崇祯历书》中的太阳理论、月球理论、五星理论和交食理论的基础，它们互为补充，共同构成了一个理论体系，对中国传统观念产生了强烈的冲击。重要原因之一是传教士对于整个理论进行的系统而深刻的阐述，其论证方法采纳了逻辑演绎推理，令国人耳目一新。另外，作为这一学说的接受者，中国人在明末"实学"思潮的冲击下，焕发了空前的学习西学的热情，最终认为是定论如山。这些学说对明末天文学产生的影响，无异于一场科学革命。

八、中国学者对地圆说的受容和反映

明末以来中国人对西方地圆说的反应，概括起来大概有以下三种。

一是认为地圆说在中国前所未有，如徐光启、李之藻等。徐光启于1605年曾著文介绍地圆说，从古人所熟知的北极出地高度在各地不同的事实出发，依此来证明地圆说的可信性。他又指出，如果承认北极出地高度各地不同，天圆而地平，一种可能的推论是，天与地必相交于阳城以北两万余里处，而这是完全不可能的。他从中国传统认知的层面切入，又作正反两面的论证，似更能切中中国人的心思。

地圆说对于天文学上的最明显的影响是对于日、月食的原理解释和计算达到了前所未有的准确，另外一个影响是使得中国学者明确了在天体运动的计算中必须考虑到视差（当时称之为地半径差）的影响。在"议用西历"中徐光启明确指出："天有经度纬度，地亦如之。古历止有天之经度……，唐以来始知有地之纬度，故言北极出地某处若干度凡十三处，而元人广之为二十九处。若地之经度惟利玛窦诸陪臣始言之，亦惟彼能测验施用之。故交食时刻，非用此经度，则不能必合也。"[2]

徐光启在领导编修《崇祯历书》时深明历理，认识到地圆说特别是地理

---

① 罗雅谷. 月离历指//徐光启编纂. 崇祯历书——附西洋新法历书增刊十种. 潘鼐汇编. 上海: 上海古籍出版社, 2009: 133.

② 徐光启. 徐光启集. 下册. 王重民辑校. 上海: 上海古籍出版社, 1984: 330.

经、纬度在天文学观测中的重要性，从而对有关地球经纬度的测量和计算方法进行了明显改进。

在他的《测候四说》中关于计算日月食时的"时差"和"里差"的解释，符合科学原理，在当时做出了开创性的贡献。

仔细分析李之藻的《请译西洋历法等书疏凡十四事》发现，它的 14 个内容多数都与地圆说及相关的日球、月球、地球大小位置等有关，李之藻对西学的认识是深刻而精辟的。李之藻在其所著《浑盖通宪图说》和《圜容较义》中也分别论及了地圆说。

二是认为地圆说中国古代就已经出现，如熊明遇、方以智等。熊明遇在他的著作《格致草》中介绍了传入的西方天文学知识，并对中西天文学的一系列问题进行了比较研究。其中，熊明遇充分肯定了地圆说。但是他在《格致草》自叙中提出，西周末年"重黎子孙窜于西域，故今天官之学，裔土有专门"。熊明遇的说法昭示了在其后盛行一时的西学中源说。这反映了当时一些中国学者并不情愿接受中国传统天文学处于劣势的事实，而试图寻求某种安慰的心态。方以智在其著作《物理小识》中也力主西方传入的地圆说，并用十分形象的文字描述："地形如核桃肉，凸山凹海。"但他也指出地圆说的某些论点在中国古代的《周髀算经》中已经论及，由此他认为"天子失官，学在四夷"之说是可信的。这是对熊明遇说法的重申和具体的论证。

上述两派学者都是接受西方地圆说的，而且持此两种观点的人代表了中国上层人士，他们在明末都是具有影响力的人物。他们对地圆说的态度把事情带入了两个极端。

三是认为地圆说十分荒谬，持排斥态度，如宋应星、王夫之、杨光先等人。

20 世纪 70 年代重新发现的明末著名科学家宋应星佚著四种，其中有一种名《谈天》，里面谈到地圆说时有如下说法："西人以地形为圆球，虚悬于中，凡物四面蚁附，且以玛八作之人与中华之人足行相抵。天体受诬，又酷于宣夜与周髀矣。"①宋应星这里所引西人是指利玛窦。宋应星所持态度十分保守，他甚至认为太阳并非实体，而日出、日落被说成只是"阳气"的聚散而已。

明末清初的王夫之也抨击西方地圆说，他既反对利玛窦的地圆之说，也不相信这在西方是久已有之的："利玛窦至中国而闻其说，执滞而不得其语外之意，遂谓地形之果如弹丸，因以其小慧附会之，而为地球之象。……则

---

① 宋应星. 野议 论气 谈天 思怜诗. 上海: 上海人民出版社, 1976: 1.

地之欹斜不齐，高下广衍无一定之形，审矣。而[利]玛窦如目击而掌玩之，规两仪为一丸，何其陋也！"王夫之本人缺乏地理经纬度概念，力斥"地下二百五十里为天上一度"之说，认为大地的形状和大小皆为不可知，他说："[利]玛窦身处大地之中，目力亦与人同，乃倚一远镜之技，死算大地为九万里……而百年以来，无有能窥其狂骧者，可叹也！"①这个批评明显不够专业，而且带有浓重的感情色彩。

朱载堉作为明末大科学家，在这一问题上也显得十分矛盾，他认为"天虽大於地，不应相去数百倍"②。

如上所述，明末清初地圆说在中国的传播，经历了极其曲折的过程。在当时特定的历史条件下，面对一种全新的、与传统概念完全不同的知识，中国学者经历了巨大的思想冲击。三种不同的心态中，第一种勇于摒弃旧说，接受新的观念。第二种与第一种相似，但是尽力找寻中西学说的相合点，虽然内心承认西来学说的先进性和正确性，却尽力证明西学中源的说法，力图拔高中土学说，给自己一些心理安慰。第三种一味固守旧说，拒绝新的观念，这同当时科学发展的水平有关，也同当时学者固有的观念有关。中国明代的知识分子对几何学、物理学等相关知识非常缺乏，对欧几里得几何学更是十分陌生，他们准确理解和运用西方天文学知识与接收地圆说是互为条件的。由于没有了解西方天文学的完整体系，中国知识分子在接受西方"地圆说"时必然会有很大的障碍，反之也就导致了对西方天文学说的误解和批判。这是中西方文化科技交流最大的障碍之一。

清代女科学家安徽天长人王贞仪（1768—1797）③著有《地圆说》《月食解》《地球比九重天论》《岁差日至辩疑》《黄赤二道解》《葬经辟异序》等，但多数已失传。她提出六条理由证明地球为圆形，批判了当时残存的"天圆地方"思想，还以科学道理驳斥了迷信风水的谬误。

清代《四库全书总目提要》作者纪昀等有："明万历中欧逻巴人入中国，始别立新法，号为精密。然其言地圆，即周体所谓地法覆槃、滂沱四隤而下也。其言南北里差，即《周髀》所谓北极左右，夏有不释之冰，物有朝生暮获，中衡左右，冬有不死之草，五谷一岁再熟，是为寒暑推移，随南北不同

---

① 王夫之. 船山思问录 俟解//船山全书. 第 12 册. 长沙: 岳麓书社, 1996: 460.
② 朱载堉. 律历融通//钦定古今图书集成. 北京: 中华书局, 成都: 巴蜀书社, 1986: 102.
③ 也有观点认为她是江宁(今江苏省南京市)人。参见: 中国天文学史整理研究小组. 中国天文学史. 北京: 科学出版社, 1981. 据笔者考，她一生随家人到过许多地方，18 岁随家人定居江宁。受家庭影响，思想比较开明。

之故。及所谓春分至秋分极下常有日光，秋分至春分极下常无日光，是为昼夜永短，随南北不同之故也。其言东西里差，即《周髀》所谓东方日中，西方夜半，西方日中，东方夜半。昼夜易处如四时相反，是为节气合朔，加时早晚随东西不同之故也。"①对地圆说持排斥态度，完全是倒退的思想。

19 世纪 40—50 年代"世界史地研究"热潮是中国近代思想启蒙与摆脱传统世界观束缚的运动，主要以魏源《海国图志》（1842 年）和徐继畬《瀛寰志略》（1848 年）等研究著作的刊行为标志，在书中，他们对地圆说及其相关理论进行全盘吸收和介绍。

---

① 纪昀. 四库全书总目提要 // 四库全书·子部. 石家庄: 河北人民出版社, 2000: 2697.

《测量全义》中球面天文
与球面三角学的传播

　　《测量全义》（1631年）是由徐光启督修，罗雅谷编译而成的。它引进了西方数学、测量学和基础天文学理论，并作为历法改革的基础文献被编入明末大型历算丛书《崇祯历书》中。《测量全义》在《崇祯历书》中属"法原"和"法器"部[①]，其中包括了数学与天文学的基础原理，此外还有少量的三角函数表，归为"法原"。在卷十引介了西方的测量仪器及计算工具，归为"法器"。

　　《测量全义》中引介的球面天文学知识在西方有深厚的历史背景，如"球上三角形相易之法"中的"元形""次形"三角形，"垂弧法"等与欧洲近代以前的相关知识有密切关系。另外，《测量全义》中昼长的球面天文学定义与计算方法来源于《至大论》与《天体运行论》中的相关内容。《测量全义》在由弧角到弦的变换方面继承了西方古典传统，清代中算家梅文鼎（1633—1721）、戴震（1724—1777）、焦循（1763—1820）等人在《测量全义》理论和概念的基础上进行了知识会通。

一、球面天文学的历史回顾

　　球面天文学是西方天文学的基础。球面天文知识在古希腊已经产生，建立的基础是地圆说，由于这一知识体系的系统性和完整性，近代以来逐渐发展为天文学中的一门学科，一些球面上的点、圈、坐标系等概念在后世基本没有太大变化。

---

① 徐光启. 奉旨续进历书疏//徐光启. 徐光启集. 下册. 王重民辑校. 上海：上海古籍出版社，1984：385.

　　球面三角学问题的提出与发展源于球面天文学。根据培德森的研究，在托勒密之前，在球面三角学方面做出成绩的首先是天文学家奥托利科斯（Autolycus of Pitane，约公元前 300 年）的两本小书《关于运动的球》（*On the Moving Sphere*）和《关于上升和下落》（*On Risings and Settings*），他批评了欧多克斯体系，表示了他对平面理论的兴趣，但是书中内容只涉及球面天文，主要是关于平行于赤道的圈上的天球匀速圆周运动以及在地平圈上不同点的运动。这两个小册子成为后来相同文献的范本，例如，以对比于《至大论》而出名的《小天文学》；还有欧几里得的《现象》（*Phaenomena*）是现存的涉及球面天文学的希腊文本；还有西奥多修斯（Theodosius of Bithynia，约公元前 100 年）的《球面学》（*Sphaerica*），他还有另外的关于球面天文学的书《关于昼夜》（*On the Day and Night*）和《关于居所》（*On Habitation*）。西奥多修斯的《圆球原本》旨在补充《几何原本》卷 12、卷 13，建立在卷 3"关于圆"的基础上，并且涉及天球上的普通圆，但没有直接提到在天文学中的应用。这里没有涉及三角法，只是有一个关于球面三角的一致性法则的新结论。毫无疑问，严格意义上的球面三角的计算是公元前 2 世纪由喜帕恰斯开始的，但是直到梅内劳斯（Menelaus，约公元 1 世纪）的《球面学》才使得球面三角成为数学的一个特殊的分支。梅内劳斯的《球面学》后由毛罗里科（Maurolyco，1558 年）、梅森（Mersenne，1644 年）和哈利（Halley，1758 年）印刷出版拉丁文本，它们是在原始希腊文本散失后，基于阿拉伯文译本而成[①]。

　　梅内劳斯的《球面学》分三个部分展开。第一部分给出一系列的定义，如球面三角形定义为由球面上的三个大圆弧组成；然后是 35 个命题，分别是关于这些三角形的相关特点的研究，命题 11 陈述了三角形内角和大于180°。第二部分包括在西奥多修斯定理基础上的扩展，仍然没有球面三角学内容。第三部分系统陈述了球面三角学，第 1 个命题是梅内劳斯定理，有平面形式和球面形式两种，由托勒密在《至大论》中给出证明[②]。

　　从古代到中世纪，平面和球面三角学的基本方向和所关注的问题没有变化，三角函数知识产生于天文学的定量研究，古希腊人最早开始研究三角函数，托勒密第一个做出了系统的表述。由于数理天文学的需要，阿拉伯人继

　　① Pedersen O. A Survey of the *Almagest*. Odense: Odense Universitetsforlag, 1974.

　　② Ptolemy C. Ptolemy's *Almagest*. Toomer G J（trans.）. London: Gerald Duckworth & Co. Ltd., 1984: 64-69.

承和发展了希腊三角术，许多阿拉伯数学家参与编制了精度较高的三角函数表。希腊三角术系统化的工作是 9 世纪天文学家阿尔·巴塔尼（Al-Battani，858?—929）做出的，其《天文论著》（又名《星的科学》）被普拉托（Plato）译成拉丁文，名为 De Motu Stellarum，对欧洲影响很大。该书创立了系统的三角学术语，使得作为一门学科的球面三角学的体系更加完整且严密。哥白尼、第谷、开普勒、伽利略等人都利用和参考了他的成果。

在托勒密《至大论》中大量球面天文学内容的基础上，13 世纪英国数学家、天文学家萨克罗伯斯科（Joannes de Sacrobosco，1190—1258）根据拉丁文本的《天文学基础》，并参考《至大论》等书，写出欧洲标准的天文学教科书《天球论》。从中世纪到近代的过渡期中，该书广泛在各大学和一般知识界中普及。

中世纪以后一些学者在这方面做出了努力，三角学在欧洲真正得以确立应首推德国的雷琼蒙塔努斯（Regiomontanus Johannes，原名 J. Muller，1436—1476）的著作《三角全书》（1533 年）中所做的工作。

哥白尼《天体运行论》卷 2.2 和卷 2.3[①]是关于平面和球面三角学的内容。虽然哥白尼在章首说"我在下面严格仿照托勒密的办法，用六条定理和一个问题来说明这一课题"，但是实际上，哥白尼的论证方法和顺序有所调整，他对所说的"六条定理和一个问题"给出了更加严密的逻辑证明和作图方法。

经过比较发现，《至大论》卷 1.10 和《天体运行论》卷 1.12 中求弦长所用的图形基本一致，内容相似。《天体运行论》卷 1.13 "平面三角形的边和角"和卷 1.14 中"球面三角形"是《至大论》中没有的内容，显然在 14 个世纪以后三角函数经由印度和阿拉伯数学家的发展，已经大为改观，哥白尼的学生雷蒂科斯（George Joachim Rheticus，1514—1574）在三角学方面做出了新的工作，在数学方法上完善了《天体运行论》。《天体运行论》球面三角学内容基本上以命题的形式展开，对于每一命题的各种可能性，在题目和解的结果方面讨论都比较充分，多处引用《几何原本》的内容，在形式方面沿袭了定理的证明程序，并在最后有"证毕"作为结束。

二、《测量全义》中的相关内容

《测量全义》中关于球面三角学问题的解法中涉及"球上三角形相易之

---

① 参照哥白尼. 天体运行论. 叶式辉译. 北京：北京大学出版社，2006: 29-39. 原书中相关的内容已经在中译本中调整为卷 1.13 和卷 1.14。

法"中讲到"元形""次形"三角形等内容，和《天体运行论》卷1.14中的类似，在这里哥白尼的"主题三角形"被译成了"元形"，通过比较发现所作的图也一致。进一步研究发现，"元形""次形"法从梅内劳斯球面三角的两个定理发展而来。如图1三角形 ABC 是哥白尼的主题三角形，图2、3说明了梅内劳斯定理各弧段的关系，其中图2和3引自托勒密《至大论》[①]。

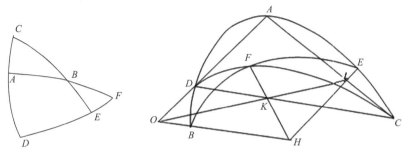

图1 《天体运行论》中的主题三角形　　图2 梅内劳斯定理

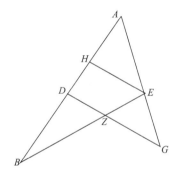

图3 梅内劳斯定理的部分证明

为了方便讨论，托勒密在《至大论》中首先把天球分为天极在地平圈上（正交天球）和天极不在地平圈上（斜交天球）两种情形。关于球面天文的一些测算表格，托勒密在其《至大论》中最经常用到的就是"赤纬表"、"升起时间表"（即赤经表，或者也可称之为"最长昼表"）、"黄道和子午圈、地平圈夹角表"等。同样地，哥白尼讨论了"赤道、黄道与子午圈相交的弧和角"、"测赤经、赤纬和过中天时黄道度的方法"、"地平圈的交点"和"正午日影的差异"等问题后，给出了"赤纬表""赤经表""斜交天球经度差值表"等。之后，哥白尼对这些工作说道，"以上对与黄道有关的角度

① Ptolemy C. Ptolemy's *Almagest*. Toomer G J（trans.）. London: Gerald Duckworth & Co. Ltd., 1984: 64, 68.

和交点的论述,是我在校核对球面三角形的一般讨论时从托勒密的著作中扼要摘引的"①。但实际上他的论证具有术语统一化和论证严谨化趋向。例如,图 4 与图 5 分别是哥白尼在《天体运行论》中给出的计算球面三角的例子,其中图 4 具有明显的平面三角过渡到球面三角的投影倾向,而图 5、图 6 也出现在梅文鼎的《弧三角举要》中,在此书中认为"次形法"可以求解一般的球面三角形问题,而"垂弧法"可以通过作一边的垂弧,把斜弧三角形化为正弧三角形。

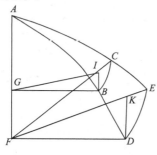

图 4 哥白尼的球面三角计算

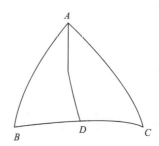

图 5 垂弧法

图 6 次形法

克拉维斯于 1561 年写出《萨克罗伯斯科〈天球论〉评注》,后多次修订出版,是当时的天文学百科全书。利玛窦作为克拉维斯在罗马学院的学生,来华后传授的天文学知识多依据此书。据前人研究,罗雅谷等人的《测量全义》译著的底本吸收了克拉维斯的《实用几何学》(*Geometri Practice*)(1611年)、玛金尼的《球面三角学》(*Et Trigonometrice Sphericonum*)(1609 年)等内容②。

---

① 哥白尼. 天体运行论. 叶式辉译. 北京: 北京大学出版社, 2006:62.
② 白尚恕. 《测量全义》底本问题初探//科学史集刊编辑委员会. 科学史集刊(11). 北京: 地质出版社, 1984: 143-159.

三、《测量全义》之前介绍的球面天文知识

西方古典球面天文知识在《崇祯历书》编撰之前就已经传入中国了。相关比较重要的书籍有利玛窦、李之藻合译的《乾坤体义》（1605 年），这是中国学者了解托勒密天文学的入门书，是克拉维斯传入中国的《萨克罗伯斯科〈天球论〉评注》的知识片段译编本[①]。而邓玉函等人编撰的《测天约说》（1630 年）是为了修历而节取西方学科体系之部分，并集中了与测天有关的内容而译撰的。

《乾坤体义》中的"天地浑仪说"主张天和地皆为球体，对天球的各个圈环进行了定义，包括天赤道、天北极、南北道（黄道）、昼夜长短问题等，特别是给出了关于浑仪的图示。

《测天约说》首次介绍了球面天文的预备知识，结合天体运动之时度定义了赤道圈、经圈、纬圈、经度、纬度、地平圈、地平经度、地平纬度、顶极、底极；又明确了"地为圆体，故球上之每一点各有一地平圈，从人所居，目所四望者即是，其多无数"；接着给出了正交天球、斜交天球、平球的图示和定义。分别是："正交天球者，天元赤道之二极在地平，则天元赤道与地平为直角，而其左右纬圈各半在地平上，半在地平下。""斜交天球者，天元赤道之二极一在地平上，一在地平下。赤道与地平为斜角，而天元赤道与地平之各经纬圈，伏见多寡各不等，其极出地之度，为用甚大，测候者所必须也。""平球者，一极在顶，天元赤道与地平为一线，各距等圈皆与地平平行也。"[②]另外，书中特别指出，黄赤道相距是用赤道纬度进行度量的，这反映了古希腊的天文学观念，古希腊没有"黄道极"概念，所以一直以赤道纬度代替黄赤道距[③]。关于天球运动的一些实际问题，给出了距度（天球上两点之间的距离）、升度（在赤道上度量的黄道的上升度）、日距圈（周日平行圈）、地平上点的出和入，又分别结合定义和平面图示举例说明了正交天球、斜交天球上不同的运动情况。

《测天约说》首次引进了"正交天球""斜交天球""升度差"等概念，

① 樊洪业. 耶稣会士与中国科学. 北京: 中国人民大学出版社, 1992: 18.

② 邓玉函. 测天约说. 卷上 // 赵友钦, 等. 中外天文学文献校点与研究. 邓可卉点校. 上海: 上海交通大学出版社, 2017: 236-237. 在此, 笔者把原译文的"正球"改为"正交天球", 把"欹球"改为"斜交天球"。

③ 邓可卉. 东汉空间天球概念及其晷漏表等的天文学意义——兼与托勒玫《至大论》中相关内容比较. 中国科技史杂志, 2010, 31(2): 196-206.

在《测量全义》中也有类似的内容，这也是继承了托勒密天文学的内容。

四、《测量全义》中球面三角学及其应用

《测量全义》卷七有："球上斜角形，全数上方形与两腰之正弦矩内形若两腰间角之矢与两矢之较。两矢者，其一为底弧之矢，其一为两腰较弧之矢。"[①]此术文的对应公式如下：

$$1^2 : \sin b \sin c = \text{vers } A : [\text{vers } a - \text{vers}(c - b)]$$

《测量全义》对以上命题的证明如下。

如图 7 所示，"论曰，丁甲酉、寅巳庚两形相似"，

则
$$\frac{甲丁}{甲酉} = \frac{寅巳}{庚巳}$$

又
$$\frac{辛巳}{庚巳} = \frac{壬甲}{酉甲}$$

根据《几何原本》，$\dfrac{辛巳}{辛庚} = \dfrac{壬甲}{壬酉}$，

所以
$$\frac{辛巳}{壬甲} = \frac{辛庚}{壬酉}$$

又乙巳辰、壬子酉两直角形相似，

则
$$\frac{乙巳}{乙辰} = \frac{壬酉}{子酉}$$

上述两式相乘

得
$$\frac{全数 \cdot 全数}{两弧正弦矩内形} = \frac{巳角之矢 \cdot 辛庚}{两矢之较 \cdot 子酉} \quad （依《几何原本》卷 5）$$

即
$$1^2 : \sin b \sin c = \text{vers } A : [\text{vers } a - \text{vers}(c - b)]$$

---

① 罗雅谷. 测量全义 // 徐光启编纂. 崇祯历书——附西洋新法历书增刊十种. 潘鼐汇编. 上海: 上海古籍出版社, 2009: 1409.

图 7 　《测量全义》中的球面三角法

对于这一题除了"论曰"，又给出"图说""解曰""系""二系""解法"，其中"系"和"二系"是这个定理的两个推论。在《测量全义》卷七最后总结说："球上三角形比类法，见宗动天诸问。向上诸篇皆先言其理。上法之外，尚多别法。或用实球，从球面界画诸圈测之，或用平立环浑仪测之，或用平浑仪测之，或用比例规，或用宗动天之象限，或用规于平面画图，以缀术算之，或先算成各度分之数，而列为立成表。俱有本书、本论、本捷法，然方之前法则疎而不密，故近来历家舍置不用也。古法用弦数推步七政，必须勾股、开平、立、三乘方等术，至繁而易紊，用力多而见功少，今悉置不用。"①

以上对测量术进行了总结，给出了大约 7 种测天方法，都是涉及明末传入中国的西方古代或中世纪的三角测量法，而最后一种所谓古法，应是指"弧矢割圆术"，因为繁杂，也弃之不用了。这些测天方法基本上涵盖了中古时期不同的数学家创造的方法。从卷七的内容来看，没有超出欧洲中世纪之前的水平，大多把球面三角转换为平面三角，通过相似勾股形、《几何原本》比例诸法、割圆八线等解决，解决的途径是作平面投影图。这些内容和方法正好符合中算家的专长，即他们所熟悉的传统勾股术、比例法，加上传入的割圆八线内容等。所以，清代许多中算家在学习当时西方球面三角学知识后，有的从西学角度，有的从传统中算角度，另有的从"会通中西"角度对三角学进行解释。

① 罗雅谷. 测量全义 // 徐光启编纂. 崇祯历书——附西洋新法历书增刊十种. 潘鼐汇编. 上海: 上海古籍出版社, 2009: 1414.

《测量全义》卷八"测球上大圈"是关于球面三角在天文学中的应用，是在《测天约说》的基础上展开的，可计算两道各度分相距之纬度表；可计算每度之同直升表；还可计算每度与过极圈之交角表。以上内容都为计算日食之根本，为后面《交食历指》《五纬历指》的编撰奠定了基础，可以据此计算月亮所在白道与黄道、五星与黄道的度数。《测量全义》卷七前面的内容都是作为后面的铺垫，第八、九卷的内容在《崇祯历书》的其他书中运用和被援引得最多，说明《测量全义》是《崇祯历书》天体测量学的理论基础。

《测量全义》卷八第三题是，"有北极出地度及黄道之某点，求昼夜长短"①，这是用球面天文学方法计算昼夜长度的方法，最后给出一张不同地理纬度的昼长表格。其中对"昼长"的定义值得细究，用小字解释即"各斜交天球黄赤道同升之点"，并且用图 8 解释如下：从北极过日体作过极圈之弧癸甲丙，甲为赤道之一点，庚也是，辛为黄道上一点，它们同过子午圈，那么辛丙的 2 倍即为昼长②。辛丙与庚甲等长，庚甲的余弧为甲乙，所以最终归结为求甲乙。只需要解球面三角形甲乙丙，即可计算出甲乙。

图 8　计算昼夜长短图③

值得注意的是，上述把昼长定义为"各斜交天球黄赤道同升之点"，取自《至大论》中托勒密关于昼长的定义：在斜交天球中与黄道上的点同时升起的赤经弧度④。而《至大论》也给出了一张不同地方的"升起时间表"（赤

① 罗雅谷. 测量全义 // 徐光启编纂. 崇祯历书——附西洋新法历书增刊十种. 潘鼐汇编. 上海：上海古籍出版社，2009：1419.

② 图中子午圈上有两个辛，是当时译书人员由于时间仓促造成的失误，或许有可能是用同一个辛表示两个位置的对称特点。这里指下面一个辛与丙的连线。

③ 罗雅谷. 测量全义 // 徐光启编纂. 崇祯历书——附西洋新法历书增刊十种. 潘鼐汇编. 上海：上海古籍出版社，2009：1419.

④ Ptolemy C. Ptolemy's *Almagest*. Toomer G J(trans.). London: Gerald Duckworth & Co. Ltd., 1984: 94-95.

经表）作为对这个问题的表格化处理结果。

同理，在《天体运行论》中计算最长昼的方法虽然有了一些改进[①]，但是总体上是继承了托勒密天文学中的相关内容。

《测量全义》指出，甲乙又为正交天球与斜交天球两升之差，是各不同地方昼夜长短之根。按照这个思路进一步分析得到，对于不同地方，只要按照相同的计算程序计算不同的甲乙长度，即可得到不同的昼长。最后，计算并列出诸方半昼分立成表。在《测量全义》的昼长理论中还强调了赤道、地平阔度（经度）为各种日晷之宗法。西式日晷的制造和使用在清代较为普遍的重要原因就是，西方三角学和球面天文学的传入使得晷面作图法有了更加科学的依据。

《测量全义》中球面三角学的引入，避免了中国传统历算中利用弧矢割圆术的明显缺陷，即计算的有限适用范围和近似计算公式，在由弧角到弦的变换方面继承了西方古典传统，引进了新学科，消除了数学计算本身的误差，而且大大扩充了解题范围。不仅如此，建立在球面三角学基础上的球面天文也开始引进，内容包括，一系列球面天文弧、点、圈的概念和各个坐标量值等名词术语的建立，几个重要的球面天文坐标系的建立，各个坐标系量值之间的转换等，在近代天文学传入之前，使得中国天文学传统受到冲击而进一步更新和发展。

五、清代学者对《测量全义》的研究

清代学者梅文鼎、戴震、焦循等人在罗雅谷《测量全义》的基础上进一步阐发，他们不但吸收了其中的投影法，把球面三角形转换为平面三角形，而且结合了中算传统。下面举例说明。

元代《授时历草》中处理球面黄赤道坐标转换时，采用了投影方法。明末熊三拔的《简平仪说》中用平行投影法研究天球，后来，李之藻等又撰《浑盖通宪图说》（二卷）用中心投影法研究天球，但是没有阐述投影原理。《四库全书总目提要》所说"大旨以视法取浑圆为平圆，而以平圆测量浑圆之数也"[②]，学术界已经注意到，这种把立体球变为平面圆的投影对梅文鼎有一

① 哥白尼. 天体运行论. 北京: 北京大学出版社, 2006: 50-52.

② 纪昀. 四库全书总目提要 // 四库全书·子部. 石家庄: 河北人民出版社, 2000: 2706.

定的影响①。可以推断，梅文鼎研究过明末的这两部书。

梅文鼎把画法几何的一些知识应用于解球面三角形上，取得了较好的成果。以前学术界多把注意力集中于梅文鼎之后解球面三角形问题时的一些转换方式上，例如注意到了他对画法几何的应用，其中的内容有"天球投影二视图"，有"正视"和"旁视"法等，以及选择"三极通机"的以量代算方法解决球面天文之坐标系之间的转换问题②，梅文鼎的《环中黍尺》就是对这方面内容的深入研究。在《弧三角举要》和《堑堵测量》中，梅文鼎还证明了一系列三角公式。在《环中黍尺》中，他利用平行投影法，把球面三角形投影到平面一个大圆内，然后根据平面关系证明了球面三角形的余弦定理与积化和差公式，发明了"先数后数法""初数次数法"等。他的一些重要方法的来源，笔者认为一是《授时历》，二是明末引进的西法，特别是《测量全义》是梅文鼎重点学习的内容。

下面一段话可以了解梅文鼎《弧三角举要》中关于弧三角原理和用法的思想。

> 《弧三角举要》五卷。历书皆三角法也，内分二支：一曰平三
> 角，一曰弧三角。凡历法所测，皆弧度也，弧线与直线不能为比例，
> 则剖析浑员之体，而各于弧线中得其相当直线。即于无句股中寻出句
> 股，此法之最奇而确者。弧三角之用法虽多，而其最著明者，为黄赤
> 交变一图。反覆推论，了如列眉，熟此一端，则其余不难推及矣。
> 《测量全义》第七、第八、第九卷专明此理，而举例不全，且多错
> 谬。其散见诸历指者，仅存用数，无从得其端倪。《天学会通》③图
> 线三角法，作图草率，往往不与法相应。一以正弧三角为纲，仍用
> 浑仪解之。正弧三角之理，尽归句股。参伍其变，斜弧三角之理，
> 亦归句股矣。其目：曰弧三角体式，曰正弧句股，曰求余角法，曰
> 弧角比例，曰垂线，曰次形，曰垂弧捷法，曰八线相当。④

梅文鼎在球面三角学方面的工作集中于他的《弧三角举要》、《堑堵测

---

① 刘钝. 郭守敬的《授时历草》和天球投影二视图. 自然科学史研究, 1982, (4): 327-332; 沈康身. 球面三角形的梅文鼎图解法. 数学通报, 1985, 5: 47-49, 52.

② 刘钝. 托勒玫的"曷捺楞马"和梅文鼎的"三极通机". 自然科学史研究, 1986, 5(1): 68-75.

③ 《天学会通》是薛凤祚完成的《历学会通》的另外一个名称，在此书中薛凤祚也对弧三角法给出了自己的看法。

④ 赵尔巽. 清史稿·15卷. 许凯标点. 长春: 吉林人民出版社, 1995: 10545-10546.

量》和《环中黍尺》三部著作中，这三部著作的撰著持续了很长时间。他在《弧三角举要》中讲述球面三角学的一般解法时，利用了"垂弧法"和"次形法"，重视把斜三角形转换为直角三角形，对于球面天球上的各个圆、点、弧、线的定义已经非常熟悉。他得到了直角三角形的正弦定理，接着得到了一般三角形的正弦、余弦定理。卷五"八线相当法"中利用四率比例反复讨论了同角三角函数关系，以及球面三角的同角三角函数关系，以便检用。他还证明了《测量全义》中的三角学公式。

下面一段话可以了解梅文鼎《环中黍尺》中关于弧三角投影原理和用法的思想。

> 《环中黍尺》五卷。举要中弧度之法已详，然更有简妙之用宜知。《测量全义》原有斜弧两矢较之例，所立图姑为斜望之形，而无实度可言。今一以平仪正形为主，凡可以算得者，即可以器量。浑仪真象，呈诸片楮，而经纬历然，无丝毫隐伏假借。至于加减代乘除之用，历书举其名不详其说，疑之数十年，而后得其条贯，即初数次数甲数乙数诸法。其目：曰总论，曰先数后数，曰平仪论，曰三极通几，曰初数次数，曰加减法，曰甲数乙数，曰加减捷法，曰加减又法，曰加减通法。[1]

下面一段话可以了解梅文鼎《堑堵测量》中关于弧三角原理和用法的思想。

> 《堑堵测量》二卷。古法斜剖立方，成两堑堵形，堑堵又剖为二，成立三角，立三角为量体所必需，然此义皆未发。今以浑仪黄赤道之割切二线成立三角形，立三角本实形，今诸线相遇成虚形，与实形等，而四面皆句股，西法通于古法矣。又于余弧取赤道及大距弧之割切线，成句股方锥形，亦四面皆句股，即弧度可相求，亦不言角，古法通于西方矣。二者并可以竖楮为仪象之，则八线相为比例之理，了如掌纹，而郭守敬员容言直矢接句股之法，不烦言说而解。其目：曰总论，曰立三角摘要，曰浑员内容立三角，曰句股锥，曰句股方锥，曰方堑堵容员堑堵，曰员容方直仪简法，曰郭太

① 赵尔巽. 清史稿·15 卷. 许凯标点. 长春: 吉林人民出版社, 1995: 10546.

史本法，曰角即弧解。[①]

下面举例说明。《测量全义》卷七第六节有"球上直角形各边角正弦等线之比例"，其第一题的内容简要摘录如下：

> 欲明此论，宜以浑体解之。今权设浑象，以坚厚楮，作一圆形，中心折作直角，半平者，其弧如赤道之半周也。半立者，其弧如极分交圈之半周也。……如上图，乙丁寅圈为赤道，乙丙癸为黄道，乙寅为春秋分，癸为夏至，午辰为南北极，午癸丁辰为极至交圈，午丙为过极经圈，以限黄道之经度，容赤黄二道之距度。……则图中有直线直角形四，一癸巳卯，二戊丁卯，三丙辛壬，四子甲丑，因卯、壬、丑三角等，故三形俱相似。[②]

《测量全义》给出了以上文字的对应图，如图 9 所示。梅氏在《弧三角举要》中对此图形进行讨论时又在原图 9 的基础上补充两条切线 AP、AQ，如图 10，从而增加了一个平面直角三角形 APQ。他不仅给出若干新的三角函数关系，而且对《测量全义》中的公式进行了证明[③]。

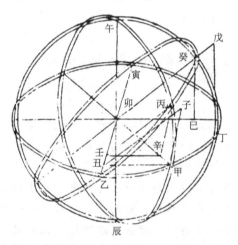

图 9 《测量全义》中的球面三角投影图

---

① 赵尔巽. 清史稿·15 卷. 许凯标点. 长春：吉林人民出版社，1995：10546.

② 罗雅谷，徐光启，等. 测量全义 // 徐光启编纂. 崇祯历书——附西洋新法历书增刊十种. 潘鼐汇编. 上海：上海古籍出版社，2009：1400-1401. 据笔者考察，这幅图中有的点没有标出，因此有与术文不符之处，且这种图形失误问题在《测量全义》中其他内容中也存在。

③ 李迪，郭世荣. 清代著名天文数学家梅文鼎. 上海：上海科学技术文献出版社，1988.

焦循在其《释弧》中进一步对图 10 中的许多弧弦通过引入距等圈、经纬圈的概念而进行定义，考虑到弧三角形各个量的天文含义，并给出两个比例关系，焦循的比例关系即所谓"以正弦合经切，为半径与角切之比例；以黄弦合经弦，为半径与角弦之比例"[①]。

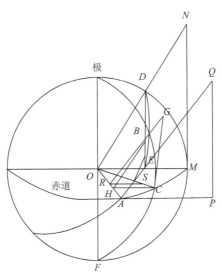

图 10　梅文鼎《弧三角举要》中的解构

如图 10 所示，正弦=HC，经切=GC，半径=OM=OD，经弦=NM，黄弦=BR，角弦=DE，用公式表示，有

$$\frac{HC}{GC} = \frac{OM}{NM}, \quad \frac{BR}{BS} = \frac{OD}{DE}$$

即得到

$$\frac{\sin b}{\tan a} = \frac{1}{\tan A}, \quad \frac{1}{\sin A} = \frac{\sin c}{\sin a}$$

焦循指出，在应用上述公式时，只需已知其中的两个量，就可求出第三个量；这些量之间的转换可以灵活应用。他将其应用于解三角形。他认为图 11 中庚丙寅经线可以在 1—90 度之间移动，不论移到何处，乙、丙、甲三弧都与乙、癸、辰三弧相似，且弧角互成比例。

① 焦循. 释弧卷下·十四、十五//焦氏丛书. 清光绪二年(1876 年)刻本.

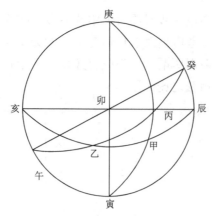

图 11　焦循以天文量定义三角形弧

　　焦循以传统数学角度重新认识三角学，试图将西方数学融入传统中算之中。他说："《九章算术》方田章有圆田、弧田之术，圆为弧之合，弧为圆之分，於此可见。其术有周径，有半周半径，有矢、有弦，为割圆弧矢之术所从出，亦即三角八线之理所不能外也。"①

　　梅文鼎在《环中黍尺》中，再次应用平行投影法，把球面三角形投影到平面上，利用平面关系来解球面三角形，证明球面三角公式。他的问题是：如图 12 所示，在球面三角形丙乙丁中，已知丙乙、丁乙两弧及夹角乙角，求丙丁弧。

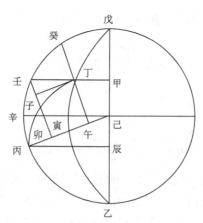

图 12　《环中黍尺》中的"先数后数法"

　　设有三角形乙丙丁三个角分别对应 A、B、C，它们的对边分别为 a、b、

---

① 焦循. 释弧卷上·二 // 谢路军主编，郑同校. 焦氏文集. 北京：九州出版社，2016: 255-256.

c。由投影关系进一步证明得到：

$$1：\sin b\sin c = \text{vers}A：[\text{vers}a–\text{vers}(b – c)]^{①} \quad （令半径=1）$$

证明过程如下：

由投影关系可知：寅辛=versA，甲壬=sinb，丙辰=sinc。

根据距等圈原理和△壬丁子∽△丙己辰，有

$$丁壬：甲壬=寅辛：己辛$$

$$丙己：丙辰=丁壬：丁子$$

所以

$$丁壬 = \frac{甲壬·寅辛}{己辛}，\quad 丁子 = \frac{丙辰·丁壬}{丙己}$$

梅文鼎分别称上述两式中的丁壬、丁子为"先数""后数"。进一步可得：

$$\frac{丁子}{寅辛} = \frac{甲壬·丙辰}{己辛·丙己}$$

令半径=1，则有

$$丁子：\text{vers}A =(\sin b · \sin c)：1$$

由图可知丁子=午卯=午丙–卯丙= $\text{vers}a$ – $\text{vers}(b-c)$=己卯–己午= $\cos(b-c)$–$\cos a$。

即有

$$[\text{vers}a – \text{vers}(b-c)]：\text{vers} A =(\sin b · \sin c)：1$$

所以

$$1：(\sin b · \sin c)= \text{vers} A：[\cos a–\cos(b-c)]$$

梅文鼎"先数后数法"等价于现代三角学的余弦公式。

在焦循看来，梅文鼎的这些证明思路是不清晰的。在焦循的"初数后数法"中，他先给出"初数""后数"的定义，接着又分别列出各种情形下的

① vers$a$=1/cos$a$。

公式，给出证明，最后是公式的应用。

焦循《释弧卷下》提到"矢较之法"，包含"初数后数法"和"总弧存弧法"两种情况①。主要是利用投影原理证明球面三角公式。举例说明如下。他说："大弧小弧之和曰总弧，其较曰存弧。截总弧之所至而画之，为总弧之弦；以弦截矢，为总弧之矢。截存弧之所至而画之，为存弧之弦；以弦截矢为存弧之矢。……总弧之矢减存弧之矢曰两矢较。中两矢较而半之曰半矢较。"②

按照他的定义，在图 13 中，球面三角形乙、丙、丁三个顶点分别对应 B、C、A，b、c、a 分别为它们所对三边。丙丁为大弧，乙丁为小弧；乙己=$b+c$ 为总弧，乙戊=$b-c$ 为存弧；己寅=$\sin(b+c)$，戊癸=$\sin(b-c)$，乙寅=$\mathrm{vers}(b+c)$，乙癸=$\mathrm{vers}(b-c)$；寅癸为两矢较，癸卯=寅卯为半矢较。

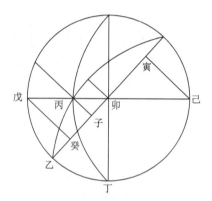

图 13　焦循的"总弧存弧法"

他先给出基本概念，再结合图形对各个基本概念进行分析，然后总结出一些类似于性质定理的公式，并结合图形给出严密的推理论证，最后结合应用实例加以说明。可见，他继承了《测量全义》的写作体例，运用了西学演绎推理的方法。

焦循的天算研究成果主要有《释弧》《释轮》《释椭》三书，其书名足以说明他的主要目的是对西方数理天文学中圆弧、小轮和椭圆等进行诠释。相较于梅文鼎，焦循在方法上更多地移植了西学的逻辑演绎方法，而在原理上则会通了中国传统数学，真正达到了贯通并阐释发挥西学的目的。

在解球面三角形时，梅文鼎和焦循都用到了"垂弧法"和"次形法"，

① 王君，邓可卉. 试论焦循对"总弧存弧法"的研究. 内蒙古师范大学学报(自然科学汉文版)，2009，38(5)：544-549.

② 焦循. 释弧卷下·十四、十五 // 焦氏丛书. 清光绪二年(1876 年)刻本.

这两种方法是中世纪发展起来的，通过《测量全义》介绍到了中国。所谓"垂弧法"是利用作斜弧三角形一边的垂弧，使之分为两个正弧三角形再进行求解。梅文鼎在《弧三角举要》中讨论了形内垂弧，而焦循在《释弧》中将垂弧分为形内垂弧和形外垂弧，对于不能用垂弧法解的，可以用"次形法"解之。

在焦循看来，"次形法"的原理是利用弧与角的对称、互余、互补情况，把原来不容易求解的三角形转化为比较容易求解的三角形。利用次形法可以避免对大于 90 度的弧、角作三角函数的代数运算，使得全部三角函数定理都可以通过几何线段间的相互关系而获得。梅文鼎、焦循等人总结了作"次形"的基本方法有取余边法、取对极法，根据不同的情况，有的取两边的余边或补边，有的取三边的余边或补边，还有的取次形的次形。

戴震在《勾股割圜记》中定义三角八线时，用到了一些古奥的术语，如本弧正弦、余弦、正切、余切、正割、余割分别被他称为"内矩分""次内矩分""矩分""次矩分""径引数""次径引数"；他对弧三角八线的定义，则在本弧的对应三角八线名称前加一"即"字。由于他没有使用通用的术语，这让人很难掌握他的思想方法。

《日躔历指》中介绍的第谷太阳测算理论

　　《日躔历指》是明末清初关于西方太阳理论的译介，被编入大型历算丛书《崇祯历书》中。本文介绍了《日躔历指》中的第谷太阳测算理论的内容和意义，主要包括，定南北线三法中的"取二分真气至时"和对象限仪的引进与应用，利用象限仪测量北极出地度分并考虑地半径差（视差）影响，提高了精度，介绍了第谷发现蒙气差的完整过程，首次明确大气折射的概念和数值，给出一份"日高清蒙气差表"，《日躔历指》从历史回顾和观测理论的角度，逐一否定古代的观测数据，论证了第谷测量黄赤距度值的可靠性，采纳了第谷实测春秋分日太阳躔度的方法和查表法，采纳了第谷的日躔表及其相关的各参量。此外，本文全面分析和论述了《日躔历指》的编撰特点，有助于认识和把握明末清初西方天文学的传播和会通。

　　明末西方天文学传入后，为适应历法改革的需要，朝廷组织编撰了大型天文历法丛书《崇祯历书》，其中的《日躔历指》是关于太阳理论的内容。全面探讨《日躔历指》，可以了解当时西方太阳模型在中国的传播和交流情况。学术界对西方数理天文学的源头——《至大论》进行了系统比较研究，认为托勒密几何模型方法对《日躔历指》中的太阳模型产生了重要影响，并基于中西方古代太阳理论的算理和方法的不同，进一步澄清了一些学术问题[1]，学术界对《新法算书》中的日月五星运动理论及清初历算家工作进行研究[2]，日

---

　　① 邓可卉. 托勒密《至大论》研究. 西北大学博士学位论文, 2005; 邓可卉. 中国隋唐时期对于太阳运动认识的演变——兼与古希腊太阳运动理论比较. 西北大学学报（自然科学版）, 2006, (5): 847-852.

　　② 宁晓玉. 《新法算书》中的日月五星运动理论及清初历算家的研究. 中国科学院国家授时中心博士学位论文, 2007.

本学者桥本敬造研究涉及《日躔历指》[①]。另外，学术界探讨了第谷·布拉赫（Tycho Brahe，1546—1601）天文工作在中国的传播和影响[②]，但是关于《日躔历指》中太阳测算理论及许多重要参数的来源，学术界还没有注意到。

《崇祯历书》的主要编撰者徐光启受《几何原本》的影响，在多次修历奏疏中谈到，"（在台诸臣）见臣等著述稍繁，似有畏难之意。不知其中有理、有义、有法、有数。理不明不能立法，义不辨不能著数。明理辨义，推究颇难，法立数著，遵循甚易。即所为明理辨义者，在今日则能者从之，在他日则传之其人，令可据为修改地耳"[③]。因此，在这部一百余卷的巨著中，他把阐明天文学和数学的基本原理看作是治历的根本，基本五目中尤其突出了天文学基本理论——法原的重要性，它占了 40 卷，约占全书的 30%。徐光启对比西学，深感我国传统科学中狭隘经验论的不足，提出"言理不言故，似理非理也"，"言法不言革，似法非法也"[④]，指出"一义一法，必深言所以然之故"，才能"兼能为万务之根本"[⑤]。对《日躔历指》内容的分析，有助于廓清徐光启的修历原则在实践中的具体落实情况，探讨《日躔历指》对于第谷太阳测算理论的介绍，在学术界已有研究成果基础上，全面分析和论述《日躔历指》的编撰特点，希望上述研究有助于认识和把握明末清初西方天文学的传播和会通。

一、《日躔历指》的内容承袭了第谷《新编天文学初阶》的内容和主要思想

《日躔历指》的主要内容包括："定南北线第一""定北极出地度分第二""论清蒙气之差第三""求黄道与赤道之距度世世不等第四""春秋两分时太阳之本度第五""太阳平行及实行第六""求太阳最高之处及两心相距之差第七""推太阳之视差及日地去离远近之算加减之算第八""论

① Hashimoto K. Hsü Kuang-ch'i and Astronomical Reform: The Process of the Chinese Acceptance of Western Astronomy, 1629-1635. Osaka: Kansai University Press, 1988: 107-111.

② 江晓原. 第谷天文工作在中国的传播及影响//江晓原，钮卫星. 天文西学东渐集. 上海: 上海书店出版社，2001: 269-297.

③ 徐光启. 测候月食奉旨回奏疏//徐光启. 徐光启集. 下册. 王重民辑校. 上海: 上海古籍出版社，1963: 358.

④ 徐光启. 简平仪说序//徐宗泽. 明清间耶稣会士译著提要. 上海: 上海书店出版社，2010: 203.

⑤ 徐光启. 徐光启集. 下册. 王重民辑校. 上海: 上海古籍出版社，1963: 377.

日差第九"①。

在汤若望补充《西洋新法历书》而完成的《历法西传》中，分别介绍了编撰《崇祯历书》所依据的重要西方天文学典籍的主要内容，其中，对于《至大论》九卷的内容介绍详略适当，评价准确，这方面前人已经注意到了。对于第谷的主要著作，即 1602 年的《新编天文学初阶》分六卷介绍，详细内容如下。

第一卷，取二分真气至时。

第二卷，取北极之高，并解前人之谬；解蒙气反光之差；取二至真气至时，并解二至难得真时之故；求太阳最远点，并地心与太阳心之差；求加减数，证最远点之行度及太阳平行；求岁实并推立成表，用立成表求日躔宫度而考其法。

第三卷，以二十一月食求月平行，设月行新图以齐月行……求月纬度……立推交食法……测五纬之真经纬度。

第四卷，解测星应用仪器，驳古测有误；取金星与日与某星相距度，以求某星距日度分几何。取近黄赤二道距度……求角宿经纬度……证星之黄道纬度。

第五卷，解其时新见大客星，计十二章。

第六卷，测器诸图，图计五章。②

以上说明《新编天文学初阶》第一、二卷的内容与《日躔历指》的内容基本相似，具体体现在以下几个方面。

（一）《日躔历指》中定南北线三种测量方法与第谷天文学的关联

《日躔历指》关于"定南北线第一"中不仅指出测量南北线的方法，而且对测量原理及原因进行了分析。主要是选取天正春秋分日，或前一日，或后一日，于午正前后，植表臬，视表末景所至，作点为识，次作直线联诸点，即卯酉线。然后作其垂线，即子午南北线③。这里讲得很清楚，之所以取天

① 罗雅谷. 日躔历指∥徐光启编纂. 崇祯历书——附西洋新法历书增刊十种. 潘鼐汇编. 上海：上海古籍出版社, 2009: 40.

② 汤若望. 历法西传∥徐光启编纂. 崇祯历书——附西洋新法历书增刊十种. 潘鼐汇编. 上海：上海古籍出版社, 2009: 1995.

③ 罗雅谷. 日躔历指∥徐光启编纂. 崇祯历书——附西洋新法历书增刊十种. 潘鼐汇编. 上海：上海古籍出版社, 2009. 文中的原始文献如不特别标注，皆出自此书。

正春秋分日，是因为这两日日行赤道下，表景自朝至暮，成一直线；并且忽略到可取前后各一日。

《日躔历指》特别强调"若用冬夏两至之较差，不为真率。见前论"。第谷曾在其《新编天文学初阶》中批评测量冬夏至难得真时。根据前文已引，说明这是取自第谷首创的取二分真气至时的测量方法。

《日躔历指》定南北线第二种方法："不拘月日，于午前用象限仪测得日轨高，即于表末景作识，午后用本仪测得日轨，与午前所取同高，亦于表末景作识，以直线联两点，即卯酉线，何故？为东西等高则同经，两经间，平分其所容之经，即子午经圈。"[①]由此可见利用了象限仪确定南北线。众所周知，象限仪是第谷发明的，从雅克布森（T. S. Jacobsen）的论述可以看出其重要性：

> 他的主要贡献是，首先他提高了观测精度，按照重要性排列：他创制了大而稳定性好的象限仪、六分仪和地平经纬仪；在他的仪器弧上使用了斜线分划系统；为了观测到天体，在照准仪上发明了孔式照准器和端夹，因此精度从2′提高到15″—30″。[②]

第三种方法是一种综合方法。以上三种方法既结合了传统的圭表测影的方法，又融进了新法，即"取二分真气至时"和对象限仪的引进和应用，而这两点都来自第谷的观测发现。可见，传教士在《日躔历指》中重视第谷工作并依次进行介绍。

（二）《日躔历指》中定北极出地度分方法与第谷天文学有关

在《日躔历指》"定北极出地度分第二"中用象限仪测量北极附近一星，然后用极高、极低之数相减后再平分之，就得到北极出地度分。

在《历法西传》中介绍了第谷"取北极之高并解前人之谬"的内容，说明第谷不仅强调用象限仪测量北极高度的方法，而且他详解前人之谬。由此可见，《日躔历指》用象限仪测量北极高度的思想及其一系列操作来源于第谷的《新编天文学初阶》。我们还注意到，在《日躔历指》中也有关于"解

① 罗雅谷. 日躔历指//徐光启编纂. 崇祯历书——附西洋新法历书增刊十种. 潘鼐汇编. 上海：上海古籍出版社，2009：41.

② Jacobsen T S. Planetary Systems from the Ancient Greeks to Kepler. Washington: University of Washington Press, 1999: 152-153.

前人之谬"的观点，首先指出，由于前人没有使用象限仪，故测得的春秋分午正日轨高差至一分，导致太阳经度与太阳远地点的测量误差增大，影响了整个日躔理论的精度。其次指出了古法测得的北极出地度分由于没有考虑地半径差（视差），所以误差很大，关于这个问题，在《日躔历指》"推太阳之视差及日地去离远近之算加减之算第八"中更有详细的介绍：如图 1 所示，"甲为地心，甲乙为地半径，丁辛为日躔最高圈，丙为高冲圈，日行在最高丁，人在乙，见日躔于外天巳，壬巳弧为其地平上之视高，然从地心测之，则壬戊为其地平上之实高，两高之差，为戊丁巳角，或乙丁甲角"[①]。上文给出的视差计算公式如下：实高=视高 ± 视差。

需要说明的是，在 1631 年出版编入《崇祯历书》的《测天约说》中就涉及一般视差的概念："问何为视差？曰：如一人在极西，一人在极东，同一时仰观七政，则其躔度各不同也。七政愈近人者，差愈大；愈远者，差愈小。月最大，日次之……"[②]并且给出解释视差的图示，如图 2 所示。

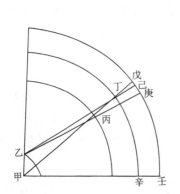
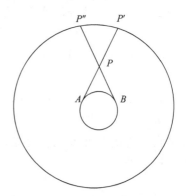

图 1 《日躔历指》中计算地平视差　　图 2 《测天约说》中的视差原理图

（三）《日躔历指》中论清蒙气差与第谷《新编天文学初阶》的内容对应

蒙气差是指天体射来的光线通过大气层时，受到大气折射所引起的折射量。大气折射可使天体视像向天顶方向偏折，因此对天体测量的精确度有重要的影响。

① 罗雅谷. 日躔历指//徐光启编纂. 崇祯历书——附西洋新法历书增刊十种. 潘鼐汇编. 上海：上海古籍出版社，2009: 59.

② 邓玉函. 测天约说//徐光启编纂. 崇祯历书——附西洋新法历书增刊十种. 潘鼐汇编. 上海：上海古籍出版社，2009: 1147.

西方蒙气差知识的最早传入是在利玛窦与李之藻合译的《乾坤体义》中。书中讨论了月食时"日月两见"的现象,认为其成因在于海水影映并水土之气发浮地上,现出月影。阳玛诺(Emmanuel Diaz,1574—1659)所著《天问略》(首刊于 1615 年)中用问答方式反复解释了蒙气映漾和曚影留光,图说皆具,最后还载有一份曚影刻分表,并详细解明晦、朔、弦、望、交食浅深之故。这些内容都基于早期托勒密关于影响天体视位置的定性理论。可以说,以上两书中引介的是与蒙气差相关的现象,但是并没有详细的理论。

《崇祯历书》编撰完成后,在《日躔历指》中首先明确介绍了大气折射的概念和数值,给出了一份"日高清蒙气差表",同时,在《恒星历指》中出现了欧洲第一份蒙气差表——"第谷蒙气差表"。上述理论依据的是第谷1602 年完成的《新编天文学初阶》。

《日躔历指》详细介绍了第谷发现清蒙气差的过程。主要内容是第谷探讨了太阳行度的理论问题,并制造了十具测量仪器,其中的大浑仪加装有极细的窥筒,用它所测之太阳纬度,高于所算纬度,于是知道真高在视高之下,进一步领悟到差高之缘,盖清蒙之气所为也。

雅克布森说:"第谷考察了所有高度的大气折射并建立了一张更可靠的大气折射表。精度达到 1′,除了低纬地带以外,这些地方的精度是 5′。早期的表最好的精度是 20′。"[①]

《日躔历指》关于蒙气差概念明确了以下几点:第一,地势不等,气势亦不等,故受蒙气差影响亦不等,故确定日躔、月离、五星、列宿等纬度之前,应该先定本地蒙气差。第二,蒙气差的特点是,能升高物象,使之高于它的实际高度,但不能偏左或偏右,故其差影响到纬度,对经度没有影响。第三,早晚、昼夜时蒙气差也不等,原因是,昼则太阳能消湿气,至暮而尽;夜则复生,渐生渐盛,及晨而多。

《崇祯历书》中的蒙气差表在中国被沿用了很长时间。尽管《历象考成》中已经提到,近日西洋人士说过,在北极出地四十八度的地方,测得太阳高度四十五度时,蒙气差大约是一分余。自地平至天顶观测视都有蒙气差的影响,但该书所用之表"则仍《新法算书》(即《崇祯历书》)第谷之旧也"[②]。稍有不同的是,该书中的表增加了地平高度 44° 和 45° 两处的蒙气差

① Jacobsen T S. Planetary Systems from the Ancient Greeks to Kepler. Washington: University of Washington Press, 1999: 152.

② 付邦红, 石云里.《崇祯历书》和《历象考成后编》中所述的蒙气差修正问题. 中国科技史料, 2001, 22(3): 260-268.

值。直到《历象考成后编》出现，这种情况才得到改变。自地平至天顶，皆有蒙气差修正值。

（四）《日躔历指》中的黄赤距度测算方法与第谷《新编天文学初阶》中内容有所对应

《日躔历指》中采用了测量夏至前、后一日，各依法求午正太阳高度，多次测量，甚至到其前后第二、第三日再测，选择其中两个完全相等的值，采用之。然后减去地半径差，又减去赤道高，余为黄赤道距度。同时指出不用冬至测量值的主要原因是，夏至太阳近天顶，蒙气差甚微，不入算；冬至近地平，蒙气多，则差多，所以不用冬至测量。但是，关于"何以用前后一二日"的理由，笔者分析后发现是有问题的。

在"求黄道与赤道之距度世世不等第四"中详细列举了西方古代到近代总共 11 位天文学家测量黄赤距度的结果，从公元前 3 世纪的阿里斯塔克开始，艾拉脱赛尼斯、喜帕恰斯、托勒密、阿尔·巴塔尼、查尔卡利、阿尔曼蒙、普尔巴赫、哥白尼以及第谷，最终以第谷的黄赤距度值二十三度三十一分三十秒为准。《日躔历指》对第谷天文学贡献评价道：

> 万历二十四年丙申，迄崇祯元年为三十二年，西史第谷造铜铁测器十具，甚大甚准，又算地之半径差及清蒙差，岁岁测候，定为二十三度三十一分三十秒，西土今宗用之。于《大统历》为二十三度五十二分三十秒。第谷覃精四十年，察古史测法，知从来未觉有清蒙之气及地之半径两差。又旧用仪器，体制小，分度粗，窥筒孔大，所得余分，不过四分度或六分度之几而已。且古来测北极出地之法，未真未确，故相传旧测，俱不足依赖以定太阳躔度。[①]

据考，上述引文中提到的旧用仪器，所得余分，不过四分度或六分度之几而已，是指托勒密天文学的精度范围，这与他采用了古埃及的单位分数有关。显然，《日躔历指》的编撰者认为它"俱不足依赖"。以上说明，《日躔历指》从历史回顾和观测理论的角度，逐一否定了古代的观测数据，论证了第谷黄赤距度值的可靠性。这种论证方法吸收了西法中的"有理有义，有法有

---

① 罗雅谷. 日躔历指//徐光启编纂. 崇祯历书——附西洋新法历书增刊十种. 潘鼐汇编. 上海：上海古籍出版社，2009: 47.

数，理不明不能立法，义不辨不能著数"①的特点，可以看出《日躔历指》编撰中重视阐明道理与立法原则，与传统天文学论述方式的旨意相去甚远。

（五）《日躔历指》侧重计算春秋分太阳躔度的方法与第谷测量法有关

《日躔历指》"春秋两分时太阳之本度第五"中重视选择在春秋分时测量太阳高度，就是"或春分或秋分，前后三四日内，于午正初刻，测得日轨高"②，然后测得本地赤道离地平度数，两数相减，得数为本日日躔纬度，然后以纬度求对应的经度。

另外，还给出不但要实际测量，而且还要以日躔表推算，使得以上详测春、秋两分的太阳躔度值与以日躔表所算太阳经度值相符，即测量与验算相符才行。

以上给出了实测春秋分日太阳躔度的方法和查表法。主要是对实测春秋分时太阳的位置，用日躔表加以验证，进一步查表得到太阳在其他日所在的位置。这也是对于第谷"解二至难得真时之故"的另外一种解释，第谷的方法首重太阳在春秋分日的躔度分，是其一个明显特征。我们注意到，《明史》纂修官也强调了这个方法："以圭表测冬夏二至，非法之善。盖二至前后，太阳南北之行度甚微，计一丈之表，其一日之影差不过一分三十秒，则一秒得六刻有奇。若测差二三秒，即差几二十刻，安所得准乎？今法独用春、秋二分，盖以此时太阳一日南北行二十四分，一日之影差一寸二分，即测差一二秒，算不满一刻，较二至为最密。"③

分析发现，第谷重视春秋分太阳躔度分的测量，一个重要原因是在这两个时刻太阳的高度相同，其所受蒙气差的影响正好可以抵消，不予考虑；在理论上，确实比测量冬夏至点的精确度更好，更便于操作。

（六）《日躔历指》计算太阳各参量的方法及日躔表采自第谷的《新编天文学初阶》

第谷在《新编天文学初阶》中有关于求太阳最远点、地心与太阳心之差；

---

① 徐光启. 徐光启集. 王重民辑校. 上海：上海古籍出版社，1984: 358.

② 罗雅谷. 日躔历指//徐光启编纂. 崇祯历书——附西洋新法历书增刊十种. 潘鼐汇编. 上海：上海古籍出版社，2009: 49.

③ 明史·历志//中华书局编辑部. 历代天文律历等志汇编（十）. 北京：中华书局，1976: 3548-3549.

求加减数，证最远点之行度及太阳平行；求岁实并推立成表，用立成表求日躔宫度而考其法的内容①，这些与《日躔历指》中的内容对应。

《日躔历指》"求太阳最高之处及两心相距之差第七"中介绍第谷的求法有："春分后，日行戊壬弧，为天元经度四十五，其视行四十六日一十○刻一十○分，以日率准之，得平行四十五度二十七分三十四秒，则庚巳弧也。"②图 3 为第谷计算太阳最高及两心差的几何图，他选择离春分点 45°的位置计算远地点黄经和两心差，与托勒密的方法有明显区别，关于这一点，宁晓玉已经有所发现，在第谷专家 J. L. E. Dreyer 的书中，他认为：

> 至点附近赤纬变化缓慢，使得确定至点运动有困难，第谷没有利用至点得到远地点位置和两心差值，而是当太阳离春分点 45°时，他得到远地点黄经为 95°30′，两心差为 0.035 85，最大中心差是 2°3¼′，而回归年长度是 365 天 5 时 48 分 45 秒。③

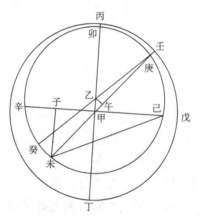

图 3 《日躔历指》中计算远地点黄经与两心差

同样的思想在"推太阳之视差及日地去离远近之算加减之算第八"中也有。

《日躔历指》批评了古代先贤测量两心差和最高点数值的方法，列举了

① Tycho B. Astronomiae Instauratae Progymnasmata. Frankfurt: Gottfried Tampach, 1610.

② 罗雅谷. 日躔历指∥徐光启编纂. 崇祯历书——附西洋新法历书增刊十种. 潘鼐汇编. 上海: 上海古籍出版社, 2009:55.

③ Dreyer J L E. Tycho Brache—A Picture of Scientific Life and Work in the Sixteenth Century. New York: Dover Publication Inc., 1977: 333.

喜帕恰斯、阿尔·巴塔尼和白耳那瓦三家的测量结果，其中对喜帕恰斯的测算结果介绍较为详细，其具体内容实同于托勒密《至大论》中的内容，而对于另外两家，只是给出结果，没有进行评论。最终指出第谷方法最密，采纳与第谷相近的数据，即最高点是在经度九十五度四十分的地方，而两心之差为十万分之三千五百六十七。

雅克布森说："就太阳理论而言，第谷的主要贡献是，他改进了哥白尼曾经估计的关于太阳远地点相对于春分点的进动值……给出了精确的回归年长度值，其精度低于 1″；他建立了一个太阳位置表，其精度为 10″，个别的为 20″，以前的精度为 15′—20′。"另外他认为，第谷的太阳观测是他描述最精确和完整的工作。[①]

总之，《日躔历指》中太阳经纬度的测定和计算精度的提高，与采用了第谷的观测仪器和测量方法分不开，由此保证了以下几个数据的精确性：①北极高度；②黄赤距度值（黄赤距度表）；③采用了地半径差和蒙气差概念，并得到较准确的蒙气差表；④两心差和最高冲数值；⑤回归年长度值。另外，第谷的太阳表格精度高达 10″，主要原因是其采用了先进的测量仪器和方法及其测得的有关天文常数。

《日躔历指》"太阳平行及实行第六"中详细介绍了岁实的测量及计算法，即从春分点起的测量方法。给出了三种岁实并指出：恒星岁实，必多于节气岁实，这两种都是太阳之岁实；此外还有太阴之岁食，实相当于现代天文学的食年。进一步考证了现今岁实值的来源，在此基础上计算太阳每日平行分。在《日躔表》卷一给出计算任意时刻太阳躔度的方法，并且举例进行说明。据考，第谷曾经在 1584—1588 年仔细测量了二分点的位置[②]。其中的参数采用了第谷测得的值。

二、《日躔历指》的编撰特点

（一）《日躔历指》采纳了托勒密的太阳模型

《日躔历指》有："历家因此推求，悟有不同心之圈及诸小轮等，虽有彼此前后，多互异之说"，这里的不同心圈是承袭了托勒密的偏心圆模型。

① Jacobsen T S. Planetary Systems from the Ancient Greeks to Kepler. Washington: University of Washington Press, 1999: 153.

② Dreyer J L E. Tycho Brache—A Picture of Scientific Life and Work in the Sixteenth Century. New York: Dover Publication Inc., 1977.

据考,《日躔历指》基本采纳了以下偏心圆模型:如图4所示,"甲为地心,乙丙丁为宗动天,庚巳辛戊为日轮本天,庚辛为春秋两分,戊巳为冬夏两至,若两圈为同心者,即庚戊辛半周,辛巳庚半周,所得圈分必等,今不等,必缘不同心,故人目不在太阳本天之心壬,而在宗动天之心甲,则日行本轮天恒平行,而人目所见者,庚戊辛所经之日,多于辛巳庚,所以冬缩而夏赢也"①。

《日躔历指》采用托勒密太阳模型的又一个特点是,对不同心圈及最高点的产生进行简单的几何证明,其证明过程反映在如下一段术文中,如图5所示:"问最高何物?何由能知有此?曰,若不同心最高之点,恒在夏至,如甲,则太阳从春分辛,至戊,行四十五经度之弧,与从巳至秋分壬,亦行四十五经度之弧,其时日必等,盖两心在甲乙线内,与丁丙为直角,而丁甲丙与辛甲壬两弧,俱两平分于甲,则所分各两弧之行度等,其所须时日必等,乃春分后行四十五度至立夏,立秋前四十五度至秋分,其行度等,而时日恒不等,则丙庚、丑丁两弧度必不等,而不同圈之心,必不在甲乙线上。"②

以上利用《几何原本》中的定理以及反证法证明了不同心圈和最高点的存在,自此以后这些理论逐渐受到明末清初学者的重视,对传统天文学的发展具有重要影响。

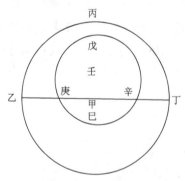

图4 《日躔历指》的偏心圆模型

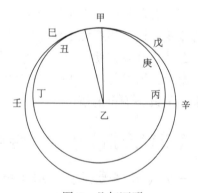

图5 几何证明

① 罗雅谷. 日躔历指∥徐光启编纂. 崇祯历书——附西洋新法历书增刊十种. 潘鼐汇编. 上海: 上海古籍出版社, 2009: 48-49.

② 罗雅谷. 日躔历指∥徐光启编纂. 崇祯历书——附西洋新法历书增刊十种. 潘鼐汇编. 上海: 上海古籍出版社, 2009: 54.

（二）重视采用第谷的测量仪器和测算数据

《日躔历指》中改进了传统的测量方法，多从理论和方法角度强调观测的重要性，而这些观测及其使用的仪器多数来自第谷的《新编天文学初阶》。"凡步日躔、月离、五星行度等，一切测验推算，皆以北极出地之正度分。若仪器未精，测候未确，如春秋分所测，午正日轨高差至一分，则以算太阳之经度，必差三分，推太阳之最高，必差一度有奇，即日躔行度不能得其真率也。以此定冬夏至时刻等，无不忒矣。故此法最宜详密，不容率尔，以致谬误。"[①]

以下两个文献记载直接或间接与第谷有关：

> 前此诸说，未能遽得真率。今用西术成数，立一较法，缘此展转推求，庶几近之，欲得真确，须铜铸仪象，亦大亦精，累年测候，以立万年不易之法。
>
> 按远西之国，有历学名家，于万历十二年甲申，在大尼亚国，其地居顺天府西，以法推其地经度，得东西相去一百〇四度，因推其东西时差，得二十七刻一十一分。彼国北极出地五十五度五十四分四十五秒，连测五年，而得太阳入春秋两分之真率。[②]

分析发现，第谷在万历十二年（1584 年）曾经观测春秋分的时刻；此处的大尼亚国应是指丹麦，据考，今丹麦首都哥本哈根的地理经度是 12°34′，纬度是 55°43′。

（三）引进西方最新的天文学理论，变革传统天文历法观念

《日躔历指》中新的引介包含：第一，由第谷决定的蒙气差概念和数值，依据的底本是第谷在 1602 年完成的《新编天文学初阶》。第二，包含黄赤交角在内的若干天文常数，采用了第谷天文仪器的观测结果。第三，采纳了第谷的两心差和最高冲数值以及他测定的岁差值和日平行值等。第四，采纳了新的历元——崇祯元年戊辰前，冬至后己卯日子正。此后，包含恒星表在内所有《崇祯历书》中的天文表都取用有关数据，这是会通中西的一项具

---

① 罗雅谷. 日躔历指∥徐光启编纂. 崇祯历书——附西洋新法历书增刊十种. 潘鼐汇编. 上海: 上海古籍出版社, 2009: 43.

② 罗雅谷. 日躔历指∥徐光启编纂. 崇祯历书——附西洋新法历书增刊十种. 潘鼐汇编. 上海: 上海古籍出版社, 2009: 50-51.

体工作。第五，动摇了传统的冬至点就是近地点的概念，提出"最高非夏至"的新思想，明确了近地点和远地点的几何学含义。

正如科学史家席文所说："钦天监的第谷时代意味着，到 17 世纪 30 年代，中国专家已经可以使用一种内藏丰富的'工具箱'，里面有新的计算法、更准确的观测、一种新的宇宙观和最新的精密仪器。"

同时他也认为："17 世纪中国的天文学家逐渐掌握了通过解释模型来评价大多数的西方天文学。在这场天文学改革中，中国学者学到和拥有了技巧，却丧失了决定现象为什么如此的原理所本来应有的视野。正常的顺序应该是在技术被教之前把原理先弄清楚，这一点，是徐光启在历书的'法原'中多次强调的，但是实际效果却有一定的差距。"[①]

《日躔历指》产生了一系列概念和理论的变革，但是有必要指出，《日躔历指》不仅没有涉及西人探讨天地宇宙的神哲学思想，而且对西方古典天文学中实际观测与几何模型的关系没有引起足够重视，所以徐光启在修历之初强调的"有理、有义、有法、有数"，就难免成了重视"义"和"数"，而对西方天文学的"理"与"法"也不可能全盘吸收了。在《日躔历指》的编撰中，第谷的学生隆哥蒙塔努斯（C. S. Longomontanus，1562—1647）的工作影响并不大，因为第谷的太阳理论是他描述最完整和精确的工作。

总之，《日躔历指》围绕解释宇宙模型，来评价西方历史上的天文学，重视仪器革新和测量技术，强调并重视数的精确性，而削弱了阐发西方天文学的"理"及其在西方发展的历史背景。基于这样一个从实际出发的历史传统，第谷太阳理论扮演了非常重要的角色。

这部书的另外一个特点是，重视古今中外的测量结果，通过罗列、对比、会通（即换算成中国古度），显示了选择和采纳第谷天文学的理由。《日躔历指》从第谷天文学角度强调了有关天文测量的意义和重要性。

正如雅克布森所说的，太阳理论是第谷天文学中描述最精确和完整的内容，这在《日躔历指》中得到了很好的反映。《崇祯历书》中的《日躔表》精度较高，原因是综合了第谷所有太阳测量工作的精髓。

（本文原发表于邓可卉.《日躔历指》中第谷太阳测算理论及其编撰特点. 广西民族大学学报（自然科学版），2015，21（2）：15-20，33。）

---

① Sivin N. Copernicus in China∥Sivin N. Science in Ancient China. Researches and Reflections, Aldershot: Variorum, 1995: 41-42.

《五纬历指》中的几何模型方法及其主要观点

本文将从比较研究的角度，探讨《五纬历指》中在几何模型基础上建立起来的平行、岁行、本行、视行、均圈等一系列概念，以《五纬历指》中的土星理论为例，讨论托勒密、哥白尼及第谷等的几何模型和计算两心差、最高点和本轮半径等参量的差异，结合《至大论》给出次均数的计算，比较诸西士由观测而计算先均数、次均数和全均数的方法，分析托勒密引进偏心等速圆的历史语境及耶稣会士的态度，指出《五纬历指》关于岁差历史的阐述是不清晰的。旨在阐明编撰《崇祯历书》时建立在西方天文学几何模型基础上的"法"的思想。

《五纬历指》是由传教士罗雅谷、汤若望等人主撰，中国学者徐光启、李天经等督修而完成的，共分 9 卷，以第谷体系为正法，依次介绍了托勒密、哥白尼和第谷模型。《五纬历指》"测五星原"及前 7 卷是全书的基础，构成所要阐明的"法原"的主要框架，探讨这些内容对进一步理解"法"的含义具有重要性。学术界从文本角度分析了托勒密几何模型的重要性[1]，以《五纬历指》土星历为例，探讨了罗雅谷的传译特征[2]，分析了《新法算书》对清初历算家的影响[3]，我们在前人工作的基础上，对《五纬历指》中的几何模型展开讨论，以期对《五纬历指》行星理论的一般构建方法有所了解，澄清耶稣会士传来的西方天文学的具体内容和主要观点，进一步探讨《五纬历

---

① 江晓原. 明末来华耶稣会士所介绍之托勒密天文学∥江晓原，钮卫星. 天文西学东渐集. 上海：上海书店出版社，2001.

② 林新贤. 罗雅谷传译历学新法的特征——以《五纬历指》土星历为例∥杨翠华. 近代中国科技史论集. 台北："中央研究院"近代史研究所，1991: 95-128.

③ 宁晓玉. 《新法算书》中的日月五星运动理论及清初历算家的研究. 中国科学院国家授时中心博士学位论文，2007.

指》中的"法"的含义。

一、《五纬历指》行星理论的几何模型概念

《至大论》系统地保存和继承了喜帕恰斯的工作，但是其中行星理论的内容已经远远超过了前人的工作。在托勒密之前已有行星理论和行星表，但是所有前辈的努力在他看来是不满意的[1]。

正如培德森所说："建立行星模型的目的，在古巴比伦人、喜帕恰斯和托勒密之间是不一样的。古巴比伦人不仅把他们的理论建立在会合现象的观测上，而且把预报作为天文学的主要目的，他们试图找到会合弧（如连续冲之间的弧 $\triangle \lambda n$ ）的一般方法，即 $\lambda n - 1 = \lambda n + \triangle \lambda n$ 。喜帕恰斯也把他的月球理论建立在会合现象——食的观测上。托勒密的行星理论主要依据冲的观测，这虽然也是一种类似食的会合现象，但是托勒密对古巴比伦天文学家的行星理论不满意，因此建立了一般意义上的行星理论，这就是决定某时刻 t 行星的位置，不管 t 是会合周期中的哪个时刻。换言之，他最终要找到 $\lambda = \lambda$ (t) 和 $\beta = \beta$ (t) 这个函数。"[2]

"测五星原"中首次提出五星轨道异于黄道："初时测五纬星……又觉其所行者，非太阳太阴之轨道，时在黄道南，时在北，各星之各轨道不同，又觉前世所行之轨道，与后世所行之轨道，又各不同，因之多立法仪，务求齐一。"[3]《五纬历指》的作者引介西学，从"法原"角度阐明问题，中西天文学的差异由此显现出来，也不可避免地触及中国传统历算的弊病。

《五纬历指》中有"先定各星之天几何时而行天一周，又一岁一日一时，各行天若干度分，命之曰平行，以为度量之准式焉"[4]。在后面强调平行的重要性时又说，不平行则推步之术无从可立，无从可用矣。这里从"法"的角度强调了"平行"的重要性，还涉及一些具体测量法则。中国古代不太重视测量五星的平行速，更没有中积年数越长测得的五星平行值也越准确的思想，而是对五星会合周期中的速度进行分段考虑，计算它们每一段各自的平

① Ptolemy C. Ptolemy's *Almagest*. Toomer G J(trans.). London: Gerald Duckworth & Co. Ltd., 1984.

② Pedersen O. A Survey of the *Almagest*. Odense: Odense Universitetsforlag, 1974.

③ 罗雅谷. 五纬历指∥徐光启编纂. 崇祯历书——附西洋新法历书增刊十种. 潘鼐汇编. 上海：上海古籍出版社，2009：353. 下文涉及的原文均出自该版本。

④ 罗雅谷. 五纬历指∥徐光启编纂. 崇祯历书——附西洋新法历书增刊十种. 潘鼐汇编. 上海：上海古籍出版社，2009：353.

均速度或者视行速，在行星理论中，一般不会直接应用平行速解决问题①。虽然中国古代的行星会合周期实质上和平行速有关，但是中国古代没有在二者之间建立起联系②。西方天文学中从托勒密开始考虑解决行星运动的一般理论，即行星在任何时间的运动位置。而这个问题需要给出行星关于时间的运动"函数"，其中平行速度、近地点黄经等作为初始值是必不可少的。

《五纬历指》中进一步给出几个重要的几何模型概念。第一个是"岁行"，它建立在大量观测的基础上。原文认为，在平行以外，可以看到五星还有冲、合、迟疾和顺逆之行，因此知道它们有种种行度，先从与太阳远近距离考虑，发现"宜先从太阳近远取之，盖惟星在日之对冲，行度稍有定则"。托勒密在《至大论》中对于此问题解释认为："因为只有在这个位置，从理论上说我们得到的黄道非匀速运动是独立于与太阳的关系的。"《五纬历指》进一步提出冲的发生是有规律的，大约每年一次，合也一样。然后"以此岁岁测之，得其每岁之中积度分，此所谓岁行也"③，根据分析认为，这里的岁行周期就是连续两次"冲"的时间间隔，其几何解释如下。

《五纬历指》卷一有："五星次行圈及本行圈古法。先论上三星，如图甲为地心，丙乙为太阳本行天，辛庚壬为某星本行天，辛巳庚为其星本轮，丁为心，丁心行自西而东，星则循本轮周，亦顺天行如巳行经辛戊庚而复于巳，凡太阳在乙，星在戊，星在其冲；太阳在丙，星在巳。"④由此进一步确认"岁行"的含义就是行星在本轮上运行一周，如图1所示，这里强调，星在岁轮（亦名本轮或小轮）上的运行方向与岁轮心在本行天上的运行方向一致，都是自西向东。通过地心作小轮的切线，两切点把小轮分为两段，它们分别为行星的顺行和逆行段，并且在后文进一步指出它们对上三星和下二星而言，长短是不同的。由此可知，《五纬历指》不仅从几何模型的角度定义了"岁行"的概念和周期，而且在此基础上进一步认识到"岁行"概念的引入对于认识和理解行星运动"定则"的便捷性。原文又有："次行者依太阳远近行，即向所谓岁行也。"所以，"岁行"又称为"次行"。

托勒密关于行星相对太阳位置变化的非匀速运动解释如下。如图2所示，

① 曲安京. 中国古代的行星运动理论. 自然科学史研究, 2006, (1): 1-17.

② 陈美东. 古历新探. 沈阳: 辽宁教育出版社, 1995: 385-403.

③ 罗雅谷. 五纬历指∥徐光启编纂. 崇祯历书——附西洋新法历书增刊十种. 潘鼐汇编. 上海: 上海古籍出版社, 2009: 354.

④ 罗雅谷. 五纬历指∥徐光启编纂. 崇祯历书——附西洋新法历书增刊十种. 潘鼐汇编. 上海: 上海古籍出版社, 2009: 358.

大圆是均轮，小圆 *PF* 是本轮，行星在本轮上依次逆时针经过 *PF*。托勒密进一步规定，行星在本轮上的运动方向和本轮中心在均轮上的运动方向是相同的，所以在逆行中行星位于本轮近地点 *F* 时，就是冲发生的位置。可见，"岁行"在本轮上发生，与太阳运动密切相关。

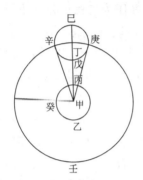

图1　《五纬历指》上三星的岁行圈及本行圈　　图2　《至大论》中的解释

"测五星原"还涉及"本行"概念。"依太阳行度而外，别有本行之法。时疾时迟，时与平行等，欲齐此行，宜用不同心圈或小轮，此行名谓本行，以别于次行。"在《五纬历指》的"均圈解"中有"七政之本行圈皆与地为不同心圈"，又有"本圈之外别作一圈，名均圈，即小轮心所行之圈"[①]。并且指出，"古法"没有这个圆，但是由于"所推与所测多不合，星在戊或癸乃合，去此则差，因立他法。平分丙甲线于乙，乙为心，作丁壬癸均圈为小轮心所行之圈，然不平行，平行度在戊癸巳圈"[②]。由原文可以发现，本行的定义与"均圈"有关，如图3所示，由于所推与所测多不合而引入，又称"均圈"为本行圈。《五纬历指》"定五星之本行"中指出，本行又被规定为最高之行，而在《恒星历指》中被指岁差。可见，《崇祯历书》在翻译西学过程中存在名词术语不统一的问题，需要学者引起重视。

在《五纬历指》中还有"视行"概念，书中认为"平行而外，以视行较平行，或大或小，推其盈缩不齐之故焉"。"视行"概念在中国古代天文学中也不可避免地涉及，但是这里从几何的角度进行了定义。按照进一步的叙述，图3中行星在以丁为圆心的黄道圆上的运动就是视行，以巳为圆心的圆上的运

①　罗雅谷. 五纬历指//徐光启编纂. 崇祯历书——附西洋新法历书增刊十种. 潘鼐汇编. 上海：上海古籍出版社, 2009: 359.

②　罗雅谷. 五纬历指//徐光启编纂. 崇祯历书——附西洋新法历书增刊十种. 潘鼐汇编. 上海：上海古籍出版社, 2009: 359-360.

动就是平行，视行和平行之差为甲角，为均数角或者均数。这里的"均数"实际上就是中心差，与中国古代数理天文学中的"躔衰"概念一致。如图 4 为托勒密《至大论》中对应的图，可以看出它们的一致性。下文有进一步分析。

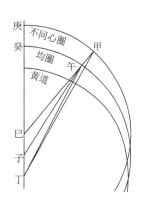

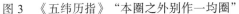

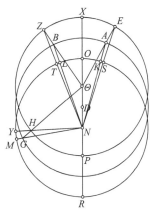

图 3　《五纬历指》"本圈之外别作一均圈"　　　图 4　托勒密引入的均圈

综上所述，《五纬历指》中的理论和术语建立在西方古典天文学几何模型方法的基础之上，每一个概念都有明确的几何意义，在这些"法"或者"定则"的基础上，进一步阐述行星运动理论。

二、关于行星运动的偏心圆和偏心等速圆

托勒密《至大论》有："对每个行星而言，有两个视非匀速运动，一是按照它们在黄道上的位置变化的非匀速运动；二是按照它们相对太阳位置变化的非匀速运动。"接着有："对第二非匀速运动，通过行星在黄道不同部分的速度的变化发现，从最大速度到平速度的时间总是大于从平速度到最小速度的时间，这些特征不能只用偏心圆模型解释，必须引进一个本轮假设，并且行星的最大速度不像月球理论那样发生在近地点，而是在远地点。就是说，当行星从远地点出发后，不像月球那样在本轮上相对天空向前运动（indirect），而是向后运动（direct）①。"②托勒密认为可以用本轮模型解释

①　括号里的注释为笔者所加，具体参见：Pedersen O. A Survey of the *Almagest*. Odense: Odense Universitetsforlag, 1974: 283-284. 在这里，培德森把向前和向后的运动分别用 indirect 和 direct 描述，有助于我们理解原文。

②　Ptolemy C. Ptolemy's *Almagest*. Toomer G J（trans.）. London: Gerald Duckworth & Co. Ltd., 1984: 442.

行星的第二非匀速运动假设。

对第一非匀速运动，托勒密说："按照在黄道上位置的变化，从同类的黄道弧上两个连续运动的观测发现，相反的情形是对的：即从最小速度到平速度的时间总是大于从平速度到最大速度的时间。这个特征确实是两种模型的结果，但是更适合偏心圆模型。"[①] 这个偏心圆，托勒密称之为均轮，这是在同心和不同心圆之间的均轮，这里的不同心圆即 equant，我们采纳它的译名"偏心等速圆"[②]，行星实际运动中心就是连接不同心圆中心和黄道中心的平分点，如图 4 所示。托勒密认为，本轮中心在一个产生非匀速运动的偏心圆——均轮上运动。在《五纬历指》"均圈解"中的相关论述前文已给出，如图 3 所示。

由此可以认为，《五纬历指》从不同心圈进一步悟得均圈，通过本轮中心的非匀速运动轨道提出了匀速圆周运动轨道，是对托勒密几何模型中 equant 的介绍。

三、《五纬历指》对偏心等速圆的引进和态度

关于托勒密在几何模型方面引进的偏心等速圆，培德森认为是"大胆的背离"[③]。托勒密在他的《至大论》中关于行星假设的目的说："正如我们在太阳和月球假设中做的，它们所有的视非匀速运动可以用匀速运动来代替，既然创世的特点是匀速圆周运动，而不规则和非匀速运动是与此相违背的。那么在这样一个大的目的下面，我们应该考虑理论哲学的数学部分的适当结果是正确而真实的。但是，我们必须承认这是困难的，这也是前人仍没有成功地完成它的原因。"[④]为了使读者能够接受他的偏心等速圆，他花费了很多笔墨，在《至大论》卷 4.5 中，关于本轮中心运行的偏心圆，托勒密认为："本轮中心在一个大小等于产生非匀速运动的偏心圆上运动，但是这两个偏心圆的中心不一样。除水星外，行星的实际运动均轮中心是连接非匀速运动偏心圆和黄道中心线上的平分点。"在决定均轮的中心 D 时，他认为 D 是偏心等速圆中心 E 和地球中心 T 的中点。那么得到均轮的偏心率 $TD=e$，所以偏心等速圆的偏心率是 $2e$。

① Ptolemy C. Ptolemy's *Almagest*. Toomer G J(trans.). London: Gerald Duckworth & Co. Ltd., 1984: 442.

② 吴国盛. Equant 译名刍议. 自然辩证法通讯, 2007, (1): 92-95, 112.

③ Pedersen O. A Survey of the *Almagest*. Odense: Odense Universitetsforlag, 1974.

④ Ptolemy C. Ptolemy's *Almagest*. Toomer G J(trans.). London: Gerald Duckworth & Co. Ltd., 1984: 420.

在《至大论》卷 4.5 中，关于 equant 有许多解释，托勒密称之为"制造非匀速运动的圆"或"匀速运动圆"。"偏心等速圆"是今人给出的一个译名，较好地概括了托勒密的思想。偏心等速圆代表了托勒密天文学的一个重要特点。可以看到，托勒密的工作并非完全限制在行星的匀速运动上，而是通过匀速运动这样的假设前提，探究非匀速运动以及它们的改正。托勒密的工作强调他与前辈工作的差异；从托勒密的陈述中我们不难发现，托勒密似乎正是因为考虑到行星的匀速运动的创世规则，才首次引进了 equant 的概念。

笔者认为，所谓"大胆的背离"，是指托勒密在描述实际的行星非匀速运动时，为了和古代以来的"所有天体都作匀速圆周运动"的公理相一致引入一个偏心等速圆，使得行星本轮在这个圆上作匀速圆周运动。托勒密采用这样的方式既保留了传统，又能拟合实际观测，是他对传统达成的一个巧妙"妥协"。而后来反对托勒密学说的人以这一点作为攻击托勒密的主要目标，包括哥白尼也不例外。托勒密引入偏心等速点不能用正确与否来解释，而只能在历史的语境中进行探讨。

欧文·金格里奇发现一位维滕堡大学天文学教授赖因霍尔德用过的《天体运行论》的副本，在哥白尼想方设法用他的小本轮来消除托勒密的 equant 的假设处布满了密密麻麻的批注[1]。哥白尼日心说的一个重要内容就是批评托勒密对匀速圆周运动的背离，在自己的模型中考虑去掉托勒密的不同心圆。

《五纬历指》对此评价道："用此求本均数，可以合天（古数小差于法为正，新数依此别解之），然非正法。大违历算、测量二家之公论。"[2]这是中世纪以来，耶稣会士在综合了哥白尼等人的最新研究后提出的观点，如果说当时在哥白尼体系提出只有不到 100 年的时候，耶稣会士在支持哥白尼学说方面还没有十分充足的理由，那么在反对托勒密宇宙论方面却是论据充分的。《五纬历指》在这个问题上向读者传达了这样的思想。

① Gingerich O. The Book Nobody Read—Chasing the Revolutions of Nicolaus Copernicus. London: William Heinemann, 2004.
② 罗雅谷. 五纬历指//徐光启编纂. 崇祯历书——附西洋新法历书增刊十种. 潘鼐汇编. 上海：上海古籍出版社, 2009: 371-372.

四、《五纬历指》对土星两心差、最高点、本轮半径和均数的计算和验证

《五纬历指》在几何模型的基础上定义和计算了行星模型的两心差、最高点和本轮半径，它们作为模型的基本参数，是进一步计算均数以及最终求算任意时刻行星实际运动位置的必要步骤。

在"木土二星历指叙目"中有："木土二星之行有经有纬，又有迟速诸行……历家苟欲推明其行，必用小轮及均圈等。……以星正冲太阳三测之，盖在此无岁行之差故也。……如测月离，亦用三食，方免他行之差焉。"关于行星冲的三次测量和选择冲的原因，和我们在上文中通过描述行星在小轮上的位置而确定冲的道理是相同的。

首先，土星三次冲时的黄经值按照中国传统换算成了二十八宿表示的黄经，见表1，依此得到连续两冲的时间间隔（中积）。

表 1　土星三次冲时的数据

分类	太阳的真黄经 $\lambda(S)$	土星的真黄经 λ	冲发生的时刻（t）	太阳的经度	土星的经度
P_1	1°13′	181°13′	汉顺帝永建二年丁卯，西历三月二十六日酉正冲	降娄一度十三分	寿星一度十三分
P_2	69°40′	249°40′	汉顺帝阳嘉二年癸酉，西历六月初三日申正对冲	实沈九度四十分	析木九度四十分
P_3	104°14′	284°14′	汉顺帝永和元年丙子，西历七月初八午正对冲	鹑尾十四度十四分	星纪十四度十四分

从这些数据就可以求得三次冲之间的时间间隔和土星真黄经差，平黄经差是查表得到的。"此时依前所定平行数，得土星行七十五度四十三分，又两所测土星之视经度差，得六十八度二十七分，平行视行相减，得七度十六分，为均数。又平行大，视行小，可知星在自轮之上；后二测中积，为一千一百三十日又二十时，此时土星之平行三十七度五十二分，又两测视经度相减，得三十四度三十四分，又平行视行，两数相减，得三度十八分，为均数，平行大，视行小，星亦在自轮之上。依上三测……可见视行时疾时迟。"[1]土

---

① 罗雅谷. 五纬历指 // 徐光启编纂. 崇祯历书——附西洋新法历书增刊十种. 潘鼐汇编. 上海: 上海古籍出版社, 2009: 368.

星三次冲的位置如图 5（a）所示，戊甲乙圆为土星本天，甲、乙、丙分别是三次冲时土星的位置，任取丁为黄道心，计算两心差、最高点和本轮半径利用了三角函数。例如，在三角形戊乙丁中，已知三角求三边，用到了《测量全义》首卷第 9 题中的正弦表。另外，还提到了"通率法"和"三率法"，也是《测量全义》中的内容。最后利用图 6（a），求得两心差值巳丁是 11 772，甲、乙、丙三点到最高点的弧角依次是 55;52°、19;51°和 57;43°。《测量全义》中作为《崇祯历书》的基础数学和天文学内容在此得到了应用。进一步计算得到第一次冲时均数为 5°25′半，第二次为 2°12′，第三次为 5°39′半。

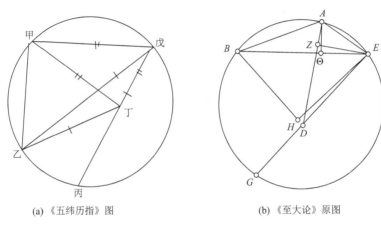

(a)《五纬历指》图　　　　(b)《至大论》原图

图 5　《五纬历指》中土星三次冲的观测位置和改正

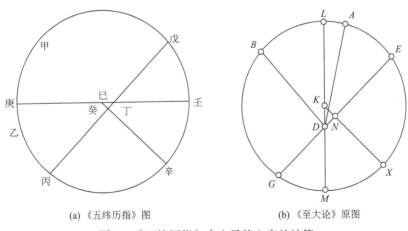

(a)《五纬历指》图　　　　(b)《至大论》原图

图 6　《五纬历指》中土星偏心率的计算

又有："先两测两均数相并，得七度三十七分半，较所测（七度一十六分）盈二十一分半，后两测相减得三度二十七分半，较所测（三度一十八分）

盈九分半，理虽允正，数不合天。"①从所得结果来看，算数和测数仍然存在差距。因此，需要重新确定土星的两心差。

《五纬历指》有："多禄某②因上所推，数不合天，别定两心之差为一一二七七，又最高顺天推移一度一十三分，即第一测距最高为五十七度五分（先算为五十五度五十二分），第二测距最高为十八度三十八分（先算为十九度五十一分），第三测距最高为五十六度三十分（先算为五十四度四十三分）……用上数依本图再算……多禄某因推数与测数密合，遂借所设数为正数。"③

《五纬历指》卷二第十个问题是已知两心差及其自行，即距最高之度，或者称为最高弧，利用几何模型方法计算三次冲时的均数。以上引文说明《五纬历指》介绍了托勒密对于推数与测数进行验算的过程，得出它们"密合"后，才把求得的几个参数作为"正数"的过程。托勒密《至大论》中利用三次冲的观测数据计算土星两心差和偏心率[图5（b）、图6（b）]。

《五纬历指》中有："已上十条……止用不同心圈，算加减均数，则与实测之数不能悉合。……古多禄某曰，星所行，非不同心之庚乙壬也，其轨道，益有他圈，试作丑寅卯圈，子为心，居两心之间。星体行丑寅卯圈，其自行之度数乃在庚巳壬圈，设星在寅，距最高为丑寅弧，或丑子寅角。依彼测算，是不用丑寅弧为自行度，而借庚乙弧，或庚巳寅角为自行度，得巳寅子角为本均度数。"④（图7、图8）以上一段话是对托勒密土星第一非匀速运动中心改正（即《五纬历指》中的均数）计算中所包含的两次近似的简要叙述，其中"只用不同心圈算加减均数"是在他定义的行星在偏心等速圆上和黄道上位置之间的改正，是第一近似，而用"他圈，试作另一圈，子为心，居两心巳丁之间"计算得到的加减均数是第二近似⑤。可以看出，明末《崇祯历书》的编撰者们清楚托勒密对于几何模型进行检验和修正的方法，但是在阐述的时候没有刻意强调，导致这些做法的论述没有依据，显得很突兀。

① 罗雅谷. 五纬历指∥徐光启编纂. 崇祯历书——附西洋新法历书增刊十种. 潘鼐汇编. 上海: 上海古籍出版社, 2009: 372.

② 多禄某即托勒密。

③ 罗雅谷. 五纬历指∥徐光启编纂. 崇祯历书——附西洋新法历书增刊十种. 潘鼐汇编. 上海: 上海古籍出版社, 2009: 372-373.

④ 罗雅谷. 五纬历指∥徐光启编纂. 崇祯历书——附西洋新法历书增刊十种. 潘鼐汇编. 上海: 上海古籍出版社, 2009: 371.

⑤ 邓可卉. 托勒密《至大论》研究. 西安: 西北大学, 2005.

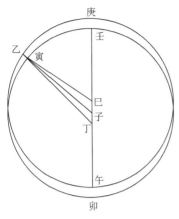
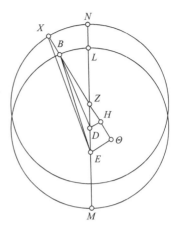

图 7　《五纬历指》以实测验证模型①　　　　图 8　托勒密计算土星中心差图

　　根据计算，原文引托勒密求出土星远地点位置是大火宫 23 度。

　　关于本轮半径的计算是在《五纬历指》卷二第六章"测土星次行先法"中给出的。过程如下，如图 9 所示，已知土星自行∠庚巳未=86;33°(c_m)，土星岁行∠甲未丙=309;08°(a_v)，在△未巳丁中，"均数"或"先均数"即∠巳未丁=6;29°($q(c_m)$)，巳丁=2e，未丁=R=60^P，所以计算得∠巳丁未=80;04°。又测得丙距最高为∠丙丁庚=76;04°，所以计算得∠丙丁未=4°，它被称为"岁轮均数"。

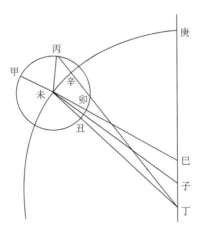

图 9　《五纬历指》中计算本轮半径和各项改正图

　　进一步在三角形巳丁未中，由于∠丁未丙=309;08°−(180°−$q(c_m)$)=129;

---

① 图中缺"庚""卯"，根据原文意思，应分别为图的最上和最下两点。

08°+$q(c_m)$，和其他已知量一起可以计算得到本轮半径丙未=10 833。《至大论》土星理论计算本轮半径利用了图 10，具体内容可参见培德森的研究[1]。《五纬历指》简明扼要地给出了一系列诸如先均数[2]、次均数、土星自行和岁行等术语和理论，以上术语在明末的回回历中出现过，在译介古代西方数理天文学的过程中，应该说中国学者对这些基本概念并不陌生。

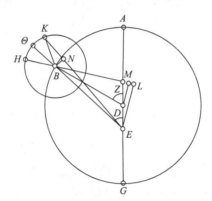

图 10　托勒密计算本轮半径图

五、《五纬历指》中的哥白尼体系

　　《五纬历指》中哥白尼与托勒密计算两心差的方法类似，只是哥白尼的几何图形是对前面托勒密图 5 和图 6 的合成。用哥白尼方法算得的两心差是1200，甲、乙、丙三点到最高点的弧角依次是 128;32°、40;03°和 35;36°。数据和步骤与《天体运行论》吻合。《五纬历指》文中的小注有："此算数不合测数，若用小均轮算各测之均数，亦不合天。歌白泥[3]用别数试之，乃得合天，以为正法。"[4]这是对哥白尼验算实测值和理论值的说明。哥白尼最后计算得到土星最高在析木宫二十七度三十五分。

　　这一章最后介绍了哥白尼计算各测之均数的过程，首先，《五纬历指》给出哥白尼的土星模型："用上别定数，求各测之均数，如歌白泥图，用小均轮。大圈为载小均轮之圈（即不同心圈），其心已，作庚已丁壬径线。取

　　① 上文括号中的变量为笔者根据对培德森和《五纬历指》内容的比较之后而加的，有助于读者理解。
Pedersen O. A Survey of the *Almagest*. Odense: Odense Universitetsforlag, 1974.
　　② 实际上就是均数，是为了区别于后来的次均数而言的。
　　③ 歌白泥即哥白尼，下同。
　　④ 罗雅谷. 五纬历指∥徐光启编纂. 崇祯历书——附西洋新法历书增刊十种. 潘鼐汇编. 上海: 上海古籍出版社, 2009: 375.

巳丁四分之三为两心差，地心丁为甲乙丙，三测之心，又取两心差四分之一为度，以为半径，作各小均轮……"[①]在这里明确指出，"两心"是指地心和均圈的心。《五纬历指》原图如图 11 所示，《天体运行论》中原图如图 12 所示[②]。这是哥白尼对于托勒密体系参数的修正，这个修正使得所测与所算符合得较好。但是可以看出来"丁为地心"不符合哥白尼的日心说理论，说明罗雅谷等对哥白尼体系的"日心"和"地心"进行调换。从数学角度看，这种处理不影响几何模型的表达，至于其深刻的历史原因，有待进一步探讨。

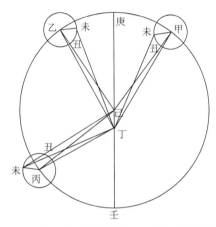

图 11　《五纬历指》中的"哥白尼法"模型

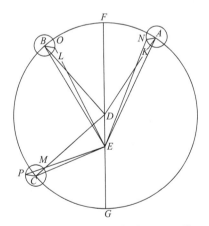

图 12　《天体运行论》中的土星模型

① 罗雅谷. 五纬历指∥徐光启编纂. 崇祯历书——附西洋新法历书增刊十种. 潘鼐汇编. 上海: 上海古籍出版社, 2009: 375.

② 哥白尼. 天体运行论. 叶式辉译. 北京: 北京大学出版社, 2006: 183.

《五纬历指》第三章中，"试以土星表较古今两测……则千四百年间，算测之差仅三分，极微矣"[①]。"古今"测算结果仅差三分，说明传教士很清楚，哥白尼体系对于土星测算的精度并没有提高多少。据考证，《五纬历指》引述《天体运行论》的内容达 8 章[②]。卷 6 简单道出了对于哥白尼体系的态度："哥白尼因借他人之测，以详其理，多未经目，说虽明而犹难确据。后来第谷及其门人深研此道，随在推测，不惮勤劳，既竭心思，又殚目力，而历学始全。"[③]

《五纬历指》中关于"正法""正解""正论"等的使用比较混乱，没有一个划一的标准，据考，这些称谓都是相比较而言的，托勒密关于模型参数验证中的"正法"是指验算后的结果；和托勒密体系相比，哥白尼体系就是"正法"；但哥白尼体系和第谷体系相比，那只有第谷体系才是"正法"，论述的混乱给中国人的阅读理解带来困难。

六、《五纬历指》中的远地点进动

"测土星最高等后法"主要介绍了第谷的方法，然而却以这样一句话开头：

> 多禄某于汉顺帝时定土星天之最高及两心差，测算如前。此时无上古所传旧测，何从知最高复有运行度数？正德间，歌白泥因千年积候再测再算，得此时最高距多禄某时积岁运行度分。近万历间，第谷及其门人再测再算，复定最高岁行若干度分，今具一法如左。[④]

土星天之最高点和两心差分别是托勒密天文学中给出的两个行星参数，托勒密说："通过对个别行星位置的观测和由两种模型结合得到的计算结果

① 罗雅谷. 五纬历指//徐光启编纂. 崇祯历书——附西洋新法历书增刊十种. 潘鼐汇编. 上海: 上海古籍出版社, 2009: 335.

② 席泽宗, 严敦杰, 薄树人, 等. 日心地动说在中国——纪念哥白尼诞生五百周年. 中国科学, 1973, (3): 270-279.

③ 罗雅谷. 五纬历指//徐光启编纂. 崇祯历书——附西洋新法历书增刊十种. 潘鼐汇编. 上海: 上海古籍出版社, 2009: 495.

④ 罗雅谷. 五纬历指//徐光启编纂. 崇祯历书——附西洋新法历书增刊十种. 潘鼐汇编. 上海: 上海古籍出版社, 2009: 374.

的比较和进一步的应用发现，到目前为止不能简单假设：偏心圆所在平面是静止的，并且通过黄道中心和偏心圆中心的直线决定了近地点和远地点，它们与分点和至点保持常距离；也不能认为本轮中心运动的偏心圆是一个和本轮向后作匀速运动的中心有关的，在中心的相等时间里经过相等弧的偏心圆。相反，我们发现偏心圆的远地点相对冬至点，关于黄道中心匀速向后运动，并且对每个行星，与固定恒星球运动的量 1°/100 年相同。"①托勒密进一步发现了偏心圆远地点相对于冬至点有一个移动，哥白尼测算后发现了这个量值。

在介绍了哥白尼计算得到土星最高在析木宫二十七度三十五分后，《五纬历指》又有："多禄某元定最高，在大火二十三度，相减得二十四度三十五分，其中积一千三百八十年有奇，以最高行度为实，年数为法而一，得一年最高行分（率数见下文）。"②经查，在下文"土星表所用诸率"中给出的土星最高行是"一年为一分二十秒一十二微"。

《五纬历指》提出，哥白尼在托勒密数据的基础上再测再算，得到了行星远地点移动的概念。《五纬历指》最终采纳了第谷关于行星远地点进动的测算值，维护了第谷体系的合法地位。

七、次均数的计算

《五纬历指》第六章"测土星次行先法"中涉及托勒密关于岁轮均数的计算，这是行星理论的最后一个环节。关于次均数，一为岁轮均数，考虑先、次均数计算得到的均数为全均数，而关于整个过程，《五纬历指》名之为"推定次均表"。

在《五纬历指》卷二的最后总结说，"多禄某所定巳丁、丙未两线，依以（此）推算，凡有土星自行庚巳未角及岁行丙未丁角，皆可得土星全均数庚丁丙庚巳未两角之较"，并且附有示意图（图 9）。《五纬历指》中又有"岁轮均数也，丙丁未角也"③。除此之外，关于具体方法，《五纬历指》没有进行进一步介绍。

①　Ptolemy C. Ptolemy's *Almagest*. Toomer G J (trans.). London: Gerald Duckworth & Co. Ltd., 1984: 443.

②　罗雅谷. 五纬历指 // 徐光启编纂. 崇祯历书——附西洋新法历书增刊十种. 潘鼐汇编. 上海：上海古籍出版社，2009：355.

③　罗雅谷. 五纬历指 // 徐光启编纂. 崇祯历书——附西洋新法历书增刊十种. 潘鼐汇编. 上海：上海古籍出版社，2009：380.

由本文前面对于均数（又称先均数）的定义，丁未巳角为先均数，用 $q(c_m)$ 表示，由土星行丙未丁角用 a_v 可以计算出先均数 $q(c_m)$；而本节指出丙丁未角为岁轮均数，用 $p(a_v, c_m)$ 表示，由图 9 发现，先均数与岁轮均数的和等于"土星全均数庚丁丙和庚巳未两角之较"。如果土星自行庚巳未角用 c_m 表示，即得到公式

先均数+岁轮均数=c_m-全均数

全均数与岁轮均数的和为土星平心角庚丁未角，我们用 c 表示，所以得到

$$c(t) = c_m(t) + q(c_m) + p(a_v, c_m)$$

这里 q 和 p 的符号可以为正或为负，上式只具有代数意义，与托勒密行星位置的最后计算公式等价，具体内容可参见培德森的计算[1]。因此认为，这部分内容是托勒密土星理论的第二改正，即辐角差 $p(a_v, c_m)$ 的计算过程。岁轮均数和托勒密土星第二改正等价。上述公式意味着在计算行星位置时，一定要考虑先均数和岁轮均数两个改正后，才可以由行星平位置计算得到真位置。《五纬历指》对于托勒密行星理论的最后改正，只进行了简要介绍。

八、《五纬历指》对第谷体系的介绍

"测土星次行后法"只介绍了第谷门人的土星模型。这是为什么呢？《五纬历指》卷四火星理论中有："如第谷二十年中，心恒不倦，每夜密密测算，谋作图法，未竟而毙，其门人格白尔续之，著为火星行图一部，分五卷七十二章，而定其经纬高低之行，然但穷其理，未有成表，测法虽明，未解其用。阙然未备。后马日诺及色物利诺二人，相继作表，而用法始全。兹本指以古今讲测诸法，择其最要者译之。"[2]这里说明了当时的情况和传教士的基本态度和做法。第谷的门人和助手隆哥蒙塔努斯（C. S. Longomontanus, 1562—1647，在《五纬历指》中又译色物利诺）于 1622 年完成了《丹麦天文学》（ *Astronomia Danica* ），这成为罗雅谷编写《五纬历指》和《月离历指》的重要参考书。

---

[1] Pedersen O. A Survey of the *Almagest*. Odense: Odense Universitetsforlag, 1974: 291.

[2] 罗雅谷. 五纬历指∥徐光启编纂. 崇祯历书——附西洋新法历书增刊十种. 潘鼐汇编. 上海: 上海古籍出版社, 2009: 397.

笔者认为有以下几个原因，隆哥蒙塔努斯作为第谷的学生完成的《丹麦天文学》虽然从天文学角度看不是最新的，但是他坚信第谷体系和他的所有的天文观测和一些数学方法；《丹麦天文学》中有当时编历需要的天文数表和在此基础上建立的星历表，依据此可以预报日食的发生。有趣的是，所有数表都利用了积化和差的计算公式（这被用希腊语 prosthaphderesis 来称呼，即用加法和减法代替乘法和除法的方法），隆哥蒙塔努斯本人主张这个公式，认为胜过纳皮尔（J. Napier）的对数。隆哥蒙塔努斯进一步深化了第谷理论，修正了第谷的行星模型，在《崇祯历书》中被称为"第谷新法"[①]，事实上，在第谷体系进入中国之前，欧洲已经对之有了一些认识、评价和完善等，由于其特殊的历史背景和意义，隆哥蒙塔努斯等人其前后有若干学者提出了改进模型。由于以上原因，隆哥蒙塔努斯的《丹麦天文学》为《五纬历指》的撰写提供了原始的提纲和框架。在隆哥蒙塔努斯看来，不仅第谷的宇宙体系具有合理性，而且第谷关于大气折射、视差的理论，以及对于天文仪器的精确安置和使用才使他合理修正了前人的宇宙体系，完成了描述天体位置的可靠框架。

关于第谷之均圈新法，是指"不用同心圈及均圈，即用两小轮推均数为便"。

如图 13 所示，"第谷新法"来自《五纬历指》，从图像判断，第谷新法模型对前人的几何模型改正较大；根据原文内容发现其所作图中依次出现了本圈、不同心圆、小均圈、岁圈等术语，可见几何模型术语上继承较多。

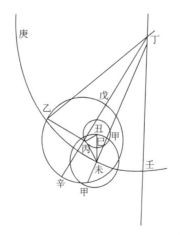

图 13　《五纬历指》"第谷新法"模型

① Hashimoto K. Hsü Kuang-ch'i and Astronomical Reform: The Process of the Chinese Acceptance of Western Astronomy, 1629-1635. Osaka: Kansai University Press, 1988: 100-103.

"第谷新法"接着定义了从土星本圈最高、最低线重合为初始度分，按照上述模型中各自的运动，就可以推算土星均数了。如图 14 所示，"第谷新法"规定乙丁未为全均数，未丁丙角为土星自行前均数，乙丁丙角为岁均数。《五纬历指》对"第谷新法"给出的两次观测计算实例进行了详细的解释。

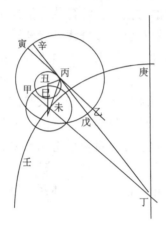

图14　《五纬历指》用"第谷新法"计算土星均数

"测土星次行后法"最后有："依上二测，可知所定诸数，悉为正法，合天故也。若有平行，有均数，而求正经度，或视行度，用图如上。或有均数，有平行数，而求各圈之半径大小，亦用上图。"[①]

《五纬历指》仅用两个算例说明了计算前均数、岁均数和全均数的过程，并没有说明模型参数的计算。《五纬历指》只在卷二最后引介了其门人的"第谷新法"，从内容来看，"第谷新法"也对土星运动进行了两次改正，即先均数和次均数两个阶段，然后计算得到土星在任意时间的经度位置。《五纬历指》在编撰过程中，不是仅仅引进新的理论和方法，而是由当时的学者结合 15 条新的测量，对于上述理论进行了比较验算工作。验算结果是，只有一条密合，其余或盈或缩，据统计误差都在 4 分以下，其中多数是几十秒。

九、结论

《五纬历指》把西方几何模型方法的介绍视作"法原"之一，基本阐述

① 罗雅谷. 五纬历指 // 徐光启编纂. 崇祯历书——附西洋新法历书增刊十种. 潘鼐汇编. 上海: 上海古籍出版社, 2009: 383.

清楚了行星理论的一般原理以及所遵照执行之"法"。但是其"正法"是相比较而言的，并没有严格的界限，导致叙述较为混乱。耶稣会士很清楚，不论是第谷模型还是哥白尼模型都建立在托勒密的数学几何模型的基础上，因此《五纬历指》依次介绍他们的模型假设，在大量的测算实例中，常将基于托勒密、哥白尼和第谷模型的测算方法依次列出。由于当时对哥白尼体系的接受处于进退两难之中，而第谷体系尚未完善，所以相比较而言，《五纬历指》对于托勒密土星模型的介绍更为完备详尽。对于哥白尼模型，除了把"地球轨道圈的中心"直接换成了"地心"以外，介绍也是比较详细的，结合了《天体运行论》的内容。《五纬历指》以第谷天文体系为基础，而第谷未来得及完善其行星运动理论就过早辞世了，所以耶稣会士采纳了他的门人改进的"第谷新法"及其相应的天文数表等。

（本文原发表于邓可卉.《五纬历指》中译介的托勒密几何模型方法. 内蒙古师范大学学报（自然科学汉文版），2015，44（2）：267-272。）

梅文鼎《度算释例》成书及其内容研究

《度算释例》是梅文鼎（1633—1721）于康熙五十六年（1717 年）冬天写成的一部书，他时年 85 岁。其主要内容是对明末传入中国的比例规知识进行整理研究，并增加了若干算例。梅文鼎约于康熙十四年（1675 年）开始关注比例规，中间经历几十年时间却未成书，笔者分析其原因，一是比例规是一件相对独立的西方算器，在梅文鼎论证中西古代天文数学的工作中不那么典型，二是梅文鼎晚年整理自己的学术思想，意识到"度算"在数学中的理论意义，因此完成这部书。本文以《度算释例》为一般案例，详细分析梅文鼎整理西算的方法，试图分析他对西算的态度和产生的思想。

一、梅文鼎《度算释例》的学术背景

度算是西学传入中国的"度数之学"的一个重要分支，度者，测量也。早在 1607 年徐光启在与利玛窦翻译《几何原本》时，就提出数学为度数之学，是"众用所基"，是一切学科的基础。之后，他和利玛窦又合作翻译了《测量法义》（约 1608 年定稿，1617 年出版），这是利玛窦用几何原理向徐光启讲授测量术的笔记，诸题均夹注引证《几何原本》的公理、定理，这是在应用测量学中首次验证和实践《几何原本》中的公理和定理。

梅文鼎对于西方几何学的态度很明确，杭世骏谓："万历中利玛窦入中国，制器作图颇精密，学者张皇过甚，无暇深考中算源流，辄以世传浅术，谓古《九章》尽此，于是薄古法为不足观；而或者株守旧闻，遽斥西人为异学。两家遂成隔阂。鼎集其书而为之说，稍变从我法，若三角比例等，原非中法可该，特为表出"。[①]这说明了他的具体学习态度。

---

① 梁启超. 清代学术概论. 上海：东方出版社，1996: 22.

梅文鼎的《度算释例》与其季弟文鼐的早先工作有关①，并且参考了陈荩谟的尺算用法。崇祯十三年（1640 年），陈荩谟完成《度测》一书，卷后附有《度算解》一卷，在此卷中，陈氏论述了比例规的平分线和分圆线。在平分线内又分列了乘法、归法、异乘同除、异乘同乘、异除同除、勾股、周径等项，在自序中有："又有比例规者，简捷更倍焉。但限长径尺，纤忽秒芒，不能毕备，与筹算、珠算互有低昂。因辑是编，拓其精微，删其晦涩，存十线之略，广末及之蕴。使学人知以度算者，自此始。"②该卷现有抄本流传。

清康熙十四年（1675 年），梅文鼎"始购得《（崇祯）历书》于吴门姚氏，偶缺是《（比例规）解》"③。"戊午（1678 年），黄俞邰太史为借到皖江刘潜柱先生本，乃钞得之。颇多讹缺，殊不易读，盖携之行笈，半年而通其指趣。"④

梅文鼎深入研究比例规，他"值书之难读者，必欲求得其说，往往废寝忘食。残编散帖，手自抄集，一字异同，不敢忽过。畴人子弟及西域官生，皆折节造访，有问者，亦详告之无隐，期与斯世共明之"。"文鼎每得一书，皆为正其讹阙，指其得失。⑤"从梅文鼎年谱分析，他可能拜访过的宫廷传教士有汤若望和南怀仁，康熙八年（1669 年）成书的南怀仁的《灵台仪象志》中第十一图及第五十四图中都有比例规。

二、梅文鼎《度算释例》内容研究

梅文鼎想方设法在民间抄得《比例规解》，并深入研究和校正了其主要内容。

首先，梅文鼎考虑到原名称的局限性，重新确定了比例十线的名称，更改后的名称的适用范围扩大了。梅文鼎更改后的比例十线的名称与原名称对照如表 1 所示。

---

① 梅文鼎给弟梅文鼐《比例规用法假如》一书序言中有："文鼐，字尔素，有累年算稿，文鼎为录存，其中算书中的《比例规解》，本无算例，文鼎作度算，用文鼐所补。"还有，"度算一卷，原无算例，其弟文鼐补之，而参以嘉禾陈荩谟尺算用法"。

② 阮元. 畴人传上. 北京: 商务印书馆, 1935: 419.

③ 李俨, 钱宝琮. 李俨 钱宝琮科学史全集. 第 7 卷. 沈阳: 辽宁教育出版社, 1998: 522.

④ 梅文鼎. 勿庵历算书目//韩琦整理. 梅文鼎全集第 1 册. 合肥: 黄山书社, 2020: 271.

⑤ 赵尔巽, 等. 清史稿. 呼和浩特: 内蒙古人民出版社, 1998: 1352-1353.

表 1 罗雅谷《比例规解》与梅文鼎《度算释例》比例十线名称对比

著作	比例十线								
《比例规解》	平分线	分面线	变面线	分体线	变体线	五金线	分圆线	节气线	时刻线	表心线
《度算释例》	平分线	平方线	更面线	立方线	更体线	五金线	分圆线	正弦线	正切线	正割线

梅文鼎的变更可分为以下三种。

第一种，对罗雅谷书中的分面线，梅文鼎说："凡平方形有积有边，积谓之幂，亦谓之面，边线亦谓之根，即开平方法也。"[①]因此，他将罗雅谷书中的分面线更名为平方线。同理，将罗雅谷的分体线更名为立方线。

第二种，将罗雅谷书中的变面线更名为更面线，这里梅文鼎没有说明变更的原因。笔者认为，这是中西方数学文化差异的具体表现。中国古代遇"变化"的意思用"更"字表达，故梅文鼎作如此变更，同理，梅文鼎将变体线更名为更体线。

第三种，梅文鼎将罗雅谷书中的节气线更名为正弦线，对于这种变更他说："《正弦线》旧名节气线，然正弦为用甚多，不止节气一事，不如直言正弦，以免挂漏。"[②]同样的道理，时刻线更名为正切线，表心线更名为正割线等。

梅文鼎增加了一些新的关于比例规的用法，增加的内容主要如下。

（1）平方线分法。梅文鼎除了介绍罗雅谷书中的做法之外又增加了一种捷法："如前法作勾股形，定尺两股成正方角，如甲，乃任于一股上取甲乙命为一点，而又于一股取甲丙度，与甲乙等，即皆为一百之根。次取乙丙底加于甲乙上，为二百之根，如甲丁。又取丁丙底加于甲乙上，为三百之根，如甲戊……"[③]依此类推，将各线移到平方线上加字标识即可，如图 1 所示。

（2）正弦线分法中增加了第三种方法，他说："分圆线可当此线，以分圆线两度当正弦一度，纪其号。假如分圆六十度龄，即纪正弦三十。但分圆

图 1 《度算释例》平方线分法

---

① 梅文鼎. 度算释例(一) // 宣城梅氏丛书辑要. 光绪丁亥鸿文书局石印: 4.

② 梅文鼎. 度算释例(二) // 宣城梅氏丛书辑要. 光绪丁亥鸿文书局石印: 2.

③ 梅文鼎. 度算释例(一) // 宣城梅氏丛书辑要. 光绪丁亥鸿文书局石印: 5.

之号直书，则正弦横书以别之。"①

梅文鼎在正弦线用法中还增加了"三角形的边角互求"的用法，即在三角形的三边、三角六个元素中，若已知两边一角或两角一边，求解三角形的其他角和边。

对于罗雅谷《比例规解》中的以平仪定时刻法（图2），梅文鼎批评道："平仪作时刻亦用正弦。《比例规解》以正弦名节气线，切线名时刻线，取而别之，非也。"

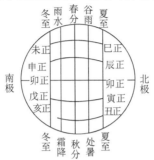

图2　《度算释例》平仪定时刻线法

罗雅谷在书中只给出了一个利用切线作时刻线的简单用法，梅文鼎补充了切线的多种用法，包括以下几种。

（1）求太阳地平高度用直表。以表高数为切线四十五度之底，定尺，而取表影数为底进退求等度，得日高之余切线（即日高度余角的正切线），具体如图3（a）所示。

（2）求太阳高度用横表。置横木于墙，以候日影，即得倒影为正切线之度，如图3（b）所示。

（3）求北京出地度。直表所得太阳距天顶度也，加北纬即赤道距天顶度，亦即北极出地度，如图3（c）所示。

(a)　　　　　　(b)　　　　　　(c)

图3　《度算释例》比例规切线的用法

---

① 梅文鼎. 度算释例(二) // 宣城梅氏丛书辑要. 光绪丁亥鸿文书局石印: 2.

梅文鼎在《度算释例》中阐述了用正弦作时刻线，此外又增加了新的时刻线作法，梅文鼎说："以切线分时刻，本亦非误，但切线无半度，取度难清，今另作一线，得数既易，时刻尤真。"具体做法如图 4 所示，依尺长短作直线如乙丙，于线端作横垂线乙甲，又在甲点作乙丙的平行线甲巳，以甲为心作象限弧，六平分之为时限各一分内四平分之为刻线，次于甲心出直线过各时限至直线，成六时，过各刻限者成刻，乃作识记之。

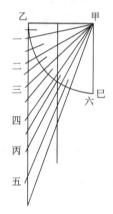

图 4　《度算释例》作时刻线另法

在"五金线"中，梅文鼎改正了罗雅谷的错误："《比例规解》一斤重的锡作成的立方体边长为二又三十七分之一，小于铜铁，而轻重之序乖。"梅文鼎依据《仪象志》将锡的比率改为二又三十七分之二十一，在该线结尾附有"金属重之容比例"、"重比例"和"重之根比例"，这三项依次是不同金属同重体积的比、同积重的比和同重边的比。

其次，对于在做法之中涉及的原理，梅文鼎表达得较为通俗，这形成了他特有的表述方式，无不体现出梅文鼎钻研西算，自成一家的研究风格。例如，在"第七正弦线"中，他首先规定了"法以九十度当半径"，剔除了罗雅谷等人建立在相似三角形基础上的叙述："以半径为底，百为腰，置尺，次以设度为腰，取底，即其正弦。"而换之以："以本圈半径为九十度底，定尺，而取七十五度之底为正弦，如所求。"又如，"简法：第一平分线可当此线，为各有百平分，其线两旁一书平分号，一书正弦号"也反映出了梅氏特有的语言风格。

最后，订正了原书的讹误，在《比例规解》中有："如三十度之正弦五十，则五十数旁书三十，二度之正弦五，则五数旁书三。"这句话表述不清，并且有错误，所以梅文鼎完全删去了。

梅文鼎在《度算释例》中明确阐述了与罗雅谷《比例规解》的异同：

> 一，《比例规解》原列十线，为十种比例之法，今仍之；一，比例既有十种，可各为一尺，今总归一尺者，便携也；一，一尺中列十线，则一尺而有十尺之用，恐其不清，故各线之端，书某线以别之；一，各线并从心起数，惟立方线初点最大，割线亦然，又五金线之用近尺末，故俱不到心，以便他线之书字，然其实并从心起算。用者详之。①

梅文鼎多次纠正罗雅谷书中的谬误，并且将罗雅谷书中不合中国传统的数学内容进行修改，使得《比例规解》所介绍的内容更容易被中国学者所接受。例如，在第一种比例线——平分线的用法中，梅文鼎认为：

> 谨案尺算上两等边三角形，分之即两勾股也。两勾连为一线而在下，直谓之底，宜也。若两尺上数原系斜弦，改而称腰，于义无取。今直正其名曰弦。②

梅文鼎将罗雅谷书中尺上点到尺心的距离"腰"改为"弦"，这里看似一字之差，其实质却是中西方数学文化差异的具体表现。西方数学将等腰三角形的两等边命名为"腰"，故罗雅谷文中的"腰"亦有其实际意义；中国传统数学则没有"腰"这样的概念，只有"勾股弦"的概念。这反映了梅文鼎对西方数学并没有全盘接受的思想倾向。

又如，在用平分线求两数相除的运算中，梅文鼎指出：

> 算家最重法实。……实或法，此乃何也？曰，异乘同除。……以先有之两率为比例，算今有之两率，虽曰三率，实四率也。微之于尺则大弦与大底，小弦与小底，两两相比，……故先有之两率当弦，则今所求者在底；……若先有之率当底，则今求者在弦……。但四率中原缺一率，比而得之，故不必先审法实，殊为简易矣。然则乘除一法乎？曰，凡四率中所缺之一率，求而得之，谓之得数。乘则先缺者必大数也，故得亦大数。除则先缺者必小数也，

---

① 梅文鼎. 度算释例(一) ∥宣城梅氏丛书辑要. 光绪丁亥鸿文书局石印: 1.
② 梅文鼎. 度算释例(一) ∥宣城梅氏丛书辑要. 光绪丁亥鸿文书局石印: 3.

故所得亦小数。所不同者此耳。是故乘除皆有四率，得尺算而其理愈明。①

这里所讲实际上是比例的性质：外项积等于内项积。只要大底与大弦的比和小底与小弦的比相等即可，不用区分哪个为一率和四率或二率和三率。这里还介绍了乘除都可以化作比例运算，与方中通的"法实可互更，乘除可互用，此尺算异于他算也。凡求得数，皆以例比，即乘除亦无非比例，故比例以尺算为便"②有异曲同工之妙。梅文鼎和方中通都认为所有的运算都可以化作比例，而计算比例则用尺算最为简便。这样的阐述使比例规作为数学算具而更容易被人们所接受。

笔者通过全面考察《度算释例》发现，为了把"度学"真正和实际测量结合起来，梅文鼎还配合《比例规解》，仔细研读了《表度说》和《简平仪说》，不但从原理上结合最新学习的西方球面天文学理论进行说明，而且准确地把三角学原理应用到实际测量中。对于"变浑为平"原理及"平浑日晷"的理论构造也颇有研究。梅文鼎在《度算释例》中扩展了原来《比例规解》中的用法，尝试分别用直表、横表求太阳高度和求北极高度，尝试把分圆线与其后面的正弦线、正切线、正割线和画日晷法等联系起来，而且与平仪作节气线与时刻线法相联系。

梅文鼎的工作一方面说明他"发明《新法算书》，或正其误，或补其缺"③（阮元语）；另一方面说明他积极吸收西学，研读西学，达到了融会贯通的程度，又在实践中指导了天文测量学。他钻研后得到的日晷做法，为清代以来兴起的官方和民间制作日晷之风气产生了重要影响。

梅文鼎所处的清代中期，中国学者对西学持有不同态度，或"张皇过甚"，或"辄薄古法"，或"斥西人为异学"，而梅文鼎踏踏实实学习西学，其许多著作都是对西学很好的学习与诠释。而在诠释西学的过程中，一方面考虑到实用，亲力亲为，从理论到实践"稍稍变从我法"，另一方面详细解读中国传统中没有的学问，以中国人能够接受的方式，重新著书立说，形成新的理论和方法。

---

① 梅文鼎. 勿庵筹算(一) // 宣城梅氏丛书辑要. 光绪丁亥鸿文书局石印: 3.
② 方中通. 数度衍 // 靖玉树编勘. 中国历代算学集成. 济南: 山东人民出版社, 1994: 2660-2664.
③ 阮元, 梅文鼎 // 阮元, 畴人传. 台北: 台湾商务印书馆, 1935.

三、梅毂成《数理精蕴·比例规解》的创新

罗雅谷在其《比例规解》自序中有"草创成书……则润色之,增补之,定有其时,而谷之不文,或见亮于天下后世也矣"[①]的表述。《数理精蕴·比例规解》是梅文鼎之孙梅毂成的作品,主要在梅文鼎的《度算释例》和传教士白晋等人翻译的《几何原本》中的平分线、分圆线、分面线、分体线等有关知识的基础上编撰而成,《数理精蕴·比例规解》篇首的一段话道出了梅毂成对比例规的新认识:

> 比例尺代算,凡点、线、面、体、乘除、开方,皆可以规度而得。然于画图制器,尤所必需,诚算器之至善者焉。究其立法之原,总不越乎同式三角形之比例。盖同式三角形,其各角、各边皆为相当之率。[②]

由于梅毂成与梅文鼎的特殊关系,因此《数理精蕴·比例规解》中的大部分内容受梅文鼎的《度算释例》的影响,且多是承袭了梅文鼎的思想。在第四十卷的末尾单独阐述用比例规制作各种日晷的方法,而且配有详细的讲解和图示;在卷末还增加了一个新的算具——假数尺(即比例尺),这是当时传入中国的另外一种算具——计算尺,与比例规没有关系。由于《数理精蕴·比例规解》是官方书籍,容易流传,加之讲解清晰、内容注重条理性,所以比梅文鼎私人成书的《度算释例》具备更好的传播条件。《数理精蕴·比例规解》利用比例规制作各种日晷的方法对后来官方和民间学者学习制作日晷影响很大,产生了重要的作用[③]。这个时期,清代天文学家不仅研究和学习西方传入的日晷知识,而且他们进一步会通中西,使得日晷能够按照中国的传统为国人所用。

(本文于 2015 年 7 月在法国巴黎举行的"第 23 届中国科学技术史国际学术会议"上宣读。)

---

① 罗雅谷. 比例规解//徐光启编纂. 崇祯历书——附西洋新法历书增刊十种. 潘鼐汇编. 上海: 上海古籍出版社, 2009: 1467.

② 梅毂成. 比例规解//梅毂成, 等. 御制数理精蕴//四库全书. 长春: 吉林出版集团, 2005: 1723.

③ 邓可卉. 面东西日晷在清代的发展. 中国科技史料, 1999, (1): 74-80.

《历学会通》中的宇宙模式再探

　　哥白尼《天体运行论》的发表打破了欧洲天文学的平静，西方宇宙论的发展进入"二说"并驰、"五天"沸腾的时代，涉及的宇宙论主要有地心说、日心说、地-日心说，以及对上述三者折中的平权说等，其代表人物有托勒密、亚里士多德、哥白尼、第谷、隆哥蒙塔努斯、开普勒等人。在这些人物中，托勒密是古希腊天文学的最后一位集大成的数学家和数理天文学家，他在《至大论》中建立了一套数理几何模型方法，对日月五星运动以及它们的位置关系如日月食、五星顺行、留、逆行和伏见等进行了系统、完整、定量化的论证。哥白尼日心学说，包括这个时期其他宇宙论，都建立在数理天文学基础上，其论证依据是古希腊托勒密的几何模型方法。这种状态一直到耶稣会士来华之前，都没有重大改变。在编撰《崇祯历书》时，对以上人物所代表的宇宙论学说及其相关工作都进行了介绍，但是其侧重点是有所区别的。以上宇宙论代表人物中隆哥蒙塔努斯可能是读者比较陌生的一位。他比开普勒早十多年跟随第谷在他的私人天文台进行观测，1622年他出版了《丹麦天文学》（*Astronomia Danica*）一书，其内容作为第谷体系未完成的内容被引进到《崇祯历书》中，有着重要影响[①]。

　　从宇宙论角度考虑，受耶稣会士态度和基本立场影响，《历学会通》宣讲的是一种在哥白尼日心说几何模型基础上发展起来的第谷-哥白尼模型。通过文献比较认为《崇祯历书》中的宇宙"新图"与《历学会通》中的地-日模式相近，说明薛凤祚对"今西法"（哥白尼法）和"新西法"（第谷法）进行了会通。

---

　　① Hashimoto K. Hsü Kuang-ch'i and Astronomical Reform: The Process of the Chinese Acceptance of Western Astronomy, 1629-1635. Osaka: Kansai University Press, 1988.

一、历史回顾

在学术界深入研究《历学会通》之前，已经流行一种比较具有震撼力的说法就是，穆尼阁是口头向中国人传授日心说的第一人。这个事实可以从他在中国的传教经历中得到证据，例如，方以智曾经为穆尼阁所翻译的《天步真原》作序，而得其真传；而在其《物理小识》中不少于三处提到日心说理论。其中，在卷一"历类·岁差"一节和卷二"地游地动"一节的正文和方中通的注释中分别出现了"穆公曰：'地亦有游'"的说法，另外，在卷一"历类·九重"一节有"其金水星附日一周，穆公曰：'道未精也。我国有一生明得水星者，金水附日，如日晕之小轮乎，则九重不可定矣。'"[①]

关于《历学会通》中的天文学内容，特别是涉及宇宙理论的研究成果，学术界是屈指可数的。这些研究成果发现了一些新的史料，尽可能针对原文的计算模型做了进一步的阐释，具有重要的学术价值[②]。但是前人的论证口吻多以推测和试探为主，较多疑虑实际上没有得到解释，对于西方宇宙论发展背景涉及较少。

学术界还发现了穆尼阁翻译的《天步真原》的可能底本，从文献的对比来看，比利时兰斯玻治（Philip von Lansberge，1561—1632）1632年依据日心学说编著成《永恒天体运行表》（*Tabulae Motuum Coelestium Perpetuae*）一书，是《天步真原》的可能底本。虽然兰斯玻治是当时的哥白尼派天文学家之一，但是他所用的行星运动的几何模型与《天体运行论》中所用的并不相同，重要改变是在具体计算中经常会对地球和太阳的位置进行一些调整，而且他声明这仅仅是出于几何推导的方便[③]。没有进一步分析研究为什么会产生如此情况。

下面的问题是，能否就此推断穆尼阁《天步真原》的翻译出版标志着哥白尼天文学在中国的系统传播？《天步真原》是否颠倒了其底本中的日地位置，究竟是《天步真原》的译者，还是《历学会通》的编撰者颠倒了日地位置，作为一种严密的宇宙模式，这些问题并没有搞清楚。

历史事实说明，日心说本身和建立在哥白尼日心说几何模型基础上的宇宙模式是两回事，这里的关键问题，一是要清楚日心说在欧洲的传播情况以及与其他宇宙模式的关系，二是作为耶稣会士的穆尼阁所持的一些学术观点。下面我们进一步讨论。

---

① 方以智. 物理小识. 台北: 台湾商务印书馆, 1978: 18.

② 胡铁珠. 《历学会通》中的宇宙模式. 自然科学史研究, 1992, (3): 224-232.

③ 石云理. 《天步真原》与哥白尼天文学在中国的早期传播. 中国科技史料, 2000, 21(1): 83-91.

二、日心地动说在欧洲的流传以及与其他宇宙论的关系

古代托勒密地心说（约公元 150 年）建立在一套数理天文学理论的基础上，经过近 14 个世纪后，由哥白尼发展了日心地动说体系（1543 年《天体运行论》出版），正如诺伊格鲍尔说："全部中世纪的天文学——拜占廷的、伊斯兰的，最后是西方的——都和托勒密的工作有关，直到望远镜发明和牛顿力学的概念开创了全新的可能性之前，这一状态一直普遍存在。"[①]在《崇祯历书》中也有："西洋之于天学，历数千年、经数百手而成⋯⋯日久弥精，后出者益奇，要不越多禄某范围也。"又称赞托勒密天文学"可为历算之纲维，推步之宗祖也"[②]。

1502 年，赖因霍尔德的著作《行星新理论》，是对哥白尼《天体运行论》一书的注释，他在书中暗示，一位现代天文学家具有超凡的技巧，人们希望他将重建天文学。这位天文学家就是哥白尼。赖因霍尔德对《天体运行论》中宇宙论部分最重要的假设——日心说没有什么评注，但却从一些次要假设开始工作，例如托勒密的一系列数学设计中关于"对点"的假设，哥白尼想方设法用他的小本轮来消除这个最令人不快的设计，为的是不要亵渎匀速圆周运动的天界原则，而赖因霍尔德在此处却充满了密密麻麻的批注。这说明赖因霍尔德认为哥白尼体系只是关于宇宙体系的另外一种"假设"而已[③]。

在《天体运行论》发表后一个多世纪里，有很长时间人们是在一种完全自由的气氛中讨论日心说问题的。许多大学由于担心青年学生在新学说上缺乏足够的判断力，因此仍然选择托勒密天文学和萨克罗伯斯科的《天球论》作为基础课。一个历史事实是，在《天体运行论》刚出版的年代，许多天文学家之所以被它吸引，不过是想了解另外一种能给出同样预测的途径而已，德国耶稣会士兼天文学家、数学家克拉维斯说："哥白尼只是说明了托勒密的行星布局并不是唯一的方法。"哥白尼在《天体运行论》前几章为他的宇宙蓝图提供论证的最重要的依据是：论证基于简单、和谐与优美的原则。

《天体运行论》所产生的历史效应，在它刚出版时候和以后逐渐流传开

---

① Neugebauer O. A History of Ancient Mathematical Astronomy. Berlin-Heidelberg-New York: Springer-Verlag, 1975: 838.

② 汤若望. 历法西传∥徐光启编纂. 崇祯历书——附西洋新法历书增刊十种. 潘鼐汇编. 上海: 上海古籍出版社, 2009: 1994.

③ Gingerich O. The Book Nobody Read: Chasing the Revolutions of Nicolaus Copernicus. Beijing: Penguin Books, 2005.

的时间里具有巨大的区别，这是哥白尼本人也都无法想象的。

日心说的忠实拥护者、德国蒂宾根大学教授梅斯特林（Michael Maestlin，1550—1631）是开普勒的老师。梅斯特林和开普勒一样同为蒂宾根大学培养的路德教派的教士，他关于《天体运行论》的一篇序言"致读者"的作者究竟是谁，有最详尽的注释，显示了他对哥白尼天文学的推崇和同情。欧文·金格里奇通过调查梅斯特林对《天体运行论》50年的多层评注，弄清了这些评注和其中涉及人物之间的关系，进一步认为梅斯特林由于坚信哥白尼学说而不满于开普勒把物理学拖入天文学领域；另外，他提出梅斯特林对于哥白尼学说的物理真实性可能完全持有保留态度[①]。

梅斯特林受《天体运行论》的启发曾经在一篇题为《论天体轨道的量度》的论文中，作图证明了在日心体系中，把行星所绕转中心形成的小圆置于黄道圈内，和中心固定而使得行星在一个小本轮上运动的两种几何模型是等价的，如图1所示[②]。实际上，在《天体运行论》卷3第20章中，哥白尼对两种小圆置于不同位置的等价性进行了证明，如图2所示，而且进一步在卷5把这种等价性应用于内行星讨论中[③]。

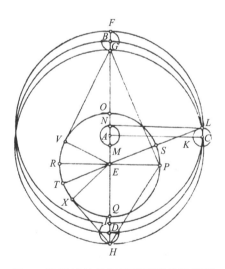

图1　梅斯特林外行星模型等价性证明

① Gingerich O. The Book Nobody Read: Chasing the Revolutions of Nicolaus Copernicus. Beijing: Penguin Books, 2005: 63.

② Grafton A. Michael Maestlin's accout of Copernical planetary theory. Proceedings of the American Philosophical Society, 1973, 117（6）: 523-550.

③ 哥白尼. 天体运行论. 叶式辉译. 北京: 北京大学出版社, 2006: 116.

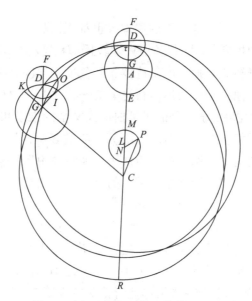

图 2　哥白尼的行星模型等价性证明

　　第谷在汶岛上的系统天文学观测，揭示了一个事实：哥白尼和赖因霍尔德的观测数据是极不可靠的，他坚信哥白尼并未真正完成天文学的复兴，这一系统有待于在更加精确的天文学观测基础上重建。第谷的门人和助手隆哥蒙塔努斯（C. S. Longomontanus，1562—1647，在《五纬历指》中又译色物利诺）追随第谷十余年，1622 年出版了《丹麦天文学》（*Astronomia Danica*，1622 年）。在书中，他有如下一些观点，他主张第谷的地-日心体系，但与此同时，他承认地球的自转；他继承第谷的思想，认为不存在实体天球，宇宙充斥着一种无所不在的透明介质；虽然他主张第谷体系，但他并不认为这是数学天文学家的唯一选择，他极力向读者表明，从数学上来看，托勒密、哥白尼和第谷三个体系是相通的，三种模型的差别是对于外行星周天运动分量的数学处理不同，但是它们实质上是平权的；他把第谷模型的基本参数用于哥白尼模型中，产生了同样的效果。此后，第谷体系成为第三种世界体系，尽管后来被修改了，有准第谷体系或者第谷-哥白尼体系出现，但是，这些连同第谷体系一起在整个17 世纪彻底流行开来[①]。其间，耶稣会士关于日心体系有过形形色色的观点。

　　第谷是日心说的怀疑者之一，他的体系获得了相当一部分天文学家的支持，也成为西方反对托勒密学说，支持哥白尼的有力证据。就行星而言，表

　　① Hashimoto K. Hsü Kuang-ch'i and Astronomical Reform: The Process of the Chinese Acceptance of Western Astronomy, 1629-1635. Osaka: Kansai University Press, 1988: 80-81.

现在第谷体系与哥白尼体系相同，位置的计算也相同，所以第谷体系并不阻碍哥白尼体系的发展。第谷的地-日心说的出现绝不是历史的倒退，第谷专家 J. L. E. Dreyer 说："第谷体系没有阻止采纳哥白尼体系，相对地，从托勒密以来对后者充当了一个石阶。"[①]

在梵蒂冈教廷图书馆的奥托博尼 1902 号《天体运行论》手稿中有对"匀速圆周运动"的批注，显示了日心说如何一步一步转变为地-日心说的布局方式，标注日期是 1578 年 2 月 13 日，在最后以地球为中心的图表上写有"由哥白尼的假设完成的符合地心说的天体运行图"[②]。我们可以在关注第谷体系提出的合理性之外，仍然站在哥白尼的立场看待问题。由哥白尼的假设可以回推第谷体系的事实本身，能说明他们采用了基本相同的方法和原则，基于同样的传统。

席文评价第谷体系说：

> 第谷的世界模型提供了许多和哥白尼系统相同的优势，并且和欧洲最好的肉眼观察者一生的工作是吻合的。此外，并没有威胁到神学的堡垒。这个系统对正在工作的天文学家也极具吸引力，他们尊敬第谷对于观测资料的态度，这比他的先辈对观测资料的态度要苛求得多。当颠覆哥白尼主义的混乱开始的时候，第谷的彻底替代托勒密体系的数学化和神学的优势使得中世纪热情地接受，以至于到了 17 世纪 20 年代，它成为"第三种世界体系"，在天主教国家的支持者一直持续到 17 世纪 80 年代。[③]

兰斯玻治是当时的哥白尼派天文学家之一，但是他所用的行星运动几何模型与《天体运行论》中所用的并不相同，一个重要的改变是，在具体计算中经常会对地球和太阳的位置进行一些调整，而且他声明这仅仅是出于几何推导的方便。《天步真原》的土星运动计算模型如图 3 所示，行星在大圆上运动，大圆的中心在小圆上运动，小圆的中心是偏离地球的某一点，地球固定不动，太阳在一个单独的轨道（中圆）上绕地球运动。该图亦与《永恒天

① Dreyer J L E. Tycho Brache—A Picture of Scientific Life and Work in the Sixteenth Century. New York: Dover Publication Inc., 1977.

② 欧文·金格里奇. 无人读过的书——哥白尼《天体运行论》追寻记. 王今，徐国强译. 北京：生活·读书·新知三联书店，2008: 90.

③ Sivin N. Copernicus in China∥Sivin N. Science in Ancient China. Researches and Reflections, Aldershot: Variorum, 1995: 11.

体运行表》的外行星运动计算模型（图 4）基本相同，所不同的是，《天步真原》中的日地位置均被颠倒，各个行星运动模型中兰斯玻治用于表示"地球轨道"的圆，在《天步真原》中被称作"日行圈"。研究者根据对土星几何模型的细致考察发现，土星的最终位置不是相对于图中的丑（太阳）点，而是相对于巳（地球）点给出的。如果颠倒日地位置，正好与《历学会通》中将行星位置归算到了 I 点的结论一致[①]。在其他四个行星理论中，也存在同样的计算问题。

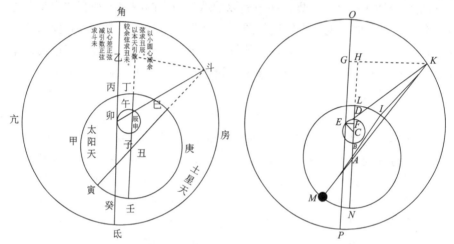

图 3　《天步真原》土星计算实例图　　图 4　《永恒天体运行表》土星计算实例[②]

这个事实说明，《永恒天体运行表》和《天步真原》中的几何模型具有继承性，但是它们在具体计算中，日地位置一个是"有时"，一个是"均"被颠倒。而《历学会通》中的"新西法"与《天步真原》中的模型也如出一辙。由此分析，基于哥白尼体系基础上的第谷模型以及其他不同模型数学计算的合理性是存在的。兰斯玻治的行星运动几何模型是一种基于哥白尼观点之上的第谷-哥白尼体系。

三、耶稣会的基本观点以及穆尼阁其人

14 世纪末欧洲的耶稣会士来华具有重要的历史背景。《崇祯历书》是在这个背景下编撰完成的一部以介绍西方天文学知识为主的大型历算全书。其

① 胡铁珠.《历学会通》中的宇宙模式. 自然科学史研究, 1992, (3): 224-232.
② 插图来自石云理.《天步真原》与哥白尼天文学在中国的早期传播. 中国科技史料, 2000, 21(1): 83-91.

中的《五纬历指》在论述了古今宇宙体系的异同之处后，选择了第谷体系，并且大量引述了望远镜观测的结果，论证了第谷体系的合理性[①]。

罗马学院的耶稣会主教及克拉维斯等人考虑到望远镜观测对托勒密等古代体系的冲击，开始着手建立新宇宙体系。他和他的继任者格林伯格（T. C. Grienberger, 1561—1636）在他们学生的帮助下，在 1610 年 9 月 28 日至 1611 年 4 月 6 日仔细观测了土星和木星的四颗卫星等。伽利略和格林伯格之间有过一次通信，他们详细讨论了发现的新现象和他们的科学信仰，他们互相赞美并祝贺，充分显示了他们对新现象达成了共识[②]。邓玉函是最早把伽利略的新发现带到中国的，邓玉函与伽利略曾经同为 17 世纪初在意大利创立的林琴学院的院士，他也是少数几个亲自见过伽利略展示其望远镜重要发现的朋友和科学家中的一个，时间大概是 1611 年 4 月 14 日[③]。

在 1603 年第谷体系发表以后的 1605 年，克拉维斯仍然没有看到第谷的工作，但是在他 1612 年去世之前，这位伟大的耶稣会科学家承认托勒密学说不再能拯救现象，随后罗马学院耶稣会作为唯一的选择，采纳第谷体系。汤若望和罗雅谷在邓玉函死后接任了改历工作，他们都是耶稣会科学院中新第谷时代的天文学家。第谷生前未完成建立在他的体系基础上的系统的行星理论，据考，《五纬历指》所依据的第谷主要著作《新编天文学初阶》（1602年）一直没有写完[④]。《五纬历指》中关于第谷的模型体系介绍很少，更多的是他的门人隆哥蒙塔努斯修改完成的"第谷新法"及其天文数表。据考，《丹麦天文学》（1622 年）是罗雅谷编写《五纬历指》和《月离历指》的重要参考书[⑤]。

第谷是日心说的怀疑者之一，他反对新制，但是他的观测结果却支持了新制。由于宗教的理由，它在哥白尼学说难以接受时，又缓冲了托勒密地心说的一系列问题。第谷研究专家 J. L. E. Dreyer 认为，第谷的体系可以解释所有已经发现的天文现象，并避免了地动说所带来的物理学困难[⑥]。

---

① 邓可卉.《五纬历指》中的宇宙理论. 自然辩证法通讯, 2011, 33（1）: 36-43, 122.

② D'Elia. Galileo in China. Harvard: Harvard University Press, 1960: 5-20.

③ D'Elia. Galileo in China. Harvard: Harvard University Press, 1960: 5-20.

④ 江晓原. 第谷天文工作在中国的传播及影响 // 江晓原，钮卫星. 天文西学东渐集. 上海: 上海书店出版社, 2001: 277.

⑤ Hashimoto K. Hsü Kuang-ch'i and Astronomical Reform: The Process of the Chinese Acceptance of Western Astronomy, 1629-1635. Osaka: Kansai University Press, 1988.

⑥ Dreyer J L E. Tycho Brache—A Picture of Scientific Life and Work in the Sixteenth Century. New York: Dover Publication Inc., 1977: 169.

穆尼阁，字如德，波兰人，生于 1611 年。1635 年进耶稣会，1646 年抵达中国，传教于江南。1651 年，因即赴南京，不久清廷以公擅长历算，命公赴京，但公热心救灵，仍往别省宣传圣教。穆尼阁在南京时教授薛凤祚天算学，《天步真原》和《历学会通》就是先后由薛氏笔书完成的[①]。关于穆尼阁的宇宙论倾向，学术界已经有所了解，席文曾认为"他一直被怀疑为哥白尼天文学的信徒"[②]，而在《历学会通》中针对"今西法"就是指《崇祯历书》的情况，认为它以第谷体系为本，并且进一步说明第谷体系入中土后未有全本。

看来，兰斯玻治受到哥白尼体系的影响，并且忠实捍卫它的事实不假，穆尼阁翻译《天步真原》的底本，也确实出自兰斯玻治的《永恒天体运行表》，但是在欧洲当时宇宙论学说并未明了、形形色色的宇宙论学说并行的历史背景下，任何个人的喜好、倾向都是建立在数学模型的计算之上的，其计算结果所传达的物理意义并不明确，所以作为耶稣会士的穆尼阁才能够在《天步真原》中大胆宣讲一种所谓的新学说，从而引起中国人的好奇和传讲之心。对于研究者从《天步真原》的署名为"穆尼阁撰、薛凤祚辑"，推测认为兰斯玻治理论中的日地关系是薛凤祚重辑时加以颠倒的，笔者尚且存疑。

欧洲天主教会的态度必然影响到穆尼阁的观点，作为传教士，他不可能在其《天步真原》中"系统介绍"日心地动说理论，他所阐述和引介的只是由哥白尼日心说发展而来的一种与之有关的地-日几何模型，这种在数学上的一致性处理，缓冲了哥白尼体系与第谷体系的矛盾不谐。日心说在 17 世纪时的欧洲还没有站稳脚跟，在中国公开传播也是不可能的。既然耶稣会士把由哥白尼日心说发展而来的日-地几何模型视为一种可以存在的假设，那么薛凤祚对于《天步真原》内容的理解也仅仅止于是一种不同的宇宙模式。统观历史和宗教的发展，我们可以合理地认为中国学者对于日心说的敏感程度远没有耶稣会士强烈。

总之，无论兰斯玻治在具体计算中出于几何推导的方便对地球和太阳位置进行一些调整，还是《天步真原》的作者颠倒了其底本中的日地位置，即使他们确实倾向于哥白尼日心说，他们在数学模型上的处理表明他们在这个问题上是不坚定的。究其原因，这与当时的时代背景和天文学发展是分不开的。

---

① 徐宗泽. 明清间耶稣会士译著提要. 上海: 上海书店出版社, 2010.

② Sivin N. Copernicus in China // Sivin N. Science in Ancient China. Researches and Reflections, Aldershot: Variorum, 1995: 61.

四、《崇祯历书》中的宇宙模式

第谷与哥白尼体系的等价性（证明）在《崇祯历书》中就有了[①]，在编修《崇祯历书》时，罗雅谷在其负责的《五纬历指》中细致地阐述了托勒密、哥白尼和第谷关于外行星周年运动的不同处理，认为关于第谷体系和哥白尼体系有相通之处，反映了耶稣会士在当时吸纳一种融通的宇宙模式的态度。如图 5 所示，原文有："第四图乃第谷及歌白泥总法。以太阳为五纬行之心，甲为地，巳庚辛为太阳本轮，置太阳在巳，巳为心，在星本天，又取两心差四之三，到丙作乙戊弧得心在壬，如前二图，置太阳行巳辛弧，壬点亦行，而成壬丑弧，太阳到庚，壬点亦到寅，又复回于巳，壬点又复到元处，而成壬丑寅圈，如巳辛庚圈等。凡太阳在午，星到子，因在甲午子一直线，谓之相会；凡日在未，星在申，谓之相冲。在子于地极远，在申极近。太阳顺天行巳午辛未庚，然星从寅壬子到丑顺天行，从丑申到寅于甲人目似逆行，寅丑为两行之界。此法乃第谷本法。……上四图，各解顺逆疾迟留等岁行之验；下总图，合四法以明之，理一而已。总图有实线、叠线、虚线三类，实线法古用黑字，叠线第谷法元用红字，虚线歌白泥及第谷总法……"[②]上文通过"总图"证明第谷与哥白尼体系是相通的，遗憾的是在《五纬历指》中漏掉了"总图"，我们无法了解其详细过程。席文研究认为，罗雅谷证明了哥白尼和第谷体系关于中心差构图的等价性，取代了托勒密的 equant 的引入[③]。罗雅谷在几何模型技术上的处理显示了他对哥白尼体系的一种妥协，而他是第谷主义的。

《五纬历指》给出的一幅"新图"（图 6）反映了"第谷新法"的内容。《五纬历指》卷九第二章"用新图算各星距地"中关于这幅图的解释有："新图以地为太阳太阴恒星所行之心。别五纬以太阳为本行之心。又土木火三星以太阳所行之圈，为古法所谓年岁圈。即上所用法，今非其真，因用本法。""又新图不言各星各有一天，而强星在本重之内。""土木火三星以太阳为本行之心，又因其心从太阳，即以太阳所行之轮，为人口所见每年各星之行。"[④]

① 邓可卉.《五纬历指》中的宇宙理论. 自然辩证法通讯, 2011, 33（1）: 36-43, 122.

② 罗雅谷. 五纬历指∥徐光启编纂. 崇祯历书——附西洋新法历书增刊十种. 潘鼐汇编. 上海: 上海古籍出版社, 2009: 363-364.

③ Sivin N. Copernicus in China∥Sivin N. Science in Ancient China. Researches and Reflections, Aldershot: Variorum, 1995.

④ 罗雅谷. 五纬历指∥徐光启编纂. 崇祯历书——附西洋新法历书增刊十种. 潘鼐汇编. 上海: 上海古籍出版社, 2009: 472.

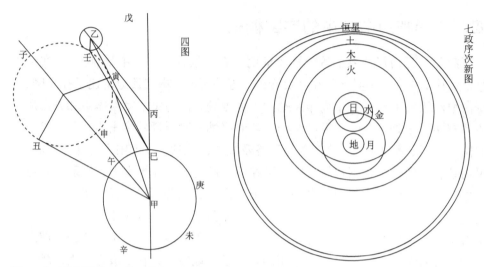

图 5 《五纬历指》中的"第谷及哥白尼总法"　　图 6 《五纬历指》中的宇宙"新图"

五、《历学会通》中的宇宙模式

万历年间，薛凤祚先受学于意大利传教士罗雅谷。顺治三年（1646 年），在南京结识耶稣会士穆尼阁，始改从西学。后又从德国传教士汤若望学习历学，所学日精。顺治五年（1648 年），薛凤祚与穆尼阁译成《天步真原》，该书词音未能尽畅。梅文鼎曾经订正其书，称其法与《崇祯历书》有同有异。薛凤祚晚年隐居在家，遂集众师之长，得历学之要，潜心著述，康熙三年（1664年）编成《历学会通》56 卷，其中正集 12 卷、考验部 28 卷、致用部 16 卷。其关于"新西法"的内容本穆尼阁《天步真原》而作。在《历学会通》中，薛凤祚在论及会通工作的缘起以及主要内容时有一篇总议：

> 历法损益多术，非一人一世之聪明所能揣测，必因千百年之积候，而后智者立法。若前无绪业，虽上智，于未传之理岂能周知。旧中法递修递改，至郭氏加胜于前多矣，而谓其究竟无差亦不能也。监修李恭籓论恭订二十六则已见前篇。今西法远西汤、罗畅其玄风，其为理甚奥，为数甚微，而亦有可议者，其法创自西儒地（第）谷，惟经星一门，西土称为名家，他交食等事，西历原不重之，且去今五六十年，法制尚有未备，嗣有尼阁法，向余所译为《天步真原》者，已译其未尽者种种，而以通之中法，又有相庆难合者，今参考其，与新西法当恭订者六则，与中法当恭订者五则，通于时宪，恭

订二十六则为制，乃大备耳。[①]

关于"今西法与新西法恭订六则"包括：八线改为对数、春分加减、太阴二三均度、火星二三均度及冲日度、火金水三星纬度之差、金水二星交行高行之差。

从薛凤祚以上六则中，我们归纳出今西法与新西法的不同之处包括，"春分加减"中"春分差为尼阁新西法因之，七政初二三加减均数皆与旧法有异，为时宪之未备"，火星"新表一皆清楚，至于冲日加分，又时宪未备"，关于"火金水三星纬度之差"认为"火金水纬度今西法南北同，三星出入黄道南北纬大小不同，尼阁分为南北二表"。

而薛凤祚提出的今西法与新西法相同之处依次有，"太阳加减有心差与地心差二项西历言之矣"，"月朔望有初次均度，离朔望有三均度，今西法烦碎未能归一，新西法用法简整易于取用"，"火星初均今西法与新西法同，至于距日之后，遂无定规，用表算，又用三角算，未能画一"，"今西法金星交行定于高行前十六度，水星交行即与高行同度，二者俱加减初均度，即为实交。……迟速悬殊，宁可相比"[②]。

关于新中法与西法恭订五则包括：备行用十数、昼夜百刻及九十六刻、参觜前后、罗计相反、紫气。[③]

从薛凤祚需要参照恭订的内容来看，一方面延续了中国传统：时间上仍用百刻，弧度的换算仍遵一度分为百分的进位制。针对明末以来发现的参觜位置已经出现颠倒的事实，薛凤祚欲以恢复参前觜后的古法。另一方面，除了延续明末徐光启、李天经等人为改历而作《七政公说》中的"参订历法二十六则"外，他对于"今西法"的改革基于对几何模型二三均数的进一步修正，以及关于日月五星经纬度分、本行以及具体方法的细化。在天文学理论上，仍然属于以建立几何模型为主的数学天文学的范畴。薛凤祚的历算工作，除了八线全部改为对数影响较大以外，实质性的改进工作不多。

由薛凤祚的方法得知，他认同编修《崇祯历书》时的二十六则，说明他

---

① 薛凤祚. 历学会通·正集//山东文献集成编纂委员会. 山东文献集成. 第二辑. 济南：山东大学出版社, 2007: 23-8.

② 薛凤祚. 历学会通·正集//山东文献集成编纂委员会. 山东文献集成. 第二辑. 济南：山东大学出版社, 2007: 23-8.

③ 薛凤祚. 历学会通·正集//山东文献集成编纂委员会. 山东文献集成. 第二辑. 济南：山东大学出版社, 2007: 23-8-9.

对第谷体系是没有异议的。在《历学会通·正集》四卷"土木火三星经行法原"中给出了土星模型（图 7）："心为地心，角亢氏房为土木火星圈，丁甲癸庚为太阳圈……土星半径定心角，太阳半径定丑丁……三星角亢氏房圈之心为子酉午卯圈顺行"；在另外一幅图（图 8）中进一步解释说："壬庚丙寅太阳黄道，子午卯土星心圈。"关于图 8 中"以小圈心余弦求丑辰，以本天引数余弦求丑未，以心差正弦减引数正弦求斗未"[①]说明，这幅图和图 7 中的点对应，可以互相参照。

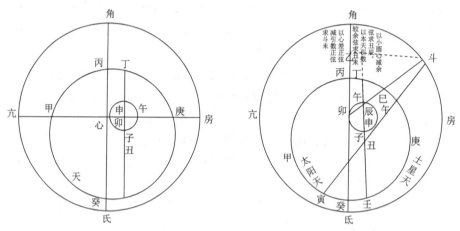

图 7　《历学会通》中的宇宙模式（1）　　图 8　《历学会通》中的宇宙模式（2）

如果考虑到上文图 1 和图 2 对于行星模型等价性证明的相似性，不难得出，所谓的日心地动说在兰斯玻治和穆尼阁那里只是增加了一个地动所绕转的中心小圈，中圈是太阳轨道，而大圈是行星轨道，他们把行星位置最终归算在中圈上的一点——太阳。《崇祯历书》中给出的图 6 是典型的第谷模型。比较发现，可以认为图 7、图 8 介于哥白尼模型和第谷模型之间，只不过图 7、图 8 把行星所绕转中心形成的小圆置于太阳圈内，而图 6 仍然采用日心固定而使得行星在一个小本轮上运动。《天步真原》以及《历学会通》中的宇宙模式是在哥白尼体系的基础上发展来的，是这个时期形形色色日心体系观点中的一种。

薛凤祚在"考验序"中道出了其真实想法：

---

① 薛凤祚. 历学会通·正集//山东文献集成编纂委员会. 山东文献集成. 第二辑. 济南: 山东大学出版社, 2007: 23-75-76.

　　……明末西洋汤、罗二公以地（第）谷法改正之，为法其备，国朝颁行为时宪历。然汤罗之法又未尽善。癸巳予从穆尼阁先生著有《天步真原》，于其法多所更订，始称全璧。此西历之源流始末也。二历数虽不同，理原一致，非两收不能兼美，但操术者各执成见，甲乙枘凿，所以并列掌故数百年，未有能出一筹以归画一者，则会通之难也……①

　　以上一方面说明《历学会通》不仅吸收了汤、罗二公的第谷之法，也吸收了穆尼阁《天步真原》中的进一步的更订内容，因此内容才比较详备；另一方面也说明薛凤祚认为第谷之法与穆尼阁之法数虽不同，但理原一致，他希望在其著述中两者兼收。但是值得深思的是，17世纪西方对这个问题都还没有一个以归画一的两全其美之策，所以他的会通工作就只能做到这一步了。

六、结论及余论

　　受耶稣会士态度和基本立场的影响，《崇祯历书》中介绍了"第谷及哥白尼总法"。《历学会通》中的宇宙模式是由哥白尼天文学发展出来的，即按照几何模型的表述是小圆置于大圆之内，17世纪中国的耶稣会士坚持第谷理论，所以在不同的版本中都出现了一种基于哥白尼体系之上的准第谷体系。如果从哥白尼体系的角度来看，这就是一种地、日位置的互换体系，但是其日地位置在某些场合的互相对调，仅只是对于几何模型的一种数学处理，显示了哥白尼体系和第谷体系的渊源关系及其可通融的特性，这是17世纪流行的一些宇宙模型的综合反映。以上观点从《历学会通》把"新西法"置于"今西法"之后进行阐释也可以间接得到说明。无论是兰斯玻治的《永恒天体运行表》，还是穆尼阁的《天步真原》和薛凤祚的《历学会通》，虽然有涉及哥白尼日心说的可能性，但是它们传讲的都不是严格意义上的哥白尼日心说理论，原因是，兰斯玻治当时倾向于哥白尼日心说理论是可能的，但是他在几何模型解释上一些通融的做法说明，当时欧洲关于哥白尼理论仅作为一种不同的数学几何模型对待，而作为耶稣会士，穆尼阁不可能在他的著作中主张日心说，因此《历学会通》中的宇宙模式只是一种会通"今西法"

---

　　① 薛凤祚. 历学会通·考验//山东文献集成编纂委员会. 山东文献集成. 第二辑. 济南: 山东大学出版社, 2007: 23-410.

和"新西法"的产物，坚信第谷体系，同时承袭了由哥白尼日心说演变而来的一些模式，作为一种纯粹的数学方法是合理的。我们认为，学术界认为《历学会通》采用了阐释天体几何模型，可能与日心说有某种渊源关系的另外一种模式的结论是妥当的，但是不能由此进一步引申开去。

（本文原发表于邓可卉. 再论 17 世纪哥白尼及其相关学说在中国的传播. 上海交通大学学报（哲学社会科学版），2013，21（4）：64-71，79。）

《历学会通》中的数学与天文学

——兼与《崇祯历书》的比较

　　本文基于对《崇祯历书》的研究，认为薛凤祚的天文学工作一方面延续了明末徐光启、李天经等人改历时的《七政公说》中的"参订历法二十六则"，另一方面对"今西法"进行改革，但是其方法和内容仍然属于古典数学天文学的范畴。《历学会通》中的"新西法"不能等同为是"哥白尼法"，要结合哥白尼学说在欧洲的发展情况，特别是耶稣会士对宇宙论的基本立场进行的阐释。《历学会通》中的对数方法与古代所谓"积化和差公式"有关，在《崇祯历书》中已经零星出现；而"三角函数造表法"以及对于正弦函数的认识显示了薛凤祚对于三角函数的独到见解。薛凤祚的许多科学思想继承了徐光启的，并且将其进一步发扬光大。

　　薛凤祚（1599—1680），字仪甫，号寄斋，山东益都（今山东省淄博市）金岭镇人①。清顺治九年至顺治十年（1652—1653 年）在江宁（今江苏省南京市）师从传教士穆尼阁（N. Smogolenski，1611—1656）学习西洋历法，并且协助穆尼阁翻译西方天文历算等方面的著作《天步真原》。之后他历经近 10 年，将当时各家的历算方法、他本人会通中西后得到的新的历法和有关实用科学知识汇编，于康熙三年（1664 年）完成了《历学会通》（又名《天学会通》）56 卷并出版。

　　《历学会通》汇集了各家历算方法和一些实用科学知识，也包括薛凤祚本人的历法著作。它与《崇祯历书》被认为是明末清初最重要的两部天文历

---

　　① 袁兆桐. 清初山东科学家薛凤祚. 中国科技史料，1984，5（2）：88-92.

法著作[①]。《历学会通》包括正集 12 卷、考验部 28 卷和致用部 16 卷。《历学会通·正集》的内容包括《太阴太阳经纬法原》、《五星经纬法原》和《交食法原》三卷，分别讨论了太阳、月球、五星和交食的计算原理及方法，并以实际计算为例，对当时流行的各家历法算日食的方法进行了比较。《历学会通·考验部》则对所谓旧中法（元代郭守敬所修《授时历》，至明代稍加改编而称《大统历》）、旧西法（即西域回回历）、新中法（指魏文魁历法）、今西法（即《崇祯历书》及《西洋新法历书》中的历法，是以第谷天文体系为基础编修的）和新西法（即源自薛凤祚所译穆尼阁《天步真原》中的新法）等中西历法一一进行综述和比较。本文将引证史料，讨论薛凤祚在《历学会通》中的天文学工作，也涉及他的部分数学工作。

一、《历学会通》中的"新西法"阐释

在明末大型历算丛书《崇祯历书》中，《五纬历指》共分 9 卷，由于欧洲天文学继承了古希腊的几何模型传统，因此依次介绍了托勒密、哥白尼和第谷模型，但是篇幅、侧重点有所不同，并且主张第谷理论，在《历学会通》中称其为"新西法"。入清后进一步钦定第谷体系为正法。在《五纬历指》中，哥白尼与托勒密计算两心差的方法类似，用哥白尼方法算得的两心差是 1200，甲、乙、丙三点到最高点的弧角依次是 128;32°、40;03° 和 35;36°，数据和步骤与《天体运行论》的完全吻合。《五纬历指》文中的小注有："此算数不合测数，若用小均轮算各测之均数，亦不合天。歌白泥用别数试之，乃得合天，以为正法。"[②]这是对哥白尼验算所测和所算的说明。哥白尼最后计算得到土星最高在析木宫二十七度三十五分。

这一章最后介绍了哥白尼计算各测之均数的过程，首先，《五纬历指》给出哥白尼的土星模型："用上别定数，求各测之均数，如歌白泥图，用小均轮。大圈为载小均轮之圈（即不同心圈），其心已，作庚已丁壬径线。取已丁四分之三为两心差，地心丁为甲乙丙，三测之心，又取两心差四分之一为度，以为半径，作各小均轮……"[③]在这里明确指出，"两心"是指地心和均圈心。

---

① 胡铁珠. 历学会通提要//薄树人. 中国科学技术典籍通汇·天文卷. 郑州: 河南教育出版社, 1981: 617.

② 罗雅谷. 五纬历指//徐光启编纂. 崇祯历书——附西洋新法历书增刊十种. 潘鼐汇编. 上海: 上海古籍出版社, 2009: 375.

③ 罗雅谷. 五纬历指//徐光启编纂. 崇祯历书——附西洋新法历书增刊十种. 潘鼐汇编. 上海: 上海古籍出版社, 2009: 375.

《五纬历指》关于"哥白尼法"有:"丁为地心,已为不同心圈之心,两心相距为前图丁已四分之三。乙为心,作小轮,其半径为前图丁已四分之一,为本图丁已三分之一。"①《五纬历指》原图如图 1 所示。这是哥白尼对于托勒密体系的参数修正,这个修正使得所测与所算符合得较好。但是可以看出来"丁为地心"不符合哥白尼的日心说理论,学术界一般对此的看法是,罗雅谷等对哥白尼体系进行了特殊处理,把"日心"偷换成了"地心"②。

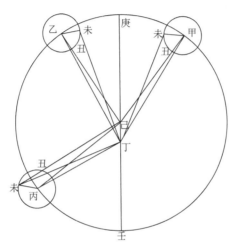

图 1　《五纬历指》中的"哥白尼法"

另外,《五纬历指》第三章中有"试以土星表较古今两测……则千四百年间,算测之差仅三分,极微矣"③。根据相差 1400 年的哥白尼与托勒密的结果的比较,"古今"测算结果仅差三分,说明传教士很清楚,哥白尼体系对于土星测算精度并没有提高多少。

薛凤祚本人不仅会通中西各家历法,也十分重视阐明历法的基本理论,这一点是与《崇祯历书》极为相似的。在《历学会通·正集》开始,薛凤祚首先论述了"古今历法中西历法参订条议",依次列举了"授时历较古历"

① 罗雅谷. 五纬历指//徐光启编纂. 崇祯历书——附西洋新法历书增刊十种. 潘鼐汇编. 上海: 上海古籍出版社, 2009: 375.

② 笔者不同意此看法,这或许是《崇祯历书》编撰过程中的失误,正如在这个内容中还有以"远地点"代替远日点的失误。哥白尼在其《天体运行论》中明确指出:"在整个这本书中,首先是在此应当记住,一般对太阳运动所说的一切都可理解为指的是地球。"(参考哥白尼. 天体运行论. 叶辉译. 北京: 北京大学出版社, 2006: 170.)

③ 罗雅谷. 五纬历指//徐光启编纂. 崇祯历书——附西洋新法历书增刊十种. 潘鼐汇编. 上海: 上海古籍出版社, 2009: 377.

所考证者七事和创法五事、李天经的"参订历法条议二十六则"暨"七政公说"，以及薛凤祚自己纂辑的"西法会通参订十一则"。前面第一部分"所考证者七事"的具体内容与《元史·历志》中的对应，是对郭守敬等人工作的概要总结，关于"创法五事"在北京图书馆藏影印本中缺漏较多，只提到其中前两项[1]，而在北京大学图书馆藏清康熙刻本中才找到了全部内容[2]。第二部分几乎完全对应徐光启、李天经等人改历时的《七政公说》的具体内容，在措辞上基本一致，有个别地方薛凤祚增加了少许解释性的字词。最后一部分内容涉及薛凤祚工作的缘起以及主要内容，其中包括一篇总议，以及"今西法与新西法恭订六则"和"新中法与西法恭订五则"。

总的来看，薛凤祚在《崇祯历书》之后通过学习、研读《崇祯历书》，在会通中西天文历算方面做了进一步的尝试，这种探索本身不能单从引进西学或者改进中历的角度进行评价，而需要结合哥白尼学说在欧洲的发展情况，特别是耶稣会士对于宇宙论的基本立场进行全面研究。我们目前考证认为《历学会通》阐述了薛凤祚会通中西的方法和主要内容，一方面向世人展示了他对于当时"新中法""今西法"等理解和学习的成果，另一方面倾向于他的会通工作的主要结果——"新西法"。但是，穆尼阁的新西法历也没能引起清朝廷的重视。穆尼阁的"新西法"不能视为"哥白尼法"，而是在哥白尼、第谷体系之后西方流行的一种解释宇宙理论的新方法。

《历学会通》是继《崇祯历书》之后出现的介绍西方新的宇宙模式的著作，它的《正集》反映了当时薛凤祚对于西洋历法的理解和关于会通中西历法的工作。它与《崇祯历书》以及经过改编的《西洋新法历书》一起表明，中国历法的主流自此发生了由传统的代数学天文学体系向几何学天文学体系的转变，开始了一个新的发展时期。

二、《历学会通》中的对数

薛凤祚的数学思想主要涉及三角函数、球面三角和对数。除了《历学会通·正集》中含"正弦""四线""对数"三卷外，《历学会通·致用部》中含《三角算法》一卷，此外还有各书历法计算中对数学方法的应用。

---

① 薛凤祚. 历学会通·正集 // 薄树人. 中国科学技术典籍通汇·天文卷. 郑州: 河南教育出版社, 1981: 6-628.

② 薛凤祚. 历学会通·正集 // 山东文献集成编纂委员会. 山东文献集成. 第二辑. 济南: 山东大学出版社, 2007: 23-9.

《历学会通·正集》中对于对数原理做了扼要说明，并给出了《比例对数表》一卷、《比例四线新表》一卷及《正弦》一卷。前者是 1 至 20 000 的常用对数表，后者是正弦、余弦、正切、余切四种三角函数的对数表。表中数据都取小数点后六位。

1663 年，薛凤祚在《中法四线引》中自陈：

> 算法在予阅四变矣。癸酉之冬，予从玉山魏先生得开方之法，置从来上下廉隅从益诸方不用，而别为双单奇偶等数，此因义和相传之旧，而特取其捷径者。既而于长安复于皇清顺治《时宪历》得八线有正弦、余弦、切线、余切线、割线、余割线、矢线，亦即中法开方诸术，而以其方法易为圆法，亦加精加倍矣。然而苦其乘除之不易。壬辰春日，予来白下，去癸酉且二十年，复得与弥阁穆先生求三角法，又求对数及对数四线表。对数者，苦乘除之烦，变为加减。用之作历，省易无讹者也。此算经三变，可称精详、简易矣。今有校正会通之役，复患中法太脱略，而旧法又以六成十，不能相入，乃取而通之，自诸书以及八线皆取其六数，通以十数，然后义和旧新二法，时宪旧新二法合而为一，或可备此道阶梯矣。①

这段文字简要地说明了薛凤祚学习和研究数学的经过。可以看出他确实学习了《时宪历》的相关内容，即《新法算书》的内容。用具体例子给出公式，设定了解题过程中用到的数字和条件，正如薛凤祚在文中开头所说的："凡各法皆立有设数，则所算诸法不为空理。"②

薛凤祚《三角算法》中的公式有以下特点：设数和条件；以对数入算；配图。

虽然以具体数字入算降低了公式的抽象性，但这更符合中算家的接受情况。据钱宝琮研究③，薛凤祚在《三角算法》中所介绍的平面三角法和球面三角法比《崇祯历书》中的更完整，这些公式除余弦定理外都是配合对数来计算的。如图 2 所示，设 $\triangle ABC$ 的三条边为 a，b，c，薛凤祚的正弦定理的对数形式是 $\lg b = \lg a + \lg\sin B - \lg\sin A$。

---

① 薛凤祚. 历学会通·中法四线引//山东文献集成编纂委员会. 山东文献集成. 第二辑. 济南: 山东大学出版社, 2007: 23-20-21.

② 薛凤祚. 历学会通·三角算法//山东文献集成编纂委员会. 山东文献集成. 第二辑. 济南: 山东大学出版社, 2007: 23-13.

③ 钱宝琮. 中国数学史. 北京: 科学出版社, 1964: 245-250.

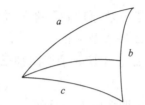

图 2 《三角算法》计算图示

正切定理的对数形式是：

$$\text{lgtan}\frac{A-B}{2} = \lg\frac{a-b}{2} + \text{lgtan}\frac{180°-C}{2} - \lg\frac{a+b}{2}$$

半角定理的对数形式是：

$$\text{lgtan}\frac{A}{2} = \frac{1}{2}\left\{\left[\lg(s-b)+\lg(s-c)\right]-\left[\lg s+\lg(s-a)\right]\right\},$$

其中，$2s=a+b+c$。

根据我们的研究，补充薛凤祚的《三角算法》中给出的勾股定理的对数形式如下：

$$\frac{\lg(c+a)+\lg(c-a)}{2} = \lg b$$

其中，c 为斜边，a，b 为直角边。

在《崇祯历书》"球上直角形相求约法"中有这样的一个公式，已知 a，b，求 c，则 $1:\sec a = \sec b:\sec c$，根据《三角算法》中的解释，可以进一步得到如下公式：

$$\lg\cos c = \lg\cos b + \lg\cos a - \lg 1$$

薛凤祚对清代数学影响最大的是他在《历学会通》中介绍了穆尼阁传入的对数方法。薛凤祚充分强调了对数的作用："往年予与穆先生重订于白下（南京），且以对数代八线，觉省易倍之。""穆先生出而改为对数。今有对数表，则省乘除，而况开方、立方、三四五方等法，皆比原法工力十省六七且无舛错之患。此实为穆先生改历立法第一功。"[①]薛凤祚针对对数在中国和西方的发展指出其计算的优势。

① 薛凤祚. 历学会通·比例对数表叙 // 山东文献集成编纂委员会. 山东文献集成. 第二辑. 济南: 山东大学出版社, 2007: 23-554, 23-245.

希腊语中 prosthaphderesis 是指积化和差的计算公式，即用加法和减法代替乘法和除法的方法，在文艺复兴后在西方得到发展，明末修《崇祯历书》，其于《历指》及《测量全义》等书，散见有 prosthaphderesis 术之记录[1]。但是，考虑到对数概念与算法的全面引入，薛凤祚说"穆先生改历立法第一功"也是可以理解的。另外，他和穆尼阁只解释了变乘除为加减的道理，没有说明比例算与同余算之间的关系，因此，变乘方和开方为乘或除的道理就不大清楚了。

三、《历学会通》中的三角学

《历学会通·正集·正弦》一卷中的"三角函数造表法"分三个步骤：一是把半角公式作为"作表之根"的基本方法进行介绍；二是求各度分正弦，造正弦表；三是求其余七线，及其互求，主要是通过正弦求得其他三角函数值。这是薛凤祚学习了西方三角函数——主要是邓玉函的《大测》后的一个阐发。这方面前人已有研究成果[2]。

笔者研究后进一步发现，薛凤祚在《历学会通》中给出的"三角函数造表法"的三个步骤，是对于邓玉函等介绍的西方三角函数认识的深入，他不但省略了邓玉函所谓的"三要法"、"二简法"以及"六宗率"的不同繁杂名目，直接以"半角公式"入算，而且把正弦函数视作"八线"的基础，通过建立正弦表后，直接求其余的三角函数表。"薛凤祚书有用矢线求度法，为之作图，以明其意。因得两法，在六宗、三要之外，而为用加捷。两法者，一曰正弦方幂倍而退位得倍弧之矢，一曰正矢进位折半得半弧正弦上方幂。"[3]这些内容只要通过若干现代三角函数公式的等价性，即可得到证明。薛凤祚的方法不但击中要害，而且非常简洁。这说明他研读中历、学习西学后，对于西法和中法的一些理论知识认识更加深刻。

薛凤祚在《历学会通·正弦部》序中表达了他的思想：

天文各线皆圆线也。而各种取用之线，以方代圆，所差甚微。

① 严敦杰. 中算家之 Prosthaphaereesis 术 // 梅荣照. 明清数学史论文集. 南京: 江苏教育出版社, 1990: 84-96.

② 李俨. 明清算家的割圆术研究 // 李俨, 钱宝琮. 李俨 钱宝琮科学史全集. 第七卷. 沈阳: 辽宁教育出版社, 1998: 470.

③ 赵尔巽. 清史稿. 许凯标点. 长春: 吉林人民出版社, 1995: 10545.

作法者殆疑神授，非人力也。线虽为八，而割切等法实皆秉之正弦。今旧法割圆表久镌行世，而独于取正弦之法阙略不全，学者求其法而不得，将并所用之法而不敢信，非作与传之过欤。[①]

邓玉函在《大测》序中讲得很清楚：

> 凡测算，皆以此测彼，而此一彼一，不可得测。《九章》算多以三测一，独句股章以二测一，则皆三角形也。其不言句股者，句与股交，必为直角。直角者，正方角也。遇斜角，则句股穷矣。分斜角为两直角，亦句股也。遇或不可得分，又穷矣。三角形之理，非句股可尽，故不名句股也。句股之易测者，直线也，平面也。测天则圜面曲线，非句股所能得也。故有弧矢弦割圜之法，弧者，曲线。弦矢者，直线也。以弧求弧，无法可得。必以直线曲弧相当相准，乃可得之。相当相准者，圜径之法也。而圜与径，终古无相准之率。古云径一圜三，实圜以内二径之六弦，非圜也。祖冲之密率云，径七圜二十二，则其外切线也，非圜也。刘徽密率云，径五十圜百五十七，则又其内弦也，非圜也。或推至万万亿以上，然而小损即内弦，小益即外切线也，终非圜也。历家以句股开方展转商求，累时方成一率，然不能离径一圜三之法，即祖率已繁，不复能用。况徽率乎？况万万亿以上乎？是以甚难而实谬。[②]

对照两段引文，发现西方三角学传入中国之际，无论是传教士还是中国学者，都深刻认识到了其与传统割圆术的根本区别，显示了西方三角学传入的必要性。而薛凤祚在《历学会通·正弦部》序中对于当下的批评："线虽为八，而割切等法实皆秉之正弦。今旧法割圆表久镌行世，而独于取正弦之法阙略不全，学者求其法而不得，将并所用之法而不敢信，非作与传之过欤。"这是有道理的。显示了他对三角函数的独立见解。

《历学会通·致用部》中的《三角算法》一卷是薛凤祚的一部三角学专著，该书分平面三角和球面三角两部分，该书名"三角"一词是在中国首次

① 薛凤祚. 历学会通·正弦部序//山东文献集成编纂委员会. 山东文献集成. 第二辑. 济南：山东大学出版社，2007：23-554.

② 邓玉函. 大测//徐光启编纂. 崇祯历书——附西洋新法历书增刊十种. 潘鼐汇编. 上海：上海古籍出版社，2009：1173-1174.

使用。薛凤祚在《三角算法》中所介绍的平面三角法和球面三角法比《崇祯历书·测量全义》中的更完整，至此，关于平面三角和球面三角各项公式基本都已传入我国。

四、薛凤祚的科学思想

薛凤祚在《历学会通·正集》中明确指出："中土文明礼乐之乡，何讵遂逊外洋?然非可强词饰说也。要必先自立于无过之地，而后吾道始尊，此会通之不可缓也。斯集殚精三十年，始克成帙，旧说可因可革，原不泥一成之见。新说可因可革，亦不避蹈袭之嫌。其立义取于《授时》及《天步真原》者十之八九，而西域、西洋二者亦间有附焉，皆镕各方之材质，入吾学之型范。"[①]薛凤祚提出的会通模式表达了他会通中西的另一种理想，其思想出于徐光启，但又与徐光启提出的"镕彼方之材质，入《大统》之型模"有所区别。

薛凤祚说："历法损益多术，非一人一世之聪明所能揣测，必因千百年之积候，而后智者立法，若前无绪业，虽上智，于未传之理岂能周知。"[②]无独有偶，徐光启曾经说过："时差等术，盖非一人一世之聪明所有揣测，必因千百年之积候，而后智者会通立法；若前无绪业，即守敬不能骤得之。"[③]徐光启从历法改革中深切领会到天文学观测的先后继承性，进而意味深长地提出了这些思想，而薛凤祚的类似阐述不能仅仅认为是一个历史的巧合，他对于徐光启思想的学习和继承，使得他的会通中西天文学的工作更上一层楼。

《历学会通·致用部》包括《三角算法》一卷、《中外重学部》一卷、《中外水法部》一卷、《火法部》一卷、《中外师学部》一卷、《乐律》一卷、《命理》一卷、《选择》二卷、《中法占验》四卷、《气化迁流选要》二卷及《西法医药部》一卷。以上内容虽然与本书的主题有点背离，但是这反映了薛凤祚的另外一种追求，即在对古今中外各家历法进行会通的基础上，把各门实用科学也统一于数学的基础上，这是对于徐光启首倡并且一部分已经得到实施的"度数旁通十事"的推进和贯彻。

薛凤祚说："天道有定数而无恒数，可以步算而知者，不可以一途

---

① 薛凤祚. 历学会通·正集//山东文献集成编纂委员会. 山东文献集成. 第二辑. 济南: 山东大学出版社, 2007: 23-2.

② 薛凤祚. 历学会通·正集//山东文献集成编纂委员会. 山东文献集成. 第二辑. 济南: 山东大学出版社, 2007: 23-8.

③ 徐光启. 徐光启集. 下册. 王重民辑校. 上海: 上海古籍出版社, 1984: 389.

而执。"①徐光启在崇祯改历过程中已经提出过类似的观点——"天行有恒数而无齐数",他进一步说:"有恒者,如夏至日长,冬至日短,终古不易;不齐者如长极渐短,短极渐长,终岁之间无一相似。岁法如此,他法皆然。"②在《崇祯历书》的《月离历指》中介绍古代西方计算月球平行速度问题时,提出了古代历家选择月食的原则(一名"法"),就是"去其不齐之缘,以求其齐也"。这里的"齐"就是指"齐数":"前后两会望皆全食,又两食之黄道同度,两景之大小等,两过景之加时等,又得其月离之距地心等,即其本轮之转分所至亦等。"③这样可以免去月不平行之差。在徐光启看来,所谓"恒数"是自然界本身所具有的客观规律,而"齐数"可以理解成人为的、主观的规定,或者可以理解成按照人们认识自然或宇宙的思想和方法,运用具有主观意义的手段所力求描述客观存在的过程,天行虽然没有"齐数",但是人们可以通过不断掌握"恒数"而寻找符合当时标准的"齐数"。

(本文原发表于邓可卉.《历学会通》中的数学与天文学——兼与《崇祯历书》的比较//马来平. 中西文化会通的先驱:"全国首届薛凤祚学术思想研讨会"论文集. 济南:齐鲁书社,2011。)

---

① 薛凤祚. 历学会通·正集//山东文献集成编纂委员会. 山东文献集成. 第二辑. 济南: 山东大学出版社,2007: 23-1.

② 徐光启. 徐光启集. 下册. 王重民辑校. 上海: 上海古籍出版社,1984: 333.

③ 罗雅谷. 月离历指//徐光启编纂. 崇祯历书——附西洋新法历书增刊十种. 潘鼐汇编. 上海: 上海古籍出版社,2009: 135.

后　　记

　　古代天文学承载了丰富的科学与人文内涵。古希腊天文学始于人们对自然的探究。从米利都的泰勒斯开始,自然的本源问题进入了人们的视野,其后产生的若干不同的学派都参与到对这个问题的讨论中。毕达哥拉斯学派提出了数是万物之源的理论,数字先于事物而存在,是构成事物的基本单元,这些先于事物而存在的数字以几何结构的形式表现出来。对宇宙而言,这个"数"可以理解为是"cosmos",即一个和谐而有规律的、可以用数表达的世界。公元前300年欧几里得的《几何原本》在数学上达到了登峰造极的成就,开创了一个几何学的逻辑演绎体系。生于古埃及的古罗马人托勒密在公元2世纪集大成地完成千古名篇《至大论》,他建立地心说的重要数学基础就是几何模型方法。西方几何模型方法建立在古希腊数学和天文学基础上。此后,它成为伊斯兰天文学及哥白尼时代欧洲天文学的主要方法。

　　本书对古希腊、古代尤其是明清时期中国的数理天文学进行了溯源和研究。我从2002年起开始涉足《至大论》研究,2009年在原博士学位论文的基础上出版了第一部专著《古希腊数理天文学溯源——托勒密〈至大论〉比较研究》(山东教育出版社),开始研究古希腊几何模型方法。近几年,我进一步研究了托勒密的理论哲学思想,特别是托勒密的数学知识论,发现了托勒密写作《至大论》及他的许多其他著作的合理性和知识根源,从科学哲学层面回答并提出了古希腊天文学的根本来源是数。另外,我也关注到《几何原本》中的"度数之学"对古代和中世纪(中国的和西方的)天文学发展的重要性,读者可以在本书的"古希腊篇"和"明清篇"找到相关的内容。

　　无论是古希腊还是古代中国,利用已有的数学理论和方法建构宇宙的数学模型或者编修历法(对于西方是发展数理天文学),都具有各自深刻的科学传统。因此,古希腊发展了几何模型,古代中国发展了算法模型。在古代到中世纪的十几个世纪里，这两种方法分别使用了很长时间。古代中西方的数理天文学有别于现代天文学。所以本书题名"天学数原"，试图在此共性的基础上论述中西古代天文学的传统与差异。从比较和交流的视角进一步澄清中国古代天文学的一些理论问题，探讨明末清初西方数学天文学的传播和影响。

本书"古希腊篇"首先溯本清源，讨论几何模型知识的来源。主要从西方科学传统、托勒密的理论哲学思想及数学知识论等角度进行分析和论述，此外，本书探讨了西方天文学的原型概念演变、托勒密的和谐思想等以及他的偏心等速点的构建和相关比较，探讨了"度数之学"在古希腊的源头和发展传播，测量天文学的基本概念及其重要性。如果读者想进一步了解托勒密如何处理天文观测与几何模型之间关系，可以参考笔者其他几部拙著。

中国古代科学传统及汉代前后天文学方面取得的成果在本书"古代中国篇"涉及。这方面主要有中国传统宇宙论包括盖天说、浑天说等各自的产生背景与发展情况，特别是讨论了《周髀算经》的一些相关理论的数理基础及中国特色，对浑天说数理模型构建的探讨是笔者最新的研究成果，此外，马王堆汉墓帛书《五星占》行星行度、汉代以来的九道术以及祖冲之《大明历》创设理路等都是中国古代历算学中具有显著代表性的学术问题。本篇研究相比古希腊篇，目的是更好地引出、使读者深刻理解"近代明清篇"的内容，即明末中西知识交汇时发生的知识转型、观念碰撞和思想冲突等最终源于中西方科学传统的差异，这无疑增加了受容艰难的可信度，也表达了笔者意图突显的内在关联性。当然，更重要的是希望通过本篇的关于汉代及其后的传统宇宙论中算法模型知识的适当讨论，读者能够对与此相关的古代哲思、传统星占、政治统治和社会背景等方面展开自主联想。

"近代明清篇"主题是西方数理天文学在异文化传统下的发展、传播与交流，也是全书的主干之一，绕开学术界已有成果，尽可能以丰富的中西天文学交流史料为本，把地圆学说作为异质文化传入的一个最关键案例展开讨论，结合明末传教士的传教策略探讨他们对科学书籍的译介，分析了《崇祯历书》中包括几何模型知识在内的"度数之学"的演进轨迹，围绕几何模型方法，对传教士引介的西方圭表测影理论、数学天文学测量、太阳理论、五纬理论、比例规知识和"新西法"等分专文进行了探讨，有助于深入了解明末清初西方天文学的译介和传播。

本书的科学范围属于古代和中世纪，反映了第一次全球化时代中西方数理天文学知识的大碰撞，由于时代相近，所以中西方知识观念反差不大，虽有个别内容的对接存在困难，如地圆说，不可避免地夹杂有观念变革、社会和宗教的影响等。这个时期对中国来说，主要是在传统历算中澄清一些概念和理论，通过引进和建立几何模型方法提高计算天体位置的准确性。上述内容对回答"什么是天文学"以及"什么是古代天文学"等终极问题是有益的。

本书是笔者近几年的学术研究成果。2009 年笔者的"《崇祯历书》中的法与数及其在中国的嬗变"课题受到国家自然科学基金地区科学基金的资助，此后连续申报成功了两个国家自然科学基金面上项目，课题涉及"《至大论》注释及其与汉代天文学的比较"以及明清时期"西方天文学中几何模型知识的传播与会通"，所以本书也是笔者在完成课题过程中的相关成果。笔者感谢国家自然科学基金委员会的支持和资助！感谢多年来持续不断地支持和帮助笔者的业内师友和同仁！感谢我的业师曲安京教授多年来在学术上的勉励与支持，当得知本书即将出版后，他慨然为书题写了序言，多有褒奖、鼓舞之词。在此把书献给我敬爱的导师曲老师！感谢东华大学历史视域下的纺织文化研究基地和东华大学重点学科经费的资助，以及人文学院的领导和同事们的大力支持和帮助。没有上述同仁的鞭策和鼓励，就没有笔者几十年安心于天文学史研究的勇气和信心。笔者在东华大学已经培养了 40 多位科学技术史硕士、7 位博士。在本书写作期间，李淑浩硕士在读，他参与了本书第二篇部分内容的资料收集，他与笔者合作完成了一篇小论文，也收于本书中。另外，温涛、仰凯、尹诚皓、孙榕等同学在读期间也参与了笔者的课题研究与资料整理工作。

最后，感谢科学出版社邹聪编辑、刘琦博士在编辑本书中提出的建议，以及相关工作人员耐心细致的编校工作。由于笔者学识能力与理论水平有限，本书难免挂一漏万，对书中存在的缺点与不足之处，恳请同行、专家学者与读者们不吝赐教！

邓可卉

2024 年 12 月于镜月湖畔